NUTRITION THROUGH
THE LIFE CYCLE

생애주기영양학

머리말

인간은 성장과 발달, 성숙 그리고 전 생애를 거쳐 올바른 건강관리로 질병을 예방하고 삶의 질을 높이면서 건강을 유지하여야 한다. 생애주기 영양학은 생애주기 단계별, 즉 임신기, 수유기, 영아기, 유아기, 학령기, 청소년기, 성인기와 노인기의 생리적 특성을 이해하고 올바른 영양관리를 적용하기 위한 학문이다.

생애주기영양학의 학습목표는 생애주기별 신체 각 기관의 성장과 발달 그리고 유지하는 정도와 개인의 영양 섭취 및 이와 관련된 생활습관에 따라 달라질 수 있으므로, 생애주기별 최적의 건강한 삶을 위하여 올바른 영양관리와 관련된 기본적인 지식을 학습하는 데 있다.

21세기는 정보화, 다양화, 세계화 등 급격한 사회 변화 속에서 저출산, 고령화와 디지털 환경 그리고 코로나19 이후 변화된 새로운 환경으로 양호한 영양과 식생활의 중요성이 더욱 높아지고 있다. 이에 급변하는 식생활 환경의 변화와 함께 2020년 개정된 한국인 영양소 섭취기준(Dietary Reference Intakes for Koreans, DRI)을 반영하여 본 생애주기 영양학을 개정하였다.

이 책의 구성은 각 단원의 학습목표를 제시하면서, 생애주기에 따른 단계별 중요성과 성장발달의 특징에 대해 설명하며, 영양 섭취와 관련된 식생활행동의 특징과 환경에 따른 영양 요구도를 파악하고, 현재 연구 분석된 영양 · 식품 섭취 및 식생활 실태를 정리하였다. 또한 실태에 근거한 영양 문제와 장애 극복을 위한 방안으로 생애주기별 내용을 전개하여 서술하였으며, 최근의 연구된 많은 새로운 내용을 전달하기 위해서 책의 내용 흐름에 방해되지 않도록 최근 사회의 이슈나 연구 동향을 소개하였다. 또한 생애주기별 주요 내용에 대해 단원 정리로 각 단원의 핵심 내용을 요약 정리하였고, 연습문제를 제시하였다.

본 교재는 식품영양학을 전공하는 학생들과 다양한 관련 분야에서 교재로 활용이 가능하도록 구성하였으므로 저자들은 이 책이 생애주기영양학을 공부하는 후학들에게 좋은 지침서로 남기를 기대하며 한 자 한 자 정성을 들여 집필하였다.

이 책이 나오기까지 여러 면에서 애써 주신 파워북 임직원께 감사의 마음을 표하는 바이며, 저자 모두는 본 교재가 의미 있고 활용성이 높은 교재로 많은 이들에게 기억되기를 진심으로 바란다.

2023년 8월

저자일동

차례

CHAPTER

3 수유기 영양

CHAPTER

4 영아기 영양

CHAPTER 7 청소년기 영양

CHAPTER 1 성장과 발달

1. 성장과 발달
2. 생애주기 영양관리의 의미
3. 생애주기별 영양관리의 특성
4. 생애주기별 영양관리의 중요성

CHAPTER

1

학습목표

1. 성장과 발달의 개념을 비교할 수 있다.
2. 스캐먼의 성장곡선을 설명할 수 있다.
3. 신체의 성장단계를 설명할 수 있다.
4. 생애주기를 연령별로 구분할 수 있다.
5. 생애주기에 따른 영양관리의 특수성을 설명할 수 있다.

인간은 출생 후 성장과 발달 그리고 성숙의 단계를 지나 노화 과정을 거친다. 일생 동안 일어나는 전 과정은 상호 연관된 역동적인 과정으로, 서서히 계속 진행되는 점진적 · 연속적 변화가 복합적이면서도 동시에 진행되며 개인마다 다르다. 이러한 차이는 크게 유전적 요인과 생활환경적 요인에 의해 영향을 받으며, 어느 하나가 더 중요하거나 주도하는 것은 아니고 둘 다 모두 중요하다.

첫째, 유전적 요인은 인종, 민족, 가계, 연령, 성별 등에 영향을 받는 것을 의미한다. 사람마다 각 개인의 발육과정이 다르며, 사춘기 변화, 신체 크기의 성장 등이 개인의 유전형질genetic character에 따라 차이를 보인다. 유전형질은 동일 가족 내에서도 다르게 나타나는데, 이는 유전적 요소가 복잡하게 혼합되어 나타나기 때문이다.

유전형질
유전자에 의해 발현되는 모든 성질

둘째, 생활환경적 요인은 가장 우선적으로 식생활 환경이 있다. 그 외에 사회 · 경제 · 문화 및 계절과 위생, 운동과 대인관계 및 개인의 인성과 같은 심리적 요인 등의 외부요인들이 있다. 특히 영양불균형이나 운동량 등의 변수는 개인의 노화나 신체 기능의 쇠퇴를 촉진시킬 수도 있고, 영양이 불량한 경우에는 발육에 영향을 미칠 수도 있다. 영양불량과 불량한 위생관리 등은 질환 이환율을 높이기도 하며 성장 속도에 영향을 미칠 수 있다.

이처럼 인간의 성장과 발달, 성숙 그리고 노화 정도는 여러 요인에 의해 영향을 받으며, 특히 영양 · 식생활 관리에 따라 달라질 수 있다.

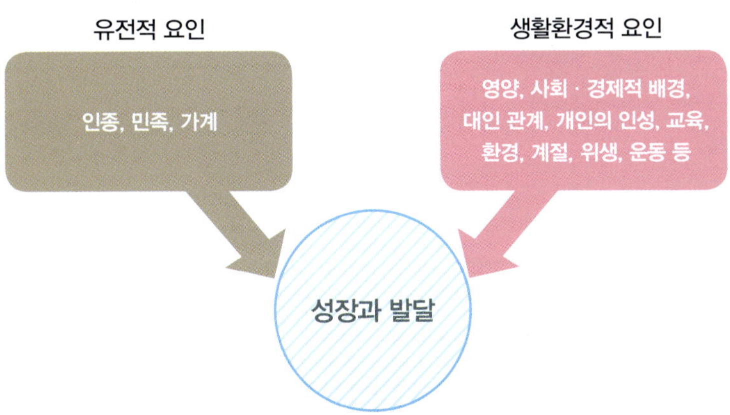

그림 1-1 개인의 성장과 발달을 좌우하는 요소

1. 성장과 발달

성장은 신체의 크기나 근육의 증가 등 세포가 양적으로 증가하는 과정을 의미하며, 발달은 성장에 따른 신체 각 부위의 기능적 발전과정으로, 성장과 발달은 체계적으로 일어나는 일련의 변화를 의미한다. 인간은 출생 후 노년에 이르기까지 성장 속도를 중심으로 몇 단계의 성장과 발달, 성숙 그리고 노화로 이어진다. 특히 급등한 성장을 보이는 시기를 성장 급등기라고 부른다. 제1의 성장 급등기는 영아기, 제2의 성장 급등기는 사춘기에 나타난다. 제1의 성장 급등기와 제2의 성장 급등기 사이인 2세 이후부터 사춘기 이전까지는 비교적 안정된 성장 추이를 보인다. 두 번의 성장 급등기 이후, 성인기에 접어들면 일정한 수준을 유지하는 단계이며, 노인기는 각 신체 기관들의 기능이 쇠퇴하는 시기라고 볼 수 있다.

증식성
조직의 세포 수가 증가하는 상태

비대형
조직의 세포 크기가 비대해짐을 의미함

인간의 성장은 태아부터 세포의 수와 크기가 증가하며 이루어진다. 세포성장이론은 그림 1–2와 같이 성장의 3단계 모형으로 볼 수 있다. 첫 번째 단계는 증식성 hyperplasia 성장 단계라 하며, 세포 수 증가 단계로 세포분열만 진행되므로 총 DNA 양과 단백질이 모두 증가하여 각 단위세포의 무게는 정비례로 증가한다. 이 시기의 단백질/DNA 비율은 일정하다. 두 번째 단계는 증식성 성장과 비대형 hypertrophy 성장이 동시에 일어나는데, 세포의 수와 크기의 증가가 함께 일어난다. 즉, 세포분

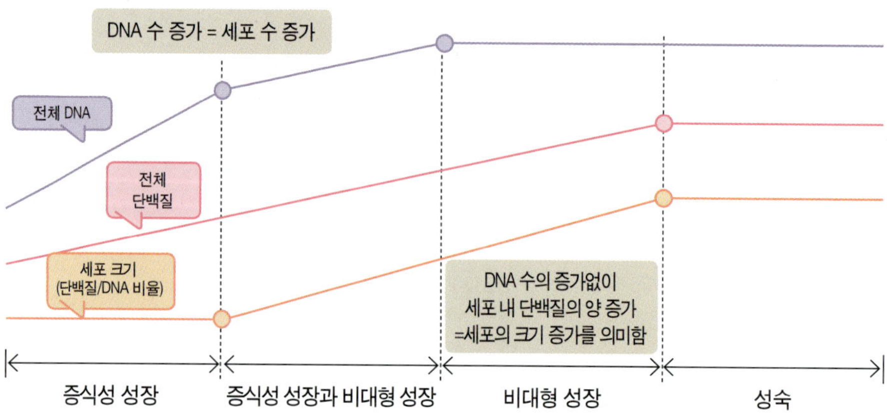

그림 1–2 세포 성장에 따른 세포 크기, DNA 양, 단백질 양의 변화

열과 함께 세포의 크기 증가도 동시에 이루어지는 것이다. 이 시기는 세포 내핵의 단위 무게와 핵 내 단백질 함량은 증가하나 DNA 합성속도는 느려지는 특성이 있다. 마지막으로 세 번째 단계는 비대형 성장 단계로 세포분열은 정지되고 세포의 크기만 커지며, 이때 세포 내 DNA 양은 비교적 일정하나 세포의 무게 및 단백질 함량은 증가한다.

성장속도는 개인적 특성에 의해 달라질 수 있으며, 일반적으로는 출생 초기에 성장속도가 늦더라도 특수 질환이나 장애 요소 없이 일정 시기가 지나면 정상적 성장을 따라잡는catch-up 현상이 나타난다. 특수한 경우, 지나치게 빠르거나 과도한 성장 또는 특수 질환이나 특정 영양소의 과다 및 대사장애 등의 문제가 나타날 수도 있다.

유전적 문제가 있거나 문제가 없더라도 출생 후 성장·발육이 치명적인 장애에 노출된 경우에는 성장에 지장을 초래하며, 이때는 정상적인 성장곡선과는 다른 성장 유형을 보이게 된다.

개인마다 각기 다른 속도로 성장·발달하며 전반적인 성장속도에 차이가 있다. 스캐먼R. E. Scammon은 이러한 신체의 조직과 장기의 성장을 생애주기와 성장속도와의 관계 그래프로 표현하여 그림 1-3과 같이 4가지 유형으로 분류하였다.

스캐먼의 성장곡선은 신체의 각 기관들에 대해 20세까지의 성장 정도를 100%로 할 때, 각 연령대에서 나타나는 발육 정도를 상대적으로 표시한 것이다.

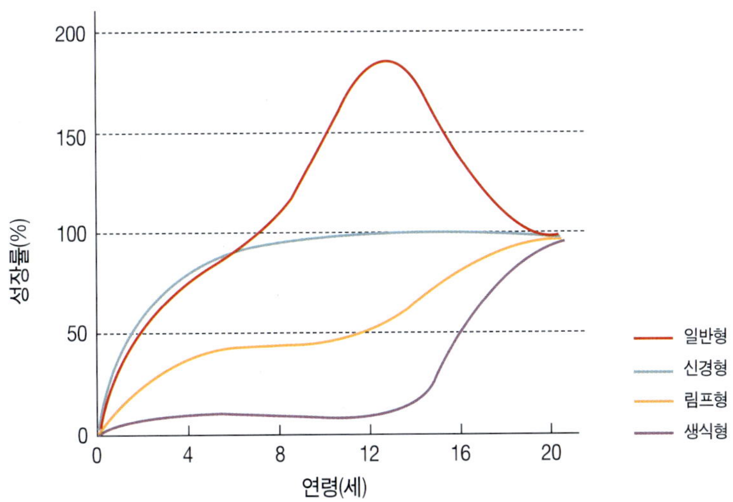

그림 1-3 스캐먼의 신체 제 기관의 성장률

일반형은 신장, 체중을 비롯한 호흡기, 소화기, 순환기, 근골격계 등의 증가 형태를 나타낸다. 영아기, 사춘기에 성장 급증을 보이며, S자 형태의 성장 변화 유형을 나타낸다.

신경형은 뇌신경, 척수신경, 시각신경 등으로 신경 자극의 감지와 전달을 담당하는 기관의 발달 유형이다. 성인의 80%에 달하는 조직을 4세경에 가지며, 12세에는 성인과 거의 같은 수준에 도달한다. 그래서 두뇌의 세포 수 증가와 연관하여 조기영양과 아동영양의 중요성을 설명하거나 강조할 때 신경형의 발달 유형을 예를 들어 설명하기도 한다.

림프형은 림프조직인 림프절이나 편도 등의 발달 형태를 말한다. 출생 후 일정 기간까지는 비교적 느린 속도로 발달이 진행되다가 10~12세 무렵에는 성인의 2배 수준에 도달할 정도로 높은 발달 수준을 보이고, 점차 쇠퇴하여 18세쯤에는 성인 수준으로 낮아진다.

생식형은 생식과 관련된 생식기, 유선, 음모, 자궁, 전립샘 등의 기관에서 출생 후 전체적인 성장지연 현상이 관찰되나, 사춘기부터 급속히 크기와 기능이 발달하여 16~18세에 성인의 수준에 도달하게 된다.

이와 같이 스캐먼의 성장곡선은 각 조직과 기관의 발달 그리고 성장속도가 생애주기별로 큰 차이가 있음을 보여준다. 즉, 성장은 개체의 크기가 증가하는 과정임을 알 수 있다.

발달은 신체 및 정서적 · 지적 차원의 기능이 세련되고 성숙하는 과정이며 다음과 같은 원리와 특성을 가지고 있다.

첫째, 발달은 일정한 순서와 방향성을 가지고 상부에서 하부로, 중심에서 말초로 전체운동에서 특수운동으로, 미분화 운동에서 분화 운동으로 진행한다. 둘째, 발달은 연속성을 가진다. 전 생애를 통해 지속되며 연속적으로 진행되지만, 발달의 속도는 일정하지 않다. 셋째, 발달은 유전적 요인과 환경적 요인의 상호작용을 통해 이루어지며, 성숙과 학습에 의존한다. 넷째, 발달은 개인차가 존재하여 발달의 속도나 진행 정도가 동일하지 않으므로 일률적인 기대를 하는 것은 적절하지 않다. 다섯째, 발달은 점진적으로 분화하고 전체로 통합되는 과정이다. 신체, 인지, 성격 등 각 측면의 발달은 밀접한 상호작용으로 발달하면서 통합된다. 여섯째, 발달은 점성원리를 가진다. 성장하는 모든 것은 기초안에 따라 부분적으로 발달하며, 특정 단계의 발달은 이전 단계에서 성취한 발달과업에 기초하여 이루어진다. 마지막으로, 발달은 결정적인 시기가 존재한다. 신체 및 심리가 발달하는 가장 용이한 시기가 있으며, 이 시기를 놓치면 발달과업 획득의 효율성이 떨어진다.

또한 발달은 어떤 과업을 성취하는 데 결정적인 시기가 있다는 적기성과 초기의 발달상 지체가 후일의 발달에 지대한 영향을 미친다는 기초성을 가진다. 발달은 어떤 특정한 시기에 발달이 잘못되는 경우, 추후 그것을 교정, 보충하는 데 한계가 있는 불가역성을 띠며, 발달상의 결손은 누적되어 회복을 더욱 어렵게 한다는 누적성도 가진다. 이렇듯 아동발달의 여러 측면들은 서로 밀접하게 연관되어 있는 상호 관련성이 있다. 따라서 이 시기에는 영양관리와 영양·식생활 교육을 통한 양호한 식생활 행동 형성이 중요하다.

한편, 성인의 건강상태는 성장기에 형성된 식생활 습관에 의하여 결정되며 삶의 유지에도 영향을 미친다. 따라서 식생활을 비롯한 각종 생활습관에 따라 대사성질환 또는 생활습관질환이 나이가 들수록 발생할 수 있으므로, 성인기 이후의 영양과 건강상태는 출생 후 성장기의 영양·식생활 관리에 따라 보장되기도 위협받기도 한다.

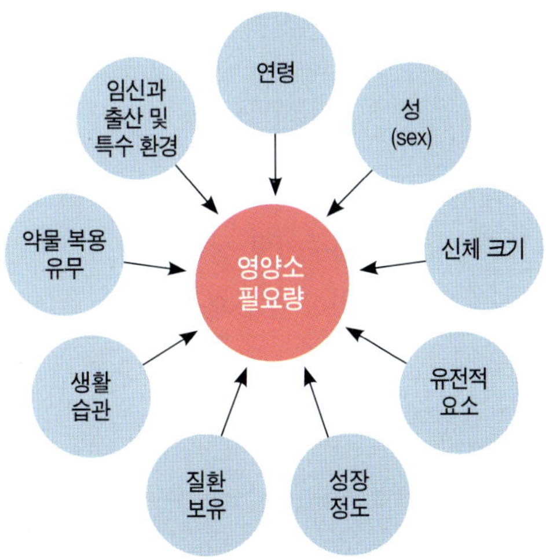

그림 1-4 영양소 필요량을 결정하는 요인

성장 · 발달과 환경과의 관계

발달은 유전적 요인이 모든 발달과정을 지배한다고 생각하는 연구집단과 양육환경이 미래를 결정짓는 유일한 요인이라고 인정하는 연구집단 간에 계속 논란이 있었으나, 오늘날에는 이 두 요인이 함께 작용한다고 보편적으로 인정한다. 그러나 개개인은 동일한 유전적 소양(일란성 쌍생아의 경우)이나 동일한 환경에서 성장하여도 서로 다르게 반응한다는 주장도 인정하고 있다.

2. 생애주기 영양관리의 의미

인간은 전 생애 동안 성장과 발달의 변화를 경험하는데, 여기서 성장과 발달은 사회적 · 문화적 · 생리적 그리고 유전적 차원의 많은 요소에 의해 달라질 수 있는 복합적 상징의 개념이다.

신체적 변화, 심리 및 기능적 변화와 같이 나타나는 각종 변화는 연령의 증가와 함께 나타난다. 발육은 이러한 모든 성장과 발달을 포함한 개념이며 성장기에는 성장과 발달이 균형적이어야 양호한 발육이 된다고 할 수 있다. 성인기가 되면 성장은 어느 정도 정지가 되고 신체 각 기관의 기능 발달도 점차 쇠퇴기로 접어든다. 성인기 이후 영양관리의 중요한 역할은 최적의 성장과 발달을 이룬 신체의 각 부분에 대하여 최적의 상태를 오래도록 유지하는 것이다.

생애주기 영양관리는 이러한 생애주기별 신체의 변화에 대한 최적의 상태를 만들기 위한 영양관리로서 시기별 개인의 요구에 맞추므로 건강한 삶의 유지에 필수적이라 할 수 있다.

그림 1-5 생애주기별 주요 식생활 모습

기대수명과 식품 섭취

기대수명이 양적 측면에서 건강 수준을 대표하는 지표라면, 건강수명은 건강의 질적 측면을 보여주는 지표이다. 건강수명은 기대수명에서 질병이나 사고로 원활히 활동하지 못하는 기간을 뺀 나머지 수명을 말하는 것으로 건강한 상태로 얼마나 오래 사는지를 보여준다. 기대수명의 증가와 함께 건강수명도 꾸준히 늘어나고 있다. 한국인의 건강수명은 2000년 67.4세에서 2019년 73.1세로 5.7년 정도 늘어났다. 건강수명의 연장은 한국인의 삶의 질이 양적 측면뿐만 아니라 질적 측면에서도 향상되고 있음을 보여준다.

의식주 중에서 사람들의 건강 유지에 가장 기본이 되는 식품의 섭취로 인해 건강 상태는 달라질 수 있다. 우리는 어떤 식생활을 해야 할까? 우리가 매일 먹는 음식과 어떤 관계를 가지고 있을까?

출처: e-나라지표, 국가발전지표, 2021. 1. 8.

3. 생애주기별 영양관리의 특성

인간의 생물학적 연령을 기준으로 정신적 측면과 사회발달적 측면을 고려하는 것이 인간의 생애주기를 분류하는 기본 개념이다. 인간은 자신이 속한 사회적 집단 내에서 물질적 · 정신적 · 사회문화적 활동을 공유하는 등 일상생활을 하면서 생애주기별 단계에 속하게 된다.

각 성장 · 발달 단계에 따른 생애주기별 신체적 · 정신적 · 사회적 특성에 근거하여 영양필요량을 충족하여야 건강한 삶을 유지할 수 있다. 그림 1–6처럼 생애주기는 태아기(수정에서 출생 이전까지), 영아기(출생 후 1세까지), 유아기 혹은 미취학 아동기(1세부터 초등학교 취학 전까지), 학령기(6세부터 사춘기의 발달 변화가 시작될 때까지), 청소년기(사춘기의 시작부터 남자는 20세, 여자는 18세까지), 성인기(청소년기 이후부터 64세까지), 노인기(65세 이후)로 분류한다. 일반적으로 성인기는 중 · 장년기로 세분하여 분류하기도 한다. 노인기는 노인 전기와 노인 후기로 나누기도 하는데, 특히 기대수명life expectancy이 점차 늘어감에 따라 노인기의 분류 기준에 대한 논의가 제기되고 있다.

기대수명

0세의 출생아가 향후 생존할 것으로 기대되는 평균 생존연수를 뜻하며, 평균수명 또는 기대여명이라고도 함

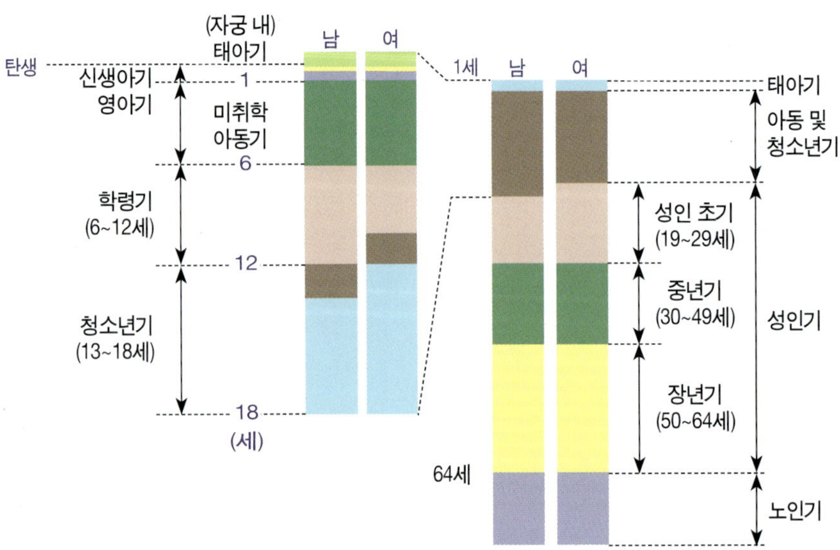

그림 1–6 생애주기의 분류

1) 태아기

모체에서 수정된 순간부터 출생까지의 기간을 태아기라 한다. 임신 초기 약 2주간을 제1단계 발아기 또는 발생기라고 하며, 태아의 급속한 세포분열이 진행되고 신체의 각 부분이 출현하기 시작한다. 제2단계 배아기는 임신 중기로 약 8주까지를 의미하며 손가락, 발가락, 피부, 지문, 머리털 등이 형성된다. 제3단계 태아기는 8주부터 출생까지로 임신 말기에 해당한다. 임신 말기는 신체 내부 기관과 뇌, 신경체계가 형성되는 시기이며, 수정 9주에 약 10 g의 배아는 출생 직전인 임신 40주 정도에 약 3,500 g으로 600배 정도 무게가 증가한다.

2) 영아기

출생 후 1년간 성장 · 발달이 이루어지는 시기를 영아기라고 하며, 생애주기에서 가장 성장 · 발달이 빠른 제1의 성장 급등기이다. 영아기에는 세포분열이 활발하고 빠르게 진행되며, 특히 두뇌와 신경조직이 급격히 발달하므로 정상적인 성장과 발달을 위해서는 필요한 영양소를 충분히 섭취하여야 한다. 영아의 외부 환경은 태내 환경과는 급속히 달라져 적응하는 매우 민감한 시기이며, 영양 공급은 유즙을 통해 이루어지므로 양육자에게 영양 · 식생활 지도가 요구된다.

영아는 모유수유를 하므로 수유부의 영양상태 및 영양섭취가 중요하다. 영아가 섭취하는 모유의 양과 질은 수유부의 모유 생성과 대사 정도에 따라 다를 수 있기 때문에 수유부를 대상으로 하는 영양관리 지도가 중요하다.

영아기에는 모유 또는 조제유만으로는 충분한 영양을 섭취할 수 없기 때문에 이유식 영양관리도 중요하다. 이유식 섭취는 모유수유만으로 부족한 영양 공급을 할 수 있고, 씹고 삼키는 훈련 등으로 올바른 식생활 습관을 이끌어 줄 수 있다. 이유식을 시작할 때는 영아의 성장 · 발달, 건강상태 등에 맞추어 이유식 식재료와 섭취 횟수, 분량 형태 등을 고려해야 한다. 이 시기는 식생활 행동 변화의 과도기로 유즙에만 의존하던 영아를 서서히 일반식으로 이끌어 새로운 식품과의 만남을 통해 식품에 대한 기호가 형성될 수 있다는 점을 고려해야 한다.

3) 유아기

1세 이후 5세까지 일반적으로 초등학교에 취학하기 전 시기를 유아기라고 하며, 성장률은 영아기에 비해 다소 감소하는 추이를 보인다. 이 시기의 유아에게 관찰되는 현상으로는 식욕 부진과 자아 형성과 관련된 식품 기호의 편중 등 식생활 문제 등이 나타날 수 있다. 식생활에 있어 부모나 보호자에 의존적인 경향을 보이며, 제공되는 음식의 양과 질에 의하여 성장에 차이를 보이기도 한다. 특히 점차 연령이 증가할수록 가정 밖에서의 식생활 중요도가 증가한다. 그 예로, 식품 섭취에 있어 스스로 식품 선택이나 구매 행동이 나타나지는 않으나 의사 표현이 가능해짐을 말한다.

또한 어린이집이나 유치원 등에서 보내는 시간이 길어짐에 따라 이곳에서의 점심과 간식의 섭취 등 식생활관리와 영양교육의 중요성이 증가한다.

따라서 유아기에는 유아 스스로와 주변 성인의 역할 그리고 환경이 중요한 시기임을 알 수 있다. 유아의 바람직한 식생활 행동 형성을 위해 가정, 어린이집, 유치원 등 유아가 있는 모든 장소에서의 식생활관리와 영양교육에 대해 더욱 관심을 가져야 할 것이다.

4) 학령기

6세부터 사춘기의 발달 변화가 시작될 때까지를 학령기라고 한다. 이 시기의 아동은 신체적, 정신적, 사회 · 심리적 발달이 이루어진다. 대부분 식생활과 영양섭취 수준이 초등학교 생활을 중심으로 결정되는 경향이 크다. 이 시기부터 남녀의 생리적 발달 유형에 따라 영양필요량을 분류하는 연령 기준이 달라지며, 남녀 간 발달 특징은 여아에게 더 일찍 나타난다. 여아에게서 사춘기 발현도 빨리 나타나며, 남아에 비하여 다소 짧을 수 있다. 이 시기의 성장속도는 다소 완만하고 유아기와 유사하며, 성장속도의 둔화는 향후 사춘기에 나타나는 급성장을 위한 체내 영양 보유기로 볼 수 있다.

학령기는 학교생활 등으로 인해 활동 필요량이 증가하고 향후 급성장을 위한 영양소의 공급 준비가 이루어진다. 이를 바탕으로 영양필요량을 산출해 보면 유아기에 비해 영양필요량은 상당히 많아진다. 학령기의 식생활은 친구와 미디어의 광고 등에 영향을 받으나, 학교나 부모의 교육이 무엇보다도 아동의 태도와 가치관 형성에 큰 영향을 줄 수 있다. 이에 아동과 부모를 대상으로 한 교육이 절실히 요구된다. 따라서 아동과 부모 및 가족을 대상으로 한 적극적인 건강 및 영양・식생활 교육은 아동의 건강・식생활 의식과 건전한 식습관을 형성시킬 수 있다.

5) 청소년기

청소년기에는 생애주기에서 2차 성징의 발현과 함께 제2의 성장 급등기가 나타나면서 이전까지와는 다른 독특한 성장과 발달 유형이 나타난다. 개인에 따라 사춘기가 일찍 올 수도 있고 늦게까지 지속될 수도 있기 때문에 사춘기의 시작과 종료 시기를 일률적으로 한성하기는 어렵다. 특히 이 시기는 개인마다 차이는 있으나, 대부분 급격한 성장을 보이기 때문에 영양필요량이 크게 증가함을 알 수 있다.

청소년기에는 식습관이 형성될 때에 자신의 가치관을 따르거나 생활환경에 따라갈 수도 있고, 건강에 유해한 음주나 흡연, 약물 등을 접할 수도 있으므로 집중적인 관심과 교육이 요구된다. 또한 체형에 대해 민감한 반응을 보이는 여자 청소년의 경우 저체중과 함께 거식증anorexia nervosa과 폭식증bulimia nervosa 등의 섭취장애와 빈혈 등의 영양문제가 제기되며, 남자 청소년의 경우 국민건강영양조사 결과에서 나타난 바와 같이 과체중과 비만이 급증하므로 스스로 식생활을 조절할 수 있도록 적극적인 영양지도가 필요하다.

거식증
체중 증가에 대한 극도의 두려움을 보이는 섭식장애

폭식증
음식을 조절할 수 없는 식사장애의 일종으로 체중 증가를 막으려고 구토행동을 하는 증세

6) 성인기

성인기는 청소년기 이후부터 64세까지로 보며, 인간의 전 생애를 나누어 볼 때 가장 길다. 성인기에는 사춘기의 성장속도에 비해 급격히 감소하면서 성장보다는 발달과 유지가 강조된다. 성인기의 영양관리는 청소년기에 완성된 신체의 성장 수준을 발달시키고 유지할 수 있는지가 중요하다. 신체의 생리적 활성 정도는 발달을 통하여 신체적으로 최고의 정점에 도달한 후 점차 감소하는 변화를 경험하며, 남녀 모두 성호르몬의 변화에 따라 신체적·심리적 변화도 같이 겪게 된다. 에너지소비량은 점차 감소하며, 식생활을 비롯한 불규칙한 생활 행태로 인하여 체지방량이 증가하면서 비만의 위험이 높아지고, 신체기관의 기능이 점차 감퇴하여 만성대사성 질환의 발생이 증가할 수 있는 시기이다.

만성대사성 질환
장기간 서서히 진행되는 대사성질환으로 심뇌혈관질환, 당뇨, 고혈압 등이 있음

최근 생애전환기 건강관리의 중심 시기로 성인기를 인식하는 경향이 증가하면서 건강한 노년기를 위한 식생활관리의 중요성이 제기되고 있다. 건강체중 개념의 인식과 균형 잡힌 식사인 한식의 우수성, 규칙적인 운동의 생활화가 강조되고 있다.

7) 노인기

노인기는 65세 이후의 시기이다. 성인기에 이루어진 신체기관의 성숙이 전반적으로 세포 수 및 기능이 감퇴하는 노인기에는 감각기관이나 내분비기관을 비롯한 모든 기관의 기능이 감퇴한다. 이 때문에 소화와 흡수 및 대사와 배설과 같이 신체 전반에 이르는 기능이 감소하고, 기능적 예비능력뿐 아니라 면역능력까지도 약화되어 질병 감염과 질환 발생이 증가한다. 물론 개인마다 노년에 이르는 동안의 생활습관과 유전적 소인은 신체 기능의 퇴화 정도를 달리할 수 있다. 노인의 이러한 신체적 기능 저하와 함께 경제적 환경의 악화나 심리적 위축, 거동의 불편은 식욕 저하와 식사 준비의 어려움을 초래하여 많은 노인에게 영양불량의 위험이 증가하는 것으로 보고되고 있다.

보건복지부(2022)에서는 노인의 만성질환을 종류별로 제시하였는데, 2020년 기

준으로 고혈압 56.8%, 당뇨병 24.2%, 고지혈증(이상지질혈증) 17.1%, 골관절염·류머티즘관절염 16.5% 순으로 나타났다. 이외에도 요통, 좌골신경통, 골다공증, 백내장, 심장질환 등 다양한 만성질환을 보이고 있다.

만성질환의 대부분은 식생활과 관련이 있으므로, 노인기에 만성질환 유병률을 낮추고 치료와 증상 발현의 억제를 위해서는 영양관리가 매우 중요하다.

한국인 영양소 섭취기준

건강한 개인 및 집단을 대상으로 하여 국민의 건강을 유지·증진하고, 식사와 관련된 만성질환의 위험을 감소시켜 궁극적으로 국민의 건강수명을 증진하기 위한 목적으로 설정된 에너지 및 영양소 섭취량 기준이다.

영양소 섭취 부족의 예방을 목적으로 하는 3가지 지표로 평균필요량, 권장섭취량, 충분섭취량과 과잉 섭취로 인한 건강문제 예방을 위한 상한섭취량, 그리고 만성질환위험감소섭취량을 포함하고 있다.

표 1-1 한국인 영양소 섭취기준(Dietary Reference Intakes Koreans, KDRIs)의 지표

종류	개념
평균필요량	건강한 사람들의 1일 영양소 필요량의 중앙값으로, 영양상태를 판정할 수 있는 평가기준이 있을 때 추정 가능한 수치
권장섭취량	대부분의 사람들의 영양소 필요량을 충족시키는 섭취 수준으로, 평균필요량에 표준편차의 2배를 더하여 산출한 수치
충분섭취량	영양소의 필요량을 추정하기 위한 과학적 근거가 부족할 경우, 건강을 유지하는 데 충분한 양을 설정한 수치
상한섭취량	인체에 유해한 영향이 나타나지 않는 최대 영양소 섭취 수준으로, 과량 섭취 시 유해 영향이 나타날 수 있다는 근거가 있을 때 설정한 수치
만성질환위험감소섭취량	건강한 사람들의 만성질환의 위험을 감소시킬 수 있는 최저 수준의 섭취량으로, 해당 기준치 이하로 섭취했을 때 위험을 감소시킬 수 있다는 근거가 있을 때 설정한 수치

출처: 보건복지부, 한국영양학회, 2020

4. 생애주기별 영양관리의 중요성

초고령화 사회
65세 이상 인구가 7% 이상일 때 고령화 사회, 14% 이상일 때 고령 사회, 20% 이상일 때 초고령화 사회로 분류함(UN의 분류 기준)

UN 기준에 따르면 우리나라는 2026년에 인구의 20%가 65세 노인인구로 구성되는 초고령화 사회로 진입할 것을 예상하고 있다. 이에 우리는 행복하고 건강한 삶의 초석을 마련하기 위해 생애주기별 올바른 영양 섭취와 건강한 식생활관리가 개인적 측면이나 국가적 측면에서 꼭 필요하다.

우리나라는 산업화·도시화 그리고 1인 가구의 증가 등 가족 형태의 변화, 저출산·고령 인구의 증가 등으로 생애주기별 맞춤형 영양관리의 중요성이 더욱 요구되고 있다. 따라서 생애주기별 영양관리 방안에 대한 중점사항을 다음과 같이 제시할 수 있다.

첫째, 영유아기의 영양관리는 가정뿐만 아니라 어린이집이나 유치원 등에서도 그 중요성이 증가하고 있다. 따라서 가정과 어린이집, 유치원 등의 기관에서 영양·식생활 관리의 중요성이 강조된다.

둘째, 아동과 청소년 시기의 바람직한 식습관 형성을 위한 영양교육의 필요성이 점차 증가하고 있다. 이는 부모나 보호자에 의해 식생활관리가 이루어지는 미취학 아동 시기와 비교하여, 학령기와 청소년기에는 개인의 식품 선택의 기회가 증가하기 때문이라고 볼 수 있다.

셋째, 청년층과 중·장년층의 편의식 선호와 가정식보다 외식 의존도가 높아지면서 영양불균형 문제가 제기되고 있다. 또한 가임기 젊은 여성의 마른 몸매에 대한 비정상적 선호와 육아에 대한 부담감으로 인하여 출산을 기피하는 경향이 늘고 있다. 따라서 이 시기의 영양·식생활 교육이 중요하며, 스스로 식품을 선택하고 영양관리를 할 수 있도록 개선 및 환경 조성이 필요하다. 성 및 연령 그리고 개인의 상황에 따라 건강체중에 대한 올바른 인식과 이에 대한 정확한 정보 제공 및 교육 또한 필요할 것으로 보인다.

넷째, 고령화, 고령, 초고령 사회를 대비하여 건강한 노후를 위한 식생활 습관의 확립에 관한 영양·식생활 교육의 필요성이 커지고 있다. 활동성이 감소하고, 독거노인의 주거 형태가 증가하는 상황이므로 고령층을 대상으로 찾아가는 맞춤형 영양 · 식생활 관리 서비스 지원이 중요하다. 또 양호한 식생활로 만성질환을 예방하여 삶의 질을 확립하는 것이 무엇보다도 중요해졌다.

이렇듯 생애주기별 맞춤형 영양관리를 위해서는 생애 발달단계별 특징과 문제를 파악하고 적절한 교육 및 지원 방향을 모색하는 것이 필요하며, 생애주기별 영양관리의 중요성에 대한 올바른 이해와 영양중재 등의 방안을 마련하여야 할 것이다.

한국인의 비만

비만은 각종 만성질환의 원인이다. 특히 식생활의 변화에 따른 영양소 섭취량의 불균형이 비만의 주요 원인이 될 수 있다.

우리나라의 비만은 미국 등 선진국에 비해 다소 낮지만, 점차 증가하고 있다. 전체 비만율은 2008년 30.7%에서 2020년 38.3%로 증가하였고, 성별로 보았을 때는 남자(12.7%)가 여자(2.5%)에 비해 비만율이 크게 증가하였다. 연령별로는 30~39세 13.6%, 19~29세 9.6%, 70세 이상 6.0%, 40~49세 4.6%, 60~69세 3.9%, 50~59세 2.8% 순이었다. 특히 20~30대의 비만율이 다른 연령에 비해 크게 증가하였음을 알 수 있다.

영양교육은 바람직한 식습관 형성을 위해 성장기에 특히 중요하다. 그러나 바람직한 식습관을 유지하기 위해 성인기의 영양교육도 중요함을 비만율을 통해 알 수 있다. 대상별 맞춤형 영양교육은 바람직한 식습관의 형성 및 유지에 도움을 주며, 이는 비만율을 감소시켜 만성질환의 유병률을 낮출 수 있는 좋은 방법이 될 것이다.

표 1-2 성별 및 연령 집단별 비만율(%)

연도(년)		2008	2009	2010	2011	2012	2013	2014	2015	2016	2017	2018	2019	2020
전체		30.7	31.3	30.9	31.4	32.4	31.8	30.9	33.2	34.8	34.1	34.6	33.8	38.3
성별	남자	35.3	35.8	36.4	35.1	36.3	37.7	37.8	39.7	42.2	41.6	42.8	41.8	48.0
	여자	25.2	26.0	24.8	27.1	28.0	25.1	23.3	25.9	26.4	25.6	25.5	25.0	27.7
연령 집단	19~29세	23.0	22.1	20.5	21.7	22.4	22.4	23.9	23.5	27.2	29.4	26.9	27.6	32.6
	30~39세	28.0	29.5	31.0	31.5	32.5	33.2	31.8	32.9	34.2	33.4	37.8	34.9	41.6
	40~49세	34.4	34.7	34.1	35.4	39.2	33.7	31.1	35.6	39.0	35.3	36.8	35.6	39.0
	50~59세	37.4	40.0	35.3	35.7	34.0	37.3	35.4	38.3	36.1	38.0	35.2	36.5	40.2
	60~69세	37.2	37.0	40.7	38.8	38.5	36.3	36.8	40.1	40.2	38.0	36.8	37.3	41.1
	70세 이상	29.3	31.1	30.6	29.7	31.1	33.8	32.1	37.4	37.5	34.7	38.0	34.3	35.3

출처: 보건복지부, 질병관리청, 2022

단원정리

1 성장과 발달은 인체를 구성하는 세포의 수와 크기가 증가하는 성장과 각 세포와 이로 구성된 조직과 기관의 기능이 정교해지는 신체의 발달로 나눌 수 있다. 특히 개인마다 각기 다른 속도로 성장과 발달을 하며 전반적인 성장속도에 차이가 있다. 스캐먼(R. E. Scammon)은 이러한 신체의 조직과 장기의 성장을 생애주기와 성장속도와의 관계를 일반형, 신경형, 림프형, 생식형으로 분류하였다.

2 생애주기 영양관리는 생애주기별 신체의 변화에 대한 최적의 상태를 만들기 위한 영양관리로서, 시기별 개인의 요구에 맞추는 영양관리이므로 매우 역동적이라 볼 수 있다.

3 생애주기별 분류는 성장 · 발달의 관점에서 연령을 중심으로 나누고 있으며, 사회적 소속감을 반영하여 구분하고 있다. 특히 생애주기별 신체 각 기관의 성장과 발달 그리고 유지 정도는 개인의 영양섭취와 관련 생활습관에 따라 달라질 수 있다.

4 생애주기별 건전한 식생활을 선택함으로써 각종 질환을 예방하고 삶의 질을 확립하는 것이 무엇보다 중요하다. 이에 정확한 생애 발달단계별 특징과 문제를 파악하고, 최적의 성장과 발달을 위해 교육 및 지원을 통한 적절한 영양관리가 매우 중요하다.

연습문제

1 스캐먼(R. E. Scammon)은 신체 제 기관의 성장률을 4가지 유형으로 구분하여 제시하였다. 4가지 유형에 해당하지 않는 것은?

① 일반형 ② 신경형 ③ 림프형 ④ 생식형 ⑤ 영양형

2 생애주기 중 (㉠)와 (㉡)는 식생활 습관이 형성되고 식생활에 대한 전체적인 감정적 발달이 나타나는 시기로 특히 영양관리와 영양교육이 중요하다. (㉠)와 (㉡)에 해당하는 시기는? (2개 고르시오.)

① 유아기 ② 학령기 ③ 청소년기 ④ 성인기 ⑤ 노인기

3 생애주기 중 ( )는 성장보다는 발달과 유지가 강조되는 시기이다. 특히 생애전환기 건강관리의 중심 시기로 식생활관리의 중요성이 더욱 부각되고 있다. 이에 해당하는 시기는?

① 유아기 ② 학령기 ③ 청소년기 ④ 성인기 ⑤ 노인기

4 인간의 성장과 발달 그리고 유지와 쇠퇴 정도에 영향을 주는 요인에는 무엇이 있는지 생각해 보자.

5 생애주기별 최적의 성장과 발달을 위한 적절한 영양관리 방법에 대해 생각해 보자.

CHAPTER 2 임신기 영양

1. 임신기의 생리적 변화
2. 임신기의 영양관리
3. 임신기의 건강문제

C H A P T E R

2

학습목표

1. 임신이 성립되는 과정과 임신 관련 호르몬의 역할을 설명할 수 있다.
2. 임신기의 태아 발육단계를 설명할 수 있다.
3. 태반을 통한 영양소의 이동을 설명할 수 있다.
4. 태아 성장에 영향을 미치는 요인을 열거할 수 있다.
5. 임신으로 인한 모체의 생리적 변화를 설명할 수 있다.
6. 임신기 영양 부족과 과잉의 문제점을 설명할 수 있다.
7. 임신기의 영양소 섭취의 중요성과 영양소 섭취기준을 설명할 수 있다.
8. 임신기 영양 요구를 충족하기 위한 적절한 식생활 관리방안을 제시할 수 있다.
9. 임신기 건강문제를 파악하고 이에 대한 관리방법을 제시할 수 있다.

임신기 영양은 임신 전 과정 동안 임신부의 건강은 물론 정상적인 태아의 성장과 발달을 위한 영양관리를 포함한다. 임신기의 부적절한 영양관리는 임신부의 질병 발생, 태아의 성장 지연, 선천성 기형, 유산, 조산, 사산 등 부정적인 결과를 초래한다. 청소년 임신, 고령 출산의 증가 등 사회적 변화도 고위험 임신을 증가시키는 요인이다. 반면, 임신기의 적절한 영양관리를 통해 태아의 건강뿐만 아니라 출생 후 생애 전 기간의 건강을 보장받을 수 있다는 연구 결과는 이 시기의 영양관리 중요성을 다시 한 번 강조한다.

임산부 vs 임신부?
'임신부'는 아이를 임신하여 낳기 전까지의 여자로 '임부'와 같은 말. '임산부'는 아이를 임신한 여자(임부)와 아이를 갓 낳은 여자(산부)를 아우르는 말로 임신부보다 더 넓은 의미임

1. 임신기의 생리적 변화

1) 임신과정

(1) 월경주기

수정과 임신을 준비하기 위해 난소와 자궁은 각기 주기적으로 변화(평균 28일, 24~35일)를 겪게 되는데, 이를 월경주기라고 하며 난소주기와 자궁주기로 구성된다(그림 2-1). 월경주기는 매월 성숙된 난자 1개를 생성하여 배란이 가능하게 하며, 수정이 이루어질 경우에는 수정란을 보호하고 임신이 유지되도록 자궁 내 환경을 조절한다. 월경주기는 시상하부, 뇌하수체 및 난소에서 분비된 호르몬들 간의 복잡한 상호작용에 의해 조절된다(표 2-1).

난소주기는 난포기와 황체기로 구분된다. 난포기는 월경 시작부터 배란까지의 기간으로서 10~21일 동안 지속되고, 나머지 기간은 황체기로서 14일간 지속된다. 난소주기와 같이 일어나는 자궁 내 주기적인 변화를 자궁주기라고 한다. 월경기는 자궁주기에서 초기 난포기(1일에서 3~5일)에 해당하고, 증식기는 나머지 난포기인 월경이 끝나는 날에서 배란까지이며, 분비기는 황체기에 해당한다.

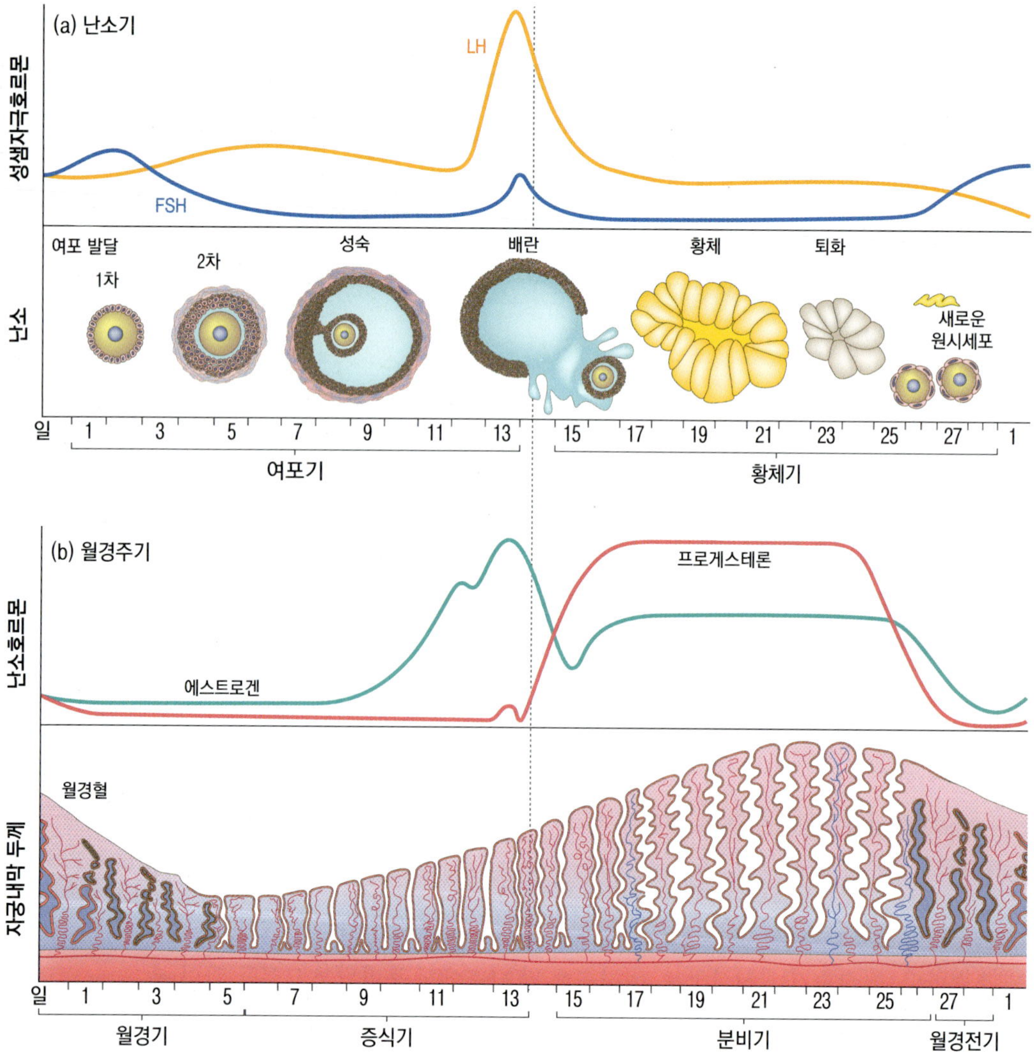

그림 2-1 월경주기

출처: 민혜선 외, 2013

표 2-1 월경주기와 호르몬의 작용

월경주기		호르몬의 분비와 작용
난소주기	난포기	• 월경주기의 전반부에 해당되는 시기로 뇌하수체호르몬인 난포자극호르몬(follicle stimulating hormone, FSH)과 황체형성호르몬(leutenizing hormone, LH)의 영향을 받아서 난자가 발달하고 성숙하며 난소의 난포에서 영양을 공급받는다. • 배란 직전 혈액의 FSH와 LH는 최고치에 달했다가 배란 후에 감소한다.
	황체기	• 배란 후 난포는 황체로 발달하며, 황체는 다량의 프로게스테론과 에스트로겐을 분비한다. • 이들 호르몬은 자궁내막의 분화를 촉진하여 수정된 난자가 자궁 내에서 잘 보호되고 성장하는 것을 도와준다. • 만약 난자가 수정되지 않으면 황체에서의 호르몬 생성은 감소하고 난포 발달의 다음 주기를 위해 FSH와 LH 분비가 자극된다.
자궁주기	월경기	• 월경은 난자가 수정되지 않을 경우 황체가 퇴화됨에 따라 혈중 에스트로겐과 프로게스테론이 감소하는 것에 대한 반응으로 자궁내막이 떨어져 배출되는 것이다. • 죽은 조직이 분리되면서 혈관이 파열되어 출혈되는 것이 월경혈이다.
	증식기	• 월경이 끝나면 자궁은 다음 번 배란에서 임신이 될 가능성에 대비한다. 월경으로 떨어져 나간 조직이 다시 증식하여 두꺼워지며, 선조직이 커지고 혈관이 풍부하게 발달한다. • 증식이 일어나는 자궁의 변화는 난포에서 분비되는 혈중 에스트로겐에 의해 촉진된다.
	분비기	• 이 시기에는 황체에서 분비된 에스트로겐과 프로게스테론에 의해 자궁내막이 착상과 태아발달에 유리한 형태로 변한다. • 난자가 수정되면 황체가 퇴화하지 않으므로 프로게스테론과 에스트로겐이 계속 높은 상태로 지속되어 임신 기간에 분비기가 유지된다.

(2) 수정과 착상

배란된 난자와 정자가 결합하여 수정되면 임신이 시작된다(그림 2-2). 사정 시 약 3억 개의 정자가 배출되지만 자궁을 거쳐 난관에 도달하는 정자는 약 100여 개 정도이다. 그중 단 한 개의 정자만이 난관 팽대부에서 난자의 세포질을 통과하여 세포핵과 접촉할 수 있다. 정자의 세포핵과 난자의 세포핵이 만나 23쌍의 염색체를 가진 수정란은 자궁 쪽으로 이동하면서 분열을 시작하고, 수정된 지 6일 정도 후 수정

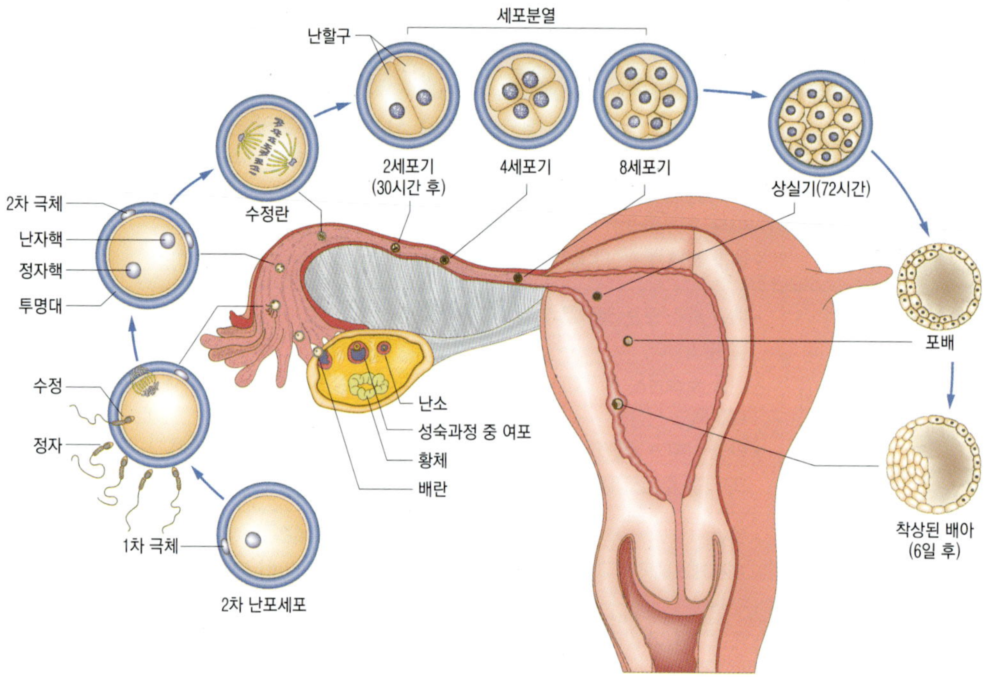

그림 2-2 수정과 착상

자료: 민혜선 외, 2013

란은 포배 형태blastocyst로 자궁에 착상한다. 포배는 내세포괴inner cell mass와 영양막trophoblast의 두 가지 세포군으로 구성되는데, 내세포괴는 이후의 발달과정을 거쳐 배아, 태아로 발달하고, 자궁벽에 접촉한 영양막은 수정 후 5주가 지나면 두꺼워지면서 배아를 감싸는 튼튼한 주머니처럼 생긴 융모막chorion으로 변하여 이후 태아에 영양물질과 호르몬을 공급할 태반으로 발달한다.

(3) 태반 형성과 태아발달

① 태반

초기 배아는 모체로부터 확산에 의해 산소와 영양소를 제공받지만, 발달이 진행됨에 따라 태아의 혈류와 모체 혈류 사이 원활한 물질교환을 위해 태반이 발달한다(그림 2-3). 임신 4개월 무렵에 완성되는 태반은 출생 시에는 그 크기가 지름 15~20

cm, 두께 1~3 cm, 무게 0.5~1 kg 정도가 된다. 태반은 모체의 자궁동맥과 정맥, 그리고 태아 제대umbilical cord동맥과 제대정맥 내 혈액이 서로 혼합되지 않으면서 모체와 태아 사이의 물질을 교환한다. 태반은 모체 혈액에서 공급되는 포도당의 30~40%를 사용하므로 모체로부터 영양 공급이 부족하면 태아로 영양소가 전달되기 전에 태반이 우선적으로 사용한다. 그 밖의 태반의 기능은 표 2-2에 제시하였다.

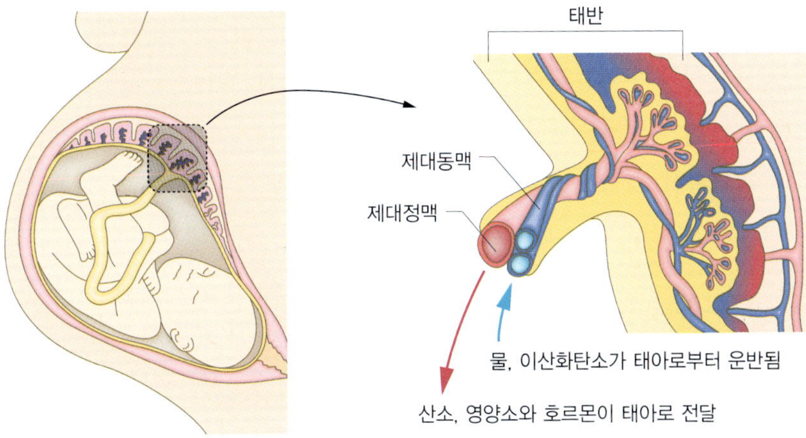

그림 2-3 태반의 구조

표 2-2 태반의 기능

항목	기능
영양소와 노폐물 운반	• 모체로부터 영양소와 산소가 태반을 통해서 태아로 운반된다. 모체혈액 내 영양소의 농도는 태아의 혈액에서의 농도보다 높다. • 태반은 태아 내에서 생성된 노폐물과 탄산가스를 모체 측으로 보내는 통로로도 작용한다. • 임신 후반기에는 자궁 혈류량이 급격히 증가하여 태아에게 영양소와 산소를 공급함으로써 태아의 성장을 지속시킨다. • 태반막은 영양소와 기체 교화, 투과성을 증가시킨다.
영양소의 조절	• 모체가 영양소를 대량 섭취하여 혈액 농도가 높아져도 태반에 일시 저장하여 태아에게 직접 대량으로 이동되지 않도록 조절하며, 영양소가 부족한 경우에는 합성하기도 한다. • 모체의 아미노산 농도가 낮아도 태반과 태아의 아미노산 농도가 증가하는 것을 볼 수 있다.

계속

항목	기능
호르몬 분비	• 태반에서 분비되는 호르몬에는 에스트로겐, 프로게스테론, 융모막 생식샘자극호르몬, 태반락토겐, 성장호르몬 등이 있다. • 이 호르몬들은 태아와 모체에게 필요한 영양소의 합성과 대사에 영향을 주어 태아의 성장과 모체의 건강 유지에 중요한 역할을 한다.
보호 역할	• 세균 등에 의한 감염으로부터 태아를 보호한다.

임신과정 동안 상당량의 혈액이 태반 쪽으로 순환하여 영양소가 태아에게 전달된다. 임신기 모체의 영양불량은 태반의 크기를 감소시키고 결과적으로 태아 성장을 저해한다. 태반을 통한 영양소 이동 기전은 복합적이면서 잘 조절된 과정으로 단순확산, 촉진확산, 능동수송 및 음세포작용 등의 방법으로 영양소가 이동된다(표 2-3).

표 2-3 태반을 통한 영양소의 이동

이동 기전	방법	이동 영양소
단순 확산	농도차에 의해 모체혈액의 농도가 높은 영양소가 태아 제대혈액의 낮은 농도 쪽으로 이동	산소, 이산화탄소, 물, 일부 아미노산과 포도당, 유리지방산, 콜레스테롤, 스테로이드, 뉴클레오타이드, 케톤체, 비타민 E와 K, 전해질(나트륨, 염소)
촉진 확산	운반체를 이용하여 보다 빠른 속도로 영양소가 이동(농도가 높은 쪽에서 낮은 쪽으로 수송)	일부 포도당, 철, 비타민 A와 D
능동 수송	에너지(ATP)를 이용한 물질의 이동으로 농도차에 역행해서 태아쪽 제대혈의 농도가 모체 혈액보다 높아도 제대혈 방향으로 영양소 이동	아미노산, 일부 무기질(칼슘, 철, 요오드, 인), 수용성 비타민
음세포 작용	세포막에 의해 물질을 집어삼키는 형태의 이동	면역글로불린, 알부민

② 태아의 성장과 발달

수정란은 수정란기, 배아기, 태아기의 세 단계를 거쳐 발달한다. 임신기간은 약 280일(40주)로 이 기간에 태아가 성장·발달한다(그림 2-4, 표 2-4). 태아의 신체 기관과 조직의 발달은 임신주기 16주까지 주로 이루어진다. 각 조직의 발달은 임신 주수에 따라 결정적인 시기와 계속 발달되는 시기로 나눌 수 있다. 뇌신경계, 폐, 신장, 팔, 다리, 눈, 귀 등은 임신 초기에 분화·발달하며, 치아, 입천장, 외성기 등은 이후에 분화된다. 이러한 결정적 시기에 영양이 부족하면 태아에 좋지 못한 영향을 미친다.

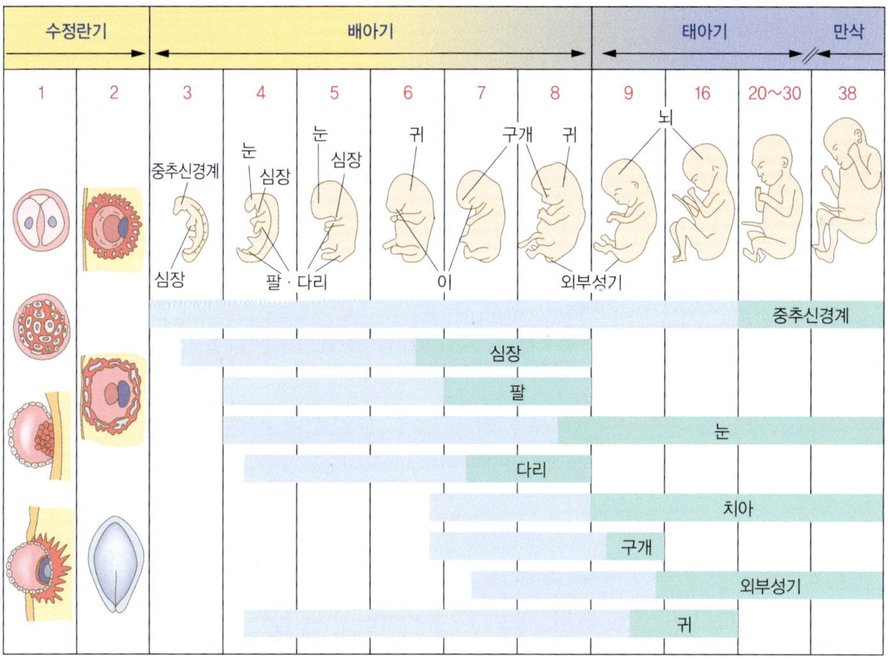

보라색 막대기는 주요 형태학적 기형이 발생하는 시기이며, 녹색 막대기는 기능적 결손과 사소한 형태학적 기능이 발생하는 시기임

그림 2-4 태아의 성장과 발달

출처: Moore, KL & Persaud, TVN, 1998

표 2-4 정상적 배아와 태아의 성장과 발달과정

기간		발달
수정~착상*	수정란기 (fertilization period)	• 수정란이 세포분화하여 머리, 외배엽, 내배엽 등의 팽배가 나타나기 시작하는 시기로 형태 발생기이다. • 아직 사람의 형체를 갖추지 않은 채 융모조직에 둘러싸여 모체의 자궁벽을 통해서 영양물질을 얻는다. • 수정란의 착상은 임신의 지속과 태아의 정상적 성장에 매우 중요하므로 착상이 유지되도록 각별한 주의가 필요하다.
착상~8주	배아기 (embryo period)	• 신체 주요 기관과 조직이 형성되고 분화되는 시기이며 사람의 형태를 갖추고 있지 않아 배아라고 한다. • 형태 발달의 첫 번째 단계는 배아가 3배엽으로 발달한 후 세포분화에 의해 외배엽에서는 뇌, 신경계, 피부 등이 형성되고, 중배엽에서는 심장순환계, 신장, 근육 및 골격계통이 만들어지며, 내배엽에서는 소화기, 호흡기 및 선 조직들이 발달한다. • 세포분화가 왕성하며 각 조직과 기관의 발달이 이루어지므로 적절하고 균형 잡힌 영양이 매우 중요하다. • 반면 이 시기의 영양소 결핍은 선천성 기형이나 태아의 발달장애를 초래하거나 유산의 위험을 높일 수 있다.
9주~출산	태아기 (fetus period)	• 태반이 형성되고 탯줄을 통해 태아에게 영양이 공급된다. • 일생 중 성장속도가 가장 빠른 시기로 태아의 무게는 배아기 때 약 6 g에서 3,000 g 이상 증가한다. • 임신 후반기에는 마그네슘, 철, 칼슘 등의 태아 저장량이 증가한다. • 임신 후반기의 영양결핍은 전반적인 성장저해의 원인이 된다.

* 난자 배출 후 10~14일

(4) 분만

수정부터 38주, 마지막 월경 시작일로부터는 40주가 분만예정일이 된다. 대게 38~41주를 정상분만으로 본다. 분만은 진통이라고 불리는 강력한 자궁수축에 의해 개시되는데 이는 뇌하수체후엽호르몬인 옥시토신과 자궁에서 생성되는 프로스타글란딘의 작용이다. 분만이 진행되면서 양수가 터지고 진통은 더욱 강해지면서 자궁경부가 10 cm 이상 벌어진 후 태아가 만출된다. 출산 15~30분 경과 후에는 후산진통이 일어나면서 태반이 모체 밖으로 배출된다.

2) 임신기의 모체의 생리적 변화

임신기간 중 모체는 수정란의 착상, 태반의 발달 및 태아의 성장으로 인해 많은 생리적 변화를 겪게 된다(표 2-5). 이러한 변화는 모체와 태아의 영양요구량을 충족하여 태아의 정상적인 성장을 유지하고, 분만 후 성공적인 수유를 준비하기 위한 것이다.

표 2-5 임신기간 중 모체 생리의 정상적인 변화

기관	변화
호르몬	• 태반은 임신 유지를 위한 다양한 호르몬 분비(표 2-6 참조)
대사	• 임신 후반기에 기초대사량 증가 • 체온 증가 • 영양소 대사의 변화
혈액	• 혈액 부피의 증가 – 혈액 부피 20% 증가 – 혈장 부피 50% 증가 – 부종(임신 여성의 60~75%) • 혈액 희석(hemodilution) – 혈중 대부분의 비타민과 무기질 농도 감소 • 혈액 지질 수준 – 혈중 총 콜레스테롤, LDL-콜레스테롤, 중성지방, HDL-콜레스테롤 증가 • 혈액 포도당 수준 – 인슐린 저항성 증가로 혈장의 포도당과 인슐린 농도 증가
순환기계	• 심장 박동수와 박출량 증가로 심박출량 30~50% 증가
호흡기계	• 폐환기량 증가 • 산소 섭취량 10% 증가
위장관계	• 위장관 근육의 이완 • 위장관 통과시간 지연 • 메스꺼움, 구토 • 가슴 쓰림 • 변비
식품 섭취	• 식욕과 식품 섭취의 증가로 인한 체중 증가 • 미각과 후각의 변화, 음식에 대한 선호도가 달라짐 • 갈증 증가

계속

기관	변화
신장	• 사구체여과율 50~60% 증가 • 나트륨 보유 증가 • 소변을 통한 영양소 손실 증가
면역체계	• 면역기능 감퇴 • 요로와 생식기계 감염 위험 증가
체중 증가	• 모체 기관과 조직(심장, 갑상샘, 간, 신장, 자궁, 가슴, 지방조직)의 확대로 인한 증가

출처: Brown, JE et al., 2011

(1) 호르몬의 변화

융모막 생식샘 자극호르몬
초기 임신 진단에 이용되는 지표

임신기간에 에스트로겐과 프로게스테론의 혈장 수준은 꾸준히 증가한다(그림 2-5). 이 두 호르몬은 황체에서 분비되는데, 수정이 되면 임신 초기 2개월간 황체에서 활발하게 분비된다. 이는 착상 시점부터 영양막에서 분비되는 융모막 생식샘자극호르몬human Chorionic Gonadotropin, hCG이 황체가 퇴화되지 않고 에스트로겐과 프로게스테론이 분비되도록 자극하기 때문이다. 마지막 월경일로부터 3개월이 되면 hCG 수준이 감소하고 황체도 퇴화하지만, 이후 태반에서 에스트로겐과 프로게스테론이 계속 분비된다. 에스트로겐은 자궁과 태반, 유방의 발육에 관여하며 출산 시 자궁을 확장시키는 작용을 한다. 대사적으로는 지방의 합성과 저장, 단백질의 합성을 증가시킨다. 프로게스테론은 유산 방지, 배란 억제, 태아의 성장에 따라 자궁평활근을 이완시킨다. 위장관을 이완시켜 장의 운동을 감소시키고 이로 인해 영양소의 흡수시간을 연장시킨다. 유즙 분비를 위한 유방의 발달, 모체 내 지방의 축적 및 신장에서 나트륨의 배설에도 관여한다.

태반에서 분비되는 또 다른 호르몬인 태반락토겐huamn placental lactogen, hPL은 유즙 분비, 성장 촉진의 작용과 함께 모체에서 에너지원으로 지방을 이동시키고 글리코겐을 분해하여 혈당을 증가시킨다.

뇌하수체 전엽에서 분비되는 프로락틴은 유즙의 합성을 돕고, 임신 3개월 이후부터 인슐린의 저항성이 증가되면서 췌장에서의 인슐린 분비가 증가하는데 심한 경

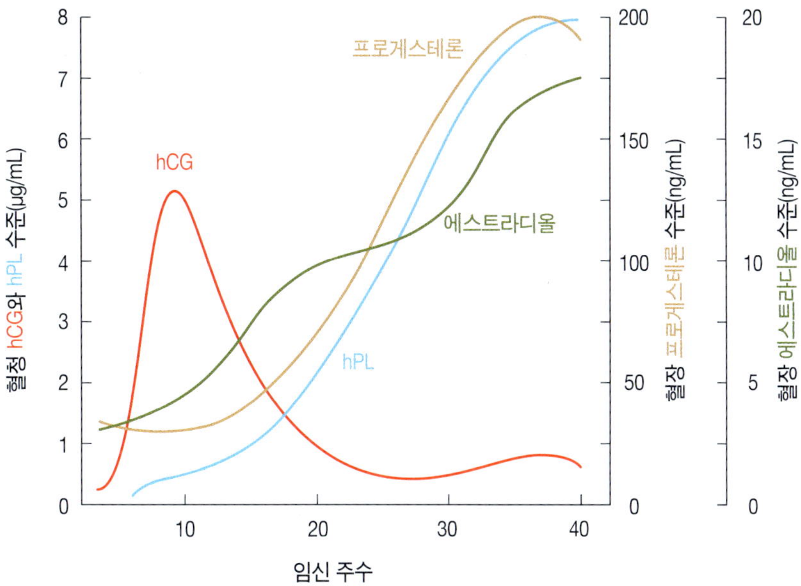

그림 2-5 임신기간 중 호르몬 분비의 변화

출처: 민혜선 외, 2013

우 임신성 당뇨를 유발하기도 한다. 임신 중 증가하는 혈액량을 유지하기 위해 부신에서는 알도스테론과 신장에서 레닌 분비량이 증가된다. 임신 중 갑상샘호르몬의 분비량 증가로 인해 기초대사율과 산소 소비량이 증가한다(표 2-6).

표 2-6 임신기간 중 분비되는 호르몬과 그 역할

분비 장소	호르몬	역할
태반	프로게스테론	• 위장운동 감소 • 지방 합성 촉진 • 신장에서 나트륨 배설 증가
	에스트로겐	• 혈장 단백질 감소 • 결체조직의 친수성 증가 • 뼈의 칼슘 방출 저해 • 부갑샘선호르몬 작용 억제
	태반락토겐	• 글리코겐 분해에 의한 혈당 증가

계속

분비 장소	호르몬	역할
태반	융모막 생식샘자극호르몬	• 에스트로겐과 프로게스테론을 생성하는 황체 자극 • 초기 임신 유지 • 자궁내막 성장 자극
	융모성 소마토트로핀	• 태아의 포도당 유용성을 증가시키기 위하여 모체 인슐린 저항성 증가 • 단백질 합성 증가 • 모체의 사용을 위하여 에너지원으로 지방 분해 증가
	렙틴	• 식욕과 지질대사 조절, 체중 증가에 관여
뇌하수체 전엽	프로락틴	• 유즙 생성 촉진
	성장호르몬	• 혈당 증가 • 뼈의 성장 자극 • 질소 보유 증가
	갑상샘자극호르몬	• 갑상샘 내로 요오드 유입 증가 • 티록신 분비 자극
뇌하수체 후엽	옥시토신	• 분만 시 자궁 수축에 관여 • 유즙 분비 촉진
부신피질	알도스테론	• 나트륨 보유, 칼륨 배설 촉진
	코르티손	• 단백질 분해로 인한 혈당 증가
갑상샘	티록신	• 기초대사율 조절
부갑상샘	부갑상샘호르몬	• 뼈에서 칼슘 방출 증가 • 소장 내 칼슘 흡수 증가 • 요 중 인 배설 증가
췌장 α세포	글루카곤	• 글리코겐 분해에 의한 혈당 증가
췌장 β세포	인슐린	• 임신 초기 : 인슐린 민감성 상승 • 글리코겐과 지방 축적 • 임신 말기 : 인슐린 저항성 상승 • 당신생합성 촉진
신장	레닌-안지오텐신	• 알도스테론 분비 자극 • 나트륨과 수분 보유 • 갈증 유발

출처: Worthington-Roberts, BS & Williams, SR, 2000; Brown, JE et al., 2011

(2) 대사의 변화

임신 중 태아의 성장을 위해 충분한 에너지와 영양소를 공급하고 동시에 모체 필요량을 충족시키기 위해 영양소의 흡수, 대사, 저장, 배설 방법 등에 급격한 변화가 생긴다(표 2-7).

표 2-7 임신기간 중 모체와 태아의 에너지 요구

기관	에너지 요구
모체	• 임신으로 인한 새로운 조직의 합성 • 임신의 유지, 분만, 출산 후 수유 준비를 위한 에너지와 영양소 저장
태아	• 자궁 내 성장과 발달 • 출산 후 신생아기에 필요한 에너지와 영양소 축적분

① 기초대사율의 변화

임신 2/3분기부터 기초대사율이 증가하며 이로 인해 모체, 태아, 태반에서의 산소 소모량이 증가하고 당질, 단백질, 지질 대사에 변화가 생긴다. 또한 임신기에는 말초혈관이 확장되어 열방출이 많아지는데, 이러한 이유로 임신 중에는 임신 전에 비해 기초체온이 높아진다.

② 영양소 대사의 변화

모체 대사 변화의 우선적인 목적은 태반을 통한 영양소 이동이 원활하도록 모체 혈액에 충분한 양의 영양소를 유지하는 데 있다. 태아는 필요한 에너지의 80%는 포도당에서, 나머지 20%는 아미노산(알라닌, 글리세롤 등)의 이화작용을 통해 공급받는다. 모체 혈액의 대부분의 포도당과 아미노산은 태아를 위해 전환되기 때문에 모체는 지방산을 주 에너지원으로 사용하고, 이로 인해 모체 혈액 중에 유리지방산과 콜레스테롤 및 중성지방의 농도가 상승한다.

임신은 전반적으로 동화적anabolic 생리단계로 식욕이나 음식 섭취의 증가, 신체적 활동 감소에 의해 많은 양의 단백질과 지질이 모체와 태아조직에 축적된다. 태아와 태반은 임신기간 내내 동화적 상태인 반면, 모체는 임신 초기에는 동화적 상태이나 임신 후반기에는 이화적 상태로 전환된다. 임신 전·후반기 대사의 특징에 대해 표 2-8에 제시하였다.

표 2-8 임신 전·후반기 대사의 특징

	임신 전반기(동화상태)	임신 후반기(이화상태)
당질 대사	• 식사 후 인슐린 분비 급격히 증가 • 고농도의 인슐린이 임신 전반기의 동화 상태 조절 • 여분의 식사당질이 글리코겐으로 저장되거나 지방으로 전화되어 모체 지방조직에 저장 • 태아의 포도당 요구량은 소량임	• 인슐린 길항 호르몬(human placental lactogen 등) 분비 증가로 인해 인슐린 동화작용 둔화(그림 2-6) • 식후 흡수된 포도당은 대부분 태아에게 전달되는 반면, 모체의 포도당 이용 제한 • 모체 혈당은 상당시간 높은 수준으로 유지되다가 공복 시*에는 혈당 수준이 비임신 시와 비교해 10~20%로 낮아짐
단백질 대사	• 모체의 단백질 합성 증가 • 모체조직(혈구, 태반)에 단백질 축적	• 식후 흡수된 아미노산은 태아에게 직접 이동되어 새로운 단백질 합성에 사용 • 공복 시 모체의 단백질을 분해하여 태아로 이동 • 임신부의 혈중 아미노산 농도는 비임신부에 비해 낮음
지방 대사	• 식사로 섭취한 지방산은 중성지방으로 빠르게 합성되어 저장	• 모체 저장 지방을 분해하여 케톤체를 합성하여 에너지원으로 사용(혈액 내 케톤 농도 증가) • 모체의 혈중 콜레스테롤 증가

*공복이 길어질수록 혈중 포도당, 아미노산 농도 감소, 포도당 내성 감소, 유리지방산, 중성지방, 케톤체 농도 증가로 인해 저혈당증와 케톤혈증 발생. 이는 임신부의 건강상태나 태아 성장에 좋지 않으므로 임신기의 규칙적인 식사와 간식이 중요함.

출처: Kretchmer, N & Zimmermann, M, 1997

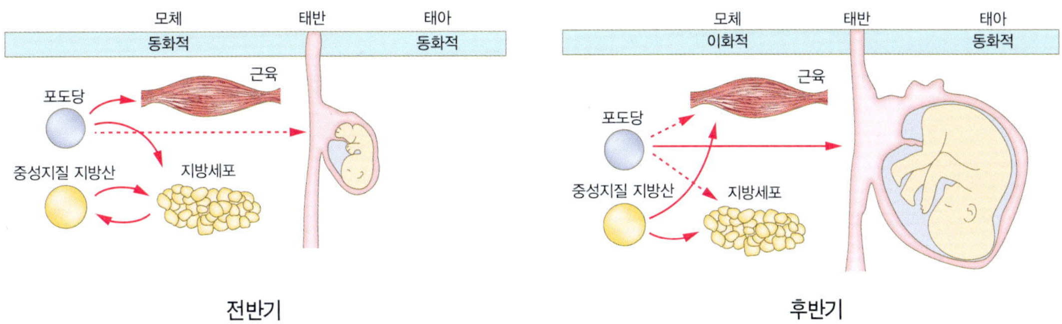

그림 2-6 임신 전반기와 후반기

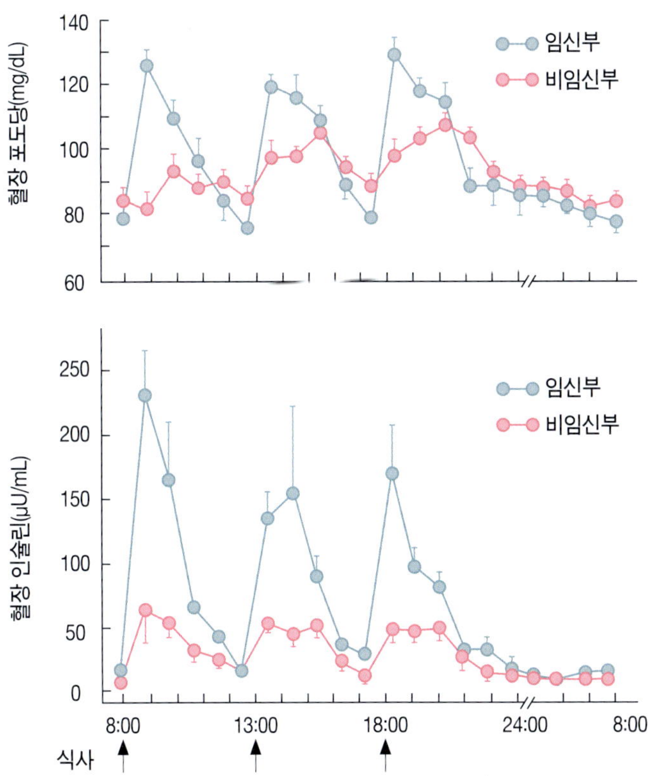

그림 2-7 임신 후반기 임신부와 비임신 여성의 식후 혈장 포도당과 인슐린 농도

출처: Phelps, RL et al., 1981

③ 혈액 및 심 · 순환계의 변화

임신기간에는 태아에게 필요한 영양소와 산소 등을 공급하기 위해 모체의 혈액량이 증가하면서 전체적인 심장 기능의 변화가 일어난다.

■ 심박출량의 증가

심박출량은 심박동률과 수축기 혈류량의 증가로 임신 전에 비해 30~50% 증가하여 태반과 신장으로 많은 양의 혈액을 보낸다. 임신 전반기 동안 말초혈관 저항이 감소하여 혈압이 5~10 mmHg 정도 감소하며, 이로 인해 자궁 내, 태반, 신장 등으로 혈액이 원활히 흐를 수 있도록 해준다.

■ 혈액의 변화

임신 1/3분기 말부터 혈장이 증가하여 임신 34주째에는 혈장량이 약 45% 정도 증가한다(그림 2-8). 혈장의 증가와 함께 적혈구의 양도 증가하지만, 적혈구 증가량은 최대 18% 정도로 혈장의 증가률에 비해 낮기 때문에 혈액희석hemodilution 현상

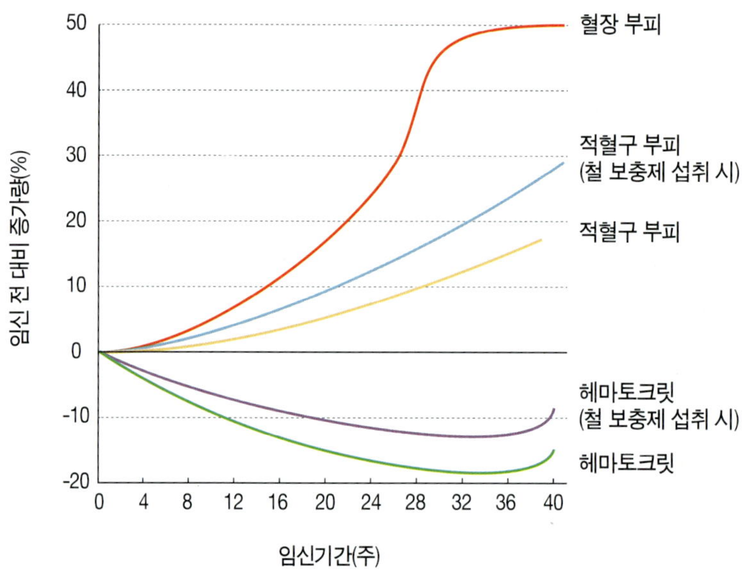

그림 2-8 임신기간의 혈액성분의 변화(철 보충 섭취의 효과)

출처: Pitkin, RM, 1976

이 나타난다. 이때 철을 보충해 주면 적혈구 용량을 30%까지 증가시킬 수 있다. 혈액희석 현상으로 인해 혈색소hemoglobin 농도와 헤마토크릿(적혈구 용적률)hematocrit이 상대적으로 감소하므로 임신기에는 빈혈 판정기준이 비임신기보다 낮다(표 2-9). 혈장단백질, 특히 알부민의 합성은 임신기에 현저히 증가하나 그 증가량이 혈장 증가량에 미치지 못해 혈중 알부민 농도는 감소한다.

표 2-9 빈혈 여부를 선별하기 위한 혈색소(Hb) 농도와 적혈구 용적률(Hct)의 기준

구분		혈색소 농도(Hb, g/dL)	적혈구 용적률(Hct, %)
비임신 여성		12.0	36
임신 여성	제1기	11.0	33
	제2기	10.5	32
	제3기	11.0	33

출처: CDC, 1989

혈액 내 영양소, 비타민, 무기질의 양은 그대로이거나 증가함에도 불구하고 혈액희석 현상에 의해 임신 중에는 비임신 여성의 수치보다 낮게 나타난다. 반면 혈액 내 중성지방, 유리지방산, 지용성 비타민, 콜레스테롤과 같은 지용성 물질은 대사의 변화로 임신기간에 증가하며, 특히 콜레스테롤은 태반에서 에스트로겐과 프로게스테론을 합성에 전구체로 이용된다.

④ 위장관과 식품 섭취의 변화

프로게스테론의 분비 증가로 인해 소화관의 평활근이 이완되어 식도하부 괄약근의 운동성을 감소시켜 위 내용물이 위산과 함께 역류되는 위식도역류증의 원인이 된다. 또한 평활근의 이완으로 위배출 속도가 지연되므로 식사 후 포만감 또는 복부 팽만감을 느끼게 된다. 장내 음식물의 이동속도도 느려지는데 이는 영양소의 흡수율은 증가시키나 결장에서 수분의 흡수도 증가시켜 임신기의 보편적인 변비의 원인이 되기도 한다. 임신기에는 담즙 분비가 지연되고 담즙성분 중 콜레스테롤의 함량이 더 많아져 담석증 유병률이 높다.

입덧

최종 월경일에서 4주 후에 시작됨. 여러 원인 중 임신으로 인한 호르몬과 자율신경계의 변화에 대한 적응현상으로 추정됨

레닌-안지오텐신-알도스테론계

세포외액량의 항상성을 유지하기 위한 조절 기구의 하나. 세포외액량이 감소하거나 동맥 내 혈액량이 감소하면 신동맥의 혈압이 저하하기 때문에 방사구체세포에서 레닌이 분비됨. 레닌의 작용에 의해서 혈장 중 안지오텐시노겐은 활성화해서 안지오텐신 I이 되며, 나아가서 별도의 효소에서 안지오텐신 II가 되어 알도스테론 분비를 증가시킴. 분비된 알도스테론에 의해서 신장에서 나트륨이온과 수분의 재흡수가 촉진되기 때문에 세포외액이 증가하여 항상성이 유지됨

대체로 임신 초기에는 입맛이 떨어지고 울렁거리고 토기를 느끼는 입덧과 신맛을 선호하며, 특정식품의 맛이나 향미에 대한 기호가 변한다. 임신 중기에는 단맛이 있는 음식을 선호하며, 후기에는 짠맛에 대한 예민도가 저하되면서 짠 음식을 선호한다.

⑤ 신장기능의 변화

임신기간에 레닌-안지오텐신-알도스테론계renin-angiotensin-aldosterone system의 활성이 증가되어 신장은 수분과 나트륨 보유력을 증가시켜 혈장과 세포외액 양을 증가시킨다. 신장으로의 혈류량과 사구체여과율이 임신 전에 비해 증가하므로 모체와 태아조직에서 생성된 크레아티닌, 요소 등 다량의 대사산물 배설이 가능하다. 반면 사구체에서 여과되는 영양소의 양이 증가해 세뇨관에서의 재흡수 범위를 초과하면 소변으로 포도당, 아미노산, 비타민과 무기질 등 영양소의 배설량이 많아진다. 따라서 임신부를 위한 영양권장량 설정 시 이들 영양소가 결핍되지 않도록 주의해야 한다.

⑥ 체중의 변화

임신기의 체중 조절은 태아와 모체가 최적의 영양상태를 유지하기 위해서 매우 중요하다. 따라서 체중 증가 정도는 성공적인 임신 결과를 예측하는 주요 인자이다.

■ 바람직한 체중 증가량과 속도

모체의 체중 증가가 적은 경우 조산, 저체중아 또는 미숙아 출산율이 높고 사산율도 증가한다. 반면 과도한 체중 증가는 과체중아의 출산율, 임신성 당뇨, 고혈압, 자간전증, 제왕절개, 사산, 분만장애 및 모유 부족 등의 위험을 증가시키고, 모체 측의 과다한 지방 축적으로 인해 산후 비만의 가능성을 높인다.

미국의학협회Institute of Medicine에서는 임신부의 BMI를 기준으로 한 임신기간 중 바람직한 체중 증가량의 기준을 다음과 같이 제시하였다(표 2-10). 임신 전 정상체중에 속하는 임신부의 경우 11.5~16 kg의 체중 증가가 이상적이고, 저체중이었던 임신부는 좀 더 많은 체중 증가(12.5~18 kg)가 요구된다. 태아는 필요 열량의 일부

표 2-10 임신 전 체중 상태에 따른 체중 증가 범위

임신 전 체중	바람직한 체중 증가 범위	체중 증가율/주(2/3, 3/3분기)
저체중(<18.5 kg/m^2)	12.5~18 kg	0.51 kg(0.44~0.58)
정상체중(18.5~24.9 kg/m^2)	11.5~16 kg	0.42 kg(0.35~0.50)
과체중(25~29.9 kg/m^2)	7~11.5 kg	0.28 kg(0.23~0.33)
비만(≥30 kg/m^2)	5~9 kg	0.22 kg(0.17~0.27)
다태아를 임신한 경우	11~25 kg	-

출처: Rasmussen, KM & Yaktine, AL, 2009

를 모체의 열량 저장고로부터 취할 수 있으므로 과체중인 여성도 약간의 체중 증가는 허용되며, 과체중이나 비만이었던 임신부는 각각 11.5 kg과 9 kg 이하로 체중 증가를 제한하는 것이 바람직하다.

임신기간의 체중 증가량뿐만 아니라 체중 증가율에도 관심을 기울여야 하는데, 정상체중인 여성의 임신 중·후반기 동안은 매주 0.35~0.50 kg 정도의 체중 증가가 적당한 것으로 권장하고 있다. 그러나 이 기준은 미국인을 대상으로 제안된 기준이므로 한국인 임신부를 위한 바람직한 체중 증가와 체중 증가율에 대한 기준의 설정이 요구된다.

■ 체중 증가 요인

임신기간 중 총 체중 증가량의 40% 정도는 태아, 태반, 양수 등 태아측 요인이고, 나머지 60%는 모체의 체지방, 체액 및 혈액, 자궁과 유방 등의 모체측 요인이다(그림 2-9). 체중 증가의 구성은 수분이 약 62%(7~8 kg)로 가장 많고, 지방 30%(3.5 kg), 단백질 10%(1 kg) 정도이다. 축적된 대부분의 단백질(2/3가량)은 태아와 태반에 존재하는 반면, 지방의 90%는 주로 모체의 지방조직에 저장된다. 이는 임신 후반기에 사용할 에너지 보유와 수유 준비를 위해 필요한 양이다.

임신 1/3분기에는 모체조직의 형성으로 인해 체중이 약간 증가하고, 2/3분기에는 대부분의 모체조직과 적은 양의 태아조직이 증가하며, 3/3분기에는 대부분의 태

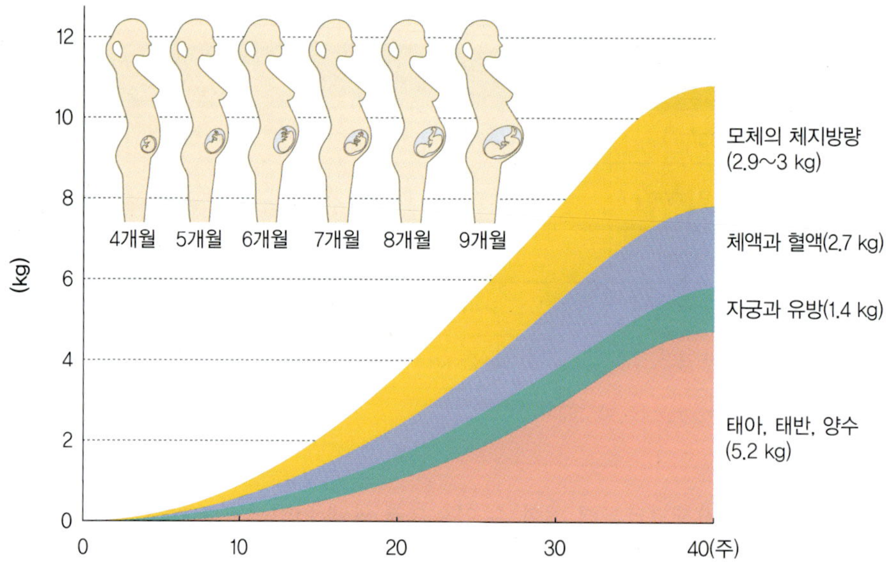

그림 2-9 정상 임신기간 체중 증가 요인과 체중 증가량(12.3 kg 증가)

아 조직의 증가로 체중이 증가한다. 모체조직의 축적량은 임신 후반기의 태아의 성장을 위해 사용된다.

■ 체중 증가의 결정 요인

임신 전 체중, 나이, 분만횟수, 소득 수준, 약물이나 특정 식품의 섭취, 활동 정도 등은 임신기간의 체중 증가에 영향을 미친다(표 2-11).

표 2-11 체중 증가량에 영향을 미치는 요인

요인	영향
임신 전 체중	BMI 26 이상의 비만 여성은 저체중인 여성보다 임신 중 체중 증가량이 적다.
나이	10대 임신부는 성인에 비해 체중 증가량이 적다.
분만 횟수	초산부는 경산부에 비해 체중 증가량이 많다.
소득 수준	저소득층 또는 미혼모의 경우 체중 증가량이 적다.
유해 습관	흡연과 약물의 남용은 체중 증가량을 감소시킨다.

2. 임신기의 영양관리

1) 임신기 영양소 섭취의 중요성

임신 전 또는 임신기의 부적절한 영양섭취는 모체뿐만 아니라 태아에 심각한 결손을 초래하며 저체중아 출산율을 높이는데, 저체중아는 정상체중 출산아에 비해 사망 위험, 지적발달 손상 및 성인기 만성질환의 발병 위험이 높다. 더 심각한 문제는 저체중아는 영양불량 상태의 아동, 청소년으로 이어지고, 이들이 성인이 되어 임신을 할 경우 다시 저체중아를 출산할 확률이 높아 영양불량의 연결고리가 다음 세대에까지 계속 전달될 수 있다는 것이다(그림 2-10).

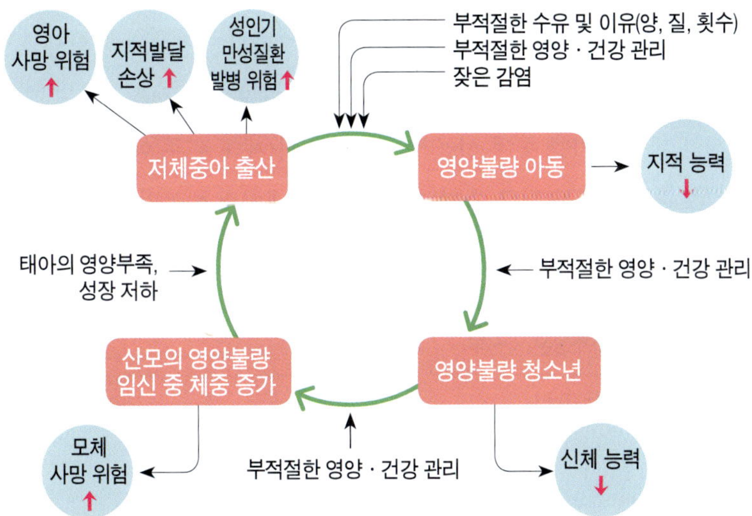

그림 2-10 임신기 영양의 중요성

출생 시 신생아 체중은 2.5 kg 이상을 정상으로 간주한다. 신생아 체중이 2.5 kg 미만인 경우를 저체중아low birth weight, LBW, 1.5 kg 미만을 극저체중아very low birth weight, VLBW라고 하는데, 최근 우리나라의 저체중아와 극저체중아의 출생비율도 계속 증가하고 있다는 데 주목할 필요가 있다(그림 2-11).

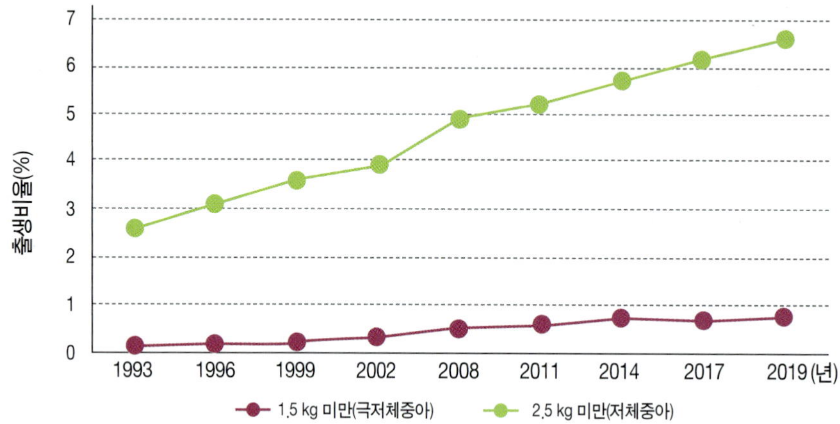

그림 2-11 우리나라 신생아 체중별 출생비율

출처: 통계청, 2019년 출생 통계, 2020

표 2-12에 제시된 영양위험이 높은 임신부는 특히 영양상태와 식사섭취가 적합한지를 주의 깊게 평가하도록 한다. 임신부를 위한 영양소 섭취기준에 따른 적절한 영양섭취와 체중 증가를 통해 성공적인 임신 결과(제태 37주 이상, 출생 시 체중 2.5 kg 이상, 모체의 양호한 건강 유지)를 얻는 것은 개인의 행복일 뿐만 아니라 더 나아가 국민 건강에 크게 기여하는 것이다.

표 2-12 영양위험이 높은 임신부

- 청소년기(특히 만 15세 미만)
- 만 35세 이상
- 12개월 전 출산 경험이 있는 경우
- 유당불내성이 있는 경우
- 편식이 심한 경우
- 임신 중 과다 또는 부족한 체중 증가
- 산과(obstetrics) 합병증의 병력
- 혈색소(hemoglobin) 농도나 적혈구용적률(hematocrit)이 낮은 경우
- 저소득층
- 잦은 출산
- 임신 전 저체중이나 비만인 경우
- 흡연, 음주, 약물중독
- 수유 중인 경우
- 당뇨병 등 만성질환이 있는 경우
- 유행 식품 사용, 이식증(pica)이 있는 경우

2) 임신기 영양소 섭취기준

임신기에는 정상적인 임신의 유지와 건강한 태아의 성장을 위하여 적절한 양의 영양이 공급되어야 한다. 임신기의 영양소 섭취기준은 가임기 여성(19~49세)의 영양소 섭취기준에 임신기간에 추가로 공급되어야 하는 영양소의 양이 설정되었다. 필요한 영양 설정을 위한 가임기 여성의 체위기준의 기준치는 다음과 같고(표 2-13), 임신기간에 추가되어야 할 영양소는 영양소별로 그 근거를 제시하였다.

표 2-13 성인기 여자 영양소 섭취기준 설정을 위한 체위기준

성별	연령(세)	신장(cm)	체중(kg)	임신 중 체중 증가량
여자	19~29	161.4	55.9	10~12 kg
	30~49	159.8	54.7	

(1) 에너지

임신기 동안 모체는 임신으로 인한 새로운 조직의 형성과 태반 및 태아의 발달에 추가적인 열량을 필요로 한다. 임신기 에너지 필요추정량은 해당 연령의 일반 성인 여자의 에너지 필요추정량EER에 임신에 따른 에너지 소비량 증가분과 모체조직의 성장에 필요한 에너지 축적량을 추가로 더하여 산출하였으며, 그 근거는 다음과 같다.

- 에너지 소비량 증가분 : 임신 3분기별 기초대사량 증가량(4, 7, 19%)
  임신 25주 이후 신체활동에 소비되는 에너지 10~19% 증가
- 에너지 축적량 : 임신기간의 에너지 축적량 39,862 kcal(지방 축적량 1.9~5.9 kg, 단백질 축적량 925 g)

이를 근거로 임신 1분기에는 임신으로 인한 에너지 소비량 증가분과 모체조직 내 에너지 축적량이 없는 것으로 보아 이 시기의 에너지 필요추정량은 성인 여성의 에너지 필요추정량과 동일하게 설정하였다. 임신 2분기와 3분기의 임신으로 인한

에너지 소비량 증가분은 각각 160 kcal/일, 272 kcal/일이며, 에너지 축적량은 180 kcal/일로 이 시기의 에너지 필요추정량은 성인여성의 에너지 필요추정량에 임신으로 인한 에너지 소비량 증가분과 에너지 축적량의 합계인 340, 450 kcal/일을 추가한다(표 2-14).

표 2-14 임신기 에너지 필요추정량(EER) 추가분 설정

구분	A. 에너지 소비량 증가분(kcal/일)	B. 에너지 축적량(kcal/일)	합계(A+B) (kcal/일)	
			계산값	조정값
임신 1/3분기	0 kcal/일	0 kcal/일	0	0
임신 2/3분기	160 kcal/일	180 kcal/일[1)]	340	+340
임신 3/3분기	272 kcal/일	180 kcal/일[1)]	452	+450

1) 에너지 축적량 39,862 kcal를 220일로 나누어 계산(입덧기간의 식사섭취량 감소를 감안해서 280일에서 60일을 뺀 220일 기준으로 계산함)

출처: 보건복지부, 한국영양학회, 2020

(2) 탄수화물

임신기의 탄수화물 평균필요량은 모체의 두뇌에서 사용되는 포도당과 태아의 두뇌에서 사용되는 포도당 양을 고려하여 설정하였다. 태아의 두뇌가 하루에 사용하는 포도당의 양은 약 32.5 g이라는 보고를 근거로 임신기 평균필요량은 모체(비임신 성인여성의 평균필요량 기준)의 포도당 필요량 100 g/일에 태아의 두뇌가 사용하는 포도당 양 35 g/일을 더하여 135 g/일로 설정하였으며, 임신기 탄수화물의 부가 권장섭취량은 가산치 35 g에 변이계수를 15%로 하여 변이계수 두 배를 더한 45 g/일로 설정하였다(성인 임신부 탄수화물 권장섭취량 175 g/일). 임신기에는 총 에너지 섭취량의 증가로 탄수화물 섭취량이 더 증가할 것으로 예상되므로 탄수화물의 양보다는 질에 더 신경을 써야 한다. 과일, 야채 및 전곡류 위주의 탄수화물을 선택하여 식이섬유 섭취량을 늘려 임신기 변비를 예방하며, 설탕과 같은 단순당이 포함된 식품의 섭취를 줄여 임신기 적정체중을 유지하도록 한다.

(3) 식이섬유

식이섬유의 섭취가 증가할수록 임신성당뇨의 위험이 감소한다는 보고는 있으나, 임신기에 식이섬유 섭취가 비임신기에 비해 더 효과가 있다는 증거는 없으므로 임신기의 식이섬유 추가 섭취량은 에너지 필요추정량의 추가량을 근거로 계산하였다.

계산 결과 임신 1분기에는 추가 섭취가 필요없고, 2분기와 3분기에 각각 4, 5 g/일이 추가되었으나 분기별 차이의 중요성이 크지 않아 임신기 추가 섭취량을 5 g/일로 단일화하여 설정하였다(표 2-15).

표 2-15 임신기의 식이섬유 추가 섭취량

구분	추가 섭취량
임신 1/3분기	12 g/1,000 kcal × 0 kcal/일 = 0 g/일
임신 2/3분기	12 g/1,000 kcal × (+340) kcal/일 = +4.08 g/일 → +4 g/일
임신 3/3분기	12 g/1,000 kcal × (+450) kcal/일 = +5.40 g/일 → +5 g/일

출처: 보건복지부, 한국영양학회, 2020

(4) 단백질

태아의 급속한 성장, 양수・태반・모체조직의 성장, 증가된 모체의 혈액량, 출산을 위한 모체의 단백질 비축 등을 위하여 충분한 단백질의 공급이 필요하다. 임신여성의 추가 단백질 평균필요량은 요인가산법으로 질소평형 유지와 체단백질 축적에 필요한 양을 추가하여 산정하였다. 임신 1분기에는 체중 증가량 및 체단백질 축적이 거의 없는 것으로 보아 이 시기의 단백질 평균필요량은 성인 여성과 동일하게 설정하였다. 임신 2분기와 3분기의 체중 증가량 4.88, 11.45 kg에 성인여성의 단백질 평균필요량인 0.73 g/kg/일을 곱해 체중 증가에 따른 부가 단백질량은 각각 3.56와 8.36 g/일이다. 임신기의 체단백질 축적은 2, 3분기 각각 3.6과 7.2 g으로 보고 식사 단백질이 조직 단백질로 전환되는 효율 47%를 적용해 체단백질 축적에 대한 식이 단백질 필요량은 2분기 7.7 g, 3분기 15.3 g으로 계산되었다. 이를 근거로 임신 중 추

요인가산법
섭취량, 배설량 및 불가피 손실량 등 여러 가지 요소들을 고려하여 필요량을 결정하는 방법

가되는 단백질 평균필요량은 2분기 12 g/일, 3분기 25 g/일로 설정하고 이에 변이계수 12.5%를 적용해(×1.25) 부가되는 권장섭취량은 2, 3분기 각각 15와 30 g/일로 산정하였다(표 2-16).

표 2-16 임신기의 단백질 필요추정량

(단위: g/일)

구분	체중 증가 (kg)	체중 증가에 따른 추가 단백질량	단백질 축적량	식이단백질 필요량 (전환효율 43% 적용)	추가 평균필요량	추가 권장섭취량
임신 2/3분기	4.88	4.88 × 0.73 = 3.56	3.6	3.6/0.47 = 7.65	+12	+15
임신 3/3분기	11.45	11.45 ×0.73 = 8.36	7.2	7.2/0.47 = 15.3	+25	+30

출처: 보건복지부, 한국영양학회, 2020

(5) 아미노산

임신부는 임신기간에 단백질 필요량이 증가됨에 따라 필수아미노산 필요량 또한 증가된다. 총 단백질에 대한 임신부 여성의 평균필요량이 0.88 mg/kg/일이므로 비임신부 여성의 아미노산 평균필요량에 1.33을 곱하고 그 값을 반올림하여 최종 산출한다. 임신부를 위한 아미노산의 권장섭취량은 평균필요량에 19세 이상의 성인을 대상으로 산출된 단백질 변수를 곱하는 것으로 평균필요량×1.25로 책정한다.

(6) 지질

임신기간 중 추가되는 에너지에 비례적으로 지방 섭취량이 부가될 것을 고려해 임신부의 경우 지방의 추가 섭취량은 산정되지 않았다. n-6계 지방산인 리놀레산 linoleic acid과 n-3계 지방산인 알파-리놀렌산α-linolenic acid 등의 필수지방산은 체내에서 합성이 되지 않으므로 반드시 식사를 통해 공급되어야 하나, 임신기 동안 이들 영양소의 추가 충분섭취량 설정에 대한 근거가 부족하므로 19세 이상의 성인 기준을 그대로 적용하고 있다.

(7) 수분

임신기에는 임신에 따른 생리적 변화(세포내액, 양수, 태아 등)로 인하여 혈장 삼투압이 비임신기와 차이가 있으므로 이 변화에 따른 적절한 수분 섭취가 요구된다. 그러나 우리나라 임신부의 수분 섭취량에 대한 조사 자료가 없으므로 성인여성의 수분 충분섭취량 산출방식을 기초로 임신기에 추가되는 에너지 섭취량을 계산하여 수분 충분섭취량을 설정하였다. 즉, 성인여성의 일상식 수분량인 0.53 mL/kcal에 임신기 부가 에너지 필요추정량인 350, 450 kcal을 적용하여 계산한 추가 수분량은 2, 3분기 각각 180, 240 mL/일이고, 이를 100 mL 단위로 조절하여 임신기에 추가되는 수분량은 2, 3분기 동일하게 200 mL/일이다.

표 2-17 임신기 에너지, 탄수화물, 식이섬유, 단백질 및 수분의 1일 섭취기준

영양소	평균필요량		권장섭취량	
	비임신부[1]	임신부 추가량[2]	비임신부[1]	임신부 추가량[2]
에너지(kcal)	2,000/1,900[3]	+0/+340/+450	–	–
탄수화물(g)	100	+35	130	+45
식이섬유(g)	–	–	20[4]	+5
단백질(g)	45/40	+0/+12/+25	55/50	+0/+15/+30
수분(mL)	–	–	2,100/2,000[4]	+200

[1] 19~29세/30~49세 혹은 19~49세(두 연령군이 같은 경우)
[2] 구분이 있는 경우 임신 분기별 추가량
[3] 에너지 필요추정량
[4] 충분섭취량
출처: 보건복지부, 한국영양학회, 2020

(8) 지용성비타민

① 비타민 A

비타민 A는 세포분화와 정상적인 태아발달에 매우 중요한 영양소이다. 임신부의 비타민 A 평균필요량은 임신기에 태아의 간에 축적된 비타민 A를 근거로 설정하였

1 µgRAE (레티놀당량, retinol activity equivalent)
= 1 µg (트랜스) 레티놀(all-*trans*-retinol)
= 2 µg (트랜스) 베타-카로틴 보충제(supplemental all-*trans*-β-carotene)
= 12 µg 식이 (트랜스) 베타-카로틴(dietary all-*trans*-β-carotene)
= 24 µg 기타 식이 프로비타민 A 카로티노이드(other dietary provitamin A carotenoids)

다. 임신 37~40주 태아의 체내 비타민 A 함량은 3,600 µg 정도이고 이는 대부분 임신 마지막 90일 내에 축적되며, 모체의 비타민 A 흡수율이 평균 70%라는 것을 감안하면 임신부의 비타민 A 필요량은 임신 3기 동안 하루에 약 50 µg(3,600/90×1.4)이 증가된다. 이를 근거로 임신부 비타민 A 평균필요량은 각 연령에 해당되는 비임신부에 비해 50 µgRAE를 추가하는 것으로 설정하였다. 권장섭취량은 평균필요량에 2배의 변이계수를 더하여(×1.4) 70 µgRAE를 추가하는 것으로 계산되었다.

임신부가 비타민 A를 식품과 보충제로부터 하루에 4,500 µg 이상 섭취하였을 때 1,500 µg 미만으로 섭취한 임신부보다 태아의 기형 발생 위험도가 높음이 보고되었다. 따라서 임신부와 수유부를 포함한 가임기 여성의 경우 태아 기형 발생을 독성종말점으로 하여 최대 무독성량 4,500 µgRAE, 불확실계수 1.5를 적용하여 3,000 µgRAE/일로 비타민 A의 상한섭취량을 설정하였다.

② 비타민 D

임신부의 비타민 D 영양상태는 태아와 신생아의 성장속도, 구루병 발생률과 연관이 있다. 임신부는 칼슘 요구가 높아지기 때문에 임신기간에 따라 1,25-디하이드록시비타민 D_3의 생성능력이 높아지며, 출산 후에는 저하된다. 임신부의 비타민 D 섭취량은 0.75~5.3 µg으로 조사되었으며, 햇빛을 받을 기회가 적은 임신부는 임신기간 중에 혈중 25-하이드록시비타민 D_3 농도가 낮아지는 반면, 7 µg 이상 섭취하는 임신부에는 비타민 D 부족이 나타나지 않았다. 따라서 임신부는 적어도 7 µg 이상의 비타민 D 섭취가 필요한 것으로 보고 비임신 여성과 동일한 수준의 10 µg/일을 적용하였다. 최근 우리나라에서 산모와 아기의 자외선 조사 감소, 몸매 관리 등의 이유로 부적절한 영양섭취는 산모와 아기의 비타민 D 결핍의 발생률이 증가될 것으로 추정되나 이에 관한 연구는 미비한 실정이다.

1 α-TE(토코페롤당량, tocopherol equivalent)
= 1 mg α-토코페롤
= 2 mg β-토코페롤
= 10 mg γ-토코페롤
= 3.3 mg α-토코트리에놀

③ 비타민 E

임신기간에는 혈중 지질 농도 증가와 함께 α-토코페롤의 농도가 증가하나, 태반을 통한 비타민 E의 이동은 큰 변화가 없는 것으로 보고되었다. 따라서 임신기간에 비타민 E 충분섭취량은 비임신여성과 같은 10 mg α-TE/일이다.

④ 비타민 K

비타민 K는 태반을 통과하기 어려우나 이로 인해 임신부의 비타민 K 섭취가 태아나 신생아의 비타민 K 영양상태에 영향을 준다는 근거가 없으므로 비임신여성과 동일한 기준으로 비타민 K의 충분섭취량을 설정하였다(65 μg/일).

(9) 수용성비타민

① 비타민 C

비타민 C는 태아를 산화에 의한 손상에서 보호하는 역할을 하고, 능동수송의 방법으로 태반을 통해 태아에게 활발히 전달된다. 그러나 임신이 진행되면서 혈액량 증가에 따라 임신부의 혈장 비타민 C 농도는 상대적으로 감소하므로 임신기에는 비타민 C 섭취량을 증가시켜야 한다. 충분하지는 않지만 7 mg/일 섭취량은 태아의 괴혈병을 예방한다는 자료가 있으므로 임신부의 비타민 C 평균필요량은 임신기간 구분없이 비임신 성인여성의 평균필요량(75 mg/일)에 10 mg/일을 추가하도록 설정하였다. 권장섭취량은 평균필요량에 개인 변이계수 10%를 고려하여 110 mg으로 임신기간 구분없이 10 mg을 추가 권장한다.

임신부가 다량의 비타민 C 섭취할 경우 유해영향에 더 민감하다는 연구는 보고된 바 없으므로 임신부의 비타민 C 상한섭취량은 성인과 동일하게 2,000 mg으로 설정하였다.

② 티아민

임신 중에는 모체와 태아의 체구성 성분의 증가와 에너지 사용의 증가로 티아민 필요량이 증가하며, 이 증가분은 임신 초기에 나타나 임신 전 기간에 계속 유지된다. 임신부의 티아민 평균필요량과 권장량은 다음과 같은 설정 근거에 의해 비임신 성인여성 평균필요량과 권장섭취량에 각각 0.4 mg/일을 추가 권장한다(표 2-18).

표 2-18 임신기 티아민 섭취기준의 설정 근거

평균필요량	권장섭취량
비임신 성인여성의 평균필요량에 모체조직과 태아 성장에 필요한 양(평균필요량의 20%)과 에너지 이용 증가분(평균필요량의 20%)을 가산 * 성인 임신부의 평균필요량 : 0.9 mg/일+0.18 mg/일+0.18 mg/일=1.26 mg/일≒1.3 mg/일	1.26 mg/일×1.2 = 1.512 mg/일≒1.5 mg/일 = 비임신 성인여성 권장섭취량 1.1 mg/일 +0.4 mg/일

출처: 보건복지부, 한국영양학회, 2020

③ 리보플라빈

리보플라빈은 임신기간에 태아의 조직발달을 위하여 요구량이 증가되고, 임신기간의 리보플라빈 섭취와 신생아의 체중과 관련성이 높다고 보고되었다. 임신부의 리보플라빈 평균필요량은 비임신 성인여성의 평균필요량 1.0 mg/일에 모체조직과 태아 성장 및 에너지 이용 증가분 0.3 mg을 가산하여 1.3 mg/일로 설정하였으며, 권장섭취량은 평균필요량에 개인 변이계수 10%를 가산하여 1.6 mg으로 0.4 mg을 추가 권장한다.

④ 니아신

1 mgNE(니아신 당량, niacin equivalent)
= 1 mg 니코틴산
= 1 mg 니코틴아미드
= 60 mg 트립토판

임신기에 니아신 섭취량이 낮을 경우 이분척추, 구강안면열의 위험이 높아진다는 것이 보고되었다. 임신기에 에너지 필요량이 증가되므로 니아신 필요량도 증가한다. 즉, 임신부의 니아신 평균필요량은 비임신 성인여성의 평균필요량(11 mgNE/일)에 모체조직과 태아 성장 및 에너지 이용 증가분(3 mgNE/일)을 가산하여 14 mgNE/일로 설정하였다. 권장섭취량은 평균필요량에 대한 변이계수를 15%로 간주하여 18 mgNE/일로 설정하며, 추가로 4 mgNE/일을 섭취하도록 권장한다.

⑤ 비타민 B_6

임신으로 인한 단백질 부가량에 따른 비타민 B_6 필요량, 아미노산 교체율, 태아의 비타민 B_6 요구량, 모체의 대사 요구량 등의 증가로 인해 임신 중에는 비타민 B_6 필요량이 증가한다. 임신부의 비타민 B_6 평균필요량과 권장량은 다음과 같은 설정 근거에 의해 비임신 성인여성 평균필요량과 권장섭취량에 각각 0.7, 0.8 mg/일을

표 2-19 임신기 비타민 B_6 섭취기준의 설정 근거

평균필요량	권장섭취량
임신부 체내 축적량(0.1 mg/일) ÷ 식품 중 비타민 B_6 생체이용률(0.75) + 임신 시 부가된 단백질 섭취량으로 인한 비타민 B_6 필요량(0.02 mg B_6/g 단백질 × 25 g 단백질 = 0.5 mg) = 0.63 mg ≒ 0.7 mg 성인여성 평균필요량(1.2 mg/일) + 0.7 mg/일	+0.7 mg/일 × 1.2 = +0.84 mg/일 ≒ +0.8 mg/일 성인여성 권장섭취량(1.4 mg/일) + 0.8 mg/일

출처: 보건복지부, 한국영양학회, 2020

추가 권장한다(표 2-19).

식품을 통한 비타민 B_6의 부작용은 알려진 바 없으나, 보충제로 쓰이는 비타민 B_6 유도체 중 하나인 피리독신의 경우 신경증상의 부작용이 보고된 바 있다. 그러나 임신부가 다량의 피리독신 섭취 시 유해영향에 더 민감하다는 자료는 없으므로 임신부의 피리독신 상한섭취량은 성인과 동일하게 100 mg/일로 설정하였다.

⑥ 엽산

임신기는 태아의 성장, 자궁의 확대, 혈액 증가, 태반발달 등으로 엽산의 요구량이 증가하는 시기이다. 엽산이 체내에 저장되지 않지만 생과일이나 생채소를 포함한 적절한 식사를 하는 경우 필요량만큼 섭취가 가능하다(표 2-20). 그러나 엽산 결핍증으로 인한 거대혈구성 빈혈, 유산, 태반박리, 저체중아, 신경관 손상neural tube defect, NTD(그림 2-12) 등 태아기형을 초래할 수 있으므로 일반적으로 보충해 주는 것이 바람직하다. 임신기간 중 엽산의 평균필요량은 비임신 여성의 평균필요량 320 μgDFE/일에 200 μgDFE/일을 추가하여 520 μgDFE/일로 정하였고, 권장섭취량은 1일 620 μgDFE/일로 비임신 여성의 권장섭취량보다 220 μgDFE/일이 추가되었다.

1 μgDFE(엽산당량, dietary folate equivalents, DFEs)

= 식품 중 엽산 1 μg
= 강화식품 또는 식품과 함께 섭취한 보충제 중 엽산 0.6 μg
= 빈속에 섭취한 보충제 중 엽산 0.5 μg
= μg of food folate + (1.7 × μg of folic acid)

임신부가 인공합성된 엽산folic acid을 다량 섭취할 경우 유해영향에 더 민감하다는 자료는 없으므로 임신부의 엽산 상한섭취량은 성인과 동일하게 1,000 μgDFE로 설정하였다.

신경관 손상

중추신경계가 형성되는 수정 후 22~28일에 태아 신경관 표피조직이 제대로 닫히지 않아서 생기는 기형으로 하지 마비, 항문의 괄약근 이상, 수두증이 동반됨. 치료하지 않으면 90%가 출생 1년 이내에 사망함

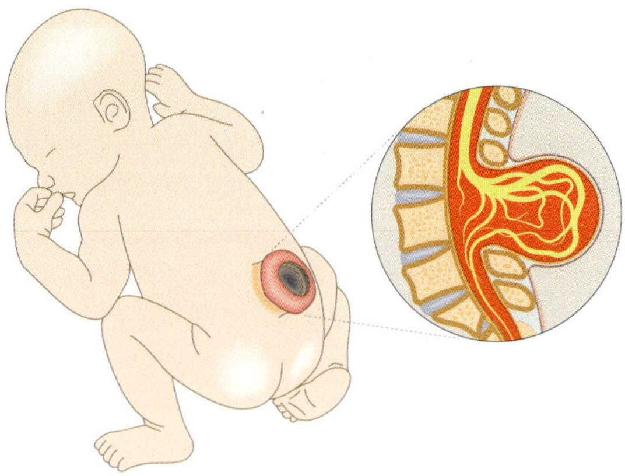

그림 2-12 엽산 부족으로 인한 신경관 손상

표 2-20 엽산 주요 급원식품(100 g당 함량)

급원식품	함량(μg DFE/100 g)	급원식품	함량(μg DFE/100 g)
대두	755	오이소박이	584
달걀	81	들깻잎	150
시금치	272	옥수수	88
총각김치	257	딸기	54
파김치	449	과일음료	10

출처 : 2017년 국민건강영양조사의 식품별 섭취량과 식품별 엽산 함량(국가표준식품성분표 DB 9.1)

⑦ 비타민 B_{12}

임신기에는 모체가 섭취한 비타민 B_{12}가 쉽게 태반을 통해 태아로 이동되므로 태아와 모체 혈청 비타민 B_{12} 농도는 상관관계가 매우 높다. 또한 모체의 비타민 B_{12} 결핍은 영아의 중추신경계 손상, 초기 조산과도 관련이 있는 것으로 보고되었다. 임신기간에 평균적으로 하루에 0.1~0.2 μg의 비타민 B_{12}가 태아에 축적되는데, 이 시기에는 모체의 흡수율이 좋아지는 점을 감안하여 가임기 여성 평균필요량보다 0.2 μg을 증가시켜 2.2 μg/일을 평균필요량으로 설정하였고, 권장섭취량은 평균필요량에 변이계수 10%의 2배를 더하여 2.6 μg/일로 설정하였다(부가량 0.2 μg).

표 2-21 임신기 비타민 1일 섭취기준

영양소		평균필요량		권장섭취량	
		비임신부[1)]	임신부 추가량	비임신부[1)]	임신부 추가량
지용성 비타민	비타민 A(μgRAE)	460/450	+50	650[2)]	+70
	비타민 D(μg)	–	–	10[2)]	+0
	비타민 E(mg α-TE)	–	–	12[2)]	+0
	비타민 K(μg)	–	–	65[2)]	+0
수용성 비타민	비타민 C(mg)	75	+10	100	+10
	티아민(mg)	0.9	+0.4	1.1	+0.4
	리보플라빈(mg)	1.0	+0.3	1.2	+0.4
	니아신(mg NE)	11	+3	14	+4
	비타민 B_6(mg)	1.2	+0.7	1.4	+0.8
	엽산(μg DFE)	320	+200	400	+220
	비타민 B_{12}(μg)	2.0	+0.2	2.4	+0.2

1) 19~29세/30~49세 혹은 19~49세(두 연령군이 같은 경우)

2) 충분섭취량

출처: 보건복지부, 한국영양학회, 2020

(10) 무기질

① 칼슘

임신기에는 태아의 조직과 골격, 태아 부속물의 성장·발달 및 모체조직의 증가를 위해 비임신기에 비해 필요량이 증가한다. 또한 임신기간에는 호르몬의 변화와 함께 칼슘의 흡수율이 높아지는데, 특히 평상시 칼슘 섭취량이 낮은 임신부(500 mg/일)의 경우 흡수율이 70% 이상임이 보고되었다. 따라서 임신 중 칼슘 축적량 추가분 160 mg에 흡수율 70%를 적용하면 추가 필요량은 230 mg/일이고, 권장섭취량 추가분은 변이계수 10%를 적용하면 280 mg(230 mg×1.2=280 mg)으로 임신기에는 930 mg/일을 권장섭취량으로 설정하였다.

임신부의 칼슘 상한섭취량은 성인 칼슘 상한섭취량인 2,500 mg/일을 그대로 적용하여 사용한다.

임신부 하루 권장섭취량인 하루 930 mg 칼슘 섭취방법의 예

우유 3컵(600 mg) + 잔멸치 1/4컵(200 mg) + 두부 1/4모(200 mg)

- 우유를 많이 마신다.
- 어육류와 유제품, 콩류를 골고루 먹도록 한다.
- 비타민 C와 D를 충분히 섭취한다.
- 칼슘 흡수를 저해하는 식품을 피한다.

② 철

임신 중에는 태반 조직 및 태아의 형성과 모체의 적혈구 증가량, 태아의 간 내 철 비축을 위해 철 요구량이 증가한다. 여성의 평균 체중 56.3 kg에 평균 기본 철 손실량 14 μg /kg/일을 적용하고 임신 전체 기간을 280일로 할 때 총 220 mg이 요구된다. 임신기간 중 태아와 태반 성장으로 인한 철 증가량 315 mg, 출산 시 출혈로 인한 철 손실량 220 mg으로 할 때 임신 및 출산으로 인한 총 철 요구량은 735 mg이므로 임신부의 하루 철 요구량은 2.6 mg(735/280 = 2.6 mg)으로 계산된다. 또 임신부의 철 흡수율을 14%로 적용하면 평균필요량은 18.6 mg/일(2.6/0.14 = 18.6 mg)로 산출된다. 권장섭취량은 평균필요량에 변이계수 15%를 적용하면 24 mg/일(18.6× 1.3 = 24.2 mg)이므로 비임신 여성의 권장섭취량인 14 mg보다 10 mg을 추가하였다. 이는 많은 양의 철 섭취를 통해서만 가능하기 때문에 임신부의 충분한 철 공급을 위해 철을 약제로 투여하도록 권장하고 있다. 빈혈인 경우 철 섭취량을 더 증가시켜야 한다.

임신부의 철 상한섭취량은 성인의 상한섭취량인 45 mg/일을 그대로 적용하여 사용한다.

③ 아연

아연은 성장과 발달에 중요한 영양소로서 임신기간에 아연 요구량이 증가하며, 임신부의 아연 영양상태는 임신 결과와 출생 후 영아의 성장 및 인지발달에 영향을 미칠 수 있다. 임신 마지막 분기의 모체와 태아의 평균 아연 축적량 0.73 mg/일에 평균 아연 흡수량인 40%를 적용하면 이 시기의 아연 요구량은 1.8 mg/일이다. 따라서 임신기에 추가되는 평균필요량을 2.0 mg/일로 설정하고 이를 근거로 아연 권장섭취량의 부가량은 개인변이 10%를 고려하면 2.5 mg/일(2.0 × 1.2 = 2.5)이므로 임신기 아연 권장섭취량은 비임신 여성 권장섭취량 8 mg에 2.5 mg을 추가한 10.5 mg/일이다.

④ 요오드

임신부의 요오드 균형은 하루 160 μg을 섭취했을 때 가능하다는 연구와 요오드 섭취가 부족한 임신부에서 태어난 태아의 혈중 갑상샘호르몬 농도 저하와 TSH 및 Tg의 증가 정도가 하루 161 μg 요오드 보충으로 예방할 수 있었음을 보고한 연구를 근거로 임신기 요오드 하루 평균필요량은 160 μg으로 설정하였다(성인여성 평균필요량 95 μg + 추가 65 μg). 우리나라 여성은 임신 중 체중 증가가 12~14 kg 정도로 FAO/WHO의 임신기 권장섭취기준인 3.5 μg/kg을 고려할 때 240 μg(3.5

우리나라 임신기 영양섭취 실태

2011년부터 2013년까지 전국의 임신부 1,000명을 대상으로 비연속 2일간의 24시간 회상법으로 식품섭취량을 조사한 결과(김초일, 2013)에 의하면 분석한 영양소 중 가장 부족한 영양소는 철과 칼슘이었다. 철의 평균 섭취량은 권장섭취량 24 mg의 59%이었으며, 칼슘의 평균 섭취량은 권장섭취량인 700 mg의 80%였다. 또한 평균 에너지섭취량도 에너지필요추정량의 83%이었다. 엽산은 섭취량이 분석되지 않았으나, 임신 시 가장 중요한 영양소 중 하나이며, 2008~2009년 국민건강영양조사 결과를 분석한 또 다른 연구에서 엽산의 평균필요량 미만으로 섭취하는 임신부가 43%라고 하였다. 임신기간에 임신부와 태아가 건강한 상태를 유지하기 위해서는 특정 영양소가 부족되지 않도록 임산부 대상 영양교육 등 다양한 방안 마련을 통해 건강하고 안전한 임신이 진행되어야 한다.

μg/kg/일 × 69.1 kg)으로 계산되므로 추가 권장섭취량은 90 μg/일로 산출하였다.

표 2-22 임신기 무기질 1일 섭취기준

영양소		평균필요량		권장섭취량	
		비임신부[1]	임신부 추가량	비임신부[1]	임신부 추가량
다량무기질	칼슘(mg)	550	+0	700	+0
	인(mg)	580	+0	700	+0
	나트륨(g)	–	–	1,500[2]	+0
	칼륨(g)	–	–	3,500[2]	+0
	마그네슘(mg)	230/240	+30	280	+40
미량무기질	철(mg)	11	+8	14	+10
	아연(mg)	7	+2.0	8	+2.5
	요오드(μg)	95	+65	150	+90

[1] 19~29세/30~49세 혹은 19~49세(두 연령군이 같은 경우)

[2] 충분섭취량

3) 임신기의 영양관리방법

(1) 임신 분기별 영양관리

임신부는 비임신여성에 비해 에너지 추가량은 17~23% 정도지만, 단백질, 비타민 D, 비타민 B_6, 엽산, 철, 칼슘 등의 비타민과 무기질을 많게는 71%까지 더 섭취할 것을 권장하고 있다(그림 2-13). 따라서 임신기에는 에너지는 높지 않으면서 단백질과 비타민, 무기질을 풍부하게 함유한 다양한 식품을 골고루 섭취하는 것이 좋다. 임신 분기별 식사지도의 특징은 표 2-23과 같다.

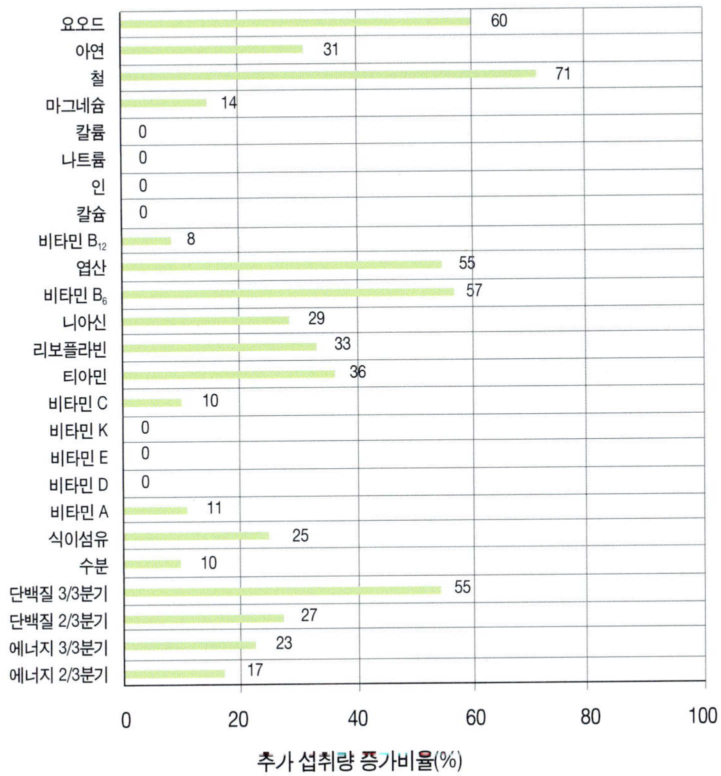

그림 2-13 임신기간 추가 섭취량 증가비율(19~29세)

표 2-23 임신 분기별 식사지도의 특징

임신 분기	식사지도
임신 1/3분기	• 각종 영양소의 필요량이 비임신기와 큰 차이 없음 • 태아의 주요 기관과 조직들이 형성되므로 필요한 영양소들이 결핍되지 않도록 주의 • 입덧이나 음식의 기호 변화에 의한 편식 주의
임신 2/3분기	• 적정 체중 증가가 이루어지도록 균형 있는 식사 섭취 • 빈혈 예방을 위한 식사 • 특히 붉은 살코기, 어패류, 녹황색채소, 우유 및 유제품 충분히 섭취 • 단순당질이나 지방의 섭취 제한
임신 3/3분기	• 태아의 성장속도가 가장 빠른 시기 • 소화불량, 가슴앓이, 변비 예방을 위한 식사 • 자극성 있는 음식이나 찬 음료는 설사를 유발할 수 있으므로 제한 • 임신기 고혈압 예방을 위한 적정 나트륨 섭취

임신 중 건강한 식습관을 위한 지침서

- 균형 잡히고 영양밀도가 높은 식사하기 : 매일의 식사나 간식에 과일, 야채, 곡류, 유제품, 단백질 식품(고기, 달걀, 콩류, 견과류, 두부 등)을 포함한 식사
- 규칙적인 간격으로 적당한 양의 식사를 하기 위해 식사를 소량으로 하고 영양가 있는 간식 선택하기
- 적당한 비율의 체중 증가를 위해 충분한 음식 섭취하기 : 임신 2/3분기와 3/3분기 동안 대부분 여성의 체중 증가는 11.3~15.8 kg이거나 5 kg/주이다. 임신 전 저체중인 여성의 체중 증가는 이 범위 이상이어야 한다. 임신 전 과체중인 여성은 6.8~11.3 kg 정도 늘려야 한다.
- 적당한 칼슘과 비타민 D를 얻기 위해서 매일 유제품 3회 이상 섭취하기, 종종 저지방 유제품 선택하기 : 유당불내성이 있는 여성을 위해 칼슘 강화된 대체 식품을 이용한다.
- 더 많은 철을 흡수하기 위해 식사에 헴철(고기, 가금류, 생선)이나 비타민 C 강화 식품(오렌지주스, 브로콜리, 딸기) 급원을 포함한다.
- 보통의 짠 음식 섭취 : 건강한 여성을 임신 중 소금 섭취를 제한할 필요는 없다.
- 커피나 다른 카페인 음료의 섭취를 절제하거나 제한하여 매일 2회 이하로 한다.
- 태아를 알코올의 유해한 영향으로부터 확실히 보호하기 위해 알코올 음료를 피한다.

출처: 미국의학협회 영양분과위원회, 1992

(2) 임신부 식생활지침

보건복지부는 2009년 임신·수유부를 위한 식생활지침을 발표한 바 있다(표 2-24). 임신·수유부를 위한 식생활지침은 '2010 국민건강증진 종합계획' 중 가임기 여성의 식생활 관련 목표 및 추진 현황을 토대로 국민건강영양조사 자료를 분석하여 이용하였으며, 미국 IOMInstitute of Medicine의 임신 중 체중 증가 관련 권고사항, 미국, 캐나다 보건복지부의 임신·수유부를 위한 식생활지침, 등푸른생선 등의 섭취 가이드를 참고하여 선정하였다.

표 2-24 임신 · 수유부를 위한 식생활지침

목표	실천 지침
우유 제품을 매일 3회 이상 먹자.	• 우유를 매일 세 컵 이상 마십니다. • 요구르트, 치즈, 뼈째 먹는 생선 등을 자주 먹습니다.
고기나 생선, 채소, 과일을 매일 먹자.	• 다양한 채소와 과일을 매일 먹습니다. • 생선, 살코기, 콩 제품, 달걀 등 단백질 식품을 매일 한 번 이상 먹습니다.
청결한 음식을 알맞은 양으로 먹자.	• 끼니를 거르지 않고 식사를 규칙적으로 합니다. • 음식을 만들 때는 식품을 위생적으로 다루고 먹을 만큼만 준비합니다. • 살코기, 생선 등은 충분히 익혀 먹습니다. • 보관했던 음식은 충분히 가열한 후 먹습니다. • 식품을 구매하거나 외식할 때 청결한 것을 선택합니다.
짠 음식을 피하고, 싱겁게 먹자.	• 음식을 만들거나 먹을 때는 소금, 간장, 된장 등 양념을 적게 사용합니다. • 국물은 싱겁게 만들어 적게 먹습니다. • 김치는 싱겁게 만들어 먹습니다.
술은 절대로 마시지 말자.	• 술은 절대로 마시지 않습니다. • 커피, 콜라, 녹차, 홍차, 초콜릿 등 카페인 함유식품을 적게 먹습니다. • 물을 충분히 마십니다.
활발한 신체활동을 유지하자.	• 임신부는 적절한 체중 증가를 위해 알맞게 먹고 활발한 신체활동을 규칙적으로 합니다. • 산후 체중 조절을 위해 가벼운 운동으로 시작하여 점차 운동량을 늘립니다. • 모유수유는 산후 체중 조절에도 도움이 됩니다.

출처: 보건복지부, 2009

(3) 임신기의 운동

의학적 · 산과적 합병증이 없는 건강한 임신부의 경우 운동의 강도나 양을 어느 정도로 제한하여야 한다는 보고는 아직 없으며, 일반적으로 전문가들은 표 2-25와 같이 권장하고 있다. 그러나 임신으로 인한 고혈압, 태아 성장 저해 등을 비롯하여 운동이 위험요소가 되는 경우에는 이를 삼가도록 해야 한다. 또한 심혈관질환, 갑상샘질환 및 고혈압 등 만성적 질환이 있는 경우에는 전문가와 운동 시행 여부 및 강도 등을 상의해야 한다.

표 2-25 임신부를 위한 운동

- 일상적으로 하는 가벼운 운동이나 중등도의 운동은 지속할 수 있다. 가끔씩 하는 운동보다는 규칙적인 운동이 더 바람직하다(주 3회 정도).
- 임신 1기 이후에는 똑바로 누운 자세로 운동하거나 오랫동안 가만히 서있는 것은 피하도록 한다.
- 임신부의 상태에 따라 운동의 강도를 조절한다. 피곤할 때에는 운동을 삼가도록 한다.
- 균형을 깨뜨리는 운동은 삼가도록 한다(특히 임신 3기).
- 운동 시에는 열량이 소모되므로 규칙적으로 운동을 하는 임신부의 경우 적절한 열량 공급이 이루어져야 한다.
- 임신 1기의 임신부가 운동을 할 때에는 수분을 충분히 섭취하고, 옷을 적절하게 선택하여 열의 발산이 제대로 이루어질 수 있도록 한다.

3. 임신기의 건강문제

1) 고위험 임신

고위험 임신은 임신 또는 기존의 질병으로 인하여 모체나 태아가 심각한 위험에 빠지게 되는 경우로 정의된다. 고위험 임신은 임신여성의 10~20%를 차지하며 모든 주산기 유병률의 50% 정도에서 고위험 임신과 관련되어 있다. 임신부의 신장, 영양상태, 이전 임신의 기왕력, 산부의 병력, 태아의 자궁내 상태뿐만 아니라 임신부의 나이 역시 고위험 임신의 기준이 된다. 19세 이하의 어린 나이에 임신을 하거나 35세 이상의 초임부인 경우 태아의 자궁 내 성장장애, 태아곤란증, 자궁 내 사망 등의 위험을 증가시켜 고위험 임신에 해당한다.

(1) 청소년 임신

청소년기에 접어들면서 내분비계의 영향을 받아 생식기능이 성숙되고 동시에 사춘기의 심리적 변화와 이성에 대한 강한 성적 요구가 발생되기 쉽다. 서구 문화의 급속한 유입으로 전통적인 윤리관과 도덕관에 변화가 생기면서 우리나라 청소년기 임신이 사회문제로 대두되고 있다. 또한 사회 · 경제적 발달로 인해 신체 성장이 빨라짐에 따라 여아의 초경연령이 점차 낮아지고 있는 것도(우리나라 평균 초경연령

1970년대 14.4세, 1998년 13.5세, 2009년 11.9세, ㈔보건교육포럼 조사 결과) 청소년 임신 문제를 가중시키는 요인이다. 우리나라에서 한 해 10대 청소년 산모가 출산하는 아동은 1,000명 이상으로 집계되고 있다(통계청, 2021).

청소년 임신부는 성인 임신부에 비해 철결핍성 빈혈, 임신성 고혈압, 분만 후 비만의 유병률이 높다. 또한 저체중아 출산률, 조산의 위험과 신생아 사망률이 높고 분만 시 난산을 경험할 확률도 높다. 이는 청소년 임신부 자신이 아직 성장단계이므로 본인의 성장을 위한 영양소 요구량이 증가할 뿐만 아니라 태아와 임신 부속기관의 발달을 위해서 영양적 요구가 크게 증가한데 반해, 부적절한 식습관, 체중 조절을 위한 다이어트, 모체의 미성숙, 임신 전 체중 부족 등이 원인이 될 수 있다. 또한 청소년 임신부들은 대체적으로 가정의 경제수준과 교육수준이 낮고, 임신 중에도 흡연, 음주 및 약물 복용의 습관을 지속하는 것도 청소년 임신의 위험성을 증가시킨다.

청소년기에 임신을 했을 경우에는 태아의 성장뿐만 아니라 모체의 성장을 위해 에너지, 단백질을 포함하여 여러 가지 영양소가 성인여성이 임신했을 때에 비해 더 많이 요구된다. 임신 전반기에는 하루 300 kcal, 중반과 후반에는 600~650 kcal를 추가로 섭취해야 필요한 에너지와 영양소를 충족시킬 수 있다. 임신기간 중 체중 증가는 최소 11 kg 이상은 되어야 하며, 권장되는 체중 증가 범위의 상한선으로 체중이 증가되도록 해야 한다. 이들은 체중이 증가하는 것을 기피하는 경향이 있으므로 임신 중 적절한 체중 증가의 필요성을 강조하여 교육하도록 한다.

(2) 고령 임신

세계보건기구WHO는 초산 여부에 상관없이 35세 이상의 출산을 '고령 출산'으로 정의, 산모와 신생아의 건강에 특별한 주의를 기울일 것을 권고하고 있다. 통계청 발표에 따르면 35세 고령 임신부의 비율이 1990년 2.5%이었던 것이 매년 꾸준히 증가해 2020년 28.8%에 이르렀다. 이는 결혼 연령이 점차 늦어지고 경제력이 생기면서 늦둥이를 낳는 경우도 많아 고령 임신부가 늘고 있는 것이다.

고령 임신의 경우 임신성 당뇨, 임신성 고혈압, 조기태반박리나 전치태반, 조산 등의 합병증 위험률이 높아지고, 신생아는 일과성 호흡증후군, 신생아황달, 패혈증,

폐렴, 기형 등의 위험이 높다. 대한산부인과학회에 따르면 임신부의 자연유산율은 20대에는 10%이지만 45세가 넘어가면 90%까지 높아진다. 또 태아가 다운증후군이 될 위험도 20대에는 1,000명당 1명이지만 35세 이상에서는 300명당 1명으로 커진다(그림 2-14).

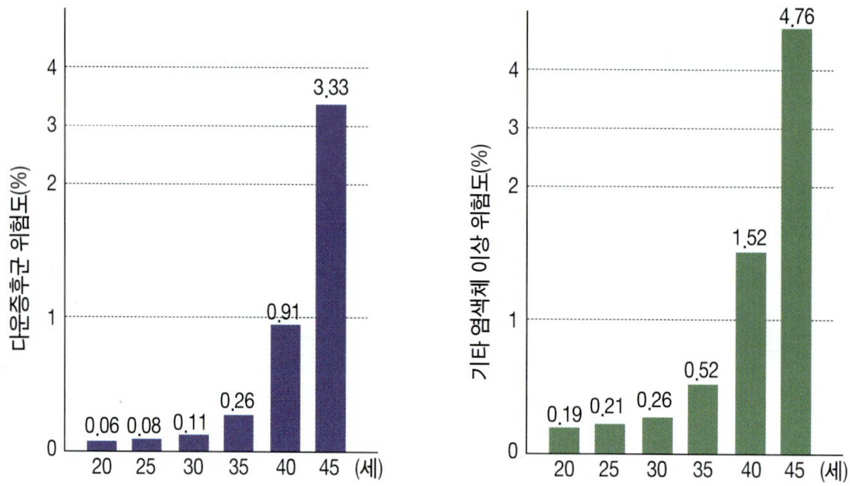

그림 2-14 국내 고령 초산 비율 및 염색체 이상 확률

출처: 대한산부인과학회, 2004

고령임신부 '건강수칙 5'

늦은 나이에 임신하면 임신 중이나 산후에 합병증 발생 위험이 높아지므로 사전에 예방하고 꾸준히 관리하는 것이 좋다. 엄마와 아이의 건강한 삶을 위해 고령 임신부가 지켜야 할 5계명은 다음과 같다.

1. 임신 전에 미리 전문의와 상담해야 한다. 배우자가 고령이라면 합병증 위험이 더 높아진다. 임신 후에 병원을 가는 것보다 안전하다.
2. 임신에 대비해 철저히 몸 관리를 해야 한다. 임신 중이나 산후에 합병증 빈도가 높아 예방에 주의해야 한다.

3. 임신 중 기형아 진단을 위한 염색체 검사는 필수다. 임신부가 고령일수록 기형아 출산 빈도도 높아진다.
4. 태아와 신생아의 합병증 예방에 주력해야 한다.
5. 자연분만에 대한 자신감을 가져야 한다. 철저히 건강관리를 하면 고령의 임신부도 자연분만을 할 수 있다.

출처: 대한산부인과학회, 2006

(3) 다태아 임신

자연임신으로 쌍둥이가 태어날 확률은 약 0.43%다. 통계청 발표에 따르면 우리나라 쌍둥이 출생률은 1999년 1.6%에서 2009년 2.7%, 2019년 4.6%로 계속 높아지고 있다. 의학계는 쌍둥이 출산 증가가 임신부의 평균 나이가 많아지면서 자연임신이 어려운 고령 여성의 불임치료 시술이 증가하기 때문인 것으로 추측하고 있다. 다태아 임신 시에는 조산, 자간전증, 임신성 당뇨, 빈혈, 전치태반, 제왕절개 분만 등의 위험이 증가한다. 신생아의 경우 저체중아 출생률, 선천성 기형, 호흡곤란증후군, 뇌성마비, 사망 등의 위험률이 높아진다(표 2-26).

표 2-26 단태아, 다태아 신생아들의 출생 시 평균체중, 임신주기 및 저체중아 출생률

	출생 시 평균체중	임신주기	저체중아 출생률
단태아	3,440 g	39~40주	6%
다태아(쌍둥이)	2,400 g	37주	54%
다태아(세 쌍둥이)	1,800 g	33~34주	90%

출처: Brown JE, 2010

다태아 임신을 한 임신부는 혈액량, 세포외액, 자궁, 태반, 태아에 필요한 에너지와 영양소 요구량의 증가와 함께 임신으로 인한 체중 증가량이 더 높다. 총 체중 증가는 두 쌍둥이의 경우 16~20 kg, 세 쌍둥이의 경우 20~25 kg 정도가 적절하다. 만약 쌍둥이 임신 시 체중 증가량이 18.2 kg라면 단태아 임신에 비해 약 4.5 kg 이상

의 체중이 증가하는 것이므로 총 임신기간에 35,000 kcal를 더 섭취해야 하는데 이는 단태아 임신에 비해 매일 약 150 kcal의 에너지를 더 섭취해야 하는 양이다.

2) 임신으로 인해 발생 가능한 건강문제와 영양관리

(1) 철결핍성 빈혈

세계보건기구WHO는 세계 임신부의 2/3 이상이 빈혈이고 대부분이 철 결핍으로 인한 것이라고 한다. 헤마토크릿hematocrit치를 판정기준으로 한 우리나라 임신부의 빈혈 유병률은 임신 1/3, 2/3, 3/3분기별로 각각 2.8, 28.4, 30.0%로 보고되었다. 철결핍성 빈혈은 저체중아와 조산아의 출산율을 높이고 분만 시 과다 출혈현상을 초래하며, 특히 철결핍 임신부로부터 태어난 신생아는 잠재적 빈혈 발생률이 높다.

표 2-27 철결핍성 빈혈의 위험요인

• 청소년 임신	• 육류와 비타민 C 섭취 부족
• 빈곤	• 다출산 경험
• 교육의 부족	• 아스피린 만성 복용
• 월경 시 다량의 출혈	

출처: Kretchmer, N & Zimmermann, M, 1997

철결핍성 빈혈을 예방하기 위해서 육류, 가금류, 어패류, 콩류, 녹황색 채소류 등을 충분히 섭취하고, 철의 흡수를 증가시키기 위해 공복 시 또는 비타민 C가 풍부한 식품을 함께 섭취하도록 한다. 반면 커피, 홍차, 녹차에 포함된 탄닌 성분은 철의 흡수를 방해하므로 철과 함께 섭취하지 않도록 주의한다. 임신기 철의 필요량을 식품으로 섭취하기 어려운 임신부의 경우 임신 20주부터 철 보충제의 복용을 권장하기도 한다. 지나치게 고용량의 철을 보충하는 경우 장점막 손상, 아연의 장내 흡수 저하, 변비, 설사 및 복통과 같은 위장장애의 부작용이 타났다.

(2) 임신성 당뇨

임신성 당뇨gestational diabetes mellitus는 임신 중에 처음으로 진단된 당뇨병으로 우리나라의 임신성 당뇨 유병률은 2.2~4.9% 정도이다.

① 원인

임신 중에는 에스트로겐, 프로게스테론, 태반락토겐, 프로락틴, 코티솔 등의 호르몬 작용으로 인해 인슐린의 혈당 조절능력이 저하된다. 정상 임신부는 인슐린 저항성을 극복하기 위해 췌장에서 인슐린 분비가 증가하지만, 임신성 당뇨병에 걸린 임신부에게는 인슐린 저항성을 극복할 만한 인슐린 분비가 충분하지 않아 혈당 조절이 어렵게 된다. 임신성 당뇨의 위험요인은 표 2-28과 같다.

표 2-28 임신성 당뇨병의 위험요인

• 임신 전 비만	• 만성 고혈압
• 저체중	• 다낭난소증후군 환자
• 고령 임신부(35세 이상)	• 임신성 당뇨의 병력이 있는 경우
• 임신성 당뇨이 가족력	• 섬유소의 섭취가 낮고 혈당지수가 높은 식사를 하는 경우
• 거대아 출산 경험(4.10 g)	

출처: 이현옥 외, 2021

② 진단

임신부의 첫 산전검사 시 위험도를 평가하고 고위험군인 경우 곧바로 선별검사를 한다. 선별검사 결과가 정상인 경우라도 임신 24~28주경에 다시 선별검사를 하도록 권고하며 검사결과의 판정은 다음과 같다(그림 2-15).

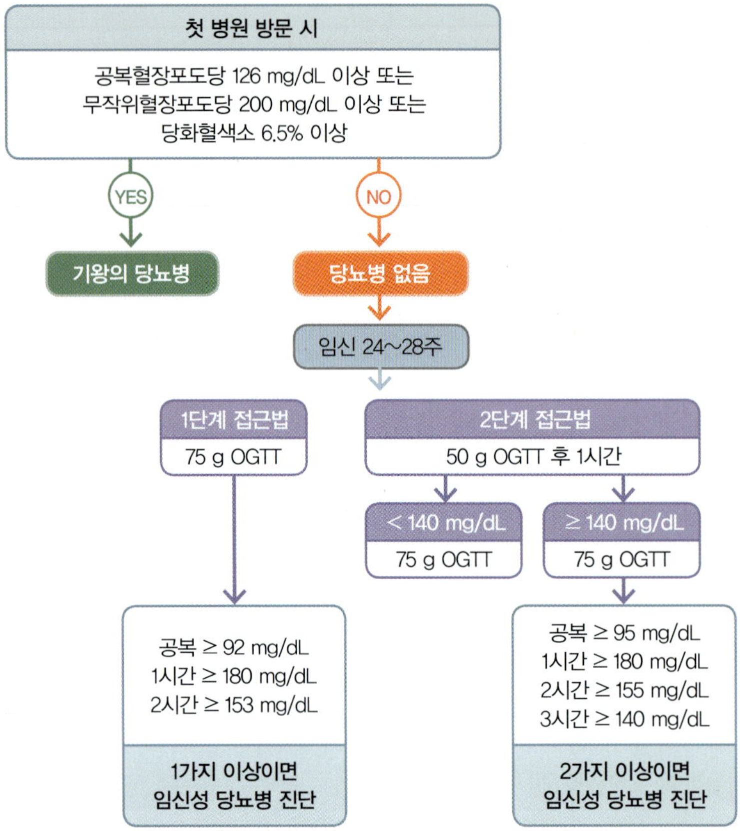

그림 2-15 임신성 당뇨 진단

출처: 대한당뇨병학회, 2021

③ 임신성 당뇨로 인한 문제점

임신 중 혈당이 조절되지 않으면 태아에게 좋지 않은 영향을 끼쳐 거대아가 될 수 있으며, 이는 분만 중 산모의 합병증 및 신생아의 합병증이 생길 위험이 높아진다(표 2-29). 임신성 당뇨병 환자는 대부분 출산 후에는 정상으로 회복되나, 15%는 내당능장애, 23%는 당뇨병이 지속된다(대한당뇨병학회).

표 2-29 임신성 당뇨의 문제점

산모	태아
• 제왕절개에 의한 출산 증가 • 임신 중 임신중독증 위험 증가 • 출산 후에도 제2형당뇨병, 고혈압, 비만의 위험 증가 • 차후 임신에도 임신성 당뇨 위험 증가	• 사산 위험 증가 • 자연 낙태 위험 증가 • 선천성 기형 • 거대아 • 인슐린 저항성, 제2형 당뇨병, 고혈압, 비만의 위험 증가

출처: 이현옥 외, 2021

④ 치료

임신성 당뇨의 치료목표는 공복혈당 95 mg/dL 미만, 식후 1시간 후 140 mg/dL 미만, 식후 2시간 후 120 mg/dL 미만이다. 임상영양치료를 실시하여도 혈당 조절 목표를 달성할 수 없는 경우 인슐린 치료를 시작한다. 경구혈당강하제 사용은 권장되지 않고 있으나, 최근 임신성 당뇨병 치료에 경구혈당강하제 사용을 재고하는 연구보고가 발표되었다. 임신성 당뇨병 환자들은 후에 당뇨병이 될 가능성이 높기 때문에 출산 후 적절한 체중을 유지하고 규형적인 식사, 규직적인 운동과 함께 활동적인 생활을 하는 것이 중요하다. 또한 일정 기간마다 혈당을 측정하는 것이 권장된다.

임신성 당뇨의 영양관리 원칙

- 정상적인 혈당수준을 유지할 수 있도록 식사계획이 이루어져야 한다.
- 임신기간 중 적절한 체중 증가가 이루어져야 한다. 임신성 당뇨 환자에 있어서 임신 시 체중 증가는 당뇨병이 없는 임신부의 경우와 동일한 수준으로 권장된다. 체중 증가의 목표는 임신 전 체중을 기본으로 한다.
- 임신 시 필요한 영양소가 충족될 수 있도록 계획되어야 하며, 임신기 여성의 영양소 섭취기준에 준한다.
- 1일 열량 섭취량이 1,700 kcal 이하인 경우에는 케톤뇨증이 일어날 수 있으므로 그 이하로 제한하지 않도록 한다.

- 총 열량의 50%를 당질에서, 20%는 단백질에서, 30%는 지방에서 공급한다. 그러나 소변에 케톤이 나오지 않는 한 바람직한 식후 혈당 조절을 위해서 식사의 당질 양을 조정할 수 있다.
- 태아가 산모로부터 일정하게 포도당을 빼앗아 사용하므로 공복 시에는 저혈당이 초래되어 케톤증이 나타날 수 있다. 따라서 1일 3회의 식사와 간식으로 식사를 분배하는 것이 바람직하다.
- 아침식사 중 당질을 30~45 g 정도로 제한하기도 하는데, 이는 코티솔의 작용을 완화시킴으로써 아침식사 후 급격한 혈당 상승을 방지하기 위한 것이다. 아침식사는 전체 필요량의 10%, 점심식사는 20~30%, 저녁식사는 30~40%로, 30%는 간식으로 배분하는 것을 권장한다. 새벽의 저혈당 발생 및 공복 시 케톤증 발생을 방지하기 위해 야식 섭취가 권장되며, 이때 당질, 단백질, 지방이 균형 잡힌 식사를 계획한다.

(2) 임신성 고혈압(임신중독증)

임신으로 인해 급성으로 유발되는 고혈압을 말하며, 과거에는 임신중독증toxemia of pregnancy이라는 용어를 사용하기도 했다. 임신과 합병된 고혈압이란 임신 중 고혈압이 발견되는 경우라 할 수 있다. 임신 전부터 고혈압이 있거나 임신 20주 이전에 고혈압이 발견되면 만성 고혈압이라 하고, 임신 20주 이후에 새로이 고혈압이 발견되고 출산 후에 정상화되는 경우 임신성 고혈압이라고 한다. 고혈압과 동반되어 소변에서 단백 성분이 나오면 자간전증이라 하며 이는 질병이 더 진행한 형태이다. 자간증이라는 것은 임신 중에 고혈압성 질환을 원인으로 경련, 발작을 일으키는 경우를 말한다(표 2-30).

표 2-30 임신기간의 고혈압

분류	증상
만성 고혈압	• 임신 전 또는 임신 20주 이전에 진단된 고혈압 • 수축기 혈압 140 mmHg 이상, 이완기 혈압 90 mmHg 이상
임신성 고혈압	• 임신 중반기(2/3분기) 이후 처음으로 진단된 고혈압 • 단백뇨 없음 • 심한 부종(안면, 손등), 현기증, 두통, 시각이상, 상복부 통증, 식욕 결핍, 메스꺼움, 구토 • 산후 12주 이전에 정상혈압으로 회복됨(회복되지 않으면 만성 고혈압으로 진단함)
자간전증	• 임신 20주 이후 진단된 고혈압(수축기 혈압 140 mmHg 이상, 이완기 혈압 90 mmHg 이상) • 단백뇨(0.3 g 단백질/24시간 소변)
자간증	• 자간전증 증상과 함께 경련 또는 발작 증세 유발
만성 고혈압 환자의 자간전증	• 만성 고혈압 임신부 중 단백뇨 수반 • 임신 20주 전 단백뇨, 혈압 상승, 혈소판 증가, 간 효소 수치 증가

출처: Brown JE, 2010

① 원인

임신성 고혈압은 일차적으로 착상 이후 발달단계에서 정상적으로 발생하는 영양막세포가 모체 내로 잘 침투되지 않아 결과적으로 태반으로의 혈류 공급에 장애가 생기는 것이 그 원인이며, 이것이 이차적으로 산모와 태아의 혈관에 손상을 입혀 다양한 증상들이 발생한다. 산모의 비만, 당뇨, 유전적 요인과 같은 다양한 인자가 영향을 미쳐 질환의 상태가 더 나빠지기도 한다(표 2-31).

표 2-31 임신기 고혈압의 위험요인

• 비만한 임신부
• 임신성 당뇨를 앓고 있는 임신부
• 고령 임신부
• 쌍둥이를 임신 중인 임신부
• 가족 중에 임신중독증을 앓았던 사람이 있는 임신부
• 빈혈이 있는 임신부
• 신장질환이 있는 임신부

② 진단

산전검사를 위해 산부인과를 방문하는 경우 매번 혈압과 소변검사를 시행하는데, 이는 증상이 없는 상태에서 조기에 환자를 발견하기 위한 검사이다. 혈압과 소변검사에서 혈압이 상승하거나 소변에서 단백성분이 검출되는 경우에는 입원하여 임신기 고혈압에 대한 평가를 하는 것이 원칙이다.

③ 임신성 고혈압으로 인한 문제점

임신성 고혈압은 전체 임신부 사망원인의 15% 정도를 차지한다. 초기에는 단순히 혈압이 오르는 것으로 나타나므로 정기검사에서 혈압 상승의 소견이 발견되며 별다른 증상이 없는 경우가 많다. 그러나 질환이 진행될수록 다양한 증상이 나타나는데 부종이 심해지고 소변 양이 감소하며, 두통, 상복부 통증, 시야장애 등이 발생한다(자간전증). 이러한 경우들은 매우 심각한 증상으로 이미 질환이 많이 진행되었음을 의미한다. 또한 태아의 성장 발육 부전이나 심한 경우 태아 사망 등이 나타나기도 한다. 한편 본태성 고혈압essential hypertension이 있는 사람의 경우 임신으로 인해 상태가 더욱 악화될 수 있다.

④ 치료

가장 원칙적인 치료는 아이를 분만하는 것이다. 일반적으로 34주 이후에 발견되는 자간전증의 경우 분만을 하는 것이 원칙이며, 분만을 하지 않는 경우 질환은 점점 나빠진다. 34주 이전의 치료는 태아의 조산에 대한 위험성과 고혈압 관련 질환의 진행으로 인한 태아와 산모의 위험성을 고려하여 결정하며, 질환이 많이 진행된 경우와 발작을 일으키는 경우에는 조산 여부와 무관하게 무조건 분만을 해야 한다. 임신성 고혈압의 영양관리는 임신기간의 적정체중 증가를 위한 균형식이 권장되고 있다. 과거에는 단백질을 제한하는 것이 도움이 되리라고 생각되었으나, 최근에는 단백질 결핍이 오히려 임신성 고혈압의 발생인자가 될 수 있으므로 양질의 단백질을 충분히 섭취할 것을 권장한다. 나트륨은 과잉으로 섭취하면 혈압을 상승시키기 쉬우므로 임신성 고혈압 환자의 경우 증상에 따라 저나트륨식을 실천하도록 한다. 칼슘, 비타민 C, 비타민 E와 같은 항산화영양소, 엽산의 보충 섭취가 자간전증 예방 효과가 있다는 보고도 있으나 더 많은 연구 결과가 뒷받침되어야 한다.

임신 중 나타나는 불편한 증상을 완화시키는 방법

증상	완화방법
메스꺼움	• 소량씩 자주 먹는다. • 공복상태가 되지 않도록 한다. • 저지방, 고단백 식품 및 소화되기 쉬운 당질 식품을 선택한다(예; 말린 누룽지, 비스킷). • 식사 시보다는 식사와 식사 사이에 수분을 섭취한다. • 튀긴 음식은 피하고, 가스가 많이 발생되는 과일, 채소와 같이 위장관에 부담을 줄 수 있는 식품은 제한한다. • 찬 음식을 이용하면 음식 냄새를 덜 느끼게 된다. • 1~2시간 간격으로 원액 과일주스를 소량씩 마신다. • 카페인이나 알코올이 포함된 음료는 피한다. • 잠자리에 들기 전에 간단한 간식을 먹는다.
변비	• 하루에 1~1.5 L 정도의 수분을 섭취한다. • 섬유소가 많이 함유된 식품의 섭취를 늘린다(전곡류, 콩류, 채소 및 과일류 등). • 허용된 범위 내에서 규칙적으로 운동을 한다. • 적절한 휴식을 취한다. • 철 보충제의 양을 체크한다. 1일 120 mg 이상의 철 복용 시 종종 변비가 문제된다. 철 보충제를 처음 복용한 지 3~5일 후 메스꺼움, 경련 및 설사 등이 나타나는 경우가 가끔 있다. 빈혈이 없는 건강한 임신부의 경우 1일 30 mg 정도의 철 보충이 적절하다. • 의사의 처방없이 완하제를 복용하지 않도록 한다.
가슴앓이	• 2~3시간 간격으로 소량씩 자주 먹는다. • 안정된 분위기에서 천천히 식사한다. • 잠자리에 들기 전에 많은 양의 음식을 먹지 않도록 한다. • 식후 1~2시간은 누워 있지 않도록 한다. • 의사의 처방없이 제산제를 복용하지 않도록 한다. • 몸에 꼭 끼는 옷은 입지 않는다. • 기름, 땅콩, 버터 등 고지방 식품이나 짜고 매운 음식은 피한다.
부종	• 복대를 사용하여 하지의 압박을 줄이거나 자주 안정을 취하고, 잘 때에는 책상 또는 이불 등에 다리를 올린다. • 다리, 복부, 음부, 손, 얼굴 등에 부종이 나타나는 수가 있으므로 이럴 때는 우유나 녹색채소를 먹도록 한다.

3) 임신기 생활습관과 관련된 문제의 관리

(1) 음주

월간 음주율
최근 1년 동안 한 달에 1회 이상 음주한 비율

우리나라 가임기 여성의 월간 음주율은 19~29세 60%, 30~39세 49.1%로 조사되었고, 주 2회 이상, 1회 평균 음주량이 5잔 이상인 고위험음주율은 19~39세 여성이 평균 약 8.7%로 조사되었다(2020년 국민건강영양조사). 임신 중 다량의 알코올 섭취는 태아알코올증후군fetal alcohol syndrome, FAS의 원인이 된다(그림 2-16, 표 2-32). 알코올과 주요 대사물질인 아세트알데하이드가 태반을 통해 태아에게 전달되어 직접적인 독성을 나타낼 수도 있으며, 이 독성효과는 특히 임신 초기 여러 가지 장기가 형성되는 시기에 더 클 수 있다. 또한 알코올 섭취로 인한 모체의 영양불량이 결국 태반의 기능부진과 영양결핍을 초래한다. 임신 중 다량의 알코올 섭취로 인한 또 다른 출생기형으로는 심장, 관절, 생식기의 기형과 피부의 혈관종 등이 있다. 임신 중 안심할 수 있는 알코올 섭취량은 알려진 바 없으나 태아에게 치명적인 해를 입힌다는 것은 확실하므로 임신 중에는 알코올 섭취는 금하도록 한다.

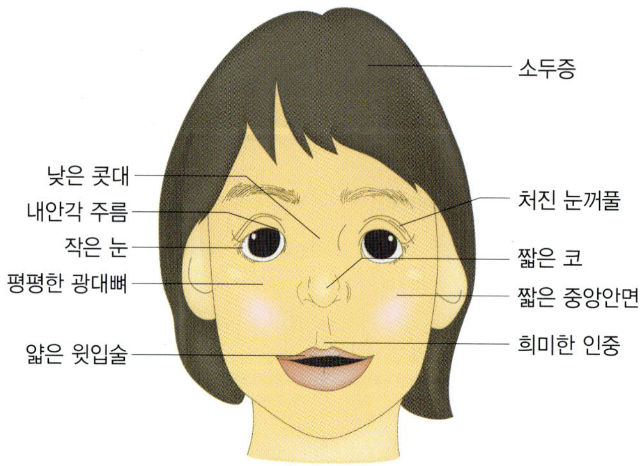

그림 2-16 태아알코올증후군 아동의 얼굴 특징

표 2-32 태아알코올증후군의 진단을 위한 임상적 기준

증상	정의
성장 지연	• 태아기 또는 출생 후 성장 지연 • 성장 실패(체중, 키, 머리둘레)
중추신경계이상	• 신경적 · 발육적 · 행동적 비정상(지적 손상과 관련된 발육 지연, 유아기의 자극민감성 또는 아동기의 주위산만과 과잉행동)
특징적인 안면기형	• 소두증 • 소안구증 • 윗입술의 발육 저하와 편편한 위턱

출처: Beattie, JO, 1992

태아알코올증후군 예방연구소

국내는 물론 아시아 최초로 개설된 태아알코올증후군 예방연구소 홈페이지에 방문해서 태아알코올증후군에 대해서 더 자세히 알아봅시다(https://part.eumc.ac.kr/).

(2) 흡연

우리나라 전체 여성의 흡연율은 6.6%이나 19~39세 여성의 흡연율은 평균 9.9%

로 해마다 증가하는 추세이다(2020년 국민건강영양조사). 또한 소변 내 코티닌 성분 측정 결과에 의한 우리나라 전체 성인 여성의 실제 흡연율은 그 2배 이상인 것으로 조사되었다.

임신 시 흡연에 의한 태아의 손상은 흡연에 의한 일산화탄소와 니코틴의 위해 작용에 의한 것으로, 특히 담배의 니코틴은 모체의 혈관을 수축시켜 태아로 이행되는 산소 및 영양소의 공급을 감소시켜 미숙아 및 저체중아 출산의 위험을 증가시킨다. 그 외에 담배에 포함된 4,000가지 이상의 성분 가운데 여러 독성물질들이 태아의 성장장애에 직·간접적으로 영향을 줄 수 있다. 반면 임신 중 금연을 하면 사산율 11%, 신생아 사망률 5%가 감소한다고 한다. 임신 중 흡연에 의한 모체 및 태아의 부정적인 영향을 표 2-33에 제시하였다.

표 2-33 임신 중 흡연의 결과

- 조산, 사산, 자연유산의 위험성 증가
- 저체중아 출산율 2배 이상 증가
- 태아의 신체적 성장과 지적 수행 저해(뇌성마비, 정신박약, 학습장애 등)
- 임신 초기 첫 3개월의 흡연은 선천성 심장병과 연관
- 흡연으로 인한 미량영양소 대사의 변화로 모체와 태아의 비타민 C, 비타민 B_6, 엽산, 비타민 B_{12} 영양 상태 불량
- 태반의 혈액량을 감소시키므로 태아에게 산소와 영양소의 전달 저해
- 모체의 낮은 체중 증가

(3) 카페인

최근 우리나라의 커피전문점이 급속히 증가함과 동시에 카페인의 건강에 긍정적인 영향에 관한 연구 결과가 밝혀지면서 커피 섭취량이 점점 늘고 있다. 커피에 주로 함유된 카페인은 홍차, 코코아, 콜라, 청량음료, 초콜릿, 진통제, 감기약, 각성제, 체중 조절약 등에 들어 있는 흥분제로서 태반 및 태아의 뇌, 중추신경계, 심장, 신장, 간 및 동맥이 형성되는 데 부정적 영향을 미친다. 임신부의 경우 간에서 카페인 제거 속도가 느려져 카페인이 모체 혈액에 오래 머물게 되고 이로 인해 태반을 통해 빠르게 태아에게 전달된다. 태아는 카페인분해효소가 발달되어 있지 않아 장시간

카페인의 영향을 받게 된다. 카페인은 혈관을 수축하여 태아에게 영양소와 산소의 공급을 제한하고 조산, 유산, 태아 성장 부진, 산과적 문제를 초래한다.

식품의약품안전처는 한국인의 카페인 섭취 수준과 인체에 미치는 영향을 고려해 임신부의 카페인 1일 섭취기준량을 300 mg 이하로 설정했다. 예방적 측면으로 미국 FDA에서는 임신부에게 카페인이 함유된 식품이나 약물 투여를 제한 또는 금지할 것을 권장하고 있다.

표 2-34 식품 중 카페인 함유량

식품 유형			검출건수/총건수	검출 범위 (mg/L 또는 mg/kg)	평균 함량 (mg/L 또는 mg/kg)
대분류	중분류	소분류			
코코아가공품류 또는 초콜릿류	코코아가공품류		24/24	33.7~1,006.4	360.9
	초콜릿류		140/141	ND~854.0	173.9
당류	당류가공품		10/12	ND~981.1	137.8
음료류	다류	침출차	49/50	23.6~335.9	143.6
		액상차	18/18	28.7~224.5	105.8
		고형차	16/16	11.1~394.4	115.0
	커피	볶은커피	13/13	171.8~797.9	522.8
		인스턴트커피	27/27	19.3~524.2	293.5
		조제커피 (커피믹스)	10/10	308.2~1,386.5	571.9
		액상커피 (전문점 커피)	273/273 (196/196)	5.9~801.9 (5.9~642.2)	352.9 (329.8)
	탄산음료		27/27	35.9~455.7	187.5
	기타음료(혼합음료)		11/12	ND~994.7	128.4

* 에너지음료의 경우 탄산음료 및 기타음료에서 별도 추출한 것으로 검출범위는 194.8~994.7 mg/L, 평균 함량은 320.8 mg/L이었음

** ND : Not detected(불검출)

출처: 식품의약품안전처, 2020

(4) 기타

① 허브차

허브는 일반적으로 건강에 도움이 되고 매우 안전하다고 여겨진다. 미국의 경우 45%의 임신부가 허브제품을 섭취하고 있는 것으로 추정되고 있다. 임신기간 중 여러 가지 약초로 만든 차류는 주의해야 하는데, 이는 자세한 성분과 안전성이 아직 확실하게 입증되지 않았기 때문이다. 일부 차 종류는 안전한 것으로 입증되었으나 캄프리 등을 비롯한 몇 종류는 위험성이 있는 것으로 보고되었다.

② 이식증

이식증pica이란 정신행동학적 질환의 일종으로서 진흙, 분필 및 전분가루 등의 음식이 아닌 물질을 먹는 비정상적인 섭식장애이며, 임신부나 영양불량 소아에게서 나타나는 도착적인 식욕현상이다. 이식증을 가진 임신부는 대부분 흙, 먼지, 세제 풀, 얼음, 자갈, 숯, 머리카락, 좀약, 베이킹소다, 성냥, 담뱃재, 커피알맹이 등을 섭취하는 것으로 보고되었다. 이식증의 원인은 잘 알려져 있지 않지만 철 부족 상태 등 특정 영양소 요구에 의한 것이라는 의견도 있고, 지역적인 습관과 전통적 관습에 의한 현상이라는 의견도 있다.

이식증으로 인해 영양이 풍부한 식품의 섭취가 줄어들거나 납 등의 중금속 중독, 빈혈, 위장장애 및 기생충 감염 등의 위험 발생 가능성이 있으므로 음식이 아닌 물질은 먹지 않도록 해야 하며, 질감이 유사한 다른 음식으로 대체해 주도록 한다. 예를 들어, 분필이나 세탁용 전분을 먹는 경우 탈지분유 등으로 대체해 줄 수 있다.

③ 비타민 과잉 섭취

우리나라 가임여성(19~49세)의 식이보충제 복용 경험률이 지속적으로 증가하고 있는 추세이다. 그러나 임신기간에 과량의 비타민 A, 비타민 D, 비타민 C 및 비타민 B_6 복용은 오히려 태아에게 해로울 수 있으므로 피해야 한다(표 2-35).

식이보충제 복용 경험률

1년 이내 2주 이상 지속적으로 비타민/무기질 혹은 건강기능식품을 복용한 적이 있다고 응답한 분율, 만 1세 이상

표 2-35 과량의 비타민 섭취에 의한 영향

비타민	과량 섭취에 의한 영향
비타민 A	• 임신부가 6,000 μg RAE 섭취 시 태아의 두뇌, 얼굴, 심장 및 중추신경계 기형 유발 • 건선 또는, 여드름 치료제인 합성 레티노이드 계열 약물(이소트레티노인, 트레티노인, 에큐탄, 아시트레틴 등) 복용 금지
비타민 D	• 태아의 고칼슘혈증, 비이상적 뼈의 성장, 치아형성이상, 대동맥 기형 유발

④ 채식주의

채식주의자인 경우에도 식사를 잘 계획하면 적절한 영양소를 공급받을 수 있다. 그러나 이들에게는 초기부터 비타민 B_{12}를 포함하여 여러 가지 무기질, 비타민 등의 보충이 권장된다.

⑤ 임신 중 다이어트

임신기간의 체중 감량은 피하는데, 이는 철, 칼슘, 엽산과 같은 중요한 미량영양소의 부족을 초래할 뿐만 아니라 영아의 신경정신학적 이상 및 저체중아를 분만할 위험이 있기 때문이다. 임신 중에 굶거나 열량 섭취가 크게 제한되면 모체혈액 중에 케톤체 농도가 상승하며, 이는 태아에게도 유해한 영향을 끼친다. 체중과다일지라도 비만 임신부는 일반 식사지침에 따라 적절한 체중 증가가 이루어지도록 해야 한다.

⑥ 과한 운동

임신 중에 가벼운 운동은 도움이 되지만 과한 운동은 임신의 유지와 태아에게 부정적인 영향을 미칠 수 있다. 실제로 임신 후 활발하게 운동을 한 모체에서 태어난 태아의 평균 출생체중이 3,200 g으로 운동을 하지 않은 대조군 여성에게 태어난 태아의 출생체중 3,600 g에 비해 400 g 더 적었다(그림 2-17). 이외 과한 운동이 임신 유지나 태아에 미치는 영향은 표 2-36과 같다.

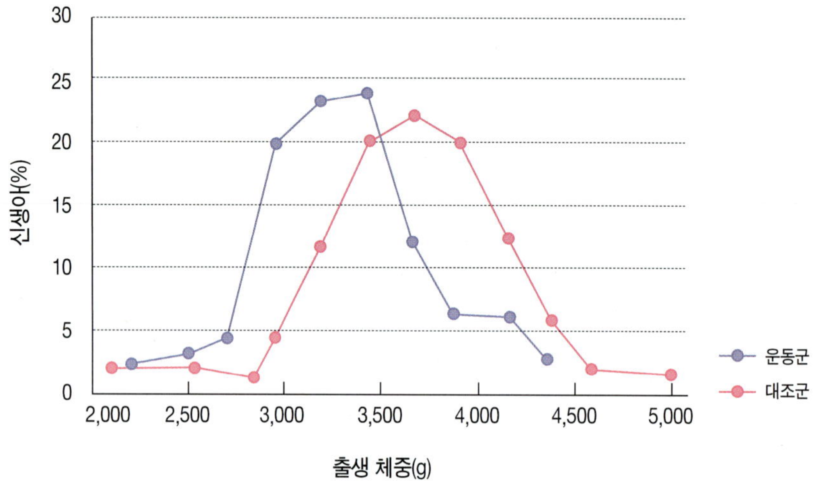

그림 2-17 운동이 출생 시 체중에 미치는 영향

출처: Clapp, JF, 1994

표 2-36 과한 운동이 임신 유지나 태아에 미치는 영향

과한 운동의 결과	영향
체온 증가	• 임신 초기 체온의 증가(39.2℃ 이상)는 태아 성장지연과 선천성 기형 유발 가능성 높음
혈당 감소	• 운동 시 포도당이 근육의 에너지원으로 사용되므로 혈당량 감소 • 모체 내 혈당은 태아의 주된 에너지원이므로 모체의 혈당 감소는 태아의 포도당 사용 제한
태아로 혈류 흐름의 감소	• 운동 시 피부와 근육으로의 혈액 순환량 증가에 따라 자궁이나 태반으로의 혈류량 감소 • 태아에게 이동되는 산소와 영양소 감소
신체 조직의 스트레스 증가	• 임신 시 프로게스테론에 의해 결체조직이 이완되어 있는 상태에서 과한 운동은 근육과 골격의 긴장을 증가시키고 신체 조직의 스트레스를 유발하여 조기분만의 위험을 높임

⑦ 약물 복용

임신기간에는 의사의 처방을 제외하고는 약 복용을 일체 금한다. 약물이 태반을 통해 태아에게 나쁜 영향을 미칠 수 있고 임신부에게도 독성을 일으킬 수 있기

때문이다. 임신부의 약물 복용이 태아에 미치는 영향은 매우 다양해 유산, 태아 조기사망, 자궁 내 성장장애 및 종양 유발 등을 일으킬 수 있다. 이 중 가장 문제가 되는 것이 기형 유발로 외형적 이상뿐만 아니라 기능, 행동장애까지 포함한다. 미국 FDA는 약물마다 태아에 미치는 영향을 가장 안전한 카테고리 A부터 가장 위험한 카테고리 X까지 다섯 단계로 구분해 표시해 놓았다. 이 중 태아에게 부정적인 영향을 줄 수 있는 D와 X 단계 약물에 대한 설명과 예시는 표 2-37에 제시하였다.

표 2-37 태아에게 부정적인 영향을 미치는 약물(미국 FDA 분류)

단계	설명	예시
D	태아에 대한 위험이 증명되었으나 산모에 사용함으로써 얻는 이익이 태아에 대한 위험보다 큰 경우(임부의 생명이 위급한 경우나 다른 약물로 효과가 없는 경우에만 부득이하게 사용)	• 테트라사이클린(tetracycline) : 항생제 • 에탄올(ethanol) : 술 • 카르바마제핀(carbamazepine) : 항전간제(두개안면 기형, 손톱 기형) • 리튬(lithium) : 정신신경용제(심장 기형) • 밸프로산(valproic acid) : 항전간제(중추신경계 기형) • 페니토인(phenytoin) : 항전간제(두개안면 기형, 사지 기형, 성장 장애)
X	인체와 동물 모두에게서 태아의 기형이 증명된 약물(임신부, 가임 여성에게 금기)	• 이소트레티노인(isotretinoin) : 비타민 A 유도체, 여드름 약 • 메틸수은(methyl mercury) • 탈리도마이드(thalidomide) : 항암제 • 와파린(warfarin) : 혈액응고제(안면 기형, 중추신경계 기형) • 비타민 A(vitamin A) : 비타민제(두개안면 기형, 심장 기형, 중추신경계 기형)

임신부를 위한 정부 정책

제5차 국민건강증진종합계획(Health Plan 2030, 2021~2030)

보건복지부는 '모든 사람이 평생 건강을 누리는 사회'를 비전으로 2020년 제5차 국민건강증진종합계획(Health Plan 2030)을 발표하였다. 6개 분과 28개의 중점과제 중 1분과(건강생활실천 확산) 3번째 중점과제(영양), 5분과(인구집단별 건강관리) 19번째 중점과제(여성) 등에서 저출산 경향이 지속되는 가운데 향후 인구의 자질 향상을 위해 지속적인 모성 건강에 대한 정책을 강화하기 위해 다음과 같은 사업을 계획하였다.

분과	중점사업	임신부 관련 사업 개요
건강생활 실천	건강한 식생활 실천 및 최적의 영양상태 유지 기반 강화	① 인구집단별 맞춤형 영양관리 서비스 확대 및 접근성 강화 • 임산부 · 다문화가정 선정기준 완화 등 영양플러스사업 확대 및 운영지원 체계 강화를 통해 취약계층 영양 개선 도모
인구집단별 건강관리	모든 아이들의 안전한 출생과 정상적 성장 · 발달 보장	① 고위험 산모 · 신생아 의료체계 개선으로 신생아 사망률 격차 해소 • 고위험 산모 · 신생아 통합치료센터, 신생아 집중치료 지역센터, 분만취약지 산부인과의 기능에 따른 연계 및 인프라 강화 • 야간 · 고위험 분만 수가, 분만전감시료 수가 합리화, 고위험임산부 집중관리료 기준 개선 • 보건소 등과 연계한 고위험 임산부 및 미숙아 등 건강증진 사업 강화 – 고위험 임산부 및 미숙아 등 의료비 지원 확대, 임산부 등 대상 건강관리서비스 강화

임신부 영유아 영양지원 프로그램(영양플러스사업)

영양플러스사업은 보건복지부에서 시행하고 한국건강증진재단(https://www.khealth.or.kr/kps)에서 지원하는 사업으로서 영양상 위험이 큰 임산부와 영유아의 건강 유지에 필요한 영양교육을 실시하고, 필수영양소를 식품 형태로 지원하여 영양 위험군인 임산부 및 영유아의 영양문제를 해결하여 평생 건강 유지의 틀을 확보하고자 하는 것이다. 2008년부터 시작하여 현재 전국으로 확대하여 시행하고 있다.

• 사업대상

분류	사업대상
상분류	만 6세(72개월) 미만의 영유아 또는 임신 · 출산 · 수유부(한국인을 포함한 다문화가정 포함)
거주기준	사업 운영 보건소별 관할지역 내 거주
소득수준	가구 규모별 최저생계비 대비 200% 미만(필요서류 구비 및 확인절차 필요) (최저생계비 대비 120~200%인 경우 보충식품비의 10% 자부담)
영양위험요인	빈혈, 저체중, 성장부진, 영양섭취상태 불량 등 한 가지 이상의 영양 위험요인 보유자

• 사업내용

- 대상별 특성에 따른 식생활교육, 영양 교육 및 상담
- 영양보충식품 제공 : 식생활에서 부족한 영양소를 보충하기 위한 식품으로 구성된 보충식품을 제공하며 계절 및 대상자의 특성에 따라 대체식품 제공 가능
- 정기적인 영양평가

단원정리

1 임신기 영양은 임신 전 과정 동안 임신부의 건강은 물론 정상적인 태아의 성장과 발달을 위한 영양관리를 의미한다.

2 임신기의 부적절한 영양관리는 임신부의 질병 발생, 태아의 성장지연, 선천성 기형, 유산, 조산, 사산 등의 부정적인 결과를 초래한다.

3 월경주기는 매월 성숙된 난자 1개를 생성하여 배란이 가능하게 하는데 월경주기는 시상하부, 뇌하수체 및 난소에서 분비된 호르몬들 간의 복잡한 상호작용에 의해 조절된다.

4 태반은 태아와 모체 사이의 영양소와 노폐물 운반, 영양소의 조절, 호르몬 분비, 태아 보호 역할 등을 수행한다.

5 태반을 통한 영양소 이동 기전은 복합적이면서 잘 조절된 과정으로 단순확산, 촉진확산, 능동수송 및 음세포작용 등의 방법으로 영양소가 이동된다.

6 임신기간 중 모체는 수정란의 착상, 태반의 발달 및 태아의 성장으로 인해 많은 생리적 변화를 겪는데, 이러한 변화는 모체와 태아의 영양요구량을 충족하여 태아의 정상적인 성장을 유지하고 분만 후 성공적인 수유를 준비하기 위한 것이다.

7 임신기의 체중 조절은 태아와 모체가 최적의 영양상태를 유지하기 위해서 매우 중요하다. 따라서 체중 증가 정도는 성공적인 임신 결과를 예측하는 주요 인자이다.

8 임신기에는 정상적인 임신의 유지와 건강한 태아의 성장을 위하여 적절한 양의 영양이 공급되어야 한다. 임신기의 영양소 섭취기준은 가임기 여성(19~49세)의 영양소 섭취기준에 임신기간에 추가로 공급되어야 하는 영양소의 양이 설정되었다.

9 임신부는 비임신 여성에 비해 에너지의 추가량은 17~23% 정도이지만 단백질, 비타민 D, 비타민 B_6, 엽산, 철, 칼슘 등의 비타민과 무기질을 많게는 71%까지 더 섭취할 것을 권장하고

있다. 따라서 임신기에는 에너지는 높지 않으면서 단백질과 비타민, 무기질을 풍부하게 함유한 다양한 식품을 골고루 섭취하는 것이 좋다.

10 청소년 임신, 고령 출산의 증가 등의 사회적 변화는 고위험 임신을 증가시키는 요인이다.

11 임신 중 흡연, 알코올, 커피나 다른 카페인 음료 등은 태아의 성장장애에 직 · 간접적으로 영향을 줄 수 있으므로 피한다.

연습문제

1 태아의 신경관 결손을 예방하기 위해 임신 전과 임신 초기에 섭취해야 하는 식품으로 적합한 것은?

① 사과, 토마토, 밤 ② 감자, 고구마, 미역 ③ 시금치, 오렌지, 소간
④ 우유, 요구르트, 멸치 ⑤ 쇠고기, 돼지고기, 고등어

2 임신 시 분비되는 호르몬 중 자궁수축을 억제하여 임신을 유지시키는 작용을 하는 호르몬은?

① prolactin ② parathyroid hormone ③ progesterone ④ oxytocin ⑤ estrogen

3 비임신기에 비해 임신기 때 평균필요량을 증가시켜야 하는 영양소는?

① 비타민 D ② 비타민 K ③ 칼슘 ④ 나트륨 ⑤ 아연

4 모체의 임신 전 체중 및 신장이 신생아의 미치는 영향에 대해서 설명하시오.

5 만약 당신이 보건소 영양사라면 보건소를 방문한 임신부가 아래와 같은 질문을 했을 때 어떻게 상담하겠는가?

① 임신 중에 커피를 마셔도 될까요?
② 종합 비타민 · 무기질 영양제를 먹어야 하나요?
③ 출산 후 하루 빨리 처녀 때 날씬한 몸매로 돌아가려면 임신 중에 먹는 것과 운동은 어떻게 해야 할까요?

6 임신 · 수유부를 위한 식생활지침의 항목을 정리해 본 후 이 항목들이 지침으로 선정된 배경에 대해서 알아보자.

CHAPTER

3

수유기 영양

1. 수유의 생리
2. 수유기의 영양관리
3. 수유기의 건강문제 및 수유실태

CHAPTER

3

학습목표

1. 모유의 생성과 분비 과정을 설명할 수 있다.
2. 유방 발달과 모유 분비에 영향을 미치는 호르몬의 기능을 설명할 수 있다.
3. 수유부 영양섭취가 모유 분비량과 영양소 조성에 미치는 영향을 설명할 수 있다.
4. 수유기 영양소 섭취의 중요성과 영양소 섭취기준을 설명할 수 있다.
5. 수유기 영양 요구를 충족하기 위한 적절한 식생활 관리방안을 제시할 수 있다.
6. 수유기의 건강문제를 파악하고 이에 대한 관리방안을 제시할 수 있다.
7. 모유수유의 장점을 설명할 수 있다.
8. 우리나라 모유수유 실태를 설명할 수 있다.

수유기의 바람직한 식생활은 영아의 적절한 성장과 모체의 산후 회복 및 건강 유지를 위해 매우 중요하다. 수유기 에너지와 각 영양소 요구도는 대체로 매우 높은 편이다. 이는 수유부가 모체의 영양소 요구량과 영아의 성장을 위해 모유로 분비되는 영양소 요구량을 동시에 충족시켜야 하기 때문이다. 출생 후 첫 6개월간 영아의 성장속도는 매우 빠르며, 완전모유수유를 하는 경우에는 필요한 영양소를 모두 모유로부터 공급해야 한다. 따라서 일부 영양소를 제외한 대부분 영양소의 필요량은 임신기 필요량과 같거나 오히려 더 많아진다.

하지만 수유부의 영양소 섭취량이 모유의 조성에 그대로 반영되는 것은 아니며, 수유부의 지나친 에너지 섭취의 증가 및 영양적으로 불균형한 식사는 여러 건강문제를 유발할 수 있다. 따라서 수유기의 생리적 변화와 그에 따른 영양요구도의 변화, 수유기에 적합한 식생활, 수유기의 건강문제 및 이에 대한 대처법 등을 이해하는 것이 필요하다.

1. 수유의 생리

1) 유방의 성장과 발달

유방의 성장과 발달은 태아기, 사춘기, 임신기 및 수유기에 걸쳐 단계적으로 이루어진다. 이 과정에서 유방은 크기와 기능이 크게 변하며, 최종적으로 모유 생성과 분비에 적합한 특징적인 구조를 갖추게 된다.

(1) 유방의 구조

성숙한 유방은 유선엽lobe이 결체조직과 지방조직 사이에 분포하는 구조를 갖는다(그림 3-1). 유선엽은 유포alveoli와 유관duct으로 이루어져 있으며, 결체조직은 유방의 구조를 지지해 주고, 지방조직은 유방을 외부의 충격으로부터 보호한다. 유선엽의 발달은 모유 생성과 분비에 밀접한 관련이 있는 반면, 결체조직이나 지방조직의 크기는 유즙 생성량에 직접적인 영향을 미치지 않는다. 따라서 유방의 크기가 작거나 크다고 해서 모유 생성량이 달라지지는 않는다. 대개 각 유방에는 약 15~20개의 유선엽이 있고, 각 유선엽은 20~40개의 소엽으로 이루어지며, 소엽은 다시 10~100개의 유포가 모여 구성된다.

유방의 기능적 단위는 유포이다(그림 3-1C). 각 유포는 미세유관 끝 부분에 위치하고 있으며, 여러 개의 모유분비세포가 모여 있어 모유 생성과 분비를 담당한다. 모유분비세포 주위에는 근상피세포가 둘러싸고 있어 수축 시 유포 내강에 모여 있던 모유가 미세유관으로 분비되도록 한다. 미세유관은 나뭇가지 모양으로 분포하며 다시 큰 유관으로 합쳐지고 유방의 중심부인 유두로 이어진다.

유두에는 여러 개의 구멍이 있어 모유의 출구 역할을 한다. 유두 주위에는 지름

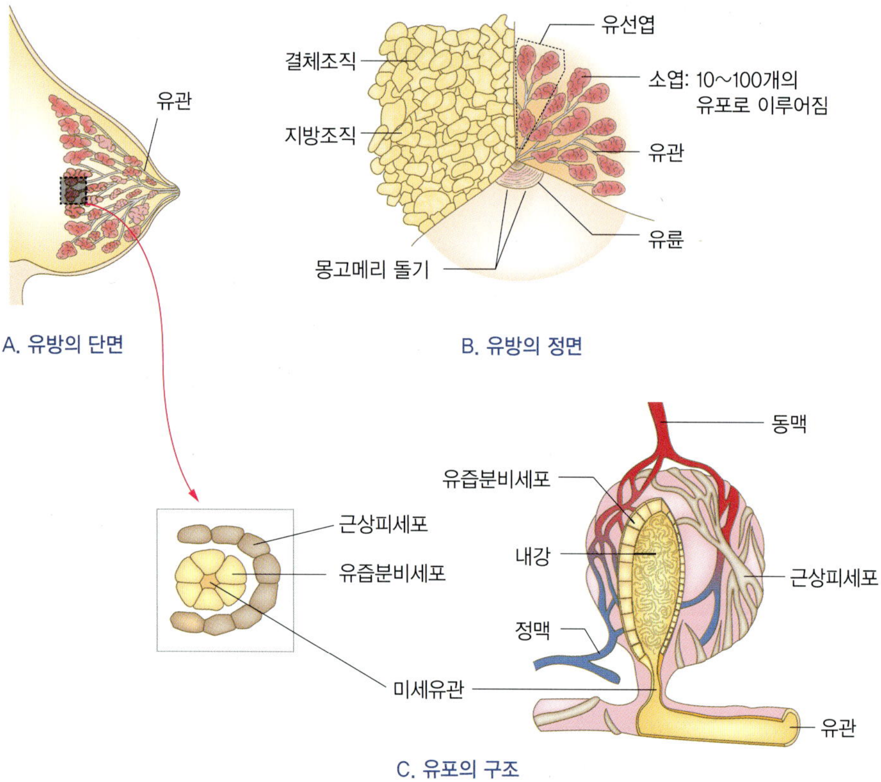

그림 3-1 유방의 해부학적 구조

출처: Lawrence et al., 2011

1.5~2.5 cm인 원형 모양의 착색된 유륜areola이 있다. 유두와 유륜에는 평활근 섬유다발이 있어 수축되면 유두를 단단하고 더욱 튀어나오게 하여 아기가 젖을 무는 것을 도와준다.

유륜 조직 밑에는 몽고메리 돌기라는 분비조직이 위치한다. 이곳에서 분비되는 물질은 유두를 부드럽게 하여 유두를 보호한다. 뿐만 아니라 휘발성 성분을 포함하여 아기의 후각 신경을 자극함으로써 유두를 찾기 쉽게 하고, 젖 먹는 것을 촉진한다. 또한 유륜에는 유방의 다른 부위에 비해 감각신경 말단이 더 많이 갈라져 분포하여 각종 자극에 가장 예민하게 반응한다.

(2) 유방의 발달단계

유방 발생은 태아기 매우 초기에 시작되는데, 임신 4주째 원시 유선이 발생하고 이후 태아기 동안 유방조직의 발달이 계속된다. 임신이 진행되는 동안 모체의 태반 호르몬이 태아에게 전달되면서 유관의 형성이 촉진되고, 출생 무렵이 되면 유두와 유륜이 더욱 발달한다. 이때 유방은 소량이지만 유즙을 생성하고 분비할 수 있는 구

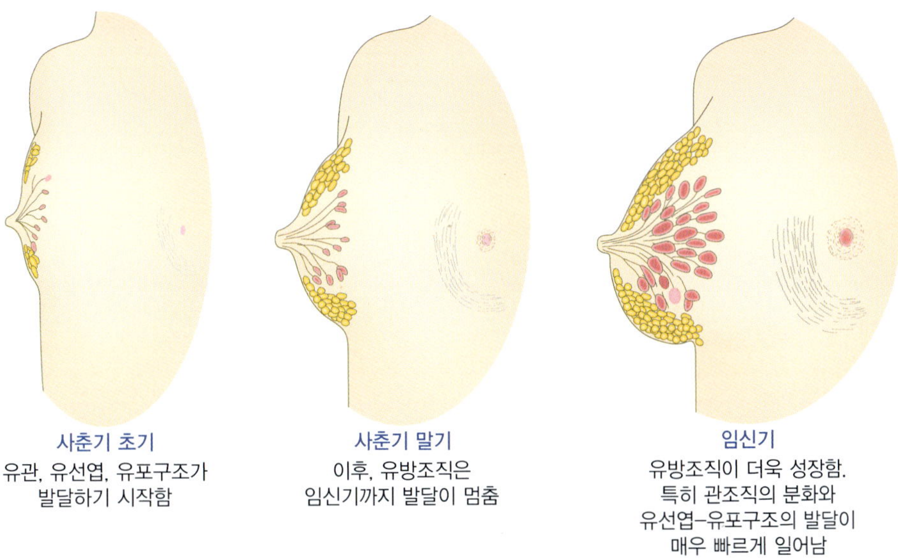

그림 3-2 사춘기부터 수유기까지 유방조직의 발달

출처: Brown et al., 2011

조를 갖추고 있어 출생 후 2~3일간은 유즙 같은 액을 분비하기도 한다. 하지만, 이러한 신생아기 현상은 오래 지속되지 않으며, 유방조직의 발달은 유아기와 아동기에 휴지기를 거친다.

사춘기 시작과 더불어 유방의 성장과 발달이 다시 시작되는데, 이는 난소의 성숙으로 에스트로겐과 프로게스테론의 주기적 분비가 증가하기 때문이다. 월경주기마다 관 조직의 증식과 성장이 난포기와 배란기에 일어나며, 황체기 후반에 프로게스테론 분비가 최고조에 이르면서 유방조직의 발달은 더욱 활발해진다. 이 시기에는 관조직 발달과 함께 관조직을 둘러싸고 있는 결체조직과 지방조직 증가가 일어나고, 유포 발달, 유두의 성장과 색깔 변화가 일어난다. 일반적으로 초경 후 12~18개월이 되면 성숙한 형태의 유선엽-관-유포 구조를 갖추게 된다(그림 3-2).

인체태반락토겐
human placental lactogen, hPL

부신피질호르몬
adrenocorticotropic hormone, ACTH

임신이 되면 모유 분비를 준비하기 위해 유방조직의 크기와 무게가 크게 변한다. 평소 150~200 g 정도이던 유방 무게가 임신기 후반에는 400~500 g 정도로 증가한다. 유륜의 지름이 커지고, 유두가 좀 더 빳빳해지며 몽고메리 돌기가 더욱 커진다. 이는 황체와 태반에서 분비되는 다양한 호르몬들의 분비 증가에 의한 것이다. 즉, 에스트로겐은 주로 관 계통을 증식시키고 분화시키며, 프로게스테론은 유즙을 분비하는 유포와 소엽, 유선엽의 크기를 증가시킨다. 이 밖에, 인체태반락토겐은 유륜의 성장, 프로락틴은 유두의 성장에 관여하며, 부신피질호르몬은 프로락틴과 프로게스테론의 작용을 상승시켜 유방조직의 발달을 촉진한다.

2) 모유 생성과 분비

(1) 모유 생성과 분비 단계

모유 생성은 출산 후 갑자기 시작되는 것이 아니라, 임신기부터 모유 생성을 위한 준비가 시작된다. 임신 초반기에는 관 계통의 성장과 증식, 유선엽 증가 등 유방조직의 성장이 주를 이루고, 임신 후반기에는 모유 생성이 시작된다.

모유의 생성과 분비는 세 단계로 나누어 볼 수 있다.

- 1단계 : 모유 생성이 시작되는 단계로 임신 중반기부터 출산 후 초기 며칠에 해당한다. 이 시기는 모유분비세포의 활성이 높아지며, 유포는 모유를 축적하여 부푼 형태를 나타낸다. 모유분비세포에 지방구가 축적되고, 모유 내 유당과 단백질 함량이 증가한다. 출산 직후의 모유 분비량은 많지 않다.
- 2단계 : 출산 후 2~5일경 모유 분비량이 급격히 많아지는 시기로 '젖이 돌기 시작한다'라고 표현하기도 한다. 이 단계는 출산 후 혈중 프로게스테론의 급격한 저하로 개시되며, 유방으로의 혈액 이동이 급증한다. 모유 생성량이 많기 때문에 유방은 더 커지고 단단해진다. 이때 영아의 젖빨기와 유방을 비우는 것은 모유의 생성 및 분비를 촉진하는 주요 요인이 된다. 모유의 조성에도 많은 변화가 일어나는데, 모유 내 유당과 지방 함량은 증가하고, 나트륨과 염소 등의 전해질과 단백질 함량은 감소한다.
- 3단계 : 출산 후 10일경부터 시작되고 모유의 조성이 안정화되는 시기이다.

표 3-1 모유 생성과 분비 단계

모유 생성과 분비 단계	주요 특징
1단계 (임신기 중반~출산 후 2~3일)	• 모유 합성 개시 • 모유분비세포(유포)의 분화 • 유당과 단백질 함량의 증가, 지방구의 축적 • 프로락틴에 의한 모유 생성 자극
2단계 (출산 후 2~5일~출산 후 10일)	• 모유 분비량이 급격히 많아지기 시작함 • 모체의 프로게스테론 분비 저하로 시작됨 • 유포세포의 밀착 결합 • 나트륨, 염소 등의 전해질 감소, 유당과 지방 함량 증가 • 호르몬에 의한 모유 분비 조절에서 모유 요구도(젖빨기)에 의한 조절로의 전환기
3단계 (출산 후 10일 이후~)	• 모유의 조성 안정화 • 모유 요구도(젖빨기)에 의한 모유 분비 조절 • 유방의 크기가 출산 후 6~9개월에 감소하기 시작함

출처: Riordan et al., 2010

(2) 모유 생성과 분비에 영향을 미치는 호르몬

프로락틴과 옥시토신은 모유 공급을 시작하고 지속하는 데 주요하게 작용하는 호르몬이다(그림 3-3).

프로락틴 억제 인자
prolactin inhibiting factor

프로락틴은 뇌하수체 전엽에서 분비되며 모유 생성을 자극한다. 프로락틴을 분비하게 하는 주요 인자는 영아의 젖빨기로, 영아가 젖을 빨면 모체 혈액의 프로락틴 농도가 급격히 증가한다. 임신기 동안 프로락틴의 활성은 프로게스테론에 의해 억제되다가, 출산 후 태반 제거에 의한 프로게스테론 농도 감소로 인해 프로락틴의 활성이 높아지고 이에 따라 모유 생성이 증가된다. 이 밖에, 임신 말기에는 모유 생성을 억제하기 위해 시상하부에서 프로락틴 억제 인자가 분비되어 프로락틴 활성을 억제한다.

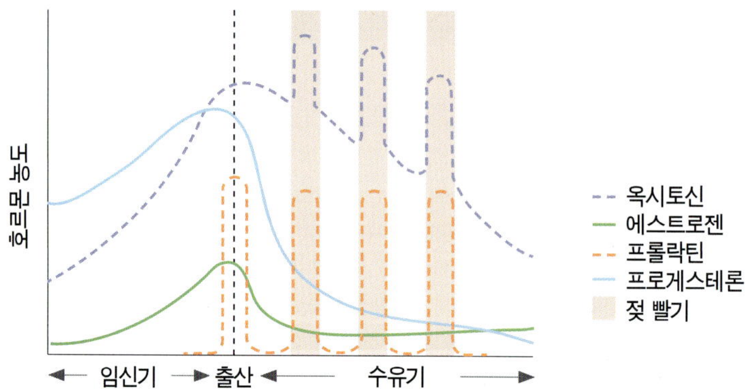

그림 3-3 임신기와 수유기 동안 호르몬 농도의 변화

출처: Love, 1990

옥시토신도 영아의 젖빨기나 유두 자극에 의해 분비된다. 옥시토신의 주요 기능은 모유 사출이다. 모유 사출반사는 모유가 유방에서 나오는 것을 자극한다. 영아가 젖을 빨면 자극이 신경을 통해 시상하부로 가고, 뇌하수체 후엽에서 옥시토신의 분비를 촉진한다. 옥시토신은 모유분비세포 주변에 있는 근상피세포를 수축시킨다. 그 결과, 유포에 머물러 있던 모유가 유두로 나와 영아에게 전달된다. 젖빨기 자극 외에도 영아의 울음소리를 듣거나 모유수유에 대한 생각만으로도 옥시토신이 분비

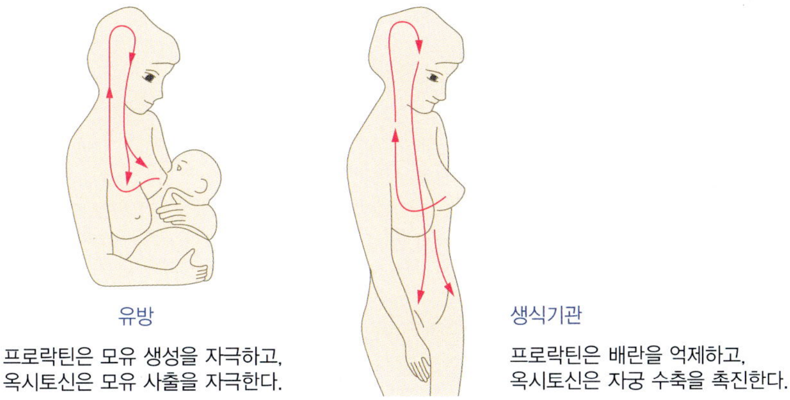

그림 3-4 유방과 생식기관에서 프로락틴과 옥시토신의 작용

출처: Brown et al., 2011

되어 모유가 분비될 수 있다. 옥시토신은 자궁에도 작용하여 자궁을 수축시키고 원래 상태로 회복하는 데 도움을 준다(그림 3-4).

(3) 모유 분비량

모유 분비량은 수유부마다 달라서 한 아이에게 수유하는 경우 450~1,200 mL로 매우 다양하다. 일반적으로 출산한 달의 모유 분비량은 하루 약 600 mL이고, 점점 증가하여 출산 후 4~5개월 무렵에는 750~800 mL가 된다. 영아의 체중, 모유의 에너지 함량, 영아의 개월 수 등에 따라 모유 분비량이 달라지며, 쌍둥이나 세 쌍둥이 등 요구도가 높아질 때는 모유 분비량이 늘어나고, 모유를 짜는 것도 모유 분비량을 늘릴 수 있다.

이처럼 모유 분비량은 수유부의 생성능력보다는 영아의 요구도에 따라 정해진다. 즉, 유방에서 모유를 비우는 행위가 모유를 더 합성하는 신호가 되며, 수유부 대부분은 영아의 요구도에 맞춰 모유를 생성할 수 있다. 영아가 젖을 빨고 난 후에도 유방에는 약 24%의 모유가 남아 있어 어느 정도의 모유를 저장할 수 있다. 또한 하루 모유 생성량은 최대 생성 가능량의 약 64% 정도밖에 되지 않으므로 모유가 더 필요할 때는 모유 생성량이 더 늘어날 수 있다.

엄마의 모유 생성량이 충분한지, 영아가 충분히 먹고 있는지 어떻게 알 수 있나?

엄마의 몸은 영아의 필요에 따라 모유를 충분히 만들 수 있다. 모유 생성을 자극하도록 각 유방에서 20분씩 2~3시간마다 수유를 하면, 영아가 먹을 수 있는 충분한 양의 모유가 만들어진다. 이때 유방은 모유로 채워졌다가 수유 후에는 부드러워지고, 다음 수유할 때까지 다시 젖으로 채워지는 것을 반복하게 된다.

영아가 모유를 충분히 먹었는지는 다음과 같이 확인할 수 있다.

- 하루 24시간 내에 6번 이상 기저귀를 적신다.
- 모유를 먹고는 이내 잠을 잔다.
- 하루에 2번 이상 변을 본다.
- 체중이 증가한다.

2. 수유기의 영양관리

모유 생성에 필요한 영양소는 수유부의 식사와 체내 저장분 두 가지 급원에서 공급된다. 영양소 공급이 제한적일 경우, 모체는 체내에 저장해 두었던 영양소를 모체 자신의 대사보다 모유 생성에 우선적으로 사용한다. 그러므로 영양소 섭취가 심하게 부족하지 않는 한 모유 분비량과 대부분의 조성은 일정하게 유지되며 계속 수유가 가능하다. 하지만 모체의 영양결핍 상태가 지속되면 체내 저장분이 고갈되고 모체 조직의 소모가 일어난다. 또한 심각한 정도의 모체 영양결핍은 모유 분비량을 감소시키고 일부 모유 조성에 변화를 가져온다.

1) 수유부 영양과 모유 분비량

영양상태가 비교적 양호한 경우, 수유부의 영양상태는 모유 분비량에 큰 영향을 미치지 않는다. 예를 들어, 저체중 수유부의 모유 분비량은 정상 체중 혹은 비만인 수유부와 비교하여 크게 다르지 않다. 또한 저개발국과 선진국 수유부들의 모유 분비량을 비교해 보면, 국가별 수유부의 에너지나 여러 영양소 섭취 차이가 비교적 큼에도 불구하고 평균 모유 분비량은 비슷하다.

하지만 에너지 섭취 수준이 일정 수준 이하로 내려가면 모유 분비량의 감소를 유발한다(역치효과threshold effect). 한 예로, 영장류인 비비baboon를 이용한 연구에서 사료 섭취량을 평소 섭취량의 80% 수준으로 공급하였을 때에는 유즙 생성량에 유의적인 변화가 없으나, 평소 섭취량의 60% 수준으로 더욱 제한하였을 때에는 유즙 생성량이 유의적으로 감소하였다. 사람을 대상으로 한 연구에서도 비교적 영양상태가 양호한 수유부의 에너지 섭취를 1,500 kcal 이상, 평소의 2/3 수준으로 1주일간 제한하였을 때 모유 분비량의 유의적 변화는 없었으나, 하루 1,500 kcal 미만으로 에너지 섭취를 제한한 경우는 모유 분비량이 유의적으로 감소하였음이 보고된 바 있다(그림 3-5).

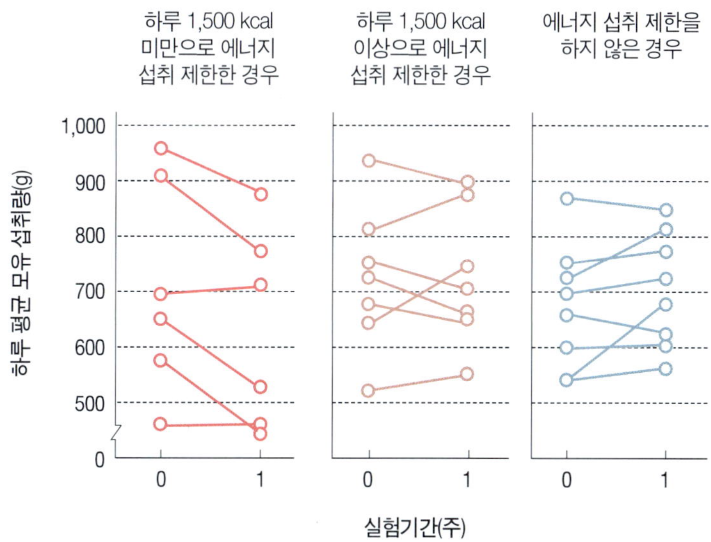

그림 3-5 수유부의 에너지 섭취 제한에 따른 영아의 모유 섭취량 변화

출처: Strode et al., 1986

한편, 특정 영양소 섭취가 모유 분비량에 영향을 미치는지는 잘 알려져 있지 않다. 저개발국에서의 초기 연구에서 단백질 섭취량과 모유 분비량의 연관성에 대한 보고가 있으나 확실치 않다.

또한 수유기의 충분한 수분 섭취는 모체의 건강 유지를 위해 바람직하지만, 갈증 해소 이상 여분의 수분 섭취가 모유 분비량을 더 증가시키지는 않는다.

2) 수유기 영양과 모유의 영양소 조성

(1) 에너지, 탄수화물, 단백질

영양상태가 양호한 대부분 여성에서 모유의 에너지, 탄수화물, 단백질 함량은 모체의 식사 섭취 감소에 의해 별다른 영향을 받지 않고 비교적 일정하게 유지된다. 예를 들어, 모체의 단백질 총 섭취량이 적거나 섭취하는 단백질의 질이 낮은 경우에도 모유의 단백질 함량은 감소하지 않는다. 이는 식사 단백질이 부족한 경우 조직 등 모체의 단백질 저장분으로부터 이동시켜 모유 생성에 사용하기 때문이다. 모유 단백질 농도는 모체의 식사나 혈청 단백질 농도보다는 영아의 개월 수(출산 후 기간)에 따라 달라진다.

(2) 지방

EPA
eicosapentaenoic acid

DHA
docosahexaenoic acid

모유 지방산 조성은 모체의 식사 지방산 조성을 반영한다. 식물성 유지 등 불포화지방산이 많이 포함된 식사를 하는 경우, 모유 내 불포화지방산 함량이 높다. 특히 모체의 식사에 두뇌기능 발달에 중요한 EPA나 DHA를 보충하면 모유의 EPA 또는 DHA 함량이 유의적으로 증가된다(그림 3-6).

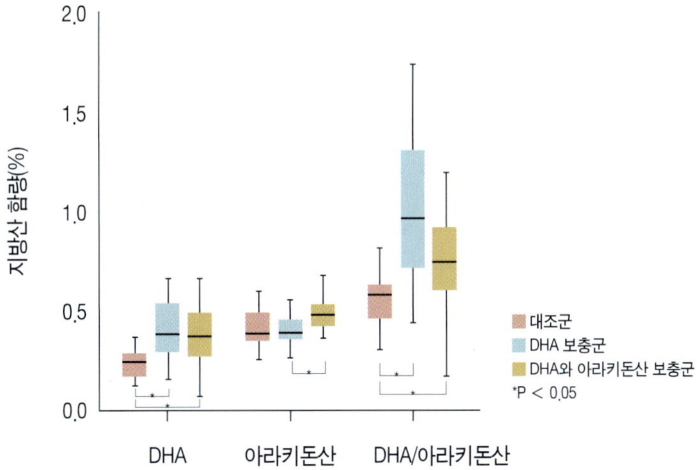

그림 3-6 수유부에 대한 불포화지방산 식사 보충이 모유의 불포화지방산 함량에 미치는 영향

출처: Van Goor et al., 2009

한편, 모체의 에너지 섭취가 심하게 결핍된 경우 모유의 지방산 조성은 모체 체지방조직의 지방산 조성과 비슷해진다. 이는 에너지 결핍 시 모체의 저장 지방조직이 모유 생성에 사용되기 때문이다. 또한 초저지방식사로 탄수화물 섭취비율이 매우 높은 경우, 모유의 중간사슬지방산 함량이 높아진다.

모유 콜레스테롤 함량은 모체 식사와 상관없이 일정하게 유지되며, 모체의 혈중 콜레스테롤 농도가 높은 경우에도 일정량만 분비된다.

(3) 비타민

모유의 비타민 함량은 모체의 영양상태와 식사 섭취량에 따라 민감하게 영향을 받는다. 일반적으로 모체의 특정 비타민 섭취량이 낮은 경우 모유 속의 해당 비타민 함량도 낮아지고, 반대로 모체의 비타민 섭취량이 증가하면 모유 함량도 증가한다. 모유의 비타민 D 함량은 모체의 식사 섭취량 이외에 햇빛 노출 정도에 따라서도 변한다.

비타민 C, 리보플라빈, 니아신, 비타민 B_6, 비오틴 등 수용성비타민의 모유 함량은 지용성비타민에 비해 모체 식사에 더욱 민감하게 반응한다. 그중에서도 모유의 비타민 B_6는 결핍되기 쉬우며, 모체 식사와 매우 높은 상관관계가 있다(상관관계 계수 R=0.8). 하지만 모유 내 비타민 함량이 일정 수준에 도달하면 식사나 보충제 투여로 섭취량을 더욱 증가시켜도 더 이상의 증가는 없다. 예를 들어, 비타민 C를 하루 90 mg 혹은 250 mg을 섭취한 수유부의 모유를 비교한 결과, 이들의 모유 비타민 C 함량은 비슷하였고, 비타민 C 섭취량을 하루 1,000 mg까지 높여도 모유의 비타민 C 함량의 증가는 미미하였다.

예외적으로, 엽산은 모체 식사의 영향을 적게 받는다. 엽산은 모유 내에서 유청 단백질에 결합되어 있기 때문에 단백질 분비에 관련된 요인(호르몬, 영아 개월 수 혹은 수유기간)들이 모유 함량에 더 영향을 줄 수 있다. 특히 엽산의 모유 함량은 모체의 혈청 또는 적혈구 엽산 농도가 낮은 경우에도 감소하지 않으며, 수유기간에 따라 모유 함량이 증가한다. 그러므로 수유부의 엽산 섭취량이 부족한 경우 모체의 엽산 결핍이 더욱 악화될 수 있다.

(4) 무기질

모유의 무기질 함량은 모체 식사 섭취량에 거의 영향을 받지 않는다. 이는 칼슘, 인, 마그네슘 등의 무기질 혈청 농도가 식사 섭취량에 의해 변하지 않고 일정하게 유지되기 때문이다. 수유부에서 이들 무기질의 섭취가 부족할 경우 혈청 농도가 그대로 유지되어 모유 분비량에는 영향을 주지 않지만, 모체의 영양결핍 위험도는 증가시킨다.

예외적으로, 요오드는 유방조직에 활발하게 축적되며 모체의 요오드 식사 섭취량이 모유 함량에 반영된다. 또한 셀레늄은 항산화효소인 글루타티온 과산화효소의 보조인자 형태로 존재하는데, 모체의 지방산 종류와 에너지 섭취 정도에 따라 모유 내 셀레늄 함량이 달라진다.

3) 수유기 영양소 섭취기준

수유기 영양소 필요량은 모유 분비량과 조성, 그리고 모체의 영양소 요구도와 영양상태에 따라 결정된다. 우리나라 수유부의 영양소 섭취기준은 수유 전·후반기 구분 없이 하루 모유 분비량 780 mL을 기준으로 모유에 포함된 영양소 함량과 이용 효율 등을 고려하여 해당 연령대의 비수유부 영양소 섭취기준에 추가로 섭취해야 하는 영양소 양으로 정하였다.

(1) 에너지

수유부에게 추가되는 에너지 필요량은 모유 분비에 필요한 에너지와 모체에 저장된 지방조직에서 동원되는 에너지를 고려하여 설정하였으며, 수유부의 에너지 소비량은 비수유부와 다르지 않은 것으로 간주하였다.

따라서 수유부의 추가 에너지 필요추정량은 모유로 방출되는 에너지에서 수유부의 저장 지방조직에서 동원되는 에너지를 뺀 값으로 계산된다. 모유로 방출되는 에너지는 모유의 에너지 밀도(65 kcal/100 mL)와 1일 모유 분비량(780 mL/일)을 곱한 값이고, 모체에 저장된 여분의 에너지로부터 제공되는 에너지는 170 kcal/일을 적용하여 340 kcal/일이 에너지 필요추정량의 추가분이 된다(표 3-2).

표 3-2 수유부 에너지 필요추정량(EER) 추가량 설정 요약

모유로 방출되는 에너지(A) (모유의 에너지 밀도× 모유 분비량)	수유부의 저장 지방조직에서 동원되는 에너지(B)	수유부 에너지 필요추정량 추가량(A-B)
65 kcal/100 mL×780 mL/일 ≒ 510 kcal/일	170 kcal/일	340 kcal/일

(2) 탄수화물, 식이섬유, 단백질 및 수분

① 탄수화물과 식이섬유

수유부의 탄수화물 평균필요량 추가량은 모유로 분비되는 유당의 양을 기준으로 설정하였다. 모유에 함유된 유당은 74 g/L이며, 1일 모유 분비량 780 mg/일을 곱하여 하루에 모유로 분비되는 유당 양 60 g/일을 추가 평균필요량으로 산출하였다. 여

기에 개인변이계수 15%를 적용하여 추가 권장섭취량은 80 g/일로 정하였다.

표 3-3 수유기 탄수화물 추가량 설정 요약

추가 평균필요량 = 모유로 방출되는 유당 (모유의 유당 함량×모유 분비량)	추가 권장섭취량
74 g/L×780 mL/일 ≒ 60 g/일	60 g/일×1.3 ≒ 80 g/일

한편, 수유부의 총 에너지섭취량 중 탄수화물의 에너지 섭취비율(탄수화물 에너지적정비율)은 비수유부 성인여성과 동일한 55~65%이 권장된다.

수유부의 식이섬유 추가량은 에너지 추가 요구량을 근거로 다음과 같이 설정되었다. 식이섬유 충분섭취량 기준치(12 g/1,000 kcal)에 수유부의 에너지 추가량(340 kcal/일)을 곱하여 4 g/일로 계산되나, 수치를 5단위로 단순화시켜 5 g/일로 정하였다.

표 3-4 수유부 식이섬유 추가량 설정 요약

충분섭취량 기준치(A)	수유기 에너지 추가량(B)	추가 충분섭취량(A×B)
12 g/1,000 kcal	340 kcal/일	4 g/일 → 5 g/일

② 단백질

수유부의 단백질 필요량은 모유 생성에 필요한 단백질 양, 즉 모유 분비량과 모유의 단백질 함량에 비례하여 증가한다. 따라서 수유부의 단백질 추가 평균필요량은 모유의 단백질 함량 12.2 g/L에 모유 분비량 780 mL/일을 곱하여 1일 모유로 분비되는 단백질 양을 9.5 g/일로 보고, 여기에 순단백질 이용률 47%를 적용하여 20 g/일로 정하였다. 여기에 개인변이계수 12.5%를 적용하여 추가 권장섭취량은 25 g/일로 정하였다.

표 3-5 수유부 단백질 추가량 설정 요약

모유로 방출되는 단백질 (모유의 단백질 함량×모유 분비량)	순단백질 이용률	추가 평균필요량	추가 권장섭취량
12.2 g/L×780 mL/일 = 9.5 g/일	÷ 0.47	20 g/일	20 g/일×1.25 = 25 g/일

③ 수분

수유부의 신장기능을 비롯한 생리상태는 비수유부와 비슷하다. 하지만, 모유를 통한 수분 손실을 고려하여 수분 섭취량의 증가가 바람직하다. 모유의 수분 함량이 87%이므로, 하루 모유를 통한 수분 손실량은 약 700 mL가 되며 이를 수유부의 추가 충분섭취량으로 설정하였다.

한편, 수유부는 에너지 섭취 증가에 의해 음식을 통해 수분을 추가로 섭취한다. 즉, 일상식의 수분량이 0.53 mL/kcal이므로, 추가 섭취에너지 340 kcal에서 얻는 음식 수분량이 약 200 mL/일(≒ 0.53 mL/kcal × 340 kcal)이 된다. 따라서 수유부는 700 mL에서 200 mL를 제외한 500 mL의 수분을 순수하게 액체(물과 음료)의 형태로 마시면 추가 충분섭취량을 충족할 수 있다.

표 3-6 수유부 수분 추가량 설정 요약

모유의 수분 분비량 (모유 수분 함량 × 모유 분비량)	추가 충분섭취량		
	총 수분(A)	음식을 통한 수분섭취량(B)	액체(물과 음료)를 통한 수분섭취량(A-B)
780 mL/일×0.87≒700 mL/일	700 mL/일	0.53 mL/kcal×340 kcal/일≒200 mL/일	700 mL/일 - 200 mL/일 = 500 mL/일

(3) 비타민

① 지용성비타민

수유부의 비타민 A 섭취기준은 모유 내 비타민 A 함량을 42.3 μgRAE/100 mL으로 간주하여 하루 350 μgRAE/일(≒ 42.3 μgRAE/100 mL × 780 mL/일)을 추가 평

RAE(retinol activity equivalent) 레티놀활성당량

균필요량으로 정하였다. 여기에 20% 개인변이계수를 가산하여 490 μgRAE/일(350 ×1.4)을 추가 권장섭취량으로 정하였다.

비타민 D는 모유수유아의 구루병 방지를 위해 충분한 섭취가 요구된다. 하지만, 수유부에서 비수유 여성에 대한 비타민 D 충분섭취량인 10 μg/일보다 더 많이 섭취해야 한다는 근거가 충분하지 않아 수유부에 대한 추가량은 설정되지 않았다.

α-TE(α-tocopherol equivalent) α-토코페롤당량

비타민 E의 경우 모유로 분비되는 양이 2.3~4 mg/일(300~540 μg/100 mL× 780 mL/일)임을 고려하여 평균인 3.0 mg α-TE/일을 추가 충분섭취량으로 설정하였다.

비타민 K는 수유부와 비수유부의 섭취량과 체내 보유수준이 서로 다르지 않고, 모유 내 비타민 K 함량은 전형적인 식사를 하는 수유부에서 비타민 K 섭취량에 거의 영향을 받지 않으며, 모유에 포함된 비타민 K 농도는 매우 미미한 수준임을 고려하여, 수유부에 대한 추가 섭취량을 설정하지 않았다.

② 수용성비타민

모유의 평균 비타민 C 농도는 4~6 mg/100 mL로 매우 풍부하다. 1일 모유 분비량이 780 mL/일이므로 모유로 분비되는 비타민 C의 양은 30~45 mg/일이며, 이를 근거로 수유부의 추가 평균필요량은 35 mg/일으로 정하였다. 따라서 수유부의 비타민 C 평균필요량은 비수유부 평균필요량 75 mg/일에 35 mg을 추가하여 110 mg/일이 된다. 여기에 개인변이계수 15%를 가산한 140 mg/일(110 mg/일×1.3)이 수유부의 비타민 C 권장섭취량이 된다.

모유 중 엽산의 농도는 85 μg/L이며, 하루 모유 분비량 780 mL에 필요한 양은 65 μg이 된다. 여기에 엽산의 생체이용률 50%를 고려하여 수유부의 평균필요량에 대한 추가량을 130 μgDFE/일로 정하였다. 따라서 수유부의 엽산 평균필요량은 비임신 비수유부 여성의 평균필요량 320 μgDFE/일에 추가량을 더하여 450 μgDFE/일이 된다. 권장섭취량은 평균필요량에 10%의 변이계수를 고려하여 550 μgDFE/일로 정하였다.

DFE(dietary folate equivalent) 식이엽산당량

수유부의 티아민, 리보플라빈, 니아신의 필요량은 모유 분비량 이외에 에너지 대사 항진으로 인해 30~50% 정도 증가한다. 또한, 비타민 B_6의 경우는 모유 분비량

과 단백질 추가 섭취량에 의한 증가분이 요구된다.

표 3-7 수유부 엽산 섭취기준 설정 요약

모유로 방출되는 엽산 (모유의 엽산 함량× 모유 분비량)	생체 이용률	추가 평균필요량	평균필요량	권장섭취량
85 μg/L × 780 mL/일	÷ 0.5	≒ 130 μgDFE/일	320 μgDFE/일 + 130 μgDFE/일 = 450 μgDFE/일	450 μgDFE/일 × 1.2 ≒ 550 μg DFE/일

표 3-8 수유기 비타민 1일 섭취기준

영양소		평균필요량		권장섭취량	
		비수유부[1]	수유부 추가량	비수유부[1]	수유부 추가량
지용성비타민	비타민 A(μgRAE)	460/450	+350	650	+490
	비타민 D(μg)	-	-	10[2]	+0
	비타민 E(mg α-TE)	-	-	12[2]	+3
	비타민 K(μg)	-	-	65[2]	+0
수용성비타민	비타민 C(mg)	75	+35	100	+40
	티아민(mg)	0.9	+0.3	1.1	+0.4
	리보플라빈(mg)	1.0	+0.4	1.2	+0.5
	니아신(mg NE)	11	+2	14	+3
	비타민 B_6(mg)	1.2	+0.7	1.4	+0.8
	엽산(μgDFE)	320	+130	400	+150
	비타민 B_{12}(μg)	2.0	+0.3	2.4	+0.4
	판토텐산(mg)	-	-	5[2]	+2
	비오틴(μg)	-	-	30[2]	+5

[1] 19~29세/30~49세 혹은 19~49세(두 연령군이 같은 경우)

[2] 충분섭취량

(4) 무기질

① 칼슘과 인

수유부의 칼슘 추가 평균필요량은 모유로 분비되는 칼슘량 202.5 mg/일(270 mg/L×750 mL/일)에 흡수율 65%를 고려하여 310 mg/일로 정하였다. 추가 권장섭취량은 개인변이계수 10%를 가산하여 370 mg/일로 정하였다. 한편, 모유로 분비되는 인의 필요량은 수유기 동안 뼈 흡수bone resorption로 인한 인 분비 증가와 소변 인 배설량 감소로 인해 충족될 수 있다. 또한, 우리나라 수유부의 인 섭취량은 매우 높은 편이므로 수유부의 추가 필요량은 설정하지 않았다.

② 철

수유기는 월경으로 인한 철 손실이 지연되며, 모유로 분비되는 철 함량은 0.29 mg/일이다. 이는 비수유 여성의 월경으로 인한 손실량 0.5 mg/일에 비해 적으므로 수유부에 대한 철 추가량을 따로 설정하지 않고 일반 여성과 동일하게 영양소 섭취기준을 설정하였다.

③ 아연과 요오드

아연의 모유 내 함량은 2.2 mg/L로 하루 모유로 분비되는 양은 1.65 mg이다. 여기에 아연 흡수율 40%를 적용하여 4.0 mg/일을 추가 평균필요량으로 정하였고, 10% 개인변이계수를 가산하여 5.0 mg/일을 추가 권장섭취량으로 정하였다. 한편, 모유 내 함량이 모체의 식이섭취량에 따라 달라지는 요오드는 180 μg/일을 추가 권장섭취량으로 정하였다.

표 3-9 수유기 무기질 1일 섭취기준

영양소		평균필요량		권장섭취량	
		비수유부[1]	수유부 추가량	비수유부[1]	수유부 추가량
다량 무기질	칼슘(mg)	530/510	+310	650	+370
	인(mg)	580	+0	700	+0
	나트륨(g)[2]	–	–	1.5	+0
	칼륨(g)[2]	–	–	3.5	+0.4
	마그네슘(mg)	235	+0	280	+0
미량 무기질	철(mg)	10.8/10.5	+0	14	+0
	아연(mg)	7.0/6.8	+4	8	+05
	요오드(mg)	95	+130	150	+180

1) 19~29세/30~49세 혹은 19~49세(두 연령군이 같은 경우)

2) 충분섭취량

4) 수유부의 식생활관리

수유기에는 수유부 자신의 건강은 물론 모유를 통해 영아의 적절한 성장을 위해 필요한 모든 영양소가 충분히 공급되어야 한다. 이를 위해 다양한 식품을 균형 있게 섭취하는 것이 중요하다. 다양한 식품을 골고루 섭취한다면 모유수유를 위해 평소 식생활을 많이 바꿀 필요는 없다. 보건복지부에서 발표한 '임신 · 수유부를 위한 식생활지침'은 표 2-24와 같다(69쪽 참조).

(1) 에너지와 미량 영양소 섭취

에너지는 하루 중 여러 번에 나누어 섭취한다. 모유를 계속 합성하고 있으므로 끼니를 거르지 말고 에너지 섭취가 규칙적이 되도록 한다. 아침, 점심, 저녁 식사와 두세 번 이상의 간식을 섭취하는 것이 좋다. 식품은 각 식품군이 골고루 포함되도록 선택하며, 간식으로는 저지방 유제품이나 과일 그리고 여분의 수분을 섭취하도록 한다. 하지만 지나친 에너지 섭취는 산후 비만의 원인이 되므로 피하고, 가급적 영양밀도가 높은 식품을 선택하여 미량 영양소의 섭취가 부족하지 않도록 해야 한다.

우리나라 수유부의 식사에서 부족되기 쉬운 미량 영양소는 칼슘, 아연, 비타민 A, 철 및 리보플라빈 등이다. 따라서 칼슘의 섭취를 위해 우유를 매일 3컵 이상 마시며 요구르트, 치즈, 뼈째 먹는 생선을 자주 먹는 것이 좋다. 아연은 달걀, 밀가루, 고기 등에 많이 들어 있으며, 비타민 A는 당근, 녹황색 채소, 생선 및 고기에 많이 포함되어 있다.

또한 엽산과 비타민 A는 모유 분비량에 비해 모체 저장량이 낮은 편이므로 이들 영양소가 식사에서 결핍되지 않도록 주의한다. 영양소별 6개월간 모유 생성을 위한 필요량과 모체의 체내 저장량 비율을 살펴보면(그림 3-7), 칼슘과 철의 경우, 모유 분비량이 체내 저장량의 각 4%, 14%로 상대적으로 적은 반면, 비타민 A와 엽산은 모유 분비량/체내 저장량의 비율이 높은 편이다. 특히 엽산은 6개월 모유 분비량이 모체 체내 저장량보다 더 많다. 따라서 수유부가 엽산을 섭취하지 않으면 모체 체내 저장량이 가장 먼저 고갈되고 모유 내 엽산 함량에도 영향을 주게 된다. 엽산은 시금치나 브로콜리와 같은 엽록색 채소, 오렌지와 자몽 등의 과일 및 시리얼에 많이

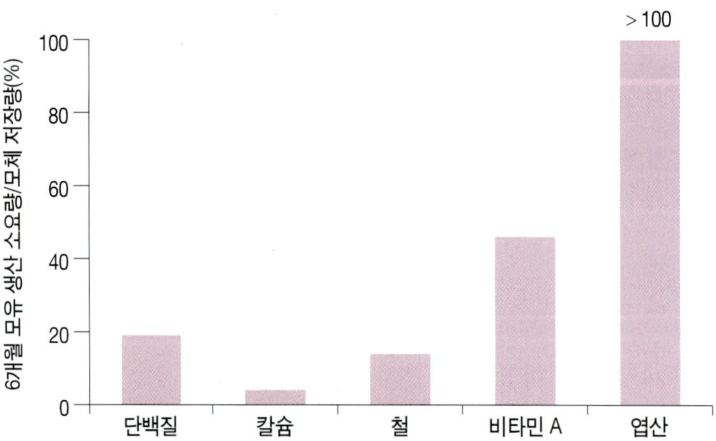

그림 3-7 영양소별 6개월 모유 분비량과 모체의 체내 저장량의 비교

출처: National academy of science, 1991

함유되어 있다.

이밖에 망막과 뇌의 발달에 필요한 영양소인 DHA는 모체의 식사 섭취량에 따라 모유 함량이 비례하므로 충분히 섭취하도록 한다. 또한 양질의 단백질 섭취를 통해 모유 필수아미노산 함량을 늘린다.

(2) 수분 섭취

모유 생성을 위해 여분의 수분이 필요하므로 수분을 충분히 섭취한다. 소변 색이 짙어지는 것은 수분 섭취가 부족하다는 징후인데, 수분 섭취가 부족하면 변비나 탈수 증상이 생겨 몸이 피곤하고 지치기 쉽다. 단, 물을 많이 마신다고 해서 모유 생성량이 늘어나는 것은 아니다.

일반적으로 하루에 약 8컵 정도의 물 또는 음료수 섭취가 권장되는데, 갈증을 느끼는 대로 얼마든지 마시고 싶은 양만큼 섭취하는 것이 좋다. 물이나 저지방 혹은 무지방 우유, 주스 등을 수유하는 동안 가까이 두고 필요할 때마다 마실 수 있도록 한다. 또는 매번 수유가 끝난 후 물이나 우유 한 잔을 마시는 습관을 들이는 것도 좋다. 우유나 주스는 수분 이외에도 칼슘이나 비타민 C 등의 다른 영양소를 제공하는 급원이 된다. 설탕 등 단순당이 많이 첨가된 음료수는 되도록 피한다.

(3) 비타민 및 무기질 보충제 사용

영양상태가 비교적 양호하고 균형 잡힌 식사를 하는 수유부는 비타민 혹은 무기질을 보충제의 형태로 추가로 섭취할 필요는 없다. 이러한 보충제의 사용은 특별한 영양문제를 가지고 있는 경우에 제한하여 사용한다. 예를 들어, 유제품을 전혀 섭취하지 않는 경우 칼슘과 비타민 D의 보충을 생각해 볼 수 있다. 보충제를 사용할 때는 모유에 어떻게 분비되는지, 영양소-영양소 상호작용의 문제가 있는지를 고려해야 하며 반드시 의사나 영양사와 상담 후 복용하도록 한다. 성분을 잘 모르는 한약이나 허브차 등은 마시지 않는 것이 좋다.

(4) 채식주의와 수유

최근 들어 건강, 종교, 경제, 문화 및 생태환경 등의 이유로 육식을 피하고 채식 위주의 식사를 하는 채식주의자들이 늘어나는 추세이다. 잘 계획된 채식주의 식단은 비교적 영양소를 고루 함유하고 있으며, 지방 함량이 낮고 섬유소가 많아서 에너지는 조금 낮은 편이다. 그러므로 채식주의자 수유부의 모유 조성은 영양적으로 크게 문제되지 않는다. 하지만 달걀 및 유제품을 전혀 섭취하지 않는 순수 채식주의자vegan인 경우 비타민 B_{12} 등의 섭취량이 부족해질 수 있다.

채식주의자 수유부는 식사계획 시 에너지 섭취가 부족하지 않도록 유의해야 하며, 아미노산 구성이 상호 보완적인 단백질이 골고루 포함되도록 식사를 구성해야 한다. 또한 철, 칼슘, 비타민 D, 비타민 B_{12}, 리보플라빈 등의 미량 영양소가 충분히 공급되도록 신경 써야 한다. 특히 비타민 B_{12}는 동물성 급원식품에만 주로 존재하므로 강화식품 혹은 보충제 섭취가 필요할 수 있다.

(5) 운동과 수유

규칙적인 운동은 건강 증진에 도움이 되며 수유부의 경우도 예외는 아니다. 일반적인 운동은 수유부의 모유 분비량이나 영아의 섭취 습관에 영향을 주지 않는다. 운동량이 늘어나면 대개의 경우 에너지의 섭취량도 늘어나기 때문에 모체의 체중 변화, 모유 분비량과 조성, 영아의 체중 증가량 및 혈청 프로락틴 농도 등에 큰 변화가 없다. 또한 적절한 정도의 에너지 섭취 제한과 함께 신체 활동량을 늘리는 경우는 모체 체지방량 감소를 동반한 체중 감소를 유도할 수 있으며, 이 경우에도 모유 분비량이나 모유의 에너지 함량 및 영아 성장에 큰 영향을 주지 않는다.

한편, 매우 지치는 정도의 과격한 운동은 혈중 젖산 농도를 높이고, 이로 인해 모유로 젖산이 분비되어 영아가 모유수유를 거부할 수도 있다. 이 경우, 운동 전에 수유를 하거나 모유를 미리 짜서 보관함으로써 문제를 해결할 수 있다.

3. 수유기의 건강문제 및 수유실태

1) 수유기의 건강문제

(1) 산후 비만

① 산후 비만의 원인과 실태

산후 체중저류는 산후 비만의 주요 원인이 된다. 산후 체중저류weight retention를 증가시키는 요인으로는 낮은 교육 수준, 낮은 경제력, 높은 임신 전 체질량지수, 분만 횟수의 증가 등이 있다.

산후 체중저류
출산 후 체중이 임신 중 체중에 비해 높은 것

출산 후 체중 변화 양상을 살펴보면, 최대의 체중 감소는 출산 후 첫 3개월 동안 일어나며, 이후 3~6개월에 걸쳐 서서히 줄어든다. 반면, 출산 6개월 이후 체중 변화는 적은 편이며, 체중 감량을 위해서는 의도적인 에너지 섭취 감소 혹은 신체활동량의 증가가 동반되어야 한다. 또한 이 시기의 지속적인 모유수유는 모체의 체지방량 소모에 도움이 될 수 있다.

우리나라 산모의 출산 후 체중 변화를 관찰한 한 연구에 의하면, 출산 후 6주에서 6개월까지는 점차 감소하다가 이후에는 다시 증가하여 평균 5.2 kg까지 증가하는 것으로 나타났다(그림 3-8). 이때 출산 후 12개월의 체중 증가량은 산후 6개월의 체중 증가량과 유의한 상관관계를 나타내었다. 또 다른 외국 연구에서도 출산 6개

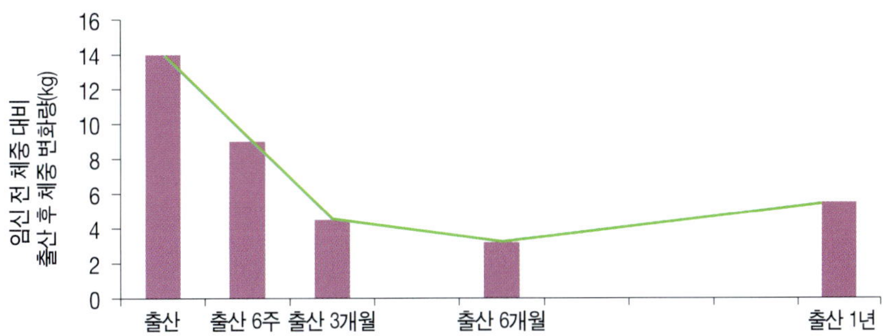

그림 3-8 우리나라 산모의 출산 후 체중 변화

자료: 김상만, 이진 외, 2001; 임정한 외, 2002

월 이내에 임신 전 체중으로 회복한 경우는 출산 이후 10년 동안 증가된 체중이 2.4 kg으로 그렇지 않은 경우의 8.3 kg으로 큰 차이를 보였다. 이와 같이 출산 후 초기의 체중 회복은 이후의 체중 감량 및 산후 비만 예방의 성공 여부에 중요한 영향 요인이 된다.

② 수유부의 체중 조절

정상 체중의 수유부 경우, 출산 후 1개월부터 한 달에 0.5~1.0 kg 정도를 감량하는 것이 좋다. 과체중 수유부의 경우는 한 달에 2 kg까지 감량할 수 있으며, 이때는 영아의 성장에 영향을 주지 않는지 잘 살펴야 한다. 한 달 2 kg 이상의 감량은 수유부에게 권장되지 않는다.

적정에너지 섭취를 판정할 때는 운동량도 함께 고려해야 하며 하루 1,500 kcal 이상 섭취하도록 한다. 출산 후 첫 2~3주 동안의 에너지 섭취 감소가 미치는 영향에 대해서는 잘 알려져 있지 않으므로 이 시기의 식사 조절은 되도록 피하는 것이 좋다.

체중 조절 중에는 단순당류와 고지방 식품의 섭취 감소를 통해 에너지 섭취를 제한하도록 한다. 또한 칼슘과 각종 비타민과 무기질의 섭취가 부족하지 않도록 저지방 혹은 무지방 유제품과 과일, 채소, 전곡류 식품을 충분히 섭취하도록 한다.

(2) 수유부의 영양불량

수유부의 영양상태를 판정할 때는 일반 성인에 대한 영양판정 기준과 함께 수유기에 흔히 생길 수 있는 문제들에 중점을 두고 평가해야 한다. 특히 수유기의 높아진 영양소 요구도를 충족함과 동시에, 임신 전 체중으로 회복하기에 적절한 정도의 에너지 섭취가 이루어지는지 관심을 두어야 한다. 따라서 식사 및 보충제 섭취와 신체활동량, 수유에 영향을 미칠 수 있는 질병 여부 등에 대한 정보를 종합적으로 판단하여 영양문제를 진단한다. 수유기의 주요 문제로는 바람직하지 못한 체중 변화, 순수 채식주의자 등 특정 식사로 인한 비타민 B_{12}의 결핍, 모유 분비량 부족에 대한 걱정 등이 있다.

수유부 중 영양불량이 발생하기 쉬운 위험집단은 다음과 같으며, 이들에 대한 세심한 식생활 관리가 필요하다.

- 10대 수유부 : 모유 생성에 필요한 영양소 요구량 이외에 모체의 건강 유지와 성장을 위해 필요한 영양소 요구도가 높다. 하지만 10대들은 식습관이 별로 좋지 못하기 쉬우므로 식품 섭취에 대한 자세한 평가가 필요하다. 특히 칼슘 급원식품의 섭취가 부족하지 않은지, 비타민과 식이섬유가 풍부한 과일과 채소의 섭취가 부족하지 않은지 살펴보는 것이 좋다.
- 다태아 수유부 : 식욕을 충분히 만족시키는 음식물의 섭취와 부족하지 않은 수분 섭취가 필수적이며 가능한 많은 휴식을 취하는 것이 필요하다.
- 저소득층 수유부 : 영양플러스사업 등의 대상자인지 파악하여 도움을 받을 수 있도록 한다.
- 출산 후 지나치게 급격하게 체중 조절을 하거나 특정 식품군의 섭취를 기피하는 경우 : 에너지 혹은 특정 영양소의 섭취가 불충분하기 쉬우므로 영양결핍이 되지 않도록 식생활관리에 신경 써야 한다.
- 임신기 동안 체중 증가가 너무 적었거나, 출산 후 체중이 이상 체중의 85% 미만인 경우 : 수유기 동안 영양결핍 위험이 높으므로 세심한 관리가 필요하다.
- 수유하는 동안 임신한 경우 : 이 경우에도 모유수유를 계속할 수 있으며, 음식물과 수분을 충분히 섭취하고, 가능한 많은 휴식이 권장된다.

(3) 수유에 영향을 주는 생활습관

① 음주

수유부가 섭취한 알코올은 모유를 통해 영아에게 직접 전달된다. 모유의 알코올 농도는 모체의 혈중 알코올 농도와 비슷한 수준으로 분비되는데, 수유부가 음주한 지 30~60분에 최고에 도달한다. 이때 모유를 짜서 버린다고 해도 모유의 알코올 함량이 바로 낮아지지는 않으며, 모체 혈중 알코올 농도가 지속되는 한 모유로의 알코올 분비는 계속된다.

모유를 통해 알코올에 노출된 영아는 모유 먹는 양이 감소하고, 운동기능 발달에 영향을 받는다. 또한 수면 패턴이 달라지고 렘REM 수면이나 총 수면시간이 줄어든다. 또한 알코올 섭취는 수유부의 호르몬 조성을 변화시킨다. 특히 수유부의 옥시토신 분비가 줄어들어 모유 분비량이 적어지고 사출반사가 억제된다.

일반적으로 수유부는 음주를 하지 않는 것이 가장 안전하다. 하지만 수유기간 중 지나친 제약은 모유수유를 오래 지속하는 데 방해가 될 수 있다. 그러므로 모유 분비에 지장을 주지 않는 정도의 가벼운(1~2잔 정도) 음주를 가끔 허용하도록 한다. 이때는 음주와 수유의 시간 간격을 최대한 멀리하여, 모체의 혈중 알코올이 완전히 제거된 뒤 수유를 하는 것이 좋다. 표 3-10에는 모체 체중과 음주량에 따라 알코올이 모유에 더 이상 분비되지 않는 데까지 걸리는 시간을 나타내었다. 예를 들어, 체중 55 kg인 여성이 맥주 2캔을 마신 경우, 음주 후 최소 5시간이 지난 후 수유하는 것이 좋다.

표 3-10 음주 후 모유 알코올 함량이 0이 되는 데까지 걸리는 시간

수유부 체중(kg)	음주량		
	1잔	2잔	3잔
45.4	2시간 42분	5시간 25분	8시간 08분
54.4	2시간 40분	5시간 00분	7시간 30분
63.5	2시간 19분	4시간 38분	6시간 58분
72.6	2시간 10분	4시간 20분	6시간 30분
81.6	2시간 01분	4시간 03분	6시간 05분

출처: E. Ho & A. Collantes et al., 2001

② 흡연

수유부가 흡연을 하거나 담배 연기에 노출된 경우, 담배의 니코틴이나 이산화탄소, 시안화물 등이 모유를 통해 영아에게 전달될 수 있다. 니코틴은 모유 생성량을 저하시키고 옥시토신 분비를 낮춰 모유 사출반사를 방해한다. 수유부의 흡연은 영아의 성장 저해, 호흡기질환 증가, 영아산통의 증가와 관련되는 것으로 알려져 있

다. 또한 모유의 니코틴은 영아의 구토, 호흡 느려짐, 혈압 증가, 무관심 등을 유발할 수 있다. 보통 모유의 니코틴 농도는 모체의 혈중 농도에 비해 1.5~3배 높으며, 흡연량이 많을수록 모유 속 니코틴 농도가 높아진다.

이와 같이 흡연은 모유수유 안전에 영향을 주며, 수유부 모체의 건강에도 나쁜 영향을 미치므로 수유부는 금연하는 것이 필요하다. 하지만 흡연을 하고 있는 수유부의 경우에도 모유수유를 계속하도록 권장되고 있다. 이는 모유의 높은 항산화 영양소 함량 및 다른 여러 이로운 점이 니코틴 노출에 의한 위험에 비해 훨씬 더 크기 때문이다.

③ 카페인

지나치지 않은 수준의 카페인 섭취는 수유부와 영아 모두에게 별다른 문제가 되지 않는다. 커피 1잔에 들어 있는 정도의 카페인 섭취 시 모체의 혈중 카페인 농도의 약 1% 수준 정도만 모유로 배출되므로 영아에게 노출 수준은 높지 않은 편이다. 하지만 3~4개월 이전의 영아는 아직 카페인 분해능력이 완전히 발달하지 않아서 카페인이 체내에 축적될 수 있다. 카페인 과잉 시 영아가 보이는 증상으로는 잠이 잘 깨거나 과잉 행동, 신경질적인 태도 등이 있으며, 수유부가 카페인 섭취를 중단하면 정상으로 회복된다.

일반적으로 하루 2~3잔 정도의 커피 섭취는 영아에게 문제를 유발하지 않는다. 하지만 하루 5잔 이상의 과량의 카페인 함유 음료를 섭취했을 경우에 일부 영아는 좀 더 민감하게 반응할 수도 있다. 따라서 수유부는 카페인 섭취 후 영아의 행동에 변화가 있는지 잘 관찰할 필요가 있다. 카페인은 커피 이외에 차, 청량음료, 초콜릿, 일부 진통제 등에도 함유되어 있다.

(4) 수유부의 질병과 약물 복용

일부 수유부는 자신의 질병이나 약물 복용 때문에 모유수유를 할 수 없다고 스스로 포기하는 경우가 있다. 하지만 수유부의 질병과 관련하여 모유수유가 허용되지 않는 상황은 매우 드물다. 수유부가 질병이 있더라도 모유수유를 지속함으로써 얻는 이점이 매우 많으며, 당뇨병과 같이 모유수유가 당 조절에 도움이 되고 인슐린 투여량도 줄어드는 등 수유부의 질병관리에 도움이 되는 경우도 있다.

① 감염성질환

감기 혹은 위장관 감염과 같은 흔한 급성 감염성질환인 경우에도 모유수유를 중단할 필요가 없다. 엄마가 감기에 걸린 경우 영아도 비슷한 환경에 있었기 때문에 감기에 걸리기 쉽지만, 모유의 면역성분으로 인해 감기에 대한 저항을 높일 수 있다.

하지만 좀 더 심각한 감염성질환인 경우 이들 질병 치료에 사용하는 약물이나 감염인자가 모유를 통해 영아에게 전해질 수 있으므로 조심해야 한다. 예를 들어, 수유부가 에이즈 환자인 경우 HIV가 모유를 통해 영아에게 전달되므로 모유수유를 하지 않는 것이 좋다. 또 결핵환자의 경우 치료기간 혹은 감염의 위험이 없어질 때까지 일시적으로 모유수유를 중단해야 한다.

HIV
human immunodeficiency virus

② 대사성질환

영아가 특별히 조제된 분유를 필요로 하는 대사성질환을 진단받았다면 모유수유를 피하도록 한다. 예를 들어, 페닐케톤뇨증이나 갈락토스혈증 등의 선천성 대사질환을 가진 영아에게 모유수유는 모유 속의 높은 페닐알라닌과 갈락토스가 이들 영양소를 대사시킬 수 없는 영아에게 문제를 일으켜 심각한 질병이나 심지어 사망에 이르게 할 수도 있다.

③ 수유부의 약물 복용

수유부가 질병 치료를 위해 약물을 복용해야 하는 경우 모유수유에 적합한 약물을 선택함으로써 모유수유를 계속할 수 있다. 대개 영아에게 전달되는 약물의 양은 엄마가 복용한 양의 1~2% 정도로 매우 적은 양이 전달되어 영아에게 거의 영향을 미치지 않는다. 감기, 근육통에 처방하는 약물을 포함해 많은 종류의 약물이 일반적 용량 사용 시 안전한 것으로 알려져 있다. 한편 항암 화학치료제, 방사선동위원소 관련 약물, 마약류, 리튬, 에르고트 알칼로이드 등은 모유수유에 부적합한 약물이다. 한방차나 한약은 이들 약물에 포함된 성분에 대한 충분한 자료가 없으므로 가능한 사용을 제한하는 것이 좋다. 또한 복합경구용 피임약은 모유 생성량을 저해할 수 있다.

모유수유 중 약물 복용의 일반원칙

1. 가능하면 약 없이 증상을 해소하도록 시도해 봅시다. 예) 근육통 : 마사지
2. 국소적으로 약물을 사용하면 모유로 가는 양을 최소화할 수 있습니다.
3. 주의가 필요한 약물의 경우 부작용이 적은 약이나 아기에게 문제가 없다고 알려진 약물로 대체 합시다.
4. 반감기가 짧은 약물은 모유로 적게 넘어가서 아기에게 더 안전합니다.
5. 약물을 복용 시는 수유 직후에 복용하거나 긴 잠을 자기 전에 복용하면 아기에게 더욱 안전합니다.

출처: (사)임산부약물정보센터, http://mothersafe.or.kr

(5) 유방 관련 문제

① 유두 통증

많은 여성들이 분만 후 첫 며칠간 모유수유가 익숙해질 때까지 일시적인 유두의 불편감이나 통증을 느끼다가, 대개의 경우 통증이 점차 없어진다. 하지만 유두가 빨갛게 갈라지고 통증이 심하게 지속되면 정상적인 상태가 아니며 어떤 문제가 있는지 찾아서 해결해야 한다. 아기의 입술과 잇몸이 유륜까지 깊숙이 놓여 있는지, 아기를 안고 있는 자세가 올바른지 등을 점검한다.

② 유방 울혈(젖몸살)

수유 초기에 모유의 생성량이 증가하면서 유방에 모유가 지나치게 꽉 차는 울혈이 발생할 수 있다. 아직 모유의 요구량과 생성량 간의 균형이 확립되지 않은 분만 후 초기 2~3일에서 14일 이내에 주로 나타나며, 수유를 처음 하는 산모에게서 더 흔하다. 울혈을 예방하는 방법은 모유수유를 자주하여 유방을 비우는 것이다. 울혈

이 심하면 통증이 아주 심할 수 있으며, 유방이 단단하여 아기가 잘 물지 못하게 된다. 또한 부어오른 조직이 유관을 압박하므로 심한 울혈은 모유 분비를 억제한다. 울혈이 있는 경우 모유를 짜서 유방의 압력을 낮추고 유방이 부드러워진 후에 아기가 젖을 빨도록 한다.

③ 막힌 유관

모유가 완전히 사출되지 않고 유관에 남아 유관을 막을 수 있다. 이로 인해 만지면 아픈 작은 덩어리가 유방의 한쪽에서 느껴진다. 막힌 유관의 대처방법은 가능한 한 최대로 유방을 비우는 것이다. 좀 더 효율적인 수유를 위해 모유수유 자세를 바꾸거나, 수유 전에 유관의 막힌 부분을 가볍게 마사지한다.

④ 유선염

유방에서 젖이 충분히 배출되지 않았을 때 세균이 이 부위에 자라기 시작해서 감염을 일으킨 상태를 유선염이라고 한다. 유선염의 증상에는 부종, 타는 듯한 느낌, 발적이나 통증이 포함되고, 발열, 독감 같은 증세나 전신의 통증이 나타나기도 한다. 증상이 심하면 의사와 상의하여 항생제를 복용한다.

표 3-11 유방 울혈, 유관 막힘, 유선염의 증상 비교

특징	유방 울혈	유관 막힘	유선염
개시	분만 직후, 서서히 발생	수유 후, 서서히 나타남	수유 개시 10일 이후, 갑자기 나타남
부위	양쪽 유방	한쪽 유방	대개의 경우 한쪽 유방
통증	유방 전체 부위에 걸쳐 나타남	경미하고, 국소적인 통증	국소적인 매우 심한 통증
발열	없음	없음	있음
전신 증상	없음	없음	독감과 유사한 증상

2) 모유수유의 장점

(1) 모체의 이득

엄마들이 모유수유를 결심하는 이유는 대개 영아에게 좋을 것이라는 믿음 때문이다. 하지만 모유수유는 영아뿐만 아니라 엄마에게 정서적 · 신체적 · 경제적으로 많은 이득을 준다.

① 정서적 이득

모유수유 동안 신체적 접촉은 영아와 엄마 간의 친밀한 유대관계 형성을 도와준다. 이를 통해 엄마는 영아의 요구나 행동의 작은 변화에도 민감하게 대처할 수 있다. 또한 영아와의 신체적 · 심리적 교감을 통해 엄마는 만족과 기쁨을 느끼며 정서적으로 안정감을 얻는다. 모유수유를 하는 산모는 인공수유 산모에 비해 산후우울증이나 불안감을 덜 느끼고 영아와의 친근감이 더 높다.

② 신체적 이득

모유수유 시 분비되는 옥시토신은 자궁수축을 촉진하므로 산후 출혈을 줄여 주고 자궁을 원래의 크기로 되돌리는 것을 도와 산후 회복을 빠르게 한다. 또한 모유 생산을 위해서는 많은 양의 에너지가 필요하므로 출산 후 체중 감소에도 도움이 될 수 있다. 좀 더 장기적인 건강 이득으로 유방암과 난소암의 발병 위험을 낮춘다는 보고도 있다.

또한, 모유수유는 배란을 지연시켜 다음 임신을 늦추는 효과가 있다. 이는 젖빨기자극이 시상하부에서 생식샘자극호르몬 분비호르몬의 분비를 억제하여 뇌하수체의 황체호르몬 분비를 감소시키기 때문이다. 하지만 모유수유의 의존 정도, 횟수 및 시간에 따라 배란이 억제되는 정도가 달라지며 모유수유가 완전한 피임방법은 아니다(그림 3-9).

생식샘자극호르몬 분비호르몬
gonadotropin-releasing hormone

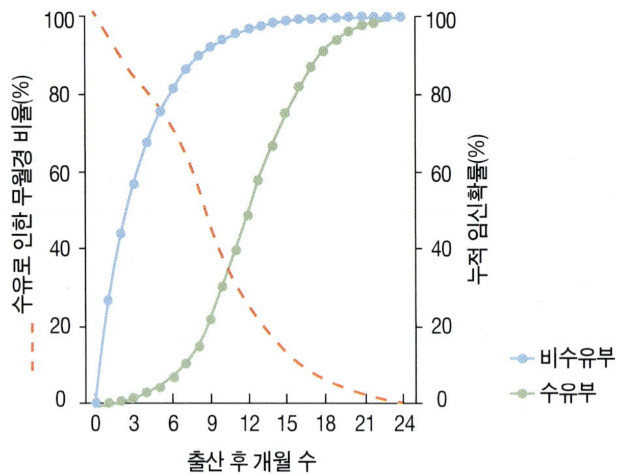

그림 3-9 모유수유 중 임신 확률

자료: Short RV et al., 1991

③ 경제적 이득

모유수유는 경제적이다. 적절히 균형 잡힌 식사를 한다면, 모유의 생산을 위해 특별히 식사를 바꿀 필요가 없다. 또한 우유병, 젖꼭지, 소독장비, 분유 등이 필요하지 않아 부가 비용이 적다.

(2) 영아의 이득

모유는 영아의 적절한 성장과 발달을 위한 최상의 맞춤 식품이며 질병 예방, 인지기능 발달, 정서적 안정감 등 영아에게 다양한 이득을 제공한다.

① 적절한 영양 공급

모유에는 영아의 성장과 발달에 필요한 다양한 영양성분이 빠짐없이 그리고 알맞은 비율로 구성되어 있다. 모유성분의 영양적 우수성은 여러 연구를 통해 잘 알려져 있으며, 그 주요 특징은 다음과 같다.

- 모유의 에너지, 지방, 유당의 함유량은 영아의 적절한 성장에 필요한 양과 잘 부합한다.
- 모유의 단백질 함유량은 우유에 비해 낮은 편으로, 아직 완전히 성숙되지 않은

영아의 신장 부담을 덜어준다. 우유에 비해 부드럽고 잘 소화되는 형태인 유청 단백질의 함유량이 높다.

- 필수지방산 함유량이 풍부하다. 또한 DHA가 함유되어 있어 두뇌발달을 촉진한다.
- 무기질은 대부분 단백질에 결합되어 있어 생체흡수율이 높다.

② 면역 증진과 질병 예방

모유에는 대식세포, 백혈구, 항체, 라이소자임, 락토페린, 비피더스인자 등의 면역성분이 함유되어 있으며, 특히 초유에 높은 농도로 존재한다. 모유 속 항체로는 분비성 면역글로불린 A가 가장 많은데, 모체에서 만들어진 항체가 모유로 분비된 것으로 엄마의 면역력을 영아에게 전달하는 경로가 된다. 모유의 면역성분은 구토, 설사, 중이염, 폐렴 등 각종 감염성질환에서 영아를 보호한다. 따라서 감염성 질병의 발병이 높은 저개발국에서 모유수유는 영아 유병률 및 영아 사망률을 낮추는 효과적인 수단이 된다.

분비성 면역글로불린 A
secretory immunoglobulin A, sIgA

또한 모유수유는 아토피 피부염, 식품 알레르기, 알레르기성 호흡기질환 등 각종 알레르기성 질환의 위험을 낮추는데, 이들 질병에 대한 예방 효과는 모유수유 당시뿐만 아니라 성인기까지 지속될 수 있다. 이밖에 모유수유아는 인공영양아에 비해 영아돌연사증후군과 제1형 당뇨병, 염증성 장질환, 소아지방변증, 특정 형태의 암 등의 만성 질병의 위험도를 낮춘다는 연구 보고가 있다.

영아돌연사증후군
sudden infant death syndrome, SIDS

③ 인지기능 발달

두뇌는 영아기에 매우 빠른 속도로 발달하는데, 모유 내 지방산은 두뇌발달을 촉진하는 역할을 한다. 실제로 모유수유아는 인공수유아에 비해 지능지수나 다른 인지능력 수치가 더 높다는 연구 결과들이 발표되었다. 이러한 차이는 모유수유 기간에 비례해서 증가하며, 저체중아에서 더욱 두드러지게 나타난다.

3) 모유수유 실태

(1) 우리나라 모유수유율 현황과 추이

우리나라 모유수유율의 연도별 변화를 살펴보면 1970년대는 90%로 매우 높았으나 산업화와 함께 1980년대에는 48~69%, 1990년대에는 11~14%로 계속 낮아졌으며, 2000년에는 10% 수준까지 감소하였다. 이후 모유수유의 중요성에 대한 인식이 점차 확대되고 모유수유를 지원하는 각종 정책 및 사업의 영향 등으로 모유수유율이 다시 증가하기 시작하였다. '2021년도 가족과 출산조사' 자료에 따르면 최근 3년 내 출산한 여성(19~49세) 811명 중 모유수유 경험이 있는 비율이 91.8%로 매우 높았다.

한편, 세계보건기구WHO나 유니세프UNICEF에서는 영아의 건강을 위해서 생후 6개월까지 완전모유수유를 할 것을 권장하고 있고, 12~24개월까지 모유수유를 지속하면서 적절한 보충식을 먹이도록 권하고 있다. 우리나라에서도 정부의 제5차 국민

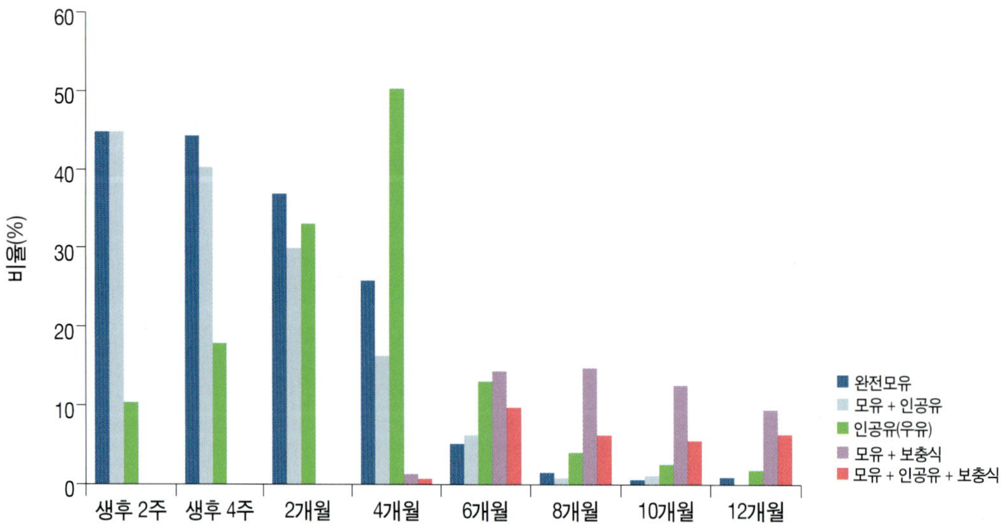

그림 3-10 우리나라 영아의 월령별 수유 양상

출처: 박종서 외, 2021

건강증진종합계획Health Plan 2030, 2021~2030에서 영유아 대상 중점과제로 2030년까지 출생 후 5개월 완전모유수유 실천율 77.6%와 출생 후 12개월 모유수유 실천율 45%를 정책목표로 정하고 있다.

우리나라 경우, 완전모유수유율은 생후 3주 45.3%로 가장 높고 그 이후 점차 감소하여 5개월 20.1%, 6개월에는 5.2%에 불과하다(그림 3-10). 또한, 모유수유 중단 시기는 평균 4.6개월로 나타나 완전모유수유율을 증가시키고 모유수유 기간을 좀 더 연장하는 방안 모색이 필요하다.

(2) 모유수유에 영향을 주는 요인

모유수유의 중요성 및 여러 장점에도 불구하고 여전히 많은 수의 산모가 모유수유를 전혀 하지 않거나 수유 초기의 짧은 기간만 또는 조제유와 혼합하여 수유하고 있다. 모유수유를 결심하고 지속할지 여부에 영향을 주는 요인으로는 모유수유에 대한 개인의 신념과 관련 지식, 남편과 가족, 친구 등 주변 사람들의 지지, 출산한 병원에서의 모유수유에 대한 태도, 취업 여부, 학력 및 소득 수준, 제왕절개 등의 분만 방식 등 매우 다양하다.

모유수유를 어렵게 하는 요인으로는 모유량 부족 또는 부족하다는 인식, 유두나 유방 관련 문제, 영아가 모유를 싫어함, 산모의 피로, 직장으로의 복귀, 공공장소에서의 모유수유의 어려움, 체중 혹은 식사 조절에 대한 걱정 등이 있다. 특히, 여성 취업이 계속 증가하는 추세에 있으므로 직장 여성에 대한 산전·산후 휴가 연장, 직장 내 모유 수유실 설치, 직장 동료들의 이해와 협조 등 사회적 지원이 필요하다.

산후조리할 때 미역국은 어떻게 먹는 것이 좋을까?

미역에는 다량(29 mg/100 g, 건미역 기준)의 요오드가 함유되어 있으며, 한국인의 식사에서 미역은 요오드 섭취량에 대한 기여도가 가장 높은 요오드 급원식품이다. 요오드 1일 권장섭취량은 일반 성인 0.15 mg, 수유부 0.34 mg이며, 인체에 유해한 영향이 나타나지 않는 상한섭취량은 2.4 mg이다.

우리나라는 산후조리식으로 미역국을 매끼 섭취하는 관습이 있어 요오드 섭취가 과잉되기 쉽다. 2019년 우리나라 전국 5개 권역 산모(1,054명)을 대상으로 산후조리기간 중 요오드 섭취실태를 조사한 결과, 출산 후~8주의 산모 1일 평균 요오드 섭취량은 상한섭취량을 상회하는 2.9 mg으로 나타났다. 산후조리기간별로 살펴보면 출산 후~2주 산모는 3.6 mg으로 가장 높았고, 3~4주 3.0 mg, 5~6주 2.4 mg, 7~8주 1.8 mg으로 점차 감소하는 경향을 보였다.

산후조리할 때 미역국 섭취를 통한 요오드 과다 섭취를 줄이기 위한 실천요령은 다음과 같다.

- 미역은 30분 이상 물에 불린 후 흐르는 물에 헹구어 사용하고 다시마보다는 다른 재료로 육수를 내는 것이 좋다.
- 미역국과 함께 제공하는 식단으로는 요오드 함량이 높은 김이나 다시마튀각보다 단백질, 식이섬유가 풍부한 육류, 두부, 버섯 등이 좋다.
- 미역국은 하루 2회 이내로 섭취하고 다양한 음식을 골고루 섭취하는 것이 좋다.

출처: 식품의약품안전처, 2020

단원정리

1 유방조직은 태아기, 사춘기, 임신기 및 수유기의 여러 단계에 걸쳐 성장과 발달이 이루어지며, 성숙된 형태의 유방은 모유의 생성과 분비에 적합한 특징적인 구조를 갖추게 된다.

2 유방발달에 작용하는 호르몬인 에스트로겐은 주로 관 계통의 발달을 자극하며, 프로게스테론은 유선엽의 크기를 증가시킨다. 이 밖에, 인체태반락토겐과 프로락틴고 유방조직의 발달을 촉진한다.

3 모유 생성과 분비에 작용하는 호르몬으로 프로락틴은 모유 합성, 옥시토신은 모유 사출을 자극한다.

4 수유 중 모체는 모유 생성에 우선적으로 영양소를 사용하므로 심한 영양결핍이 아닌 경우 모체의 식사가 모유 생성량에 크게 영향을 미치지 않는다. 단, 모유의 지방산 조성과 비타민 함량은 모체의 식이에 따라 달라질 수 있다.

5 수유부의 영양소 필요량은 모유의 분비량과 영양소 조성, 그리고 모체의 영양소 요구도와 영양 상태에 따라 달라진다.

6 수유부는 다양한 식품을 골고루 섭취해야 하며, 미량 영양소 섭취가 부족하지 않도록 영양밀도가 높은 식품을 섭취해야 한다. 또한, 수분 섭취를 충분히 해야 한다.

7 모유수유는 수유부의 체중 회복에 도움이 되며, 하루 1,500 kcal 이상 에너지 섭취를 유지하면서 한 달에 0.5~1.0 kg씩 서서히 감량하는 것이 좋다.

8 모유수유는 영아 성장과 발달에 가장 적합한 영양 공급 수단일 뿐만 아니라, 엄마에게도 정서적 안정과 질병 예방 등 여러 이득을 준다.

9 우리나라 여성의 모유수유 경험률은 비교적 높은 편이나, 6개월 완전모유수유율과 모유수유 지속기간에 대한 향상이 필요하다.

연습문제

1 다음 중 유방발달에 작용하는 호르몬이 아닌 것은?

① 에스트로겐 ② 프로게스테론 ③ 프로락틴 ④ 옥시토신 ⑤ 인체태반락토겐

2 모유 합성을 촉진하는 역할을 하며, 뇌하수체 전엽에서 분비되고 영아의 젖빨기에 의해 분비량이 급격하게 증가하는 호르몬은?

① 에스트로겐 ② 프로게스테론 ③ 프로락틴 ④ 옥시토신 ⑤ 인체태반락토겐

3 다음 중 수유부의 섭취량이 모유 함유량에 중요한 영향을 미치는 영양소는?

① 포도당 ② 단백질 ③ 칼슘 ④ 비타민 B_6 ⑤ 비타민 K

4 2020 한국인 영양소 섭취기준에서 수유기 권장섭취량이 임신기에 비해 낮은 영양소는?

① 탄수화물 ② 비타민 A ③ 비타민 C ④ 철 ⑤ 요오드

5 산후 비만을 예방하기 위해 산모가 해야 할 적절한 체중관리 방안을 설명해 보자.

6 모유수유가 모체와 영아에게 주는 이득을 아는 대로 나열해 보자.

7 취업 여성의 모유수유율을 높이기 위해 가정, 지역사회, 국가가 할 수 있는 일을 생각해 보자.

CHAPTER

4 영아기 영양

CHAPTER

4

학습목표

1. 영아기 성장 · 발달의 특성에 대해서 설명할 수 있다.
2. 영아기의 영양소 섭취의 중요성과 영양소 섭취기준을 설명할 수 있다.
3. 모유영양과 인공영양의 장단점 및 특징을 비교하여 설명할 수 있다.
4. 영아기 영양 · 식생활 · 건강 문제를 나열하고, 이에 대한 관리방법을 설명할 수 있다.
5. 미숙아의 특징 및 영양관리에 대해 설명할 수 있다.
6. 이유기 영양의 중요성 및 이유 단계별 이유식 준비방법에 대해 설명할 수 있다.

영아기는 출생 후 4주 이내의 신생아기 이후와 유아기 이전의 발달 시기로 영양학적 관점에서는 1세 미만으로 정의된다. 이는 국제통계규정에 의한 영아 사망률의 기준과도 일치하는 기간이다. 출생 직전까지 태아는 자궁 안에서 탯줄을 통해 영양분을 공급받다가 출생 후 유즙을 섭취하여 스스로 소화·흡수시켜 영양분을 얻게 된다. 생후 4~6개월 이후부터는 유즙만으로는 부족한 영양분을 얻기 위해 이유식을 먹기 시작하면서 점차 다양한 식품을 접하게 된다. 이 과정을 통해 영아기 1년 동안 놀랄만한 성장과 발달을 이루게 된다. 최근 저출산과 더불어 미숙아, 저체중아 출산의 증가가 사회문제로 대두되고 있다. 이런 사회 현상에 대한 영양학적 접근방법을 고민할 때이다.

1. 영아기의 성장과 발달

1) 영아기 신체 성장

(1) 신장과 체중

우리나라 영아의 출생 시 평균 신장은 남아 49.9 cm, 여아 49.1 cm, 평균체중은 남아 3.3 kg, 여아 3.2 kg이다(표 4-1). 신장은 생후 1년 동안 25~30 cm가 자라 출생 시 신장에 비해 1.5배 정도 증가하며 유전, 생활환경, 영양 등에 의해 영향

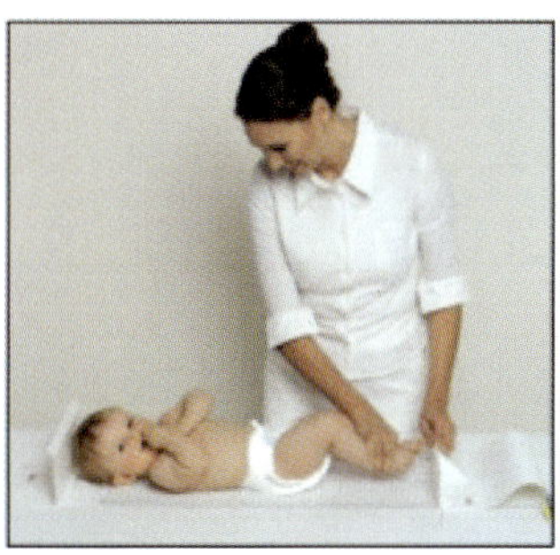

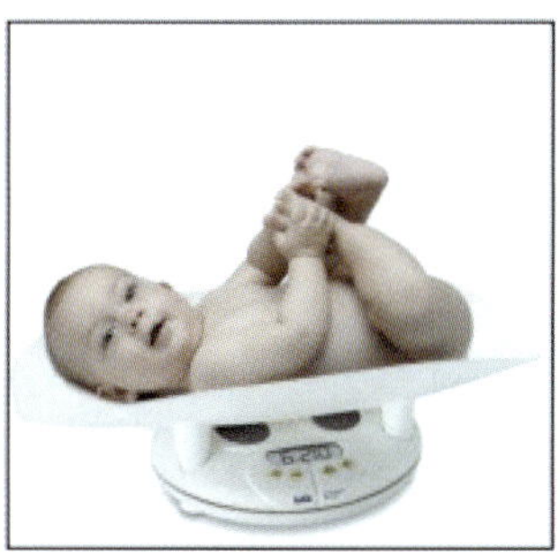

그림 4-1 영아의 신장과 체중 측정

을 받는다. 체중은 출생 후 3개월에 2배 정도 증가하며, 그 이후로는 증가율이 다소 완만해져서 생후 1년이 되면 출생 시 체중의 3배로 증가한다. 영아기의 성장속도는 비록 자궁 내 높은 성장속도에 비해 낮지만 출생 후의 다른 시기에 비해서는 가장 빠르다.

신생아의 생리적 체중감소(initial loss of weight)
신생아는 출생 후 피부, 호흡기, 요, 변으로 수분이 손실되는 반면, 모유로부터 수분을 충분히 공급받지 못한 지 3~5일이 되면 분만 직후 체중에 비해 6~8% 감소되는데 이를 신생아의 생리적 체중 감소라고 함. 이후 유즙(乳汁) 및 물의 섭취 증가와 함께 점차로 증가하여 7~9일경에는 출생 시의 체중으로 회복됨

표 4-1 한국 소아의 발육 표준치

남자			연령	여자		
신장(cm)	체중(kg)	머리둘레(cm)		신장(cm)	체중(kg)	머리둘레(cm)
49.9	3.3	34.5	0개월	49.1	3.2	33.9
54.7	4.5	37.3	1개월	53.7	4.2	36.5
58.4	5.6	39.1	2개월	57.1	5.1	38.3
61.4	6.4	40.5	3개월	59.8	5.8	39.5
63.9	7.0	41.6	4개월	62.1	6.4	40.6
65.9	7.5	42.6	5개월	64.0	6.9	41.5
67.6	7.9	43.3	6개월	65.7	7.3	42.2
69.2	8.3	44.0	7개월	67.3	7.6	42.8
70.6	8.6	44.5	8개월	68.7	7.9	43.4
72.0	8.9	45.0	9개월	70.1	8.2	43.8
73.3	9.2	45.4	10개월	71.5	8.5	44.2
74.5	9.4	45.8	11개월	72.8	8.7	44.6
75.7	9.6	46.1	12개월	74.0	8.9	44.9

출처: 질병관리본부 성장도표 제정위원회, 2017

(2) 신체 비율

신장과 체중의 증가로 인해 신체 구성비율에 변화가 생긴다. 출생 시 몸 전체의 1/4을 차지하던 머리의 비율이 점차 감소하고 몸통과 다리의 비율이 증가하여 성인이 되면 머리의 크기가 신장의 1/8 정도로 줄고, 다리의 비율은 전체의 절반을 차지

하게 된다(그림 4-2). 출생 시 가슴둘레는 약 33 cm로 머리둘레보다 1 cm가량 적은데 점차 가슴둘레가 머리둘레보다 커진다. 가슴둘레는 영양상태에 영향을 받으므로 만약 2세 이후에 가슴둘레가 머리둘레보다 크지 않으면 영양장애가 있는 것으로 생각할 수 있다.

(3) 신체 구성성분

영아기 동안 신장과 체중의 증가와 함께 신체 구성성분(수분, 지방, 단백질, 무기질)의 변화가 나타난다(그림 4-2). 출생 시 체중의 74%를 차지하던 수분은 점차 감소하여 1년 후에는 60%가 되는데 이는 주로 세포외액의 감소에 기인한다. 출생 시 체중의 12%를 차지하던 체지방의 비율은 생후 4~5개월에 급격히 증가하여 1년 후에는 23%로 증가한다. 단백질 비율은 출생 시 12%에서 1년 후 15%로 증가한다. 골격, 치아의 발달로 무기질의 절대량은 증가하지만, 체중 대비 무기질의 비율은 출생 시 체중의 2%를 차지하던 비율이 1년 후에도 그대로 유지된다.

성별에 따라 신체 구성성분에도 차이가 나타나는데 남아는 여아에 비해 단백질 함량이, 여아는 남아에 비해 체지방의 함량이 높다.

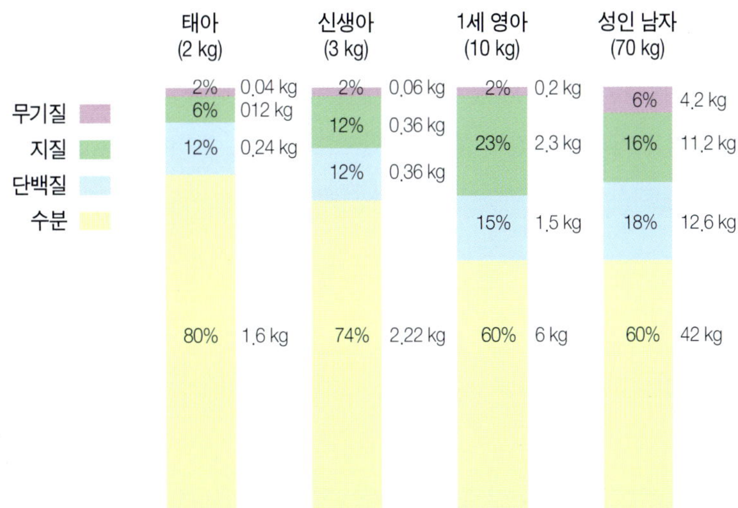

그림 4-2 성장에 따른 신체 성분의 변화

(4) 두뇌발달

신경수초화

뇌세포를 덮는 지질 보호막이 생기는 과정으로 지질 보호막은 신경계에 있는 세포를 감싸서 두뇌 세포의 기능을 촉진시킴

두뇌의 발달은 태아기와 영아기를 거쳐 빠르고 왕성하게 일어난다. 태아기에 이미 생성된 수십억 개의 뇌세포가 신경수초화myelination(그림 4-3) 등의 뇌세포 성숙 과정을 거쳐 4세가 되면 성인 두뇌 무게의 약 80%까지 성장한다. 출생 시 신생아의 두뇌 무게는 300~350 g이고, 4세가 되면 1,200~1,500 g로 늘어난다. 이처럼 빠른 두뇌 성장시기를 가리켜 '두뇌 성장 급등기'라고 하며 이 시기의 두뇌 성장에 필요한 적절한 영양소의 공급이 필수적이다.

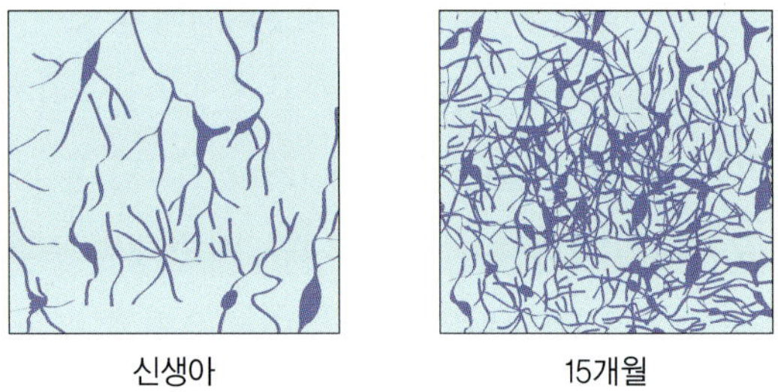

그림 4-3 신경수초화

(5) 치아발달

치아는 생후 6개월에 아랫니 가운데 앞니부터 나오기 시작해서 2~2.5세에 20개의 유치가 나오는데 그 시기와 순서에는 개인차가 존재한다. 치아가 나오기 시작하면서부터 음식을 저작하여 잘게 부술 수 있으므로 유즙 이외에 다른 고형식품을 섭취할 수 있게 된다.

발육상태 평가

영아의 발육상태를 평가하는 방법으로 질병관리본부와 대한소아과학회에서 발표한 한국 소아의 성별에 따른 신장, 체중, 두위 및 흉위 등 신체발육에 대한 표준치(표 4-1 참조)가 있다. 이 발육표준치를 근거로 같은 성, 같은 연령대에서 3, 10, 25, 50, 75, 90, 97백분위(percentile)로 나타낸 것을 발육곡선이라 한다(그림 4-4). 영아의 신장과 체중이 3백분위수 미만일 경우 임상적으로 저성장이라고 진단한다. 반대로 95백분위수 이상일 경우 과체중으로 정의한다. 영아기는 계속 성장을 하는 시기이므로 현재의 수치로 영아의 성장상태를 평가해서는 안 되고 성장과정을 연속적으로 측정하여 평가해야 한다. 즉, 정상이었던 영아가 비교적 짧은 시간을 두고 한두 급간의 하락이 있는 경우에는 비정상적이며 주의를 요한다. 예를 들어, 한 영아의 체중이 9개월에 75백분위수였다가 12~15개월 검진에서 25백분위수로 떨어졌다면, 두 단계 급간 하락(75→50→25)이며, 이에 대한 원인 평가를 고려해 봐야 한다.

영아의 발육상태는 신장, 체중으로부터 카우프지수를 계산하여 평가할 수 있다. 카우프지수는 3개월 이상 5세 미만의 영유아에게 적합한 방법으로 다음과 같이 계산한다.

$$카우프\ 지수 = [체중(g)/신장(cm)^2] \times 100$$

기준치: 10 이하 소모증, 10~13 매우 수척, 13~15 수척 경향, 15~18 정상, 18~20 비만 경향, 20 이상 비만

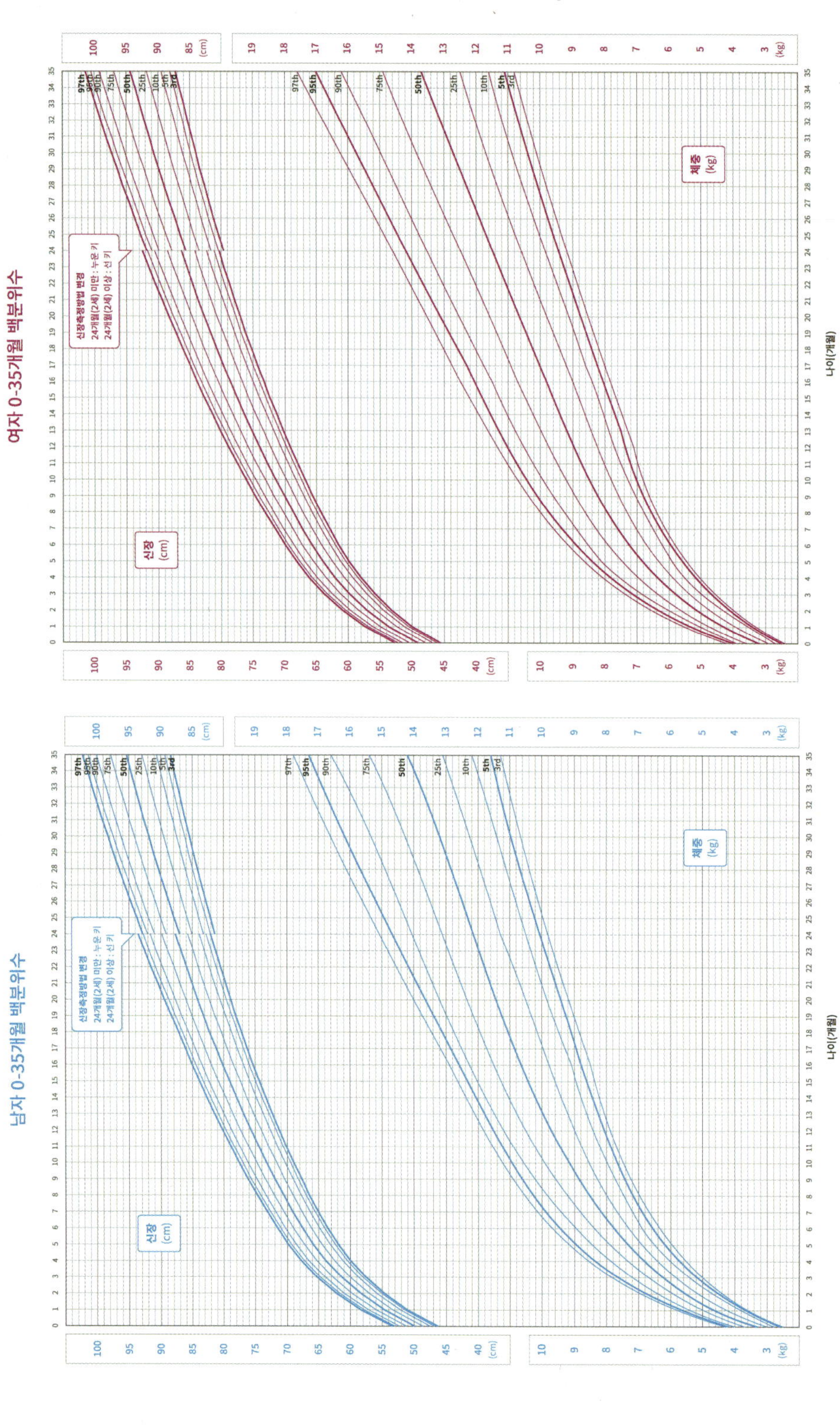

그림 4-4 한국 소아의 발육곡선(0~36개월)

출처: 질병관리본부 성장도표 제정위원회, 2017

성장측정계산기

질병관리청 국민건강영양조사 홈페이지에 탑재된 성장측정계산기를 이용하면 영아의 성장상태를 한눈에 파악할 수 있다(그림 4-5).

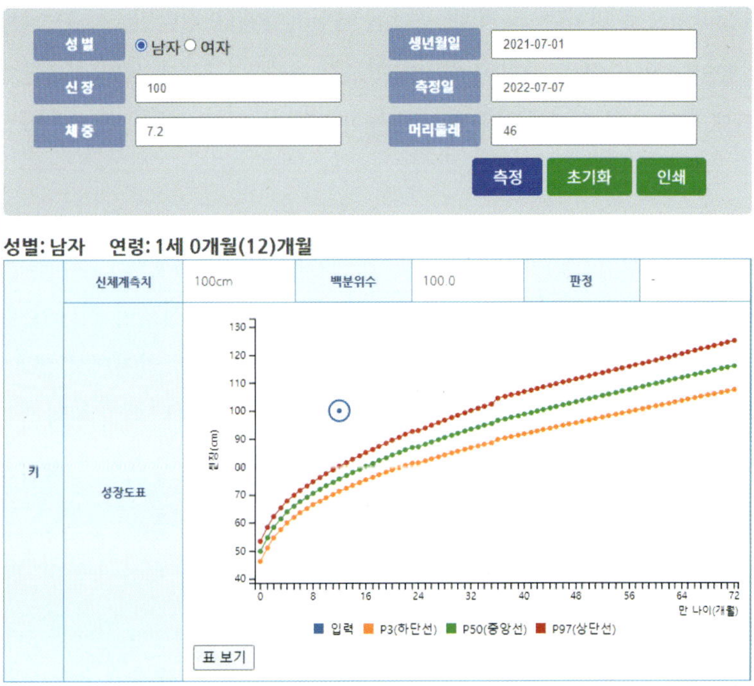

그림 4-5 한국 소아의 발육곡선(0~36개월)

출처: 질병관리청 국민영양조사 웹페이지, http://knhanes.kdca.go.kr

2) 영아의 생리적 발달

(1) 소화 · 흡수 기능

① 구강

타액 프티알린
포유류의 침 속에 들어 있는 아밀라아제로 전분을 가수분해하여 말토스로 만드는 소화효소. 이 작용은 구강 내에서는 충분히 진행할 시간이 없고, 보통 위액에서 강한 산성이 될 때까지 15~20분간 위 안에서 소화가 계속됨. 염소이온 등 무기이온에 의하여 활성화되고 식염이 있는 상태에서 작용 최적 수소이온농도(pH)는 6.9임

신생아기에 타액은 분비량이 적고 산성이지만 점차 타액량이 많아지고 중성 또는 약알칼리성으로 변한다. 타액 내 포함된 아밀라아제(프티알린ptyalin)는 신생아기에는 미량이나 이유 개시 때부터 증가하여 생후 6개월~1세에 성인의 수준에 도달하며, 타액 리파아제는 성인보다 활성이 높아 지방 소화가 구강에서부터 활발히 일어난다.

② 위

신생아의 위 용량은 10~20 mL으로 유즙 섭취 후 2~3시간이 지나야 위가 비워지므로 하루 6~8회의 수유가 필요하다. 점차 위의 크기가 커지면서 생후 1년에 200~250 mL으로 증가하고 수유횟수도 4회 정도로 줄어든다. 위의 모양은 가늘고 긴 통과 같은 모양으로 위의 만곡이 적고 분문기능이 발달하지 못해 토하기 쉬우므로 수유 후 반드시 트림을 시켜 유즙이 역류되는 것을 방지한다.

출생 직후 위의 pH는 약알칼리성에서 생후 24시간 이내에 위산이 분비되면서 강한 산성을 띠게 된다. 위액 속에는 펩신, 리파아제, 응유효소rennin, 염산 등이 포함되어 있다. 신생아의 펩신 농도는 성인의 10%로 활성이 낮다. 응유효소는 모유에 들어 있는 카세인casein을 응고성 단백질로 전환시켜 위에 머무는 시간을 연장시키며, 결과적으로 모유가 소화되기에 충분한 시간을 제공하는 데 도움을 준다.

영아의 위운동은 전체적으로 일어나는 수축작용에 의해 위 안의 내용물을 내보내며, 성인처럼 연동작용이 뚜렷하지 않다.

③ 소장

영아의 장 길이는 약 3~5 m로 신장(키)의 6배가량이며, 성인의 장 길이가 신장의 4.5배가 되는 것과 비교할 때 긴 편이지만, 소아의 소화기관은 아직 미숙한 상태

이다. 영아의 소장 내 키모트립신과 카르복시펩티다아제 농도는 성인의 10~60% 수준에 불과하지만 영아가 섭취하는 단백질을 소화시키기에는 충분한 것으로 알려져 있다.

신생아의 소장에는 췌장 리파아제의 함량은 낮은 대신(성인의 5~10%) 구강과 위의 리파아제 및 모유에 함유된 리파아제가 지방의 소화·흡수를 돕는다. 담즙산의 생산능력에 제한이 있고 담즙산 풀이 작기 때문에 소량씩 자주 섭취하는 것이 좋다. 영아 초기에는 포화지방산보다는 불포화지방산의 흡수가 용이하므로 불포화지방산의 함량이 높은 모유나 조제유가 포화지방산의 함량이 높은 우유에 비해 지방의 소화·흡수에 용이하다.

표 4-2 출생 시 소화효소의 성인 대비 활성

	효소	성인의 백분율(%)
단백질	수소이온	>30
	펩신	>10
	키모트립신	10~60
	프로카르복시펩티다아제	10~60
	엔테로키나아제	10
	펩티다아제	>100
지방	구강 리파아제	>100
	췌장 리파아제	5~10
	담즙산	50
탄수화물	췌장 아밀라아제	0
	타액 아밀라아제	10
	락타아제	>100
	수크라아제-이소말타아제	100
	글루코아밀라아제	<100

출처: Worthington-Roberts, BS, & Williams, SR, 2000

소장 내 이당류 분해효소인 락타아제, 수크라아제, 말타아제는 신생아기에 거의 성인 수준으로 잘 발달되나, 췌장 아밀라아제는 생후 4~6개월 이후에 분비되므로 곡류 이유식은 생후 4~6개월 이후에 시작하는 것이 좋다. 췌장 아밀라아제가 분비되기 전까지 모유에 함유된 아밀라아제가 소장에서 전분 또는 올리고당의 소화를 돕는다.

신생아기나 영유아기에는 장 점막이 미숙하여 소화되지 않은 분자량이 큰 단백질이 미숙한 장벽을 통해 흡수되어 알레르기를 유발할 가능성이 있다. 생후 9개월부터 이러한 위험성은 줄어들지만, 알레르기에 대한 가족력이 있거나 위장관질환이 있는 영아는 식품의 단백질 공급에 더욱 세심한 주의를 기울여야 하고, 공급시기를 12개월 이후로 늦추는 것이 좋다.

(2) 신장기능

신장 용질 부하량
신장에서 배설되어야 하는 내인성 및 식이유래 용질

신생아의 신장은 생리적으로 기능이 미숙하여 사구체여과율이 낮고, 요를 생성하고 체액을 조절하는 능력이 약하다. 요 농축력은 성인의 절반 수준인 700 mOsm/L로 수분 섭취가 줄어들거나 설사, 구토, 발열 등으로 체내 수분이 손실되면 탈수 위험이 증가한다. 또한 영아는 신장의 노폐물 제거능력이 제한되어 있으므로 용질부하량renal solute load이 낮은 모유(75~93 mOsm/L)가 우유 조제유(133 mOsm/L), 두유 조제유(177 mOsm/L), 우유(221 mOsm/L)에 비해 신장에 부담을 덜 주게 된다.

(3) 체온 조절

신생아는 체온 조절능력이 미숙하여 주변 온도에 많은 영향을 받는다. 즉, 실내온도가 높으면 체온이 높아지고, 낮으면 함께 낮아진다. 열은 대부분이 바이러스나 세균 또는 그 외 여러 종류의 병원체가 몸에 침입해서 열이 난다. 그렇지만 신생아의 경우 병에 걸리지 않았는데도 열이 날 수 있다. 신생아를 너무 더운 아랫목에 놓고 이불로 꼭 싸둔다거나 옷을 너무 두껍게 입히는 경우 체온이 40도까지 올라갈 수 있으며, 체온이 너무 높아지면 혼수, 경련까지 일으킬 수 있다.

(4) 호흡기능

출생 후 가장 적극적이고 중요한 생리적 변화가 호흡의 시작이며, 이는 첫울음으로 표현된다. 자궁 안에서 양수로 채워져 있는 폐포는 아기의 첫울음을 통해 공기로 대체되면서 독립적인 호흡을 한다. 이후 폐포의 액체가 빠져나오고 상기도에 공기가 유입되면서 흉곽이 부풀어 오르며 폐의 체액이 다 나오면서 호흡은 연속적으로 이루어진다. 신생아 호흡은 주로 횡격막과 복벽근육을 사용하는 복식호흡으로 30~40회/분 정도이고, 생후 1주 동안은 불규칙하며 폐 전체에 공기가 채워지려면 203일이 걸린다. 신생아가 안정된 상태에서 호흡수가 60회 이상이거나 30회 이하, 무호흡, 청색증, 호기(폐에 있는 공기를 밖으로 내보내는 것) 시 그렁거림, 흉곽 함몰이 있는 경우는 비정상이므로 의사의 진찰이 필요하다.

태아형 헤모글로빈

태아형 헤모글로빈(헤모글로빈 F, HbF 또는 α2γ2 라고도 함)은 태아의 주요 산소 운반단백질이다. 헤모글로빈 F는 태아의 적혈구에서 발견되며, 산모의 혈류에서 태아의 장기와 조직으로 산소를 운반하는 데 관여한다. 이는 임신 6주경에 생성되며 아기가 대략 2~4개월이 될 때까지 출생 후 높은 수준을 유지한다. 헤모글로빈 F는 성인형 헤모글로빈과 구성이 다른데 산소를 더 강하게 결합(또는 부착)할 수 있다. 이렇게 하면 발달 중인 태아가 산모의 자궁 내 태반을 통해 발생하는 산모의 혈류에서 산소를 회수할 수 있다.

신생아에서 헤모글로빈 F 수치는 점차 감소하여 성인 형태의 헤모글로빈이 생성되기 시작하면서 일반적으로 1년 이내에 성인 수치(총 헤모글로빈의 1% 미만)에 도달한다.

3) 섭식기능의 발달

(1) 출생~3개월

신생아의 입 주변과 볼을 건드리면 자극이 있는 쪽으로 고개를 돌려 입을 벌리며 빨려고 하는 뿌리반사와 함께 모로반사, 빨기반사, 연하반사, 혀내밀기반사가 있어 모유를 섭취할 수 있다. 또한 구강구조는 혀 운동이 젖꼭지를 빠는 데 알맞게 되어 있어 누운 상태로 모유나 우유를 먹을 수 있다. 생후 3개월이면 물체의 움직임을 눈으로 쫓을 수 있으며, 젖이나 젖병이 음식을 주는 것임을 알 수 있다.

뿌리반사
자극이 있는 쪽을 향해 움직여 먹으려고 하는 반사

모로반사
큰소리에 놀랐을 때나 몸에 접촉물이 닿을 때 팔 · 다리를 쭉 폈다 오므리며 머리를 굽히는 반사

빨기반사
신생아의 혀, 입술, 볼 등에 무엇이든지 닿으면 입을 움직여 자동적으로 빨려고 하는 반사

연하반사
음식물이 구협 부근의 점막이나 혀 안에 닿으면 일으키는 반사

혀내밀기반사
액체 외에 음식이 입에 들어왔을 때 혀로 내밀어 버리는 반사

(2) 4~6개월

4개월이 되면 혀내밀기반사가 소실되면서 혀 운동이 상하운동에서 전후방운동으로 바뀌어 숟가락을 통해 음식의 섭취가 가능해진다. 6개월이면 씹기 패턴이 시작되고, 두 개의 아랫니가 나오기 시작하면서 으깬 부드러운 음식을 삼킬 수 있다. 숟가락을 알아보고 숟가락이 다가오면 입을 벌리기도 하며, 손바닥을 이용한 잡기가 가능하므로 음식을 손에 쥐고 입에 넣을 수 있다.

(3) 7~9개월

7개월에는 앉은 자세로 혼자서 젖병을 빨 수 있다. 8개월에는 숟가락 쥐기가 가능하며, 혀를 돌려가며 씹는 운동이 나타나기 시작하여 반고형식을 먹을 수 있다. 아직 섭식 기술이 완전하지 않아 기도폐색이나 이물 흡입으로 인한 위험이 있으므로 주의한다. 물체를 손바닥으로 잡아 입으로 가져가는 행동도 가능하므로 잘 녹는 과자를 손에 쥐어 주어도 좋다.

(4) 10~12개월

입술과 턱의 운동이 강화되면서 컵으로 음식을 먹을 수도 있고 부드러운 고형식을 주어도 무방한 시기가 된다. 혀로 돌려 씹기가 가능하여 구강 내에서 음식의 이동이 가능하다. 식사시간에 숟가락을 입으로 가져가기는 하나 흉내만 낼 뿐 아직 혼자 먹기는 어렵다.

표 4-3 영아의 행동발달과 섭식운동의 발달

월령	행동발달	섭식운동의 발달	섭취 가능 식품
출생~3개월	• 엎어 놓아도 질식하지 않도록 머리를 좌우로 돌릴 수 있는 정도의 방어적 운동 • 고개를 쳐들 수 있음	• 뿌리반사 • 모로반사 • 빨기반사 • 연하반사 • 혀내밀기반사	• 젖이나 젖병으로만 가능 • 모유, 조제유
4~6개월	• 목 가눔 • 도와주면 앉음 • 큰 물체를 잡고, 주먹과 장난감을 빪	• 혀내밀기반사 소실 • 혀의 상하운동이 전후방 운동으로 전환됨 • 숟가락 잡음	• 이유 시작 • 숟가락으로 먹임 • 미음류(곡류, 거른 야채, 과일즙 등), 유동식
7~9개월	• 혼자 앉음 • 뒤집고 기어다님 • 작은 물체를 손으로 잡기 시작함	• 음식을 몇 분간 입안에 넣고 있을 수 있음 • 혀 운동이 다양해짐 • 씹는 운동 시작	• 숟가락으로 잘 받아먹음 • 젖병을 들고 혼자 먹을 수 있음 • 죽류, 부드러운 고형식 (푹 삶은 육류)
10~12개월	• 일어섬 • 작은 물체를 손가락으로 잡음	• 입술과 턱 운동 강화 • 혀 운동과 씹는 운동이 조화를 이룸	• 숟가락과 컵으로 스스로 먹음 • 좀 더 강한 고형식

출처: 이현옥 외, 2021

2. 영아기의 영양관리

삶을 영위하기 위해 영양분을 공급받는 방법이 1년 이내에 이처럼 다양하게 변하는 시기가 또 있을까?

1) 영아기 영양섭취의 중요성

생존에 필요한 산소와 영양 공급, 노폐물 배출 등의 대사를 모체의 태반과 제대에 의존하던 태아는 출생 직후부터는 자궁 밖의 생활에 적응해야 하는 극적 변화를 겪게 된다. 태반을 통해 전달받던 산소는 폐를 통한 호흡에 의해 얻고, 영양분은 입을 통해 섭취하고 스스로 소화·흡수한다. 영양소 대사는 아직 불완전한 시기임에도 불구하고 성장률은 출생 후 가장 높기 때문에 단위체중당 영양소 요구량이 매우 높다. 이 시기에 가장 이상적인 영양 공급원이 바로 모유 또는 조제유이며, 생후 4~6개월 이후부터는 부족한 영양소를 이유식을 통해 보충해 주어야 한다. 영아기에는 뇌세포, 신경세포의 분열이 활발하고 골격 및 근육이 발달하므로 이 시기의 영양부족은 심각한 영양장애를 일으킬 수 있으며, 반대로 영양과잉은 세포 수의 증가를 동반한 비만을 유발할 수 있다. 따라서 영아기는 적절한 영양 공급을 통해 평생의 건강의 초석을 이룰 수 있는 중요한 시기이다.

2) 영아기 영양소 섭취기준

영아는 단위체중당 체표면적이 크므로 많은 양의 영양이 필요하다. 영아의 섭취기준은 0~5개월에는 모유로부터 섭취하는 양을 바람직한 수준으로 제시하고, 6~11개월에는 모유의 섭취와 이유보충식을 통한 섭취를 같이 고려한다. 이때 평균 모유량을 0~5개월은 780 mL, 6~11개월은 600 mL로 한다.

영아기 영양소 섭취기준 설정을 위한 체위기준은 다음과 같다(표 4-4).

표 4-4 영아기 영양소 섭취기준 설정을 위한 체위기준

연령	신장(cm)	체중(kg)	체질량지수(kg/m²)
영아 전기(0~5개월)	58.3	5.5	16.2
영아 후기(6~11개월)	70.3	8.4	17.0

(1) 에너지

영아의 에너지필요추정량estimated energy requirements, EER은 영아의 에너지소비량에 성장에 필요한 에너지축적량을 더하여 산출한다. 영아의 에너지소비량은 이중표식수법doubly labeled water method을 사용하여 조사한 결과를 바탕으로 성별에 관계없이 89 kcal/일×체중(kg)−100 kcal/일로 보고된 것을 적용하고, 성장에 필요한 에너지 축적량은 영아 전기 115.5 kcal/일, 영아 후기 22 kcal/일을 적용한다. 영아의 에너지필요추정량은 0~5개월이 550 kcal/일, 6~11개월이 600 kcal/일이다(표 4-5).

이중표식수법
동위원소인 중수소와 18가 산소로 만들어진 물을 마시게 한 후 소변 속 동위원소를 분석함으로써 일상에서 소모하는 칼로리를 측정하는 표준적인 방법

표 4-5 영아기의 에너지필요추정량

연령	에너지필요추정량(EER)	
	산출식(산출값)	설정값 (kcal/일)
영아 전기 (0~5개월)	(89 kcal/kg/일 × 5.5 kg − 100 kcal/일) + 115.5 kcal/일 = 505 kcal/일	500
영아 후기 (6~11개월)	(89 kcal/kg/일 × 8.4 kg − 100 kcal/일) + 22 kcal/일 = 669.6 kcal/일	600

출처: 보건복지부, 한국영양학회, 2020

영아의 단위체중당 에너지 필요량은 성인의 2~3배로 생애주기 중 가장 높다(그림 4-6). 이처럼 영아기에 단위체중당 에너지 필요량이 높은 이유는 다음과 같다. 첫째, 체격에 비해 단위체중당 체표면적의 비율이 높아서 체표면에서 열손실이 크기 때문이다. 둘째, 성장률이 높아 소비되는 에너지가 많기 때문이다. 셋째, 성인에 비해 활동량이 많고 대사율이 높아 필요한 에너지가 많기 때문이다. 영아기의 에너지 소비의 약 50%는 휴식대사에 이용되며, 나머지의 대부분은 생후 초기에 성장·발달을 위해 이용되다가, 그 이후 성장속도가 감소함에 따라 신체활동을 하는 데 주로 쓰인다.

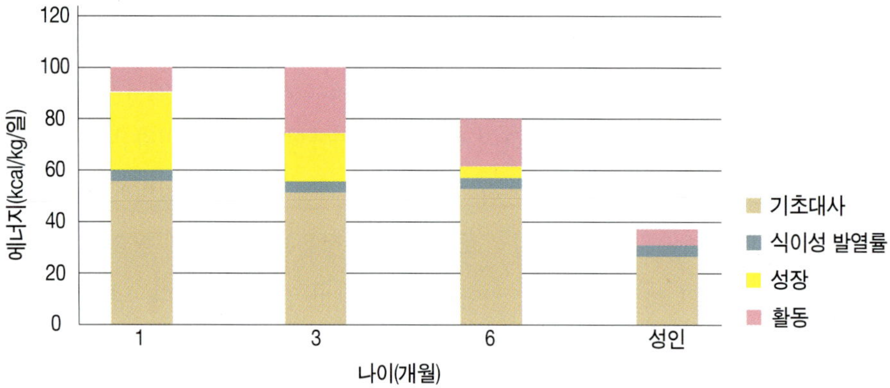

그림 4-6 영아의 에너지 필요량 추정

(2) 탄수화물

영아기는 총 섭취열량의 약 60%를 두뇌에서 소모하므로 체중당 포도당 대사량은 성인보다 4배 정도 높다. 영아기의 뇌는 케토산만을 에너지원으로 사용할 수 있고, 영아는 포도당신생 대사가 활발하기 때문에 탄수화물의 최소요구량 결정이 어렵다. 영아기에 요구되는 탄수화물의 최저 섭취수준이 분명하지는 않으나, 생후 1년간은 모유로 섭취하는 양이 가장 바람직한 탄수화물 수준으로 간주되고 있다. 일반적으로 초기 4~6개월까지는 모유만 공급할 것을 권장하는데, 모유 내 탄수화물은 거의 대부분 유당이다. 모유의 유당 함량은 모체의 영양상태와 음식 섭취에 큰 영향을 받지 않고 일정한 수준을 유지한다. 모유의 유당 함량은 평균 74 g/L이며, 영아 전기의 모유 섭취량(780 mL/일)을 기준으로 0~5개월 영아는 충분섭취량이 60 g/일이고, 영아 후기의 모유 섭취량(600 mL/일)과 이유식을 통한 추정치를 더하여 충분섭취량이

표 4-6 영아기의 탄수화물 1일 섭취기준

연령	충분섭취량
영아 전기(0~5개월)	74 g/L×0.78 L=57.72 g≒60 g
영아 후기(6~11개월)	(74 g/L×0.60 L≒44 g)+45 g≒90 g

출처: 보건복지부, 한국영양학회, 2020

90 g/일이다(표 4-6).

(3) 식이섬유

모유는 식이섬유를 포함하고 있지 않으므로 모유를 섭취하는 0~5개월의 건강한 영아를 위한 식이섬유의 충분섭취량은 설정되지 않았다. 6~11개월 동안 이유 보충식을 통해 점차 식이섬유 섭취가 증가할 것이나, 이 연령집단에 대한 식이섬유 섭취량에 관한 이론적 근거가 명확하지 않고 또 섭취량에 관한 자료도 없으므로 6~11개월 영아에 대한 식이섬유의 충분섭취량도 설정되지 않았다.

(4) 단백질

단위체중당 단백질 필요량은 일생에서 생후 1년간이 가장 높은데, 이는 영아의 성장과정에서 일어나는 새로운 체조직 합성, 체단백질 축적, 효소 및 호르몬 생성, 면역기능 증가, 그 외 중요한 체내 물질의 합성 등에 단백질이 이용되기 때문이다. 0~5개월 영아의 단백질 충분섭취량은 1일 모유 섭취량(780 mL)과 모유 중 단백질 함량 1.22 g/dL을 적용하여 10 g/일이다. 6~11개월 영아의 권장섭취량은 질소평형을 유지하는 데 필요한 양과 성장에 필요한 양을 합해 설정한 평균필요량(12 g/일)에, 권장량 산정계수(1.25)를 적용하여 15 g/일이다(표 4-7).

표 4-7 영아기의 단백질 1일 섭취기준

연령	섭취기준	
영아 전기(0~5개월)	0.78 L × 1.22 g/dL = 9.5 g ≒ 10 g[1]	충분섭취량
영아 후기(6~11개월)	[(0.66 g/kg)/0.7 + 0.46 g/kg] × 8.4 kg = 12 g[2]	평균필요량
	[(0.66 g/kg)/0.7 + 0.46 g/kg] × 8.4 kg × 1.25 = 15 g[3]	권장섭취량

1) 1일 평균 모유 분비량 × 모유의 단백질 함량

2) (질소평형 유지를 위한 단백질 필요량/이용효율 + 성장에 필요한 단백질량) × 평균 체중

3) (질소평형 유지를 위한 단백질 필요량/이용효율 + 성장에 필요한 단백질량) × 평균 체중 × 권장량 산정계수

출처: 보건복지부, 한국영양학회, 2020

(5) 아미노산

영아의 필수아미노산 필요량(mg/L)은 모유 단백질(mg 아미노산/g 단백질)에 함유된 평균 아미노산 조성값에 모체에서 얻는 평균 단백질 12.2 g/L을 곱하여 산출한다. 0~6개월 영아에 대한 충분섭취량은 하루 평균 780 mL와 체중당 섭취량으로 결정한다. 모유 이외의 영양소를 섭취하기 시작하는 6개월 이상 영아 후기의 평균필요량과 권장섭취량은 변동된 체위기준을 적용하여 섭취기준을 산출한다.

(6) 지질

지질은 농축된 열량원으로 영아기의 급성장에 필요한 에너지를 공급하며, 섭취하는 에너지의 40~50%를 차지한다. 필수지방산의 공급, 지용성 비타민의 흡수 등에도 중요한 역할을 하므로 부족하면 성장이 저해된다. 영아의 총 지방 섭취량은 모유 섭취량 및 모유와 이유식에 함유된 지방량을 근거로 하여 충분섭취량을 설정한다. 0~5개월 영아의 지질 충분섭취량은 평균 모유 섭취량(780 mL/일)과 모유의 지질 함량(32 g/L)을 적용하여 1일 25 g이다. 영아 후기 모유의 지방 함량은 영아 전기와 거의 같으나 모유 섭취량이 적어지며 이유 보충식으로 영아용 시리얼, 채소, 과일 등이 주어지므로 지방으로 섭취되는 에너지는 점차 감소한다. 6~11개월 영아의 경우도 모유와 이유보충식에 함유된 지질 함량(5.6 g/일)과 평균 모유 섭취량(600 mL/일)을 적용하여 1일 25 g이다(표 4-8).

모유 분석 결과를 근거로 하여 영아 전기의 리놀레산 충분섭취량을 5 g/일, 영아 후기의 경우에는 이유식 섭취량에 대한 근거가 없어 영아 전기의 충분섭취량에 대사 체중을 기초한 외삽방법을 사용하여 7 g/일로 설정하였다. 모유 내 알파-리놀렌산과 DHA 함량을 각 75 mg/100 g과 29 mg/100 g으로 보고 비중 1.03을 고려해 부피 단위로 환산한 후 영아 전기 평균 모유 섭취량을 적용하여 알파-리놀렌산은 600 mg/일로 설정하였다. 영아 후기는 이유식 섭취량에 대한 근거가 없어 영아 전기의 충분섭취량에 대사체중을 기초한 외삽방법을 사용하여 800 mg/일이다. DHA는 영유아의 두뇌 및 시신경발달에 필수적인 성분으로 FAO/WHO 기준을 근거로 영아 전기 200 mg/일이고, 영아 후기는 영아 전기의 충분섭취량에 대사체중을 기초한

표 4-8 영아기의 지질 1일 섭취기준(충분섭취량)

연령	지방(g)	리놀레산(g)	알파-리놀렌산(g)	DHA(mg)
영아 전기 (0~5개월)	25 (0.78 L×32 g/L =24.96 g≒25 g)	5.0 (0.78 L×6.8 g/L =5.3 g≒5 g)	0.6 (0.78 L×0.77 g/L =0.60 g≒0.6 g)	200 (0.78 L×298.71 mg/L =232.99 mg≒200 mg)
영아 후기 (6~11개월)	25 (0.6 L×32 g/L+5.6 g =24.8 g≒25 g)	7.0 [5.0 g×(8.4/5.5)×0.75 =7.28 g≒7.0 g]	0.8 [0.6 g×(8.4/5.5)×0.75 =0.82 g≒0.8 g]	300 [200 mg×(8.4/5.5)×0.75 =274.77 mg≒300 mg]

출처: 보건복지부, 한국영양학회, 2020

외삽방법을 사용하여 300 mg/일이다.

(7) 수분

영아는 신체 크기에 비해 체표면적이 넓기 때문에 체표면으로 증발되는 수분의 양이 많고, 성인에 비해 호흡수가 많아 호흡으로 상실하는 수분의 양도 많을 뿐 아니라 새로운 조직 합성과 체액의 부피 증가로 더 많은 수분이 필요하다. 체내의 수분은 피부와 호흡기를 통한 불감 증발과 소변 및 대변에 의해 손실되는데, 영아는 총 수분 손실 중 피부와 호흡기로 상실되는 불감성 수분 손실insensible water loss이 60%로서 성인 불감성 수분 손실인 40~50%보다 높다. 생후 1개월 된 영아의 불감성 수분 손실량은 하루에 210 mL 정도이며, 1년 뒤에는 500 mL에 달한다. 또한 수분은 조직과 체액의 구성성분이므로 성장 시에는 이에 대비한 여분의 수분이 요구된다.

영아의 경우는 불감성 수분 손실량이 많고 어른에 비해 신장의 요 농축능력이 떨어지기 때문에 고온, 열, 구토, 설사 시 나타나기 쉬운 수분 불균형과 탈수에 유의해야 한다. 영아는 수분 필요량을 모유나 조제유 및 영아용 처방식에서 얻는데, 고형 음식을 먹일 경우에는 추가로 물을 공급해 주어야 한다. 특히 고형 음식에 단백질, 식염, 칼륨K 함량이 높을 경우에는 물을 추가로 더 주어야 한다.

영아의 수분 1일 충분섭취량은 0~5개월 영아는 700 mL이고, 6~11개월 영아는 모유를 통한 수분 섭취량과 이유보충식을 통한 수분 섭취량을 더하여 800 mL이다.

(8) 지용성비타민

영아의 1일 평균 모유 섭취량(780 mL)과 모유 내 해당 비타민 함량을 토대로 비타민의 섭취기준이 설정되었다.

비타민 A는 영아의 성장 발육, 세포분화 및 면역 과정에서 중요한 역할을 한다. 점막상피세포의 대사 및 시각에 관여하며 부족할 경우 발육장애, 피부의 각질화, 감염성 질환에 대한 저항력 저하, 야맹증, 건조성 안염을 유발한다. 건강한 어머니의 모유로 자란 영아에서 비타민 A 결핍이 발견되지 않았으므로 정상 모유에서 분비되는 비타민 A의 양을 기준으로 하여 1일 충분섭취량을 정하였는데, 0~5개월 350 μgRAE, 6~11개월 영아는 이유보충식을 통한 섭취를 감안하여 450 μgRAE로 정하였다. 영아기 비타민 A의 1일 상한섭취량은 600 μgRAE이다.

FAO/WHO에 의하면 하루 약 100 IU(1 IU=0.025 μg 비타민 D_3)의 비타민 D로 구루병을 방지할 수 있다고 한다. 비타민 D는 7-dehydrocholesterol이 자외선 조사에 의해 생성되므로 일광욕을 하면 충분하다. 영아의 구루병을 예방하는 데 필요한 비타민 D의 양은 1일 약 2.5 μg이다. 0~5개월의 영아들은 모유에는 비타민 D 함량이 낮고 일광에 노출되는 시간이 제한되어 햇빛으로 비타민 D를 충분히 얻지 못하기 때문에 비타민 D를 음식으로 섭취해야 하므로 5 μg을 충분섭취량으로 설정하였다. 6~11개월 영아의 경우 비타민 D가 풍부하게 들어 있는 달걀, 버섯 등을 영아의 발육에 맞게 조리하여 주는 것이 바람직하고, 이와 더불어 일광욕처럼 햇볕을 쬐는 것도 중요하다. 영아기 비타민 D의 1일 상한섭취량은 25 μg이다.

모유에는 비타민 E가 풍부하므로 영아의 비타민 E 1일 충분섭취량은 0~5개월 영아는 3.0 mg α-TE, 6~11개월 영아는 4.0 mg α-TE이다.

비타민 K는 장내 세균에 의해 합성되는데 영아는 출생 시 무균상태의 장을 가지고 태어나므로 생후 수주일 동안 비타민 K 결핍 위험에 처할 수 있다. 모유의 비타민 K 함량은 2 μg/L로 매우 낮으므로 신생아 출혈성 질환의 위험성을 증가시킬 수 있다.

비타민 K의 1일 충분섭취량은 0~5개월 영아 4 μg, 6~11개월 영아 6 μg이다.

(9) 수용성비타민

영아에게는 모유가 가장 적합한 영양 공급원이므로 모유 섭취량(평균 780 mL)과 모유 비타민 중 비타민 C 함량(40~60 mg/L)을 근거로, 0~5개월 모유 영양아의 비타민 C 1일 충분섭취량은 40 mg로 설정하고, 6~11개월 영아는 이유 보충식 섭취를 고려하여 55 mg로 설정하였다.

티아민, 리보플라빈, 니아신은 모유에 충분히 함유되어 있다. 영아의 티아민 1일 충분섭취량은 0~5개월 영아의 경우 0.2 mg, 5~11개월 영아는 0.3 mg이다. 리보플라빈 1일 충분섭취량은 0~5개월 영아는 0.3 mg, 6~11개월 영아는 0.4 mg로 정하였다. 모유 1 L에는 1.8 mg 정도의 니아신과 220 mg의 트립토판이 함유되어 있어,

표 4-9 영아기의 비타민 1일 섭취기준

영양소		충분섭취량	
		영아 전기(0~5개월)	영아 후기(6~11개월)
지용성 비타민	비타민 A(μg RAE)	350	450
	비타민 D(μg)	5	5
	비타민 E(mg α-TE)	3	4
	비타민 K(μg)	4	6
수용성 비타민	비타민 C(mg)	40	55
	티아민(mg)	0.2	0.3
	리보플라빈(mg)	0.3	0.4
	니아신(mg NE)	2	3
	비타민 B_6(mg)	0.1	0.3
	엽산(μg DFE)	65	90
	비타민 B_{12}(μg)	0.3	0.5

출처: 보건복지부, 한국영양학회, 2020

영양이 좋은 모체는 모유를 통해 영아의 니아신 필요량을 충족시켜 줄 수 있다. 이를 근거로 설정한 0~5개월 영아의 니아신 1일 충분섭취량은 2 mgNE, 6~11개월은 3 mgNE이다.

영아기는 단위체중당 단백질 필요량이 가장 많은 시기이므로 성장기에 적절한 단백질 대사가 이루어지도록 충분한 비타민 B_6의 섭취가 중요하다. 모유의 비타민 B_6 함량(0.15 mg/L)을 고려하여, 모유로 공급되는 비타민 B_6 농도가 0.2 mg/L이면 모유영양아의 성장과 영양상태를 유지할 수 있음을 고려하여 0~5개월 영아의 경우 1일 충분섭취량이 모유영양아는 0.1 mg, 6~11개월 영아는 0.3 mg이다.

세포분열과 성장에 필수적인 엽산은 비타민 B_{12} 및 비타민 C와 함께 단백질 대사에 관여하여 핵산을 합성하고 헤모글로빈 형성에도 관여하며 위산 분비를 촉진시킨다. 영아기는 빠른 성장을 하는 시기이므로 엽산의 요구량이 증가한다. 영아기는 급속한 세포분화 과정에서 비타민 B_{12} 및 비타민 C와 함께 단백질 대사와 핵산 합성 및 헤모글로빈 형성에 관여하며 위산 분비를 촉진시키는 엽산의 요구량이 증가한다. 엽산의 1일 충분섭취량은 영아 전기 65 μgDFE, 영아 후기 90 μgDFE이다.

(10) 무기질

무기질은 조직의 구성 및 생체기능의 조절 등에 필수불가결한 영양소이다. 골격, 치아의 형성에는 칼슘, 인, 마그네슘, 세포외액은 나트륨과 염소가 주요 원소이며, 세포내액에는 칼륨과 마그네슘, 인 등이 함유되어 있다. 무기질 함량은 출생 시에는 체중의 3%이지만 성인이 되면 체중의 4~5%가 된다. 성장이 왕성한 영유아기에는 무기질 대사도 활발하고 필요량도 증가하지만 실제 철·칼슘 외에는 결핍 증상이 거의 없다.

① 칼슘과 인

영유아의 골격은 급격히 성장하므로 칼슘 필요량과 흡수율이 상당히 높다. 영아기의 칼슘 섭취는 골격 형성뿐 아니라 최대 골질량peak bone mass 형성에 중요한 역할을 한다. 건강한 모유영양아의 평균 칼슘 섭취량을 기준으로, 영아의 1일 칼슘 충분섭취량은 영아 전기 250 mg, 영아 후기는 모유 및 이유식의 칼슘 함량을 합한 양으로 하여 300 mg이다.

모유 내 칼슘은 이용률이 높아 70%가 체내에 보유되고, 우유 칼슘의 체내 보유율은 25~30%이다. 칼슘의 흡수는 칼슘과 인의 비율, 비타민 D에 의해 영향을 받으며 장내의 pH도 영향을 미치는데 산성이면 흡수가 좋다. 출생 후 1년까지는 칼슘과 인의 비율을 2:1~1:1을 유지하는 것이 이상적이다.

영아 초기의 인 충분섭취량은 모유의 인 함량을 근거로 1일 100 mg이며, 영아 후기의 인 충분섭취량은 300 mg이다.

② 철

건강한 영아(정상분만아)는 출생 시 충분한 철을 체내에 저장하고 있으므로, 생후 5개월까지는 다른 철의 공급 없이 모유만으로도 필요량을 충족시킬 수 있으나, 5개월이 지나면 저장량을 거의 다 소모하여 이유식을 통해서 철을 공급해 주어야 한다. 따라서 적당량의 철을 외부에서 공급받지 않으면 1년 후에는 헤모글로빈 함량이 정상 이하로 떨어져 철 결핍증이 발생하기 쉽다. 철 결핍성 빈혈은 개발도상국뿐만 아니라 미국의 영아에서도 가장 흔히 볼 수 있는 결핍증이다.

0~5개월 영아의 1일 충분섭취량은 모유의 철 농도와 분비량을 기준으로 0.3 mg이며, 6~11개월 영아는 기본적 철 손실량, 헤모글로빈 양 증가, 조직철 증가, 저장철 증가를 위해서 철의 필요량이 증가하며, 식사에서의 이용률이 13% 정도로 낮으므로 4 mg을 권장섭취량으로 한다. 모유나 우유는 모두 철 함량이 부족하고 철의 흡수율도 모유 50%, 우유 10% 정도에 지나지 않는다. 따라서 철이 풍부한 달걀 노른자, 녹색 야채, 육류, 농축 강화된 곡류 등을 이유식으로 섭취하도록 한다.

③ 아연

아연은 철과 달리 신생아의 체내에 저장되어 있지 않으므로 출생 직후부터 섭취해야 하는 영양소 중 하나이며, 단백질 합성과정에 필요한 효소의 성분으로 작용하기 때문에 영아의 성장·발달에 아주 중요하다. 모유의 아연 농도는 수유기간이 경과할수록 감소하며, 모유의 평균 아연 농도(2.2 mg/L)를 기준으로 모유를 섭취하는

표 4-10 영아기의 무기질 1일 섭취기준

영양소		충분섭취량	
		영아 전기(0~5개월)	영아 후기(6~11개월)
다량 무기질	칼슘(mg)	250	300
	인(mg)	100	300
	나트륨(g)	110	370
	칼륨(g)	400	700
	마그네슘(mg)	25	55
미량 무기질	철(mg)	0.3	4
	아연(mg)	2	2
	요오드(μg)	130	180

출처: 보건복지부, 한국영양학회, 2020

영아의 평균 아연섭취량 2 mg을 0~5개월 영아의 1일 충분섭취량으로 한다. 영아 후기에는 간에 저장된 아연이 거의 소모되므로 6~11개월 영아는 1일 2 mg을 권장한다. 아연을 많이 함유한 육류, 치즈, 달걀, 견과류, 전곡을 영아가 잘 먹을 수 있도록 조리하여 충분히 섭취하도록 한다.

3) 영아를 위한 영양 공급

영아의 성장·발달을 위해 가장 이상적인 영양 공급원은 모유이나 모유수유가 불가능한 경우 조제유수유로 대체할 수 있으며, 경우에 따라 모유와 조제유수유를 병행하는 혼합수유를 하기도 한다. 영아가 6개월 이상이 되면 유즙만으로는 필요한 영양소를 충족시키기 어려우므로 부족한 영양을 보충하기 위해 이유식을 부가적으로 공급하여야 한다.

(1) 모유 영양

모유는 초유, 이행유, 성숙유로 수유가 진행됨에 따라 영양소 및 생리적인 성분 등의 조성에 변화가 생긴다.

① 초유

출산 후 2~3일부터 1주일간 분비되는 모유를 초유colostrum라 하며, 묽고 노란색을 띤다. 성숙유에 비해 단백질 함량이 높고, 지방 : 유당 : 에너지 함량은 낮으며, 비타민 A(β−카로틴), 비타민 E 등의 지용성 비타민과 나트륨, 칼륨 등의 무기질이 다량 함유되어 있다(표 4−11). 또한 질병 감염과 알레르기 발생을 예방하는 면역글로불린과 식균작용을 하는 대식세포, 장을 튼튼하게 하는 비피더스 증식인자 및 황달의 원인인 태변 속 빌리루빈의 배설을 도와주는 성분들이 함유되어 있다.

표 4−11 모유, 조제유, 우유의 영양성분 함량 비교 (100 mL당)

영양소	모유[1]		조제유[2]	우유[3]
	초유(<5일)	성숙유(>15일)		
에너지(kcal)	52	78.2	60~75	63.6
단백질(g)	2.3	1.14	1.2~1.95	3.41
지질(g)	1.9	4.80	2.1~4.2	3.52
당질(g)	6.2	7.54	4.9~9.1	5.19
나트륨(mg)	34	17.8	13~39	74.7
칼륨(mg)	47	56.9	54	142.2
칼슘(mg)	35	35.5	59	120.8
인(mg)	9	14.2	16.3~58.5	92.4
마그네슘(mg)	5	3.5	4	10.7
철(mg)	0.03	0.04	0.3~1.0	0.04
아연(mg)	0.4	0.7	0.3	1.4
비타민 A(μg RAE)	189	67.5	39~117	49.8

계속

<table>
<tr><th rowspan="2">영양소</th><th colspan="2">모유[1]</th><th rowspan="2">조제유[2]</th><th rowspan="2">우유[3]</th></tr>
<tr><th>초유(<5일)</th><th>성숙유(>15일)</th></tr>
<tr><td>비타민 D(μg)</td><td>–</td><td>3.56</td><td>0.65~1.63</td><td>6.89</td></tr>
<tr><td>비타민 E(mg α-TE)</td><td>0.8</td><td>0.07</td><td>1.16</td><td>0.07</td></tr>
<tr><td>티아민(mg)</td><td>1.5</td><td>14</td><td>44</td><td>49.7</td></tr>
<tr><td>리보플라빈(mg)</td><td>25</td><td>39.1</td><td>87</td><td>184.9</td></tr>
<tr><td>비타민 B_6(mg)</td><td>12</td><td>10.7</td><td>35</td><td>39.1</td></tr>
<tr><td>니아신(mg NE)</td><td>75</td><td>195.5</td><td>593</td><td>96.0</td></tr>
<tr><td>엽산(μg DFE)</td><td>–</td><td>7.1</td><td>13.0</td><td>7.1</td></tr>
<tr><td>비타민 B_{12}(μg)</td><td>0.2</td><td>0.07</td><td>0.27</td><td>0.48</td></tr>
<tr><td>비타민 C(mg)</td><td>4.4</td><td>5.33</td><td>5.2</td><td>0</td></tr>
</table>

출처: [1] Kretchmer, N, & Zimmermann, M, 1997
[2] Morgan, JB, & Dickerson JWT, 2003
[3] Brown, JE et al., 2011

② 이행유

출산 후 1~2주 사이에 분비되는 모유로 초유에 비해 단백질, 지용성비타민, 면역글로불린의 함량이 낮고, 지방과 유당 및 수용성비타민의 함량이 높다.

③ 성숙유

이행유 분비 이후의 모유의 성분 변화가 거의 일정해지는 시기이나 4~6개월 정도가 지나면 일부 영양소의 감소가 나타나므로 이유식을 통한 보충이 필요하다. 모유에 함유된 각 영양소의 특징은 표 4-12와 같다.

표 4-12 모유에 함유된 영양소의 특징

영양소	특징
탄수화물	• 대부분 유당(7 g/100 mL)이며 그 외 소량의 포도당, 갈락토스, 올리고당, 아미노당 함유 • 수유부의 영양상태와 관계없이 일정한 수준 유지 • 유당 : 영아의 소장에서 느리게 흡수되며 삼투압을 적게 가함 • 아미노당 : 비피더스균의 성장을 촉진하여 장내 해로운 세균의 성장 저해 • 올리고당 : 소장 상피세포로의 병원균의 침입 방해
단백질	• 다른 유즙에 비해 단백질의 함량이 낮은 편이나 영아의 성장 발육에 가장 이상적임 • 수유부의 영양상태와 관계없이 일정한 수준 유지 • 락트알부민(50~90%), 카세인(10~50%) 외에 소량의 락토페린, 락토글로불린, 당단백질 함유 • 질소성분의 20~25%는 비단백태질소(펩타이드, 호르몬, 각종 유사분열인자) : DNA와 단백질 합성, 세포 증식과 분화 촉진 • 타우린 함유 : 지방의 소화를 돕고, 중추신경계와 망막에서 신경전달물질로 작용 • 중추신경계에 해로운 페닐알라닌과 메티오닌의 함량은 낮은 대신 티로신과 시스테인의 함량이 높음
지질	• 수유부의 영양상태, 수유시기에 따라 함량이 매우 다양함 • 주로 중성지방이며 그 외 소량의 인지질, 콜레스테롤, 모노글리세리드, 다이글리세리드, 당지질, 유리지방산 함유 • n-6 계열의 리놀레산, n-3계열의 EPA, DHA 풍부 • 모유 콜레스테롤 : 영아의 뇌 발육, 수초 형성에 이용 • 지방분해효소, 담즙이 함유되어 있어 소화가 용이함
비타민	• 수유부의 영양상태에 영향을 받음 • 비타민 A, β-카로틴, 비타민 E 풍부, 소량의 비타민 D, 비타민 K 함유
무기질	• 초유에 가장 많고 수유기간이 경과함에 따라 감소함 • 칼륨, 칼슘, 인 등의 다량 무기질 충분 • 철, 구리, 아연, 망간 등 미량 무기질 소량 • 체내이용률 높음
면역성분	• 비피더스 인자(bifidus factor) : 비피더스균의 성장 촉진, 장내 병원균의 번식 억제 • Secretory IgA, IgM, IgG : 박테리아의 장 점막 침입과 소화관 내 증식 방지 • 항포도상구균성 인자 : 포도상구균 감염 저해 • 락토페린(lactoferrin) : 세균의 성장에 필요한 철과 결합하여 세균의 성장 억제 • 락토퍼옥시다아제(lactoperoxidase) : 연쇄상구균과 장내 세균 살균 • 백혈구(leukocytes) : 식균작용 촉진 • 인터페론(interferon) : 세포 내 바이러스 증식 억제 • 라이소자임(lysozyme) : 세균의 세포벽을 분해하여 직접적으로 세균 파괴 • 비타민 B_{12}-결합단백질 : 세균 성장에 필요한 비타민 B_{12}의 이용 방해 • 림프구(lymphocyte) : secretory IgA 합성 • 대식세포(macrophage) : 보체, 락토페린, 인터페론, 라이소자임 등의 합성, 식균작용 및 기타 작용

(2) 조제유 영양

① 조제유 특징

조제유는 건강상의 문제나 직업 등의 이유로 모유수유가 불가능할 경우 모유 대신 영양식품으로 제공하는 것이다. 전지분유를 모유 성분과 비슷하도록 만드는 조제유는 원유 또는 유가공품을 주원료로 우유의 탄수화물 중 모유에 비해 함량이 낮은 유당, 올리고당, 설탕 등을 첨가하고, 단백질 중 카세인 함량은 낮추고 유청단백질(알부민, 글로불린, 면역글로불린, 락토페린 등)과 시스틴, 타우린, 이노시톨 및 콜린을 첨가한다. 또한 포화지방산의 일부를 제거하고 대신 리놀레산, DHA 등의 불포화지방산을 추가하며, 과량의 칼슘, 인, 나트륨, 염소 등을 줄이고 대신 부족한 철, 아연, 구리 등의 무기질과 비타민 A, B군, C, D 등을 첨가하여 분유와 액상유의 형태로 제조하여 공급한다. 에너지 함량은 모유와 비슷하게 조절하나 대부분의 영양소는 생체 내 이용률을 고려하여 모유보다 다소 높게 맞춘다(표 4-11 참고). 조제유는 우유를 주원료로 한 조제유가 대부분이지만, 우유 알레르기가 있는 영아의 경우는 두유를 주원료로 한 조제유나 단백질을 아미노산으로 가수분해해서 제조한 조제유를 이용해야 한다. 선천성 대사장애아를 위한 특수조제유도 시판되고 있다(표 4-13).

표 4-13 시판 일반조제유 및 특수조제유의 종류

종류	특징	대상
우유 조제유	• 가장 많이 이용되는 조제유 • 유당 첨가 • 단백질 : 카세인 줄이고 알부민과 글로불린 첨가 • 지질 : 우유지방인 포화지방산 제거, 식물성 불포화지방산으로 대체 • 무기질 : 칼슘, 인, 나트륨 염소 등은 줄이고 철, 아연, 구리 등의 미량 무기질 강화 • 비타민 : 비타민 C, 비타민 D 및 니아신 등 여러 비타민 강화 • DHA 첨가, 락토페린과 같은 면역성분 첨가	• 일반 영아

계속

종류		특징	대상
두유 조제유		• 단백질 : 대두단백질에 부족한 메티오닌 첨가 • 지질 : 식물성 지질 첨가 • 탄수화물 : 유당 대신 옥수수전분과 설탕 첨가 • 우유 조제유에 비해 무기질을 더 많이 함유시킴	• 우유 단백질에 알레르기 반응을 나타내는 영아 • 유당불내증 영아
특수 조제유	단백질 가수분해물 조제유	• 카세인을 열과 효소로 처리하여 얻어진 가수분해물은 펩티드와 아미노산의 혼합물로 구성 • 유당 대신 설탕, 옥수수시럽 및 전분 혼합물 첨가 • 중간사슬지방이 함유된 지질 혼합물을 첨가 • 값이 비싸고 맛과 냄새가 별로 좋지 않아 한정적으로 사용	• 우유와 두유에 모두 알레르기 반응을 나타내는 영아
	페닐케톤뇨증 조제유	• 페닐알라닌 무함유	• 페닐케톤뇨증 영아
	갈락토스혈증 조제유	• 유당을 제거하고 식물성 당분으로 대체 분유를 만듦	• 갈락토스를 대사시키지 못하는 영아

② 조제유 수유방법 및 주의점

■ 소독

조제유를 준비하기 위해서 우유병, 젖꼭지 등 모든 용기는 철저히 씻어 말리고 준비하는 사람의 손과 준비하는 장소도 깨끗이 해야 한다. 물은 꼭 끓여서 사용하며, 준비되면 즉시 먹이거나 냉장 보관하고, 만약 농축액인 경우 일단 개봉하면 반드시 냉장 보관한다.

■ 농도

조제유의 농도가 너무 엷거나 진하면 영아에게 심각한 부작용을 일으킬 수 있기 때문에 농도를 적절히 맞추는 것이 중요하다. 일반적으로 개발도상국가나 저소득층일수록 경제상의 이유로 조제유를 희석하여 영아에게 먹이는 경우가 흔한데 이 경우 에너지와 필요한 영양소가 충분히 공급되지 않아 영양장애와 성장부진이 초래될 수 있다. 반면 준비과정의 실수나 영양이 더 좋을 것으로 잘못 생각하여 적정량보다 농도를 진하게 줄 경우도 영아에게 해로울 수 있다. 즉, 단백질과 전해질의 농도가 높아져 신장의 용질 부하로 탈수와 대사성 산증을 일으킬 수 있는데, 특히 열이 있거나 질병이 있거나 주위 환경이 고온인 경우 잘 발생한다.

③ 너무 이른 우유 공급의 문제점

미국소아과학회는 전유, 저지방유, 탈지유 또는 농축유 등을 생후 12개월 이전에 공급하지 않도록 권장한다. 표 4-11에서 보는 것처럼 모유와 우유의 영양소 함량은 차이가 많고 우유에는 신장에 부담을 주는 용질이 많이 들어 있어 탈수의 위험이 높다. 또한 우유에 함유된 철은 생체이용률이 낮은 반면 오히려 장을 자극하여 잠재출혈을 일으킬 수 있으며, 생우유의 경우 우유알레르기의 가능성이 더 높다고 알려져 있다. 우유에는 비타민 C, 아연, 필수지방산의 함유량이 적어 우유만 먹일 경우 이들 영양소의 결핍이 초래된다. 영아의 에너지 요구량이 적어도 2/3이 이유식에 의해 충족되었을 때 생우유를 공급하기 시작해야 한다.

조제유 오염균 : 엔테로박터 사카자키

장내 세균의 일종인 엔테로박터 사카자키(*Enterobacter sakazakii*)는 영유아 식품의 안전과 관련하여 관심이 집중되고 있다. 최근에 사카자키균이 주목을 받는 이유는 감염자가 주로 생후 1년 이하의 영아 및 유아라는 점과 세균의 주 매개체가 되는 식품이 조제분유(powdered infant formula)라는 것이다.

엔테로박터 사카자키는 엔테로박터균(Enterobacteriaceae)에 속하는 장내세균이다. 그람음성의 간균으로서 발생빈도는 낮지만, 장염 또는 수막염을 유발하는 고위험균이며 주로 건강한 성인보다는 면역력이 약한 신생아 및 저체중아에 감염될 위험이 있다. 이 균은 특히 영유아에게서 뇌막염 또는 장염을 일으키는 것으로 알려져 있다. 또한 이 질병에 걸린 영유아의 20~50%가 사망한 적도 있다고 보고되었다. 1961년 영국에서 최초로 사카자키균에 의해 2명의 유아가 사망한 이후 2003년까지 전 세계적으로 48건의 유아 사카자키 감염사고가 보고되었으며, 지금까지 보고된 사고 건수는 아주 적으나 사카자키균에 대한 관심의 증가와 검출기술의 발달로 인하여 사고 건수가 지속적으로 증가하는 추세이다.

유아의 사카자키균 감염은 조제분유가 주 원인으로 알려졌는데 유아 중에서 28일 이전의 영아가 가장 위험하며, 그중에서도 미숙아, 저체중아, 면역결핍아 등이 사카자키균 감염의 위험에 더 노출되어 있다고 알려져 있다. 사카자키균에 감염된 영아 및 유아에게는 수막염이나 장염 등이 생길 수 있으며, 회복되더라도 심각한 신경학적 장애를 겪을 수 있다. 사카자키균은 주위 환경 및 식품에서 다양하게 검출되는 것으로 알려졌는데, 주로 분말 유아식으로 주로 건조 및 포장 과정에서 오염되거나 수유 직전 양육자에 의해 조제분유가 오염된 경우이다.

국내 식품공전에서는 사카자키균에 대한 기준규격이 없으며 국제식품규격위원회(Codex Alimentarius Commission)를 비롯한 일본, 미국 등도 대장균군으로 분류하고 있고, EU는 6개월 이하 영유아 조제분유에 대한 사카자키균 불검출이 규격으로 설정되어 있다. 국내에서는 2005년에 시중에서 유통되는 조제분유 및 이유식 65개 제품을 당시 식품의약품안전청에서 수거하여 검사한 결과 11개 제품에서 100 g당 2개 이하군의 낮은 수준에 해당하는 균이 검출된 것으로 나타났다.

식품의약품안전처에 따르면 사카자키균에 오염되지 않도록 올바른 분유 및 이유식 조제방법은 70℃ 이상의 물로 조제하고, 조제 후에는 흐르는 물로 식힌 후 즉시 수유하며, 수유 후 남은 분유나 이유식은 보관하지 말고 버리고 젖병과 젖꼭지는 깨끗이 씻어 살균하고 손과 스푼 등도 청결히 할 것을 권고하고 있다.

출처: 식품의약품안전처

수유방법에 따른 분변의 특징

모유영양아의 변은 보통 황금색을 나타내는데, 장내의 산화작용 때문에 생리적으로 녹색을 나타내는 경우도 있다. 하루의 배변 횟수는 모유영양아가 인공영양아보다 많으며(2~5회), 변 속에는 비피더스균이 많다.

인공영양아의 변은 모유영양아에 비해 수분이 적고 약간 굳고 고형 변이 되기 쉽다. 색은 담황색이며 변의 냄새가 심하고, 변 속의 세균은 주로 대장균이다. 최근에는 인공영양아라 해도 모유성분에 가까운 특수 조제분유를 많이 이용하므로 변의 성상도 모유영양아의 경우와 비슷해져 녹색 변을 보게 된다.

4) 영아기 건강증진 방안

(1) 영아기 식사지도

영아기부터 음식에 대한 선호도가 생기기 시작하므로 다양한 음식을 골고루 제공하는 것이 좋다. 영아에게 어떻게 먹일 것인가가 무엇을 먹일 것인가 만큼 중요하다. 음식 먹는 일이 즐겁고 스트레스가 없어야 하고, 영아 스스로 언제 많이 먹을 것인가를 정해야 한다. 후반기 영아에게 성공적으로 음식 먹이는 방법은 다음과 같다.

- 조용히 격려하는 태도로 이야기한다.
- 영아를 똑바로 마주보게 앉힌다.
- 관심을 가지고 입을 벌릴 때까지 기다린다.
- 음식에 손을 대고 손가락으로 먹도록 놔둔다.
- 먹는 속도를 스스로 결정하도록 한다.
- 좋아하는 식품을 배려해 준다.
- 영아의 신중함을 배려하면 결국 먹는 법을 배운다.
- 원하는 만큼 먹도록 한다.
- 충분히 먹었음을 표시하는 경우 멈추도록 한다.

출처: Satter, E, 1990

(2) 영유아 식생활지침

보건복지부는 2009년 영유아를 위한 식생활지침을 발표한 바 있다(표 4-14). 영유아를 위한 식생활지침은 '2010 국민건강증진종합계획'의 영양분야 내용 중 영유아 식생활 관련 목표 및 추진 현황을 반영하였고, 관련 학회 및 비만예방 관련 국내외 학회들로부터 다양한 의견을 수렴하여 중점 영역을 선정하였다.

표 4-14 영유아 식생활지침

목표	실천 지침
생후 6개월까지는 반드시 모유를 먹이자.	• 초유는 꼭 먹이도록 합니다. • 생후 2년까지 모유를 먹이면 더욱 좋습니다. • 모유를 먹일 수 없는 경우에만 조제유를 먹입니다. • 조제유는 정해진 양대로 물에 타서 먹입니다. • 수유 시에는 아기를 안고 먹이며 수유 후에는 꼭 트림을 시킵니다. • 자는 동안에는 젖병을 물리지 않습니다.
이유보충식은 성장단계에 맞추어 먹이자.	• 이유보충식은 생후 만 4개월 이후 6개월 사이에 시작합니다. • 이유보충식은 여러 식품을 섞지 말고 한 가지씩 시작합니다. • 이유보충식은 신선한 재료를 사용하여 간을 하지 않고 조리해서 먹입니다. • 이유보충식은 숟가락으로 떠먹입니다. • 과일주스를 먹일 때는 컵에 담아 먹입니다.
유아의 성장과 식욕에 따라 알맞게 먹이자.	• 일정한 장소에서 먹입니다. • 쫓아다니며 억지로 먹이지 않습니다. • 한꺼번에 많이 먹이지 않습니다.
곡류, 과일, 채소, 생선, 고기, 유제품 등 다양한 식품을 먹이자.	• 과일, 채소, 우유 및 유제품 등의 간식을 매일 2~3회 규칙적으로 먹입니다. • 유아 음식은 싱겁고 담백하게 조리합니다. • 유아 음식은 씹을 수 있는 크기와 형태로 조리합니다.

출처: 보건복지부, 2009

영아를 위한 정부 대책: 제5차 국민건강증진종합계획(2021~2030)

분과	중점사업	영유아 관련 사업 개요
인구집단별 건강관리	모든 아이들의 안전한 출생과 정상적 성장 · 발달 보장	③ 영유아 사망 및 장애 예방, 검진 개선 및 발달 지원사업 확대 – 의료인 보수교육 시 신생아 심폐소생술 교육 포함 권고 – 신생아 카시트 이용, 영아돌연사증후군 예방 등 부모교육 실시* 및 전국민 대상 홍보 *영유아 초기 검진 시 부모 대상 건강교육 및 상담 – 영유아 초기 검진 1회 추가 실시(총 8회), 영유아 발달장애 정밀검사비 지원대상 확대

3. 영아기 영양 · 식생활 · 건강 문제

1) 성장장애

영아의 성장장애는 신장과 체중이 해당 연령의 발육곡선에서 5백분위수 미만인 경우를 말한다. 모유를 충분히 빨지 못하거나 구토, 설사 등으로 섭취량 감소, 중추신경계장애로 인해 에너지 요구량이 증가하는 등의 영아측 요인과 모유 생산 부족이나 사출반사 미흡 등의 모성측 요인으로 구분된다(그림 4-7). 그 밖에 가정불화, 부모의 사랑 부족 등 사회 · 심리적 요인에 의해서도 성장이 부진해진다.

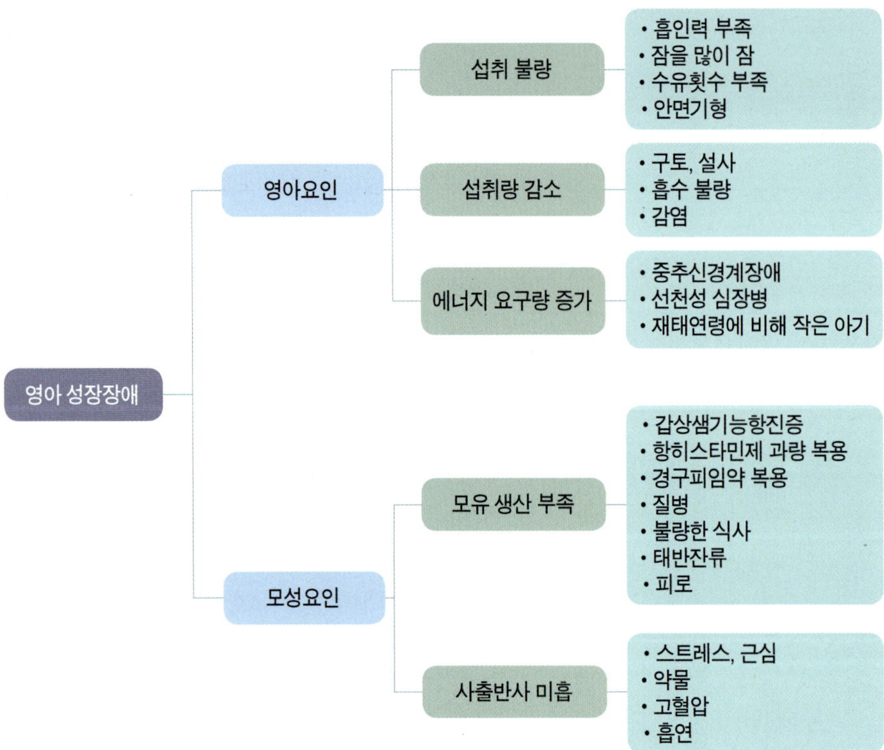

그림 4-7 영아의 성장장애 원인

출처: Worthington-Roberts, BS, & Williams, SR, 2000

2) 영아산통

영아산통colic은 기질적 원인 없이 발작적인 울음과 보챔이 하루 3시간, 최소 한 주 동안 3회 이상 발생할 때 영아산통이라고 정의한다. 생후 4개월 이하의 영아에게서 하루 중 언제든지 발생할 수 있으나, 주로 저녁이나 새벽에 이유 없이 발작적으로 울고 보채는 증상을 말한다.

정확한 원인이 밝혀져 있지 않지만, 소화기능이 미숙하여 분유에 함유된 유단백 또는 유당에 민감한 영아가 분해되지 않는 성분들로 인해 발생하는 복부 팽만감 또는 통증에 의한 것으로 여겨진다. 일부에서는 수유 중 공기를 과다하게 삼키거나 배에 가스가 많이 찼을 경우, 사회적 · 정신적 스트레스 등으로 발생할 수 있다고 하나 과학적으로 입증된 바는 없다.

주위를 조용하고 자극적이지 않게 한 다음 푹신하게 포대기나 담요로 싸주고, 아기의 앞가슴과 어깨를 대고 안아주거나 아기의 무릎을 굽힌 상태로 안고 그네 태우듯이 천천히 살살 흔들어주는 방법, 마지막으로 노리개 젖꼭지를 빨려주거나 따뜻한 손으로 배를 살살 쓸어 주는 방법 등을 시도해 본다.

수유 후에는 반드시 트림을 시키고, 젖병 꼭지의 구멍이 적당한가를 확인하여 수유 중에 공기가 많이 들어가지 않도록 한다. 수유는 눕혀서 하지 말고 안고 먹이도록 하고, 조용하고 쾌적하게 자극적이지 않은 환경을 만들어준다.

분유를 먹는 아기들이 모유를 먹는 아기들에 비해 영아산통 발생빈도가 높다고 하는데, 이는 분유단백이 원인이 될 수 있지만 분유수유 시에 공기가 더 많이 들어가는 것이 원인이 될 수 있다. 모유수유를 하는 수유부가 우유나 양파와 같은 음식을 섭취하는 것도 그 원인이라고 알려져 있으나 이에 대해서는 아직 더 연구가 필요하다.

3) 빈혈

영아기에 이유가 늦어짐으로써 체내 철이 고갈되거나 우유만 먹어 식사로부터 충분한 철 공급이 되지 않을 경우 철 결핍성 빈혈이 나타나게 된다. 이는 잘 먹지 못하는 나라뿐만 아니라 선진국에서도 흔한 질환으로 미국에서는 1~2세 인구의 9%가 철 결핍이 있으며 3%는 철 결핍 빈혈에 걸려 있다고 한다. 또한 2010년에 발표된 미국소아과학회의 철 결핍 빈혈에 대한 지침에서는 생후 12개월 된 아이들에게 철 결핍 빈혈에 대한 검사를 건강검진에 넣도록 권고했을 만큼 철 결핍은 중요하며 흔한 문제이다.

살코기, 소간, 달걀노른자, 말린 과일, 종자류, 견과류 등 철 급원식품과 철의 흡수를 돕는 비타민 C가 풍부한 채소나 과일을 함께 먹는 것이 좋다.

4) 설사

영아는 신장기능이 미숙하여 수분 조절능력이 낮으므로 설사 시 변으로의 수분 손실로 인한 탈수 위험이 높다. 설사가 심해지면 젖 주는 것을 몇 차례 줄이고 탈수를 방지하기 위해 묽은 포도당액, 보리차, 끓인 물을 계속해서 조금씩 먹이고, 수분, 나트륨, 칼륨 등을 보충해 주어야 한다. 주스나 젖산음료는 설사를 악화시킬 수 있으므로 피한다. 설사 후 물을 먼저 먹이고 난 후 모유를 주어 모유 섭취량을 줄여주고, 조제유의 경우 농도는 1/4~1/2로 희석하여 먹이다 상태에 따라 농도를 점차 늘려 원래의 농도로 증가시킨다.

5) 식품 알레르기

영아의 식품 알레르기는 미숙한 장 점막을 통해 소화되지 않은 단백질이나 큰 펩티드가 흡수되어 면역체계에 의해 항원으로 인식될 때 발생한다. 또한 영아가 직접 알레르기 유발식품을 직접 섭취하지 않더라도, 수유부가 섭취한 식품성분이 모유로 분비되어 영아에게 알레르기를 유발할 수 있다. 식품 알레르기 증상으로는 습진이나 비염, 두드러기, 호흡곤란, 기침, 구토, 설사 등이 있다.

영아기에 가장 흔히 알레르기를 유발하는 식품은 우유이며, 그 외 달걀, 밀, 대두,

초콜릿, 쇠고기, 돼지고기, 토마토, 감귤류, 복숭아 등도 알레르기의 원인으로 작용할 수 있다. 표 4-15에 알레르기 항원식품과 그 대체식품을 제시하였다.

표 4-15 알레르기 항원식품과 대체식품

제한식품	피해야 할 식품	대체식품
우유	치즈, 아이스크림, 요구르트, 크림, 수프, 버터	두유, 우유가 없는 식품, 코코아
달걀	커스터드, 푸딩, 마요네즈, 기타 달걀이 함유된 식품	달걀없이 구운 빵, 쌀
밀	크래커, 마카로니, 국수 등 밀가루로 만든 식품	밀이 없는 빵과 크래커, 옥수수, 쌀, 팝콘, 고구마
두류	콩가루, 두유, 채실유, 콩소스, 콩버터	코코넛 우유
옥수수	팝콘, 콘시럽	밀가루, 고구마, 쌀가루
초콜릿	캔디, 코코아	설탕
쇠고기	쇠고기 수프, 쇠고기 소스	
돼지고기	베이컨, 소시지, 핫도그, 돼지고기로 만든 소스	쇠고기

출처: 권종숙 외, 2012

우유 조제유에 알레르기가 있는 영아의 경우에는 모유, 두유 조제유, 단백질 가수분해 조제유로 바꾸어 먹여야 하며, 달걀과 알레르기 유발물질로 잘 알려진 우유, 땅콩, 대두, 밀 등은 2~3세가 될 때까지 주지 않는 것이 좋다. 특정 식품에 알레르기 증상이 있는 것으로 진단되면 원인이 되는 식품은 일단 제한해야 하며, 증세가 완화되면 의심되는 식품을 섭취시킨 후 반응을 관찰하고 이상이 없으면 양을 점차 늘려나간다.

6) 젖병 치아우식증

젖병 치아우식증baby bottle tooth decay, BBTD은 주로 2세 이하의 영유아의 앞쪽 윗니에 충치가 생기는 것으로 주스, 우유 또는 조제유가 든 젖병을 물고 잠을 자는 습관이 있는 경우 발생한다(그림 4-8). 이는 잠자는 동안 타액의 분비가 감소되어 치

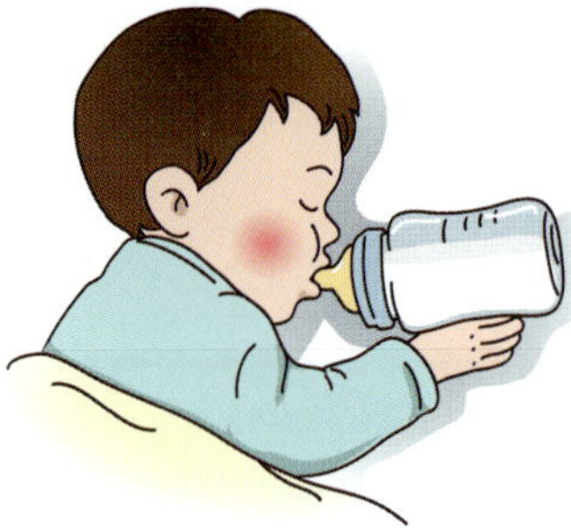

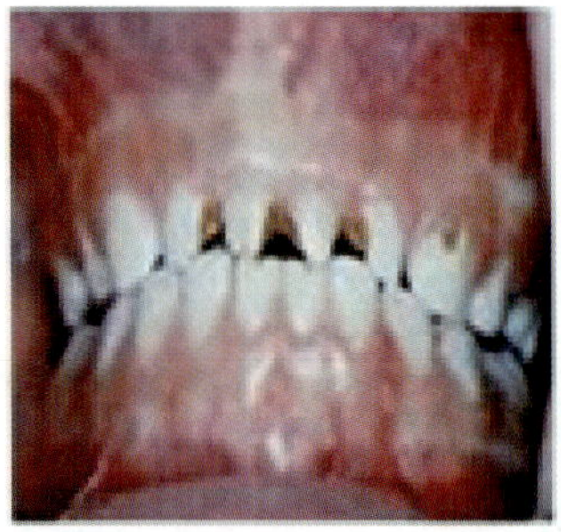

그림 4-8 치아우식증

아 표면에 존재하는 박테리아의 작용이 활발해져 박테리아가 액체 내 설탕, 전분 등을 분해하여 산acid을 형성하고, 이 산이 영아의 치아의 에나멜 층을 파괴시켜 치아에 손상을 일으킨다. 그러므로 설탕, 전분이 포함된 액체가 든 젖병을 입에 문 채 잠들지 않도록 한다.

7) 선천성 대사장애

선천성 대사장애는 우리 몸의 생화학적 대사 경로를 담당하는 효소나 조효소의 결핍으로 발생하는 질환이다. 정상적으로 꼭 필요한 최종 물질이 생성되지 못하여 결핍 증상이 나타나고, 불필요한 전구물질은 다양한 중요 장기(뇌, 심장, 간, 신장 등)에 축적되어 지능장애와 같은 과잉 증상을 일으킨다. 1991년부터 2005년까지 15년간의 조사에 따르면, 4,000~5,000여 명당 1명꼴로 선천성 갑상샘기능저하증, 페닐케톤뇨증, 단풍시럽뇨증 등 선천성 대사이상 환자가 발생한다고 한다. 증상이 발현하기 전 조기에 진단하는 것이 중요하므로 정부에서는 모자보건사업으로 신생아 선별검사를 지원하고 있다. 선천성 대사장애는 출산 전에 양수검사를 하거나 출생 후 3~6일경에 발꿈치에서 채혈하여 진단할 수 있다.

선천성 대사이상 중 선천성 갑상샘기능저하증은 갑상샘자극호르몬의 결핍으로 발생하는 질환으로 갑상샘호르몬을 투여하여 치료하도록 하고, 아미노산 대사나 탄수화물 대사 등에 이상이 있다면 원인 질환에 따라 결함이 있는 대사경로에서 쌓이는 전구물질이 함유된 음식은 제한하도록 하는데(예: 페닐케톤뇨증의 경우 페닐알라닌 제한), 이는 해당 전문의와 전문 영양사와의 상담을 통해 적절한 성장·발달을 목표로 시행하도록 한다. 영유아기에는 처방에 따라 특수 분유와 일반분유를 일정 비율로 섞어서 먹이며, 이유 진행 및 이후 식사 처방에 관해서 성장·발달에 필요한 적절한 영양상담이 필요하다.

4. 미숙아의 영양

1) 미숙아의 정의 및 특징

(1) 미숙아의 정의

세계보건기구에서 재태기간을 근거로 37주 미만에 태어난 신생아를 미숙아로 정의한다. 흔히 저체중아도 미숙아라고 하지만 재태기간에 따른 출생체중에 따라 다음 표 4-16과 같이 분류한다.

표 4-16 재태기간에 따른 출생체중 분류

재태기간 / 체중	37주 이하	38~42주	42주 이상
적은 체중(small) (10%)	적은 체중 미숙아	적은 체중 성숙아	적은 체중 과숙아
적정 체중(appropriate) (10~90%)	적정체중 미숙아	적정체중 성숙아	적은 체중 과숙아
과체중(large) (90% 이상)	과체중 미숙아	과체중 성숙아	과체중 과숙아

- low birth weight : 출생체중 < 2,500 g
- very low birth weight : 출생체중 < 1,500 g
- extremely low birth weight : 출생체중 < 1,000 g

(2) 미숙아의 특징

의학의 발달로 미숙아의 생존율이 높아지면서 영아 사망률은 감소하고 있지만 미숙아 출생은 해마다 늘고 있어 미숙아의 영양관리가 매우 중요한 문제로 대두되기 시작하였다. 미숙아의 특징은 다음과 같다.

- 몸통에 비해 머리가 비교적 크고 사지가 짧다.
- 피하지방이 모자라고 근육조직이 제대로 발달하지 못했기 때문에 피부가 성숙아보다 얇고 붉은 기가 강하며 주름이 많다.
- 등과 사지의 안쪽에 솜털이 많고, 머리카락은 짧고 드물게 나 있다.
- 체표면적이 성숙아보다 넓으며, 땀샘이 덜 발달되어 있어 체온 조절이 잘 안 되고, 입으로 빨거나 삼키는 동작을 제대로 못한다.
- 위의 용량이 작아서 소화·흡수기능도 미숙하고 면역기능이 불완전하여 감염의 위험이 높으며 호흡장애가 나타날 수 있다.
- 성숙아에 비해 체수분의 비율이 높고, 출생 시 체중의 10~20%의 체중 감소가 나타나며 출생 시 체중으로 돌아오는 데는 2~3주가 걸린다.

2) 미숙아의 대사 및 영양소 필요량

미숙아는 출생 직후 미처 자라지 못한 것을 만회하기 위해 성숙아에 비해 단위 체중당 에너지와 단백질, 기타 영양소의 요구량이 높다(표 4-17). 표 4-18에는 WHO(2006)에서 제정한 미숙아를 위한 영양권장량이 제시되었다.

표 4-17 미숙아의 영양소 대사

영양소	대사의 특징
에너지	• 미숙아의 상태나 활동 등에 따라 달라짐 • 에너지 필요량 유지를 위해 하루 50 kcal/kg 체중 필요 • 질병, 스트레스, 빠른 성장 시 필요량 증가 • 성장을 위해서 105~130 kcal/kg 체중 필요

계속

영양소	대사의 특징
단백질	• 1일 단위체중당 3.5~4 g • 과량의 단백질은 신장 용질 부하의 부담을 줄 수 있으므로 질적인 면 고려할 것
지질	• 미숙아는 십이지장 내 담즙산의 농도가 낮고 지질소화효소의 분비량이 적으므로 지질 흡수능력이 낮음 • 담즙산과 지방소화효소 없이 소화가 가능한 MCT 보충
비타민	• 비타민 보충
무기질	• 칼슘 흡수가 불충분하므로 칼슘 보충 • 생후 2주부터 장관급식 시 철 보충(하루 2~3 mg/kg체중)

표 4-18 미숙아(출생체중 1,000 g 이상)의 1일 권장량

영양소	출생 후 7일까지	출생 후 만기까지	만기에서 1세까지
에너지(kcal/kg)	70~80	105~135	100~120
단백질(g/kg)	1.0~3.0	3.0~3.6	2.2
지방(g/kg)	0.5~3.6	4.5~6.8	4.4~7.3
탄수화물(g/kg)	5.0~20.0	7.5~15.5	7.5~15.5
칼슘(mmol/kg)	1.5~2.0	4.0~6.0	6.3 mmol(모유) 9.4 mmol(조제유)
인(mmol/kg)	1.0~1.5	2.5~3.8	3.4 mmol(모유) 8.8 mmol(조제유)
마그네슘(mmol/kg)	0.20~0.25	0.20~0.40	0.20~0.60
나트륨(mmol/kg)	1.0~3.0	2.5~4.0	2.0~3.0
염소(mmol/kg)	1.0~3.0	2.5~4.0	2.0~3.0
칼륨(mmol/kg)	2.5~3.5	2.5~3.5	2.5~3.5
철(mg/kg)	0	2.0~3.0[1)]	2.0~3.0[1)]
아연(μmol/kg)	6.5	7.7~12.3	15.0
구리(μmol/kg)	1.1~1.9	1.1~1.9	1.1~1.9
셀레늄(μmol/kg)	0.04~0.06	0.04~0.06	0.04~0.06

계속

영양소	출생 후 7일까지	출생 후 만기까지	만기에서 1세까지
크롬(nmol/kg)	1.0~1.9	1.0~1.9	1.0~1.9
망간(mol/kg)	10~20	10~20	10~20
몰리브덴(nmol/kg)	2.0~4.0	2.0~4.0	2.0~4.0
요오드(μmol/kg)	0.20	0.25~0.50	0.25~0.50
비타민 A(IU/kg)	700~1500	700~1500	600~1400
비타민 E(IU/kg)	6~12	6~12	6~12
비타민 K(μg/kg)	8~10	8~10	8~10
비타민 D(IU)	40~260	400	400
비타민 C(mg/kg)	6~10	6~10	20
비타민 B_1(mg/kg)	0.04~0.05	0.04~0.05	0.05
비타민 B_2(mg/kg)	0.36~0.46	0.36~0.46	0.05
비타민 B_6(mg/g of protein intake)	0.015	0.015	0.015
비타민B_{12}(μg)	0.15	0.15	0.15
니아신(NE[2]/5000U)	8.6	8.6	8.6
엽산(μg)	50	50	25
비오틴(μg/kg)	1.5	1.5	1.5
판토텐산(mg/kg)	0.8~1.3	0.8~1.3	0.8~1.3

[1] 출생 6주 후부터

[2] NE=niacin equivalents

자료: Edmond, K, & Bahl, R, 2006

3) 미숙아의 영양 공급방법

에너지와 영양소의 높은 요구량, 모유 섭취에 필요한 반사 및 운동능력의 미숙, 적은 위 용량과 장 운동능력의 감소, 궤사성 장염 등 여러 가지 요인으로 인해 미숙아는 경구를 통한 영양소 공급은 불가능하며 정맥영양을 통하여 영양공급을 받아야 한다. 그러나 정맥영양으로 영양소를 공급하는 동안에는 위천공, 미주신경자극, 역류, 흡인과 장 상피세포의 퇴화 등 여러 가지 부작용이 발생할 가능성이 있으므로 하루 빨리 경구 영양공급으로 전환하도록 노력해야 한다.

미숙아에게도 미숙아를 분만한 산모가 분비하는 초유와 미숙유를 먹이는 것이 좋다. 따라서 병원에서는 미숙아를 출산한 산모에게 퇴원 후 집에서 유축기로 젖을 짜서 냉장 또는 냉동 보관하여 아기에게 먹일 수 있도록 배려하는 것이 필요하다. 미숙아를 출산한 산모의 유즙은 단백질, 철, 칼슘 등 무기질 함량이 더 높고, 면역물질도 있어 미숙아에게 좋은 영양 공급원이 된다. 그러나 미숙아는 영양소 요구량이 워낙 높기 때문에 미숙유만으로는 미숙아의 성장・발달에 지장이 올 수 있으므로 모유에 부족한 칼슘, 인, 비타민 C, 비타민 D, 엽산을 보충해 주어야 한다.

5. 이유기 영양

1) 이유의 정의

이유weaning란 영아가 액체 음식인 유즙만의 영양에서 다양한 식품으로 구성된 고형식으로 섭취 형태를 점차 옮겨가는 정상적인 영양 행위를 말한다. 이유는 영양소 공급, 소화기능 발달, 섭식능력 습득, 올바른 식습관 확립 및 지적・정서적 발달에 도움을 준다.

2) 이유의 필요성

(1) 섭식기능 발달

이유는 섭식기능의 동작과 의욕을 일으켜주고, 유즙 이외의 음식 맛을 경험하게 한다. 영아가 성장하면서 섭식에 필요한 신체구조와 구강운동 및 손놀림 등의 능력이 향상됨에 따라 이유식의 형태와 공급방법도 달라져야 한다. 영아의 능력에 비해 낮은 형태의 부드러운 식품만 제공하면 영아의 섭식기능이 발달하지 못하고, 섭식 능력보다 딱딱한 식품을 제공하면 사고의 위험이 증가한다. 그러므로 앞니와 혀 움직임의 발달로 음식이 입 밖으로 흘러나가지 않고 목으로 넘기는 능력, 송곳니의 발달로 질긴 음식을 자를 수 있는 능력, 어금니의 발달로 덩어리 음식을 잘게 부술 수 있는 능력을 갖추는 발달 정도에 따라 식품의 형태도 달리 공급해 주는 것이 필요하다.

생후 4~5개월이 되면 젖꼭지나 젖병을 입에 대면 빨기 위해 혀를 밖으로 내미는 혀내밀기반사extrusion가 사라지고, 숟가락으로 섭취가 가능해지므로 이 시기에 이유를 시작한다. 생후 4~5개월에는 미음류 농도의 유동식을 먹을 수 있으며, 재료는 갈아서 사용한다. 6~8개월에는 퓨레 농도의 죽을 먹을 수 있으며, 끓였을 때 잘 으깨지는 재료는 작은 알갱이 형태로 죽에 넣을 수 있다. 8~10개월에는 씹는 운동, 혀 운동 및 삼킴 운동이 발달하여 된죽이나 입에서 으깨질 수 있는 조각 음식의 섭취가 가능하고, 양손을 모아 병을 잡을 수 있으므로 식사 시 컵을 이용할 수 있다. 10~12개월경에는 혀를 돌려 먹는 것이 가능하므로 좀 더 단단한 식품을 줄 수 있다. 12개월 이전에는 아직 섭식기술이 완전하지 않아 기도폐색이나 이물흡인으로 인한 위험이 높기 때문에 완전히 익힌 야채나 잘 갈아서 완전히 익힌 고기가 적절하다. 손놀림이 더욱 정교해진 1~2세에는 젖병을 이용하지 않고 스스로 숟가락과 컵을 이용하게 한다.

이유식의 질감

이유식을 공급할 때에는 음식물의 질감이 매우 중요하다. 신경근육의 발달에 따르면, 생후 4~6개월에는 삶아서 진하게 거른 반고형식을 삼킬 수 있고, 생후 8~10개월이면 잘게 다져진 고형식을 질식의 위험 없이 삼킬 수 있다. 또한 영아 후기에는 견과류, 당근, 포도와 같이 크고 딱딱한 덩어리 음식을 먹을 때 질식 또는 흡인의 위험이 있으므로 주의해야 한다.

(2) 영양 보충

영아의 성장은 매우 빨라 생후 3개월에는 출생 시 체중의 2배, 5개월이 되면 2.5배로 성장하나 모유 분비량은 이에 맞추어 늘어나지 못한다. 따라서 영아가 생후 5~6개월이 경과되면 성장에 필요한 영양소가 부족하므로 모유나 조제분유 이외에 다른 음식을 공급해야 하고, 영아의 하루 필요에너지는 100 kcal/kg이므로 체중이 7 kg이 넘으면 유즙 이외의 고형식품으로 부족한 에너지를 보충해야 한다. 영아는 태내에서 철, 구리 등의 영양소를 여분으로 저장해서 출생하나, 생후 5~6개월이 되면 태아기 때 체내에 저장되어 있던 무기질 중 특히 철이 고갈되는데, 모유나 우유에는 철 함량이 극히 적으므로 이유식을 통해서 철을 보충해 주어야 한다. 영양결핍 상태가 되면 빈혈 등의 질병에 걸릴 위험이 증가할 뿐만 아니라 세균 감염에 대한 저항력이 약화되므로 철, 구리, 단백질 등의 부족한 영양소를 이유식으로 보충하는 것이 중요하다.

(3) 소화기의 발달

영아기에는 저작기능이 발달하고, 형태가 있는 음식을 입에 넣어주면 혀를 이용하여 목으로 내려보내는 등의 반사작용이 확립되며 소화기능도 발달한다. 월령이 높아지면서 소화효소의 분비가 많아지고 음식을 소화, 흡수하는 능력이 향상된다. 따라서 이 시기에는 음식을 조금씩 주면서 소화기관을 자극하여 그 발달을 촉진하고 음식을 씹어 삼키는 능력을 익히게 하는 것이 필요하다. 대체로 생후 4~5개월에 모유 이외로 공급하는 단백질, 지방과 탄수화물을 소화해 낼 수 있는 능력이 어느 정도 갖추어진다. 췌장의 전분소화효소가 분비되는 생후 4~5개월경에 본격적인 곡물 섭취가 가능하다. 지방의 소화능력은 생후 4~5개월경에 성인의 40% 정도, 1~2년에 76% 정도밖에 되지 않아, 지방 특히 포화지방(동물성지방)이나 과량의 지방은 더욱 조심스럽게 추가해 주는 것이 좋다. 소화·흡수 능력을 넘는 과다한 단백질 공급은 많은 잉여 단백질을 장내에 남아 영아의 미숙한 장벽을 통해 그대로 흡수되어 알레르기를 일으킬 가능성이 높으므로 주의해야 한다.

(4) 정서적 발달 도모

영아는 생후 5~6개월이 되면 본능적으로 유즙 이외의 식품과 부모가 먹고 있는 음식에 관심을 가지고, 그것을 원하는 생리적 · 심리적 욕구가 나타나기 시작한다. 이러한 욕구를 만족시키는 것은 영아의 심리발달에도 매우 중요하며, 영아의 발달 단계에 따라 새로운 질감, 색, 맛을 가진 식품을 먹는 연습 등을 통해 영아의 지적 · 정서적 발달을 돕도록 해야 한다. 이유식은 영아의 미각, 후각, 촉각을 자극할 뿐만 아니라 시각도 발달시킨다. 유즙 이외에 고형식을 주게 되면 씹는 연습을 통해 치근이 자극되면서 유치 발생에 좋은 영향을 줄 뿐만 아니라 정서적 발달을 자극한다.

(5) 바른 식습관 확립

영아는 이유식을 통하여 다양한 음식을 섭취함으로써 성장기의 편식을 예방하고 올바른 식습관을 형성할 수 있다. 따라서 이유기는 인간생활 중에서 음식에 대한 첫 인상을 형성하는 중요한 시기이므로 식품의 선택, 종류, 조리법, 제공방법에 주의를 하여 이후의 바람직한 식습관을 확립하도록 해야 한다. 이 시기의 그릇된 식습관은 편식, 새로운 식품 거부 등의 식행동뿐만 아니라 인성 형성에 나쁜 영향을 줄 수도 있다.

3) 이유식의 종류

(1) 가정 이유식

가정에서 이유식을 준비할 경우 만드는 장소, 재료, 기구들을 철저히 씻고 영양소를 유지하기 위해 재료를 소량의 물이나 전자렌지로 부드러워질 때까지 익힌다. 익힌 후 진하게 거른 것을 나누어 냉장 또는 냉동 보관한다. 가정에서 조리한 당근, 시금치, 순무 잎 등에는 질산염이 많이 들어 있어 헤모글로빈과 결합하여 메트헤모글로빈혈증을 일으켜 산소 운반을 방해하므로 생후 4~5개월까지는 먹이지 않는다. 또한 꿀에는 열처리에도 줄지 않는 클로스트리디움 보툴리늄*Clostridium botulinum*이 있어 보툴리누스중독증botulism을 일으킬 수 있으므로 1세 미만 영아의 이유식 준비 시 꿀은 절대로 먹여서는 안 된다.

(2) 시판 이유식

시판 이유식은 이용이 간편하고 위생적이어서 널리 이용되고 있다. 대부분의 이유식은 곡류를 주원료로 하여 우유 및 유성분, 어육류, 두류, 채소, 과일, 식물성 기름, 당류 등이 첨가되어 있으며, 분말상 또는 완전 조리되어 직접 숟가락으로 떠서 먹이도록 된 통조림이나 병조림의 형태로 제조되고 있다. 일반적으로 이유 초기단계에는 우유, 곡류, 과일, 채소 정도의 국한된 재료를 사용한 이유식을 이용하고, 차츰 곡류, 과일, 채소 등의 종류도 다양하게 이용하며, 쇠고기, 생선 등 식품의 범위를 확대해 이유 단계별로 상품화하여 제공하고 있다.

시판하는 이유식에는 한 종류의 식품으로 구성된 단일이유식과 여러 종류의 식품을 함께 사용한 복합이유식이 있다. 단일이유식은 개별식품에 의한 문제점을 쉽게 찾을 수 있고 또 맛의 경험을 골고루 쌓을 수 있는 장점이 있으나, 영양소의 공급은 다양하지 못한 단점이 있다. 한편, 육류, 채소류, 과일류 등 개별식품뿐 아니라 여러 가지 식품을 혼합하여 만든 복합이유식은 영양소의 공급 측면에서 큰 장점을 갖고 있지만, 다양한 식품의 맛 경험이 어렵고 식품에 의한 문제점이 발견되었을 때 원인을 찾기 어려운 단점이 있다.

4) 이유 실시의 원칙

(1) 이유의 시기

영아의 성장 · 발달은 개인차가 크므로, 이유는 영아의 생리적인 성숙상태를 고려하여 진행해야 한다. 일반적인 이유의 시작은 생후 5~6개월 또는 체중이 출생 시 체중의 2배(6~7 kg)가 되는 시기를 권장한다. 모유영양아는 1일 수유횟수가 8회 이상으로 증가되어 수유 간격이 3시간 이내로 짧아지는 때가 적당하며, 인공영양아는 1일 섭취하는 우유의 양이 1,000 mL를 넘을 때가 적당하다. 이유 시작이 너무 빠른 경우(생후 4개월 이전)에는 모유 분비량 감소, 소화불량, 대사기능의 미숙에 의한 설사, 탈수, 비만(지방세포 수의 증가), 음식 과민, 장벽의 미숙에 의한 알레르기 질환, 삼킴운동 미숙과 위·식도 역류에 의한 호흡기 증상 등의 증세가 나타나기 쉬우며, 반면 이유 시작이 지연된 경우(생후 6개월 이후)에는 영아에게 필요한 영양소를 모유만으로는 공급할 수 없어 영양소 부족으로 성장과 발육이 지연되고 빈혈, 면역기능 저하, 근력발달 저조, 음식 섭취에 대한 거부감, 편식, 신경증세, 정신적 의존성 등의 문제가 나타날 수 있다. 그러나 발육이 좋고 먹겠다는 의욕이 있을 때, 젖을 먹고 있으나 체중 증가가 잘 되지 않는 경우에는 한 달가량 먼저 이유를 시작해도 좋다.

(2) 이유의 시간

이유는 영아의 건강상태가 양호할 때 시작하도록 하고, 일정한 시간에 이유식을 주도록 한다. 영아의 기분이 좋고 공복일 때 이유식을 먼저 먹이고, 수유(모유나 조제유)를 나중에 하도록 한다. 그러나 건강한 영아일지라도 식욕이 매일 똑같지 않으며 약간의 변화가 있으므로 식욕의 리듬을 존중해서 시간과 분량을 결정한다.

(3) 이유의 도입방법

새로운 식품은 하루에 한 숟가락 정도 주고 양을 차츰 늘려 나가되 사흘 정도 같은 식품을 주어 식품에 대한 거부 또는 알레르기 반응 여부를 관찰한다. 이와 같은 원칙으로 새로운 음식을 추가할 때에는 1주일 정도의 간격을 두고 시행하며, 될 수 있는 대로 다양한 식품을 접하게 한다. 또한 이유식은 미음–죽–밥의 형태로 바꿔주고, 숟가락이나 컵으로 음식을 제공해 아기의 섭식운동과 소화기능의 정상적인 발달을 도모해야 한다.

Neophobia (새로운 것에 대한 두려움)

아기들은 신체 보호 본능으로 새로운 것에 대한 두려움을 가지고 있다. 이유식을 통해서 처음 접하는 음식에 아기들이 거부반응을 보이는 것은 보호 본능에 의한 자연스러운 현상이다. 거부한다고 해서 억지로 먹이려고 하지 말고 여러 번 시도하여 두려움을 없애도록 노력해야 한다.

(4) 이유식의 진행원칙

이유식은 소화가 잘 되어야 하므로 식품의 조리 형태, 입자의 크기를 고려해야 한다. 초기에는 수분이 많고 풀 같은 질감, 형태는 있으나 혀에 닿으면 부서지는 것(감자 으깬 것 등), 입안으로 들어오면 잇몸으로 자를 수 있는 것(토스트, 죽 등)의 순서로 진행한다.

또한 영아의 신체발달을 고려하여 이유식의 종류와 양을 결정하는데, 이유식 중 가장 처음 줄 수 있는 식품은 곡류이나. 곡류 중에서 알레르기 반응을 일으키지 않는 쌀가루를 먹이고 차츰 다른 종류의 곡류를 먹이는 것이 좋다. 생후 6개월이 되면 매끼마다 채소와 과일을 줄 수 있는데, 과일을 갈아서 주거나 채소를 삶은 후 걸러서 먹일 수 있다. 채소와 과일의 경우는 어느 것을 먼저 시도해도 좋으나 과일을 먼저 접하면 단맛에 더 익숙해지므로 이를 고려하여 채소를 먼저 접할 수 있도록 한다. 생후 8~9개월이 되면 죽, 토스트, 조리하여 다진 육어류, 달걀 반숙을 먹을 수 있고, 요구르트, 치즈 등을 시도한다. 1세가 되면 진밥, 치즈, 아이스크림, 토스트, 잘게 썰은 육어류, 삶은 채소, 부드러운 과자를 먹을 수 있다. 흰살 생선, 두부, 달걀 노른자, 쇠고기 등을 시도할 때는 혹시 식품에 의한 이상 반응을 일으킬 수 있으므로 5~7일의 간격을 두고 이유식에 이들 식품을 첨가한다. 알레르기 가족력이 있는 경우 알레르기 발생 위험 식품의 도입을 늦추고, 알레르기 질환이 있는 아기의 경우 진단에 근거해서 전문가의 도움을 받아 이유식을 진행하도록 한다.

영아는 이유식으로 다양한 식품을 경험하고 미각을 형성하므로, 너무 강하거나 자극적인 음식으로 인해 미각발달에 장애가 생기지 않도록 주의해야 한다. 이유식의 초기에는 소금, 설탕 등의 간을 하지 말고 단순하게 조리하여 영아가 식품 자체의 맛을 즐길 수 있도록 하며, 후기부터 아주 약하게 간을 한다. 소금을 너무 많이 먹으면 영아의 신장에 과중한 부담을 주므로 주의하고, 자극성 있는 식품이나 향신료의 사용을 피한다.

이유식 실시를 위한 안전과 위생

- 영양가가 풍부하고, 깨끗하고 신선한 재료를 선택하도록 한다.
- 가급적 시판 이유식이나 인스턴트식품을 피하고 자연식품을 이용한다.
- 알레르기 반응을 일으키기 쉬운 식품은 초기에는 피해야 한다.
- 항원성이 강한 난백은 7개월 이후에 사용하고 생선, 고기 등은 잘 가열해서 먹인다.
- 땅콩, 젤리, 건포도, 고기 덩어리, 미성숙 과일 등은 영아의 식도나 기도를 막을 수 있으므로 주의한다.
- 영양소의 손실을 최소화하기 위하여 식품 재료를 소량의 물로 씻고 열에 민감한 영양소가 파괴되지 않도록 가능한 한 소량의 물로 연해질 때까지 가열한다.
- 설탕이나 소금 등은 가능한 한 적게 사용하고, 강한 향신료의 사용은 삼간다.
- 조리하기 전에 손을 깨끗이 씻는다.
- 조리에 사용하는 모든 기구, 재료, 조리대는 청결하게 유지한다.
- 식품의 저장을 안전하게 하고 준비 후 즉시 음식을 제공한다.

5) 이유의 단계에 따른 이유식 준비

이유는 이유 준비기, 이유 초기, 이유 중기, 이유 후기 및 이유 완료기로 나누어 단계에 따라 진행하며, 영아의 건강상태 및 이유식의 섭취 정도에 따라 개인차가 있을 수 있다.

표 4-19 첫 1년 동안 권장되는 이유보충식

식품	연령(개월)					
	0~2	2~4	4~5	6~8	8~10	10~12
모유나 조제유	5~9회	5~7회	4~7회 (800~900 mL)	4~5회 (600~800 mL)	3~4회 (600~700 mL)	3~4회 (600~700 mL)
곡류			쌀미음	죽	죽/진밥	진밥
과일				거른 과일, 으깬 바나나, 과일주스(컵)	부드러운 과일(바나나, 사과, 수박), 과일주스(컵)	신선한 과일 (껍질 벗겨서)
야채				익혀서 거르거나 으깬 야채	익혀서 으깬 야채	익히거나 싱싱한 야채
단백질 식품				흰살생선, 달걀노른자, 두부, 고기국물(→고기 간 것)	흰살 생선, 달걀노른자, 두부, 고기 간 것	닭고기나 쇠고기를 잘게 썬 것, 달걀 전부, 조리한 콩 으깸, 생선

(1) 이유 준비기

본격적인 이유식을 시작하기 전에 수유 시간과 간격에 규칙을 잡고, 액체 음식 등으로 이유를 준비하는 단계이다. 수유 시간과 간격이 불규칙하고 수유간격이 너무 짧은 경우에는 위장장애와 이유식에 대한 거부감이 나타나기 쉬우므로, 수유는 4시간 간격으로 규칙적으로 하면서 횟수를 5~6회로 조절하며, 밤에는 수유를 하지 않도록 시도해 본다. 이러한 규칙성은 아기의 신체 리듬을 만들어주고 보호자도 아기의 변화를 예측하는 데 도움을 준다.

주로 과즙, 채소즙, 미음 등의 유동식을 이용하며 조금씩 숟가락으로 주면서 젖과 다른 새로운 맛에 대해 경험하게 하고, 숟가락 사용에 익숙해지도록 한다. 처음에는 20 mL 정도로 시작하여 점차로 100 mL 정도까지 양을 늘려간다. 영아가 설사를 하거나 제대로 소화시키지 못하는 경우에는 이유식을 강행하지 않는 것이 좋다.

(2) 이유 초기(생후 5~6개월) : 이유 도입기

이유를 시작하는 시기로 영양 보충보다는 모유나 조제유 이외의 새로운 음식에 적응하는 시기이다. 이유식은 하루 1회 주는 것을 원칙으로, 오전 수유 전 공복에 준다. 또한 이 시기에는 수유(모유 또는 조제유)를 하루 4~5회 정도 정해진 시간에 규칙적으로 준다. 이 시기는 이유 준비기에서 익숙해진 액상식품의 횟수를 늘리는 동시에 차츰 새로운 음식을 주며, 여러 가지 재료를 혼합하지 말고 한 가지씩 재료의 맛을 알 수 있도록 제공한다. 쌀은 미리 조리해 두면 부분적으로 가수분해되어 영아가 잘 받아들이고 소화도 쉽게 잘 되므로 첫 선택으로 가장 적합하다. 또한 삶아서 으깨거나 곱게 긁은 과일, 삶아 으깨어 체에 걸러낸 채소, 찐 감자나 삶은 흰살 생선을 연하게 으깬 묽은 죽, 갈거나 삶은 쇠고기·닭고기를 소량 첨가한 묽은 죽, 철 보충을 위해 달걀노른자를 첨가한 미음이나 수프 등을 이유식으로 제공할 수 있다.

대부분의 음식이 미음의 형태이지만 이유식을 아기에게 먹일 때는 젖병에 넣지 말고 반드시 숟가락으로 떠먹어야 한다. 하루에 한 가지 식품을 한 숟가락부터 주기 시작하며 영아의 대변, 식욕, 기분 등에 유의하면서 차츰 양과 종류를 늘린다. 새로운 이유식이 불내성이나 알레르기를 유발할 수 있으므로 1주일 간격으로 시도해 본다. 영아에게 단 것을 먼저 주면 채소를 먹지 않으려고 하므로 채소를 먼저주고 과일은 나중에 제공하는 것이 좋다.

초기 이유식 조리법 : 당근미음

재료
불린 쌀 10 g, 당근 20 g, 생수 100 mL

만드는 법
1. 불린 쌀을 믹서에 곱게 갈아준다.
2. 당근은 껍질을 벗긴 다음 삶아서 믹서에 곱게 갈아준다.
3. 불린 쌀을 그릇에 담고 생수를 넣은 다음 당근을 넣어 저어가며 익힌다.

(3) 이유 중기(생후 7~8개월) : 반고형식 도입

영아의 이가 나오기 시작하고, 턱과 혀의 운동이 발달하여 조금 덩어리가 있는 형태도 넘길 수 있으므로 순수한 액체보다는 반고형식(연식)이 적당한 시기이다. 이유식의 식사횟수를 오전과 오후 하루 2회로 늘리고, 오후 식사의 초기에는 오전 식사량의 1/2 정도를 준다. 하루의 영양섭취량 중 이유식이 차지하는 비율이 많아지므로 내용에 대한 질적 배려가 중요하다.

식품의 종류와 분량은 천천히 늘리고 서서히 다양한 식품의 맛에 익숙해지도록 한다. 거의 대부분의 식품을 부드럽게 삶아서 잘 으깨주면 먹을 수 있으며, 곡류는 부드러운 죽 형태로, 채소는 삶아서 주고, 과일은 얇게 저며 주고, 간 · 흰살 생선 · 닭고기 · 쇠고기는 잘 다져서 조리하여 준다. 우유 푸딩, 알찜, 연두부, 요구르트 등이 많이 이용되면, 한 번(1회)에 죽 50~100 g, 채소 25 g, 달걀 1/2~2/3개 정도, 생선이나 육류 20 g, 두부 40 g 정도를 주는 것이 적당하다. 단, 알레르기 반응을 일으킬 위험이 있는 식품(난백, 메밀, 새우 같은 갑각류, 등푸른 생선, 돼지고기 등)은 주의하여, 일반적으로 달걀흰자는 약 7개월부터, 고등어나 꽁치 같은 등푸른 생선은 약 9개월부터 먹이는 것을 권장한다. 이 시기의 영아는 좋아하는 음식과 싫어하는 음식을 표현하므로 반응에 유의하여 싫어하는 것을 억지로 먹이지 않도록 하고, 서서히 맛에 익숙해지도록 여러 번 맛을 보여주면서 시도한다.

결정적 시기

생후 8개월쯤에 숟가락 쥐기가 시작되어 돌 무렵까지 음식을 떠서 입으로 가져가는 기술이 점점 발달한다. 이 시기는 본격적인 이유식이 진행되는 때로 걸쭉한 형태(갈아지거나 체에 걸러진 형태로)의 음식을 먹을 수 있는데, 힘을 들이거나 노력을 해서 씹는 운동을 시작해야 하는 결정적 시기(critical period)이기도 하다. 즉, 이 시기에 이러한 훈련이 되었느냐 아니냐에 따라 이후 섭식행동 발달에 큰 영향을 미친다.

중기 이유식 조리법 : 당근 양배추 쇠고기죽

재료

불린 쌀 10 g, 쇠고기 10 g, 당근 5 g, 양배추 5 g, 생수 500 mL

만드는 법

1. 쇠고기를 삶은 후 잘게 다진다.
2. 당근은 편으로 썰어 끓는 물에서 데친 후, 잘게 다진다.
3. 양배추는 심을 제거하고 잎부분만 떼어내어 끓는 물에서 데친 후, 잘게 다진다.
3. 쇠고기, 쌀, 당근, 양배추를 모두 넣고 물을 넣어 저어가며 끓인다.

(4) 이유 후기(생후 9~11개월) : 고형식 도입

이 시기는 모유나 조제유의 수유가 줄어서 영아의 영양 공급에 이유식이 차지하는 비중이 높아 이유식이 영양의 주급원이 된다. 이유식의 식사횟수는 하루 3회를 원칙으로 하며, 모유나 조제유는 2회로 줄인다. 이때는 미숙하지만 손가락의 이용도 가능해지므로 영아가 스스로 먹는 것을 시도해 보게 한다. 또 잇몸으로 씹어서 넘길 수 있고, 구강과 소화기관의 기능이 성숙하므로 잘게 썬 음식이나 작게 덩어리진 음식을 제공할 수 있다.

이유식의 재료에 사용하는 식품의 종류는 점점 확대되어 성인용의 식사에서 이용 가능한 것은 많아지나, 부드럽게 삶아 소화가 잘 되는 형태로 준다. 된죽, 진밥, 두부, 달걀, 잘게 썬 채소, 다진 고기 등 다양한 식품의 고형식을 하루 세 번 제공하며, 또한 혼자 식사할 수 있는 팔운동이 가능하므로 음식을 직접 손에 들고 먹는 연습, 숟가락과 컵을 사용하는 연습을 하도록 해주는 것이 바람직하다. 1회량은 된죽이나 진밥 100 g, 채소 30~40 g, 달걀 1개, 생선이나 고기 30 g, 두부 1/4모(50 g) 정도를 주는 것이 적당하고, 기름이 많이 들어간 음식은 좋지 않다. 비스킷, 크래커 등을 손에 쥐고 먹는 연습을 할 때 목에 막히지 않도록 주의하고, 알레르기 발생의 위험이 있는 식품에 대해서는 계속 주의해야 한다. 이 시기는 외부에 관심이 많은 시기로 먹는 것에 흥미를 많이 보이지 않을 수도 있으므로 이러한 경우 배가 고프거나 먹는 것에 관심을 보이는 시간에 이유식을 제공할 수 있도록 주의해야 한다.

후기 이유식 조리법 : 브로콜리 두부 볶음밥

재료

흰밥 1/2공기, 브로콜리 10 g, 두부 10 g, 양파 10 g, 육수 1/4컵, 물녹말 2큰술

만드는 법

1. 밥을 무르게 짓는다.
2. 브로콜리는 먹기 좋은 크기로 일정하게 자른다.
3. 두부는 먹기 좋은 깍둑썰기 한다.
4. 양파는 1 cm 크기로 자른다.
5. 팬에 브로콜리, 양파, 두부 순서로 볶은 후 육수와 물녹말을 넣어 준다.
6. 밥에 완성된 브로콜리 두부 볶음을 얹어준다.

(5) 이유 완료기(생후 12개월 이후)

생후 12~24개월이 되면 뒤어금니를 제외한 모든 젖니가 씹는 데 어려움이 없고 소화효소의 활성이 증가하며, 손, 팔, 삼킴 운동이 거의 완벽해져 많이 질기거나 딱딱한 것을 제외하고는 먹을 수 있는 음식의 종류가 성인과 다를 바 없이 다양해진다. 이 시기는 아침, 점심, 저녁 1일 3회의 식사(고형식)와 오전 · 오후 간식을 먹는 식사 패턴을 잡아주기 위해 노력하고, 젖병은 18개월 정도부터는 사용하지 않도록 해야 한다.

곡류 제품의 경우에는 진밥, 국수, 감자나 고구마 등을 줄 수 있고, 과일은 생과일의 형태로 얇게 저며서 먹이고, 육류는 잘게 다져서 이용한다. 성인식과 재료는 거의 비슷하나 자극성이 강한 식재료와 단 식품은 피하고, 조리법도 소화하기 쉬운 상태의 것을 응용하며 자극성 있는 향신료의 사용을 피한다. 땅콩, 엿, 컵 젤리 등과 같이 기도로 흡입될 수 있는 식품은 그대로 주어서는 안 되고 잘게 갈아서 제공해야 한다. 1세 영아의 1회 식사량은 부드러운 밥 100 g, 달걀 1개, 생선 30 g, 채소 40~50 g이며, 생우유는 간식용으로 하루 2컵을 권장한다. 1세 이전에 알레르기 반응을 일으킬 위험이 있던 식품도 서서히 제공하면서 변화를 관찰한다.

단원정리

1 영아기는 출생 후 4주 이내의 신생아기 이후와 유아기 이전의 발달 시기로 영양학적 관점에서는 1세 미만으로 정의된다.

2 출생 직전까지 태아는 자궁 안에서 탯줄을 통해 영양분을 공급받다가 출생 후 유즙을 섭취하여 스스로 소화·흡수시켜 영양분을 얻게 된다.

3 생후 4~6개월 이후부터는 유즙만으로는 부족한 영양분을 얻기 위해 이유식을 먹기 시작하면서 점차 다양한 식품을 접한다. 이 과정을 통해 영아기 1년 동안 놀랄만한 성장과 발달을 이루게 된다.

4 영아기에는 뇌세포, 신경세포의 분열이 활발하고 골격 및 근육이 발달하므로 이 시기의 영양부족은 심각한 영양장애를 일으킬 수 있으며, 반대로 영양과잉은 세포 수의 증가를 동반한 비만을 유발할 수 있다. 따라서 영아기는 적절한 영양 공급을 통해 평생 건강의 초석을 이룰 수 있는 중요한 시기이다.

5 신생아기나 영유아기에는 장 점막이 미숙하여 소화되지 않은 분자량이 큰 단백질이 미숙한 장벽을 통해 흡수되어 알레르기를 유발할 가능성이 있다.

6 영아는 단위체중당 체표면적이 넓으므로 많은 양의 영양성분이 필요하다. 영아의 영양소 섭취기준은 0~5개월에는 모유로부터 섭취하는 양을 바람직한 수준으로 제시하고, 6~11개월에는 모유의 섭취와 이유보충식을 통한 섭취를 같이 고려한다.

7 건강한 영아는 출생 시 충분한 철을 체내에 저장하고 있으므로, 생후 5개월까지는 다른 철의 공급없이 모유만으로도 필요량을 충족시킬 수 있으나, 5개월이 지나면 저장량을 거의 다 소모하게 되어 이유식을 통해서 철을 공급해 주어야 한다.

8 영아의 성장·발달을 위해 가장 이상적인 영양 공급원은 모유이나 모유수유가 불가능한 경우 조제유수유로 대체할 수 있으며, 경우에 따라 모유와 조제유수유를 병행하는 혼합수유를 하기도 한다.

9 이유(weaning)란 영아가 액체 음식인 유즙만의 영양으로부터 다양한 식품으로 구성된 고형식으로 섭취 형태를 점차 옮겨가는 정상적인 영양 행위를 말한다. 이유는 영양소 공급, 소화기능 발달, 섭식능력 습득, 올바른 식습관 확립 및 지적·정서적 발달에 도움을 준다.

10 영아기부터 음식에 대한 선호도가 생기기 시작하므로 다양한 음식을 골고루 제공하는 것이 좋다. 영아에게 어떻게 먹일 것인가가 무엇을 먹일 것인가 만큼 중요하다.

11 최근 저출산과 더불어 미숙아, 저체중아의 출산의 증가가 사회문제로 대두되고 있다. 이런 사회현상에 따른 영양학적 접근방법에 대한 고민이 필요한 때이다.

연습문제

1 모유만으로 6개월 이상 양육할 경우 아이에게 부족되기 쉬운 영양소는?

① 단백질 ② 칼슘 ③ 철 ④ 지방 ⑤ 비타민 A

2 영아가 성인보다 단위체중당 에너지 필요량이 많은 이유는?

① 체표면적이 넓기 때문
② 활동시간이 짧기 때문
③ 배변횟수가 많기 때문
④ 소화 · 흡수율이 낮기 때문
⑤ 수분 필요량이 적기 때문

3 생후 5~6개월 된 영아의 이유식에 관한 설명으로 옳은 것은?

① 하루에 3회를 제공한다.
② 단맛을 내기 위해 꿀을 제공한다.
③ 다양한 식재료를 혼합하여 제공한다.
④ 정제염과 향신료로 조미해서 제공한다.
⑤ 철을 보충해 줄 수 있는 식품을 제공한다.

4 6개월 된 여아를 키우는 한 엄마는 DHA와 아라키돈산을 과학적으로 배합하여 두뇌 및 시각 발달에 좋다고 광고하는 ○○분유를 일반 분유에 비해 50% 이상 비싼 가격에도 불구하고 딸의 두뇌발달을 위해 구입해야 할지를 고민하면서 영양사의 의견을 구한다. 영양사로서 당신은 이 엄마에게 어떤 답변을 줄 수 있을지 생각해 보자.

5 신생아에게 초유를 꼭 먹여야 하는 이유와 조제유보다는 모유가 영아에게는 이상적인 영양 공급원이 되는 이유를 아는 대로 설명하시오.

1) 초유를 꼭 먹여야 하는 이유

2) 조제유보다는 모유가 이상적인 영양 공급원이 되는 이유

CHAPTER

5 유아기 영양

1. 유아기의 성장과 발달
2. 유아기의 영양관리
3. 유아의 식습관
4. 유아기 식생활지도의 원칙과 방향

CHAPTER

5

학습목표

1. 유아의 성장에 대해 설명할 수 있다.
2. 유아기의 영양소 섭취 중요성과 목표를 설명할 수 있다.
3. 유아기 식습관 확립의 중요성을 설명할 수 있다.
4. 유아의 간식의 중요성과 바람직한 유아용 간식을 설명할 수 있다.
5. 유아기 식품기호도의 변화와 편식 교정방법에 대해 설명할 수 있다.

유아기(미취학 아동기)는 1세부터 학령기 전까지를 말하며, 성장·발육과 함께 활동량이 많아지므로 영양소 필요량이 증가한다. 그러나 신체의 소화 및 흡수 능력이 아직 미숙하여 영양이 충분하게 충족되지 않을 수 있다. 이 시기의 식습관은 성인기까지 이어져 개인의 식습관 형성에 영향을 줄 수 있으므로 신체의 성장과 발육뿐만 아니라 성인 건강의 기초가 된다. 따라서 유아기의 바른 식습관을 가질 수 있도록 부모와 어린이집 교사를 대상으로 한 식생활지도 교육이 중요하다.

1. 유아기의 성장과 발달

1) 유아의 신체 성장

(1) 뇌 발달

유아기의 뇌 용량은 2세 무렵이면 성인 뇌의 약 3/4 정도 크기로 형성되고, 6~10세가 되면 뇌의 물리적 크기 성장은 거의 완성된다.

(2) 성장속도

영아기와 비교하여 유아기 2~3세 사이에 성장속도가 느려지기는 하지만 아기에서 아이로 이어지는 신체 변화가 지속적으로 일어난다. 가장 큰 특징은 신체 비율의 변화이다. 영아기에는 상대적으로 큰 머리와 작은 팔다리의 형상을 보이는 반면 유아기에는 두위 성장은 느려지고, 다리와 다른 신체 부위 성장은 빠르게 일어난다. 예를 들어, 2~3세에 두위가 연간 약 2 cm가량 성장하나 이후 약 10년 동안 두위가 2~3 cm 성장하는 정도로 느려지게 된다. 즉, 두위보다 몸과 다리가 더 커지는 신체 비율을 보인다.

영아기 때보다 느린 속도이기는 하나 유아기 아이의 성장은 꾸준히 계속되며, 평균적으로 연간 신장은 약 6 cm, 체중은 약 2 kg 정도 성장한다(질병관리청, 2017;

그림 5-1, 5-2). 6세 이후에는 남녀 간에 성장패턴이 뚜렷하게 구별되나 유아기에는 남녀별 성장에 있어 큰 차이가 없어 영양소 섭취기준도 남녀 간 차이가 없다(보건복지부, 한국영양학회, 2020). 일부의 건강한 아이들도 2~3년간 주변 또래들만큼 성장하지 않는 것처럼 보이는 경우도 있으나 일반적으로 큰 문제는 없다. 단, 아이의 신장과 체중을 성장 차트에 기록하여 평균과 비교한 후 현저한 지연이 있다면 소아청소년과 의사와 상의할 필요가 있다. 유아기의 이러한 성장지연은 흔치는 않지만 다른 원인(콩팥, 간질환, 반복적인 감염, 내분비이상, 소화기 합병증 등)과 관련이 있을 수 있다.

(3) 체구성

출생 직후 영아를 포동포동하게 보이게 했던 체지방은 1세 때 정점에 도달하였다가 체지방이 점차 줄어드는데, 정상적인 성장을 하는 경우 약 5세 때에 체지방률이 거의 절반으로 줄어들어 팔과 허벅지가 상대적으로 날씬해지고 얼굴이 갸름해지는 모습을 보인다. 또한, 걸음마를 시작할 때 보이던 통통하고 부분적으로 튀어나온 배와 허리를 약간 굽힌 자세는 근력이 발달하고 자세가 더 곧아지면서 더 크고 날씬하고 강해 보이는 외모를 갖게 된다.

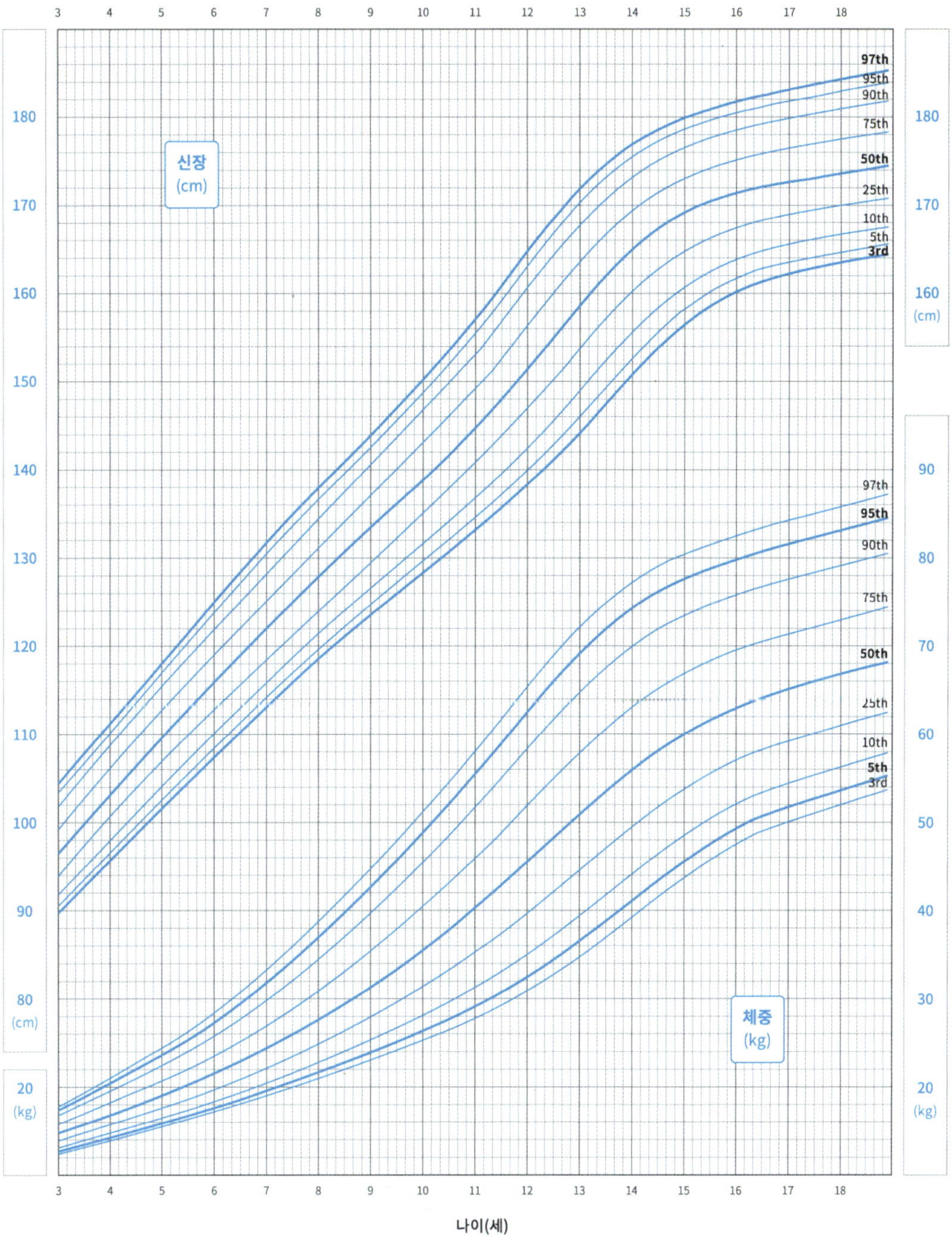

그림 5-1 남자 연령별 신장, 체중 백분위수(3~18세)

출처: 질병관리청 성장도표제정위원회, 2017

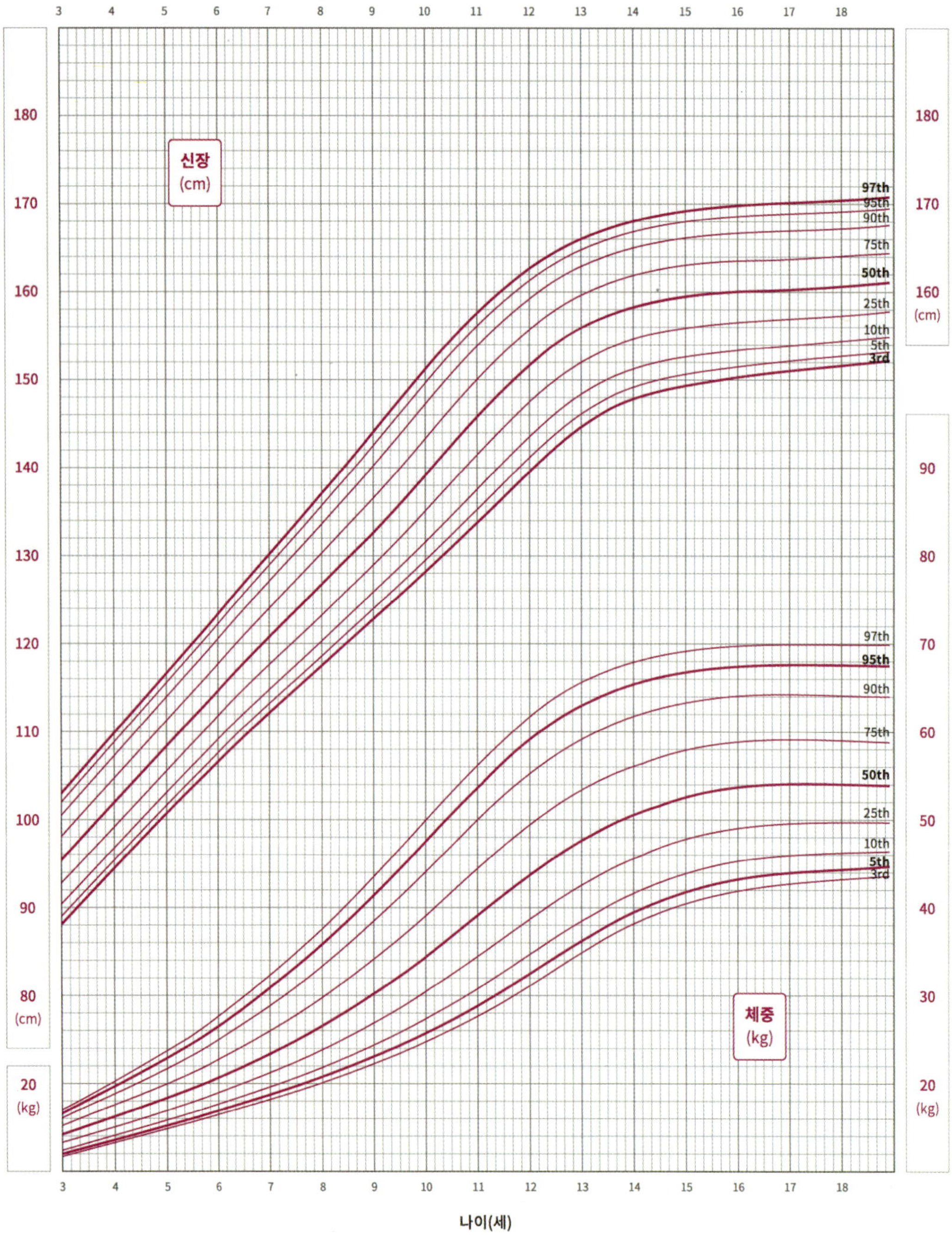

그림 5-2 여자 연령별 신장, 체중 백분위수(3~18세)

출처: 질병관리청 성장도표제정위원회, 2017

지방증 반등(adiposity rebound)

비만의 발달에 있어서 중요한 시기로 언급되는 기간은 임신기, 지방증 반등기 및 청소년기 등이다. 특히, 생후 첫 1년 동안은 체질량지수(body mass index, BMI)가 급격하게 증가하다 생후 2년쯤부터는 감소하여 3~8세에 다시 지방이 증가하는 것을 '지방증 반등(adiposity rebound)'이라고 한다. 지방증 반등의 연령은 성인기 BMI 예측인자이며 지방증 반등의 초기연령은 과체중의 위험 증가와 관련된다는 연구가 보고되었다.

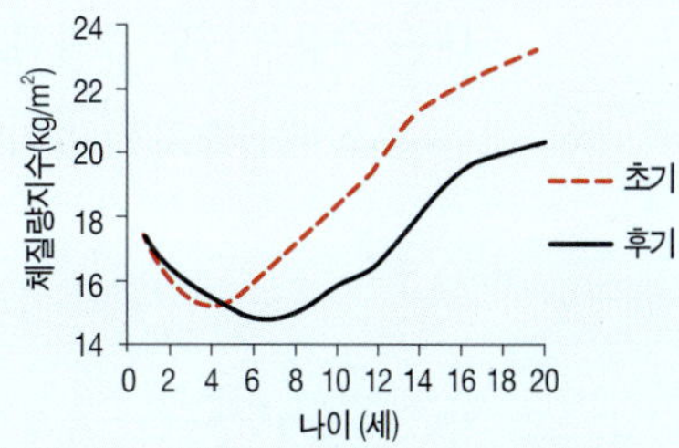

프랑스 연구에서 지방증 반등 시기에 따른 체질량지수 변화도

출처: Rolland–Cachera MF, 2015

프랑스의 추적 연구에 따르면, 비만인 유아의 경우 지방 반등 시기가 3세로 빠르게 일어나지만, 정상체중의 유아는 약 6세로 상대적으로 지방 반등이 늦게 일어난다고 한다. 더욱이 청소년을 추적 관찰한 연구 결과에서도 지방증 반등 시기가 5.5세 이전에 빠른 지방 반등을 보인 영유아의 경우 상대적으로 늦게(5.5세 이후) 지방 반등이 일어난 영유아에 비해서 비만이 발생한 확률이 더 높은 것으로 나타났다.

최근 우리나라 연구에 따르면 지방증 반등은 평균 5세 미만에 발생하며, 1세 이전의 적절한 모유수유, 1세 이후의 적절한 식사 및 단 음료 섭취 감소 등이 조기 지방증 반등을 예방하는 주요 인자로 밝혀져, 이 시기의 식생활이 매우 중요하다는 것을 알 수 있다.

출처: Dietz et al., 1994; Rolland–Cachera et al., 1984; Rolland–Cachera MF, 2015; Rolland–Cachera et al., 2006; Kuzawa CW et al. 2019; 주현옥 외, 2011; Goh EK et al., 2022

2) 유아의 정신적 발달

3세 이후부터 유아들은 주변 환경에 호기심이 많아지고, 주변을 적극적으로 탐색하려는 욕구가 생겨서 만지거나 스스로 해보려고 시도하는 경우가 많다. 더불어 3~5세 유아는 직접적인 감각과 운동으로 경험하지 않더라도 언어를 이용하여 머릿속으로만 생각하여 표상을 할 수 있다. 유아기에는 이러한 표상능력 발달과 함께 기억능력도 발달한다. 그러나 유아기에는 주로 단기기억이 발달하므로 그 당시에는

표상
원래의 것과 같은 인상을 주는 이미지 또는 형상

재인
과거에 경험한 것을 현재의 경험 속에서 다시 의식에 떠올리는 일

많은 기억을 하지만 그 기억이 오래 가지 않고, 회상보다는 재인능력이 발달한다. 그렇기 때문에 유아를 대상으로 영양교육을 할 때에는 반복 교육과 특정 사물로부터 기억을 이끌어내는 방법을 사용하는 것이 좋다. 또한 이 시기의 유아들은 음식에 대한 수용능력도 증가하므로 식사시간을 통해 필요한 지식과 사회성, 정서적 느낌을 몸소 배움으로써 올바른 식생활 행동을 실천하게 될 수 있다.

2. 유아기의 영양관리

1) 유아기의 영양소 섭취기준 및 영양 섭취 실태

유아기의 영양소 섭취기준의 목표는 정상적인 성장과 발달을 가능하게 하는 것이다. 영양소 섭취기준 설정과 관련하여 유아기는 1~2세, 3~5세의 2개 연령군으로 구분하는데, 이는 각 연령군의 체격(신장과 체중)의 차이에 근거한다. 표 5-1은 유아기의 영양소 섭취기준 제정의 기초가 되는 체위 기준을 나타내며, 남녀의 구분은 하지 않는다.

표 5-1 2020년 한국인 영양소 섭취기준 제정을 위한 유아의 체위기준

연령	체중(kg)	신장(cm)
1~2세	11.7	85.8
3~5세	17.6	105.4

출처: 보건복지부, 한국영양학회, 2020

(1) 에너지

유아기의 에너지적정비율은 1~2세의 경우 탄수화물 55~70%, 단백질 7~20%, 지방 20~35%, 3~5세의 경우는 탄수화물 55~70%, 단백질 7~20%, 지방 15~30% 정도로 계획하는 것을 권장하고 있다. 유아의 에너지 필요추정량estimated energy requirement, EER은 에너지소비량에 성장에 필요한 추가필요량을 합산하여 산출한다. 2020년 한국인 영양소 섭취기준에 따르면 1~5세 유아의 성장에 필요한 1일 에너지 추가 필요량은 남녀 모두 20 kcal이다. 우리나라는 1~5세까지 남녀의 구분 없이 에너지 필요추정량을 산출하고 있다. 유아의 1일 에너지 필요추정량은 1~2세 900 kcal이며, 3~5세 1,400 kcal이다(표 5-2).

1~2세까지의 유아는 영아에게 적용한 산출방식과 마찬가지로 신체활동수준physical activity level, PAL을 적용하지 않고, 에너지 추가필요량 20 kcal/일을 적용한다. 3~5세의 유아의 에너지 필요추정량EER은 신체활동수준PAL 중에서 저활동적 수준에 해당되는 신체활동계수physical activity, PA를 적용하여 산출한 값이므로 유아의 활동적 수준을 고려하여 에너지양을 변화시킬 수 있다(표 5-2).

표 5-2 에너지 추정량 산출방법 및 에너지 필요추정량(kcal/일)과 신체활동수준에 따른 활동단계별계수

<table>
<tr><th>연령</th><th colspan="5">산출공식</th><th>kcal/일</th></tr>
<tr><td>1~2세</td><td colspan="5">1~2세 유아: [(89×체중(kg)−100)]+20 kcal/일</td><td>900</td></tr>
<tr><td rowspan="4">3~5세</td><td colspan="5">(남) 88.5 − 61.9 × 연령(세) + PA × [26.7 × 체중(kg) + 903×신장(m)] + 20 kcal/일
(여) 135.3 − 30.8 × 연령(세) + PA × [10.0 × 체중(kg) + 934×신장(m)] + 20 kcal/일</td><td>1,400</td></tr>
<tr><td rowspan="3">신체활동단계별 계수
(physical activity, PA)</td><th>구분</th><th>비활동적</th><th>저활동적</th><th>활동적</th><th>매우활동적</th></tr>
<tr><td>남</td><td>1.0</td><td>1.13</td><td>1.26</td><td>1.42</td></tr>
<tr><td>여</td><td>1.0</td><td>1.16</td><td>1.31</td><td>1.56</td></tr>
</table>

출처: 보건복지부, 한국영양학회, 2020

(2) 탄수화물

성장기에 속하는 유아기의 탄수화물 1일 평균필요량은 두뇌에서 사용되는 포도당을 기준으로 하고 있으며, 성인에 비해 뇌 무게는 작지만 하루에 필요한 포도당의 양은 성인과 같은 기준으로 100 g을 평균필요량으로 설정한다. 또한, 성장기 탄수화물의 1일 권장섭취량은 평균필요량에 변이계수(15%)의 두 배를 더한 130 g로 설정한다. 우리나라 탄수화물 1일 평균필요량의 기준인 100 g과 비교하면 1~2세는

25 백분위수, 3~5세는 5백분위수부터 1일 100 g 이상 섭취하는 것으로 보고되고 있다(국민건강영양조사자료, 2013−2017). 더불어 당류의 과도한 섭취는 비만과 충치 등의 위험을 높일 수 있기 때문에 총당류 섭취량을 총 에너지섭취량의 10~20%로 제한하고, 식품의 조리와 가공 시에 첨가되는 첨가당은 총 에너지섭취량의 10% 이내로 섭취하도록 해야한다(2020 한국인 영양소 섭취기준).

표 5-3 유아기 탄수화물 1일 섭취기준

	평균필요량(g)	권장섭취량(g)	충분섭취량(g)	상한섭취량(g)
1~2세	100	130	−	−
3~5세	100	130	−	−

출처: 보건복지부, 한국영양학회, 2020

(3) 당류

총 당류 섭취를 통한 에너지 섭취비율이 높아질수록 대사증후군의 위험도가 증가한다. 특히, 첨가당이나 가당음료수 섭취가 많을수록 비만, 당뇨병 및 심혈관질환의 위험도가 유의미하게 증가하는 것으로 보고되고 있다. 총 당류는 총 에너지 섭취량의 20% 이내로, 첨가당으로 섭취할 경우는 10% 이내로 섭취하도록 권고하고 있다(2020 한국인 영양소 섭취기준).

(4) 식이섬유

식이섬유의 1일 충분섭취량은 1~2세 유아의 경우 10 g, 3~5세 유아는 15 g 수준으로 제시된다.

(5) 단백질

단백질은 1 g당 4 kcal를 생성하는 에너지 급원인 동시에 정상적인 성장과 생리적인 기능 및 생명유지에 필요한 아미노산과 질소화합물을 공급하는 영양적 기능을 가지고 있다. 유아기의 단백질 평균필요량은 질소평형을 위한 단백질 필요량에 이용효율을 적용하고 성장에 필요한 부가량을 추가한 뒤 이를 연령별 평균체중과 곱하여 산출한다. 단백질의 1일 평균필요량은 1~2세 15 g, 3~5세 20 g이고, 1일 권장섭취량은 평균필요량에 권장량 산정계수인 1.25를 적용하여 1~2세 20 g, 3~5세는 25 g로 산정되었다(표 5-4).

유아기에는 단백질 식품으로 질기고 씹기 어려운 육류음식보다 씹기 쉽고 부드럽게 조리된 달걀, 닭고기, 생선살, 곱게 간 완자, 콩류 등을 섭취하는 것이 좋다. 또한 유아의 보호자나 교사들을 대상으로 적절한 간식으로 선택할 수 있는 가공식품에 대한 교육도 필요하다.

표 5-4 유아기 단백질 1일 섭취기준

	평균필요량(g)	권장섭취량(g)	충분섭취량(g)	상한섭취량(g)
1~2세	15	20	–	–
3~5세	20	25	–	–

출처: 보건복지부, 한국영양학회, 2020

(6) 아미노산

필수아미노산은 체내에서 생합성될 수 없기 때문에 식품으로 반드시 섭취해야 하는 아미노산이다. 필수아미노산이 풍부한 단백질 식품은 인체의 정상적인 성장과 영양적·생리적 기능 유지를 돕는 데 매우 중요하다. 성장기의 필수아미노산 평균필요량은 성장을 위한 아미노산의 필요량으로 계산되는데, 평균 단백질 축적 비율과 체단백질의 평균 아미노산 조성값을 곱하여 산출한다. 권장섭취량은 신체 성장과 유지에 대한 변이를 고려하여 성인의 변이계수(12.5%)를 적용하여 산출한다(표 5-5).

표 5-5 유아기 필수아미노산 1일 섭취기준

		평균필요량	권장섭취량	충분섭취량	상한섭취량
메티오닌	1~2세	0.3	0.4	–	–
	3~5세	0.3	0.4	–	–
류신	1~2세	0.6	0.8	–	–
	3~5세	0.7	1.0	–	–
이소류신	1~2세	0.3	0.4	–	–
	3~5세	0.3	0.4	–	–
발린	1~2세	0.4	0.5	–	–
	3~5세	0.4	0.5	–	–
라이신	1~2세	0.6	0.7	–	–
	3~5세	0.6	0.8	–	–
페닐알라닌+티로신	1~2세	0.5	0.7	–	–
	3~5세	0.6	0.7	–	–
트레오닌	1~2세	0.3	0.4	–	–
	3~5세	0.3	0.4	–	–
트립토판	1~2세	0.1	0.1	–	–
	3~5세	0.1	0.1	–	–
히스티딘	1~2세	0.2	0.3	–	–
	3~5세	0.2	0.3	–	–

출처: 보건복지부, 한국영양학회, 2020

(7) 지질

1~2세 유아에서 지방이 차지하는 에너지적정비율은 20~35%이고, 3세 이상의 유아, 청소년, 성인, 노인에서는 15~30%를 권장한다. 지방은 탄수화물이나 단백질과 비교하여 두 배 이상의 에너지를 공급하기 때문에 과다 섭취는 비만의 위험을 높일 수 있으나, 지방 섭취를 너무 제한하는 경우 탄수화물 섭취를 증가시킬 수 있

고 이는 오히려 혈중 지질 수치에 영향을 줄 수 있기 때문에 적절한 비율로 섭취해야 한다. 또한 지방을 구성하고 있는 지방산의 구성도 중요하므로, 유아기의 지방산 섭취기준은 국민건강영양조사 자료에 근거하여 리놀레산, 알파-리놀렌산을 설정하였다(표 5-6). 다른 연령층과 비교하여 유아의 지방 섭취비율이 높으므로 유아의 소화능력을 고려하여 지방 사용량을 적절히 늘리는 것이 좋다.

표 5-6 유아기 지질 1일 섭취기준

	지방(에너지적정비율, %)	리놀레산(g)	알파-리놀렌산(g)
1~2세	20~35	4.5	0.6
3~5세	15~30	7.0	0.9

출처: 보건복지부, 한국영양학회, 2020

(8) 콜레스테롤

한국인 영양소 섭취기준에 따르면 19세 이상에서 콜레스테롤의 1일 목표섭취량을 300 mg 미만으로 정하고 있으나, 유아기는 섭취기준이 정해져 있지 않다.

(9) 수분

1~2세 유아는 우유 섭취가 많아 대부분 충분히 수분을 섭취하는 것으로 본다. 총 수분 충분섭취량은 1,000 mL이고, 이 중 700 mL는 액체로 섭취하도록 한다. 3~5세 유아는 총 수분 충분섭취량은 1,500 mL이며, 액체 형태로 1,100 mL를 제안한다. 또한 1~5세 유아는 식사내용에서 성인보다 국물 섭취량이 적다는 점을 반영하여 수분 섭취기준 설정 시 성인과 달리 에너지 필요추정량에 섭취에너지당 수분 필요량계수(1,075 mL/kcal)를 곱해서 정한다.

(10) 지용성비타민

비타민 A는 정상적인 성장과 발달, 생식, 상피세포의 분화, 세포분열, 정상적인 면역반응에 중요한 역할을 하는 필수적인 지용성 비타민으로 육류, 달걀, 생선 등에 주로 함유되어 있고, 비타민 A로 전환될 수 있는 전구체 형태인 베타-카로틴, 알파-카로틴의 형태로 채소(당근, 시금치, 감자 등)와 과일(토마토, 망고, 수박 등) 등의 다양한 식물성 식품에도 포함되어 있다. 비타민 D는 칼슘의 흡수율을 높여 골격 성장에 도움을 주는 필수 영양소 중 하나로, 식품(어류와 버섯류, 비타민 D 강화 유제품 등)을 통한 섭취 이외에도 햇빛을 통해 피부에서 비타민 D가 합성될 수 있다. 비타민 D는 식품을 통해서 섭취하거나 자외선을 받으면 피부에서 만들어질 수 있지만 실내에 주로 머무르게 되면 충분한 자외선을 받을 수 없기 때문에 식품을 통해 섭취해야 한다. 비타민 E는 체내에서 항산화와 항염 작용 등의 생리적 기능을 하며, 결핍증은 거의 없는 것으로 보고되었다. 비타민 K의 가장 주요한 기능은 간에서 혈액 응고에 필요한 인자 합성이며, 뼈 성장에 중요한 역할을 한다. 비타민 K 주요 급원식품은 배추김치, 시금치, 들깻잎, 무시래기, 상추 등 주로 식물성 식품이다. 유아기 지용성비타민 섭취기준은 표 5-7과 같다.

표 5-7 유아기 지용성비타민 1일 섭취기준

		평균필요량	권장섭취량	충분섭취량	상한섭취량
비타민 A(μg)	1~2세	190	250	-	600
	3~5세	230	300	-	750
비타민 D(μg)	1~2세	-	-	5	30
	3~5세	-	-	5	35
비타민 E(mg α-TE)	1~2세	-	-	5	100
	3~5세	-	-	6	150
비타민 K(μg)	1~2세	-	-	25	-
	3~5세	-	-	30	-

출처: 보건복지부, 한국영양학회, 2020

(11) 수용성비타민

비타민 C는 생명 유지를 위한 필수적인 수용성비타민으로, 신선한 채소류와 과일류가 주요 급원이다. 섭취가 부족하면, 심할 경우 괴혈병을 유발하는 것으로 보고되었다. 티아민(비타민 B_1)은 탄수화물대사와 에너지대사에 관여하며, 심한 결핍 시 신경염, 각기병 등을 유발할 수 있다. 리보플라빈(비타민 B_2)은 체내에서 여러 대사작용의 조효소로 관여한다. 우유의 섭취가 적은 경우 리보플라빈이 부족하기 쉽다. 니아신(비타민 B_3)은 체내에서 산화·환원 반응에 관여하며, 식품 속 니아신과 트립토판으로부터 전환된 니아신으로부터 얻을 수 있다. 심한 결핍 시 피부염, 소화관 장애와 신경계장애 등의 펠라그라 증상이 나타난다. 펠라그라는 방치 시 사망에 이를 수 있으나 흔히 나타나지는 않는다. 비타민 B_6는 단백질대사에 필수적이며, 결핍 시 피부염, 구내염, 구순염, 설염, 우울증, 뇌파계의 이상 등이 나타날 수 있다. 엽산은 세포의 분열과 성장에 관여하며, 결핍 시 거대적아구성 빈혈을 유발할 수 있고, 신선한 푸른잎 채소와 과일, 두류, 해조류에 풍부하다. 코발라민(비타민 B_{12})는 적혈구의 생성과 성숙, 신경계의 정상적인 기능, DNA 합성에 필요한 영양소이다. 유아기 수용성비타민 섭취기준은 표 5-8과 같다.

표 5-8 유아기 수용성비타민 1일 섭취기준

		평균필요량	권장섭취량	충분섭취량	상한섭취량
비타민 C(mg)	1~2세	30	40	-	340
	3~5세	35	45	-	510
티아민(mg)	1~2세	0.4	0.4	-	-
	3~5세	0.4	0.5	-	-
리보플라빈(mg)	1~2세	0.4	0.5	-	-
	3~5세	0.5	0.6	-	-
니아신(mgNE)	1~2세	4	6	-	10/180*
	3~5세	5	7	-	10/250*

계속

		평균필요량	권장섭취량	충분섭취량	상한섭취량
비타민 B_6(mg)	1~2세	0.5	0.6	–	20
	3~5세	0.6	0.7	–	30
엽산(μgDFE)	1~2세	120	150	–	300
	3~5세	150	180	–	400
비타민 B_{12}(μg)	1~2세	0.8	0.9	–	–
	3~5세	0.9	1.1	–	–
판토텐산(mg)	1~2세	–	–	2	–
	3~5세	–	–	2	–
비오틴(μg)	1~2세	–	–	9	–
	3~5세	–	–	12	–

NE: 1 mgNE(니아신당량) = 1 mg 니아신 = 60 mg 트립토판
DFE: Dietary Folate Equivalents, 가임기 여성의 경우 400 μg/일의 엽산보충제 섭취를 권장함
*니코틴산/니코틴아마이드
출처: 보건복지부, 한국영양학회, 2020

(12) 다량 무기질

칼슘은 골격 형성과 밀도에 중요한 영양소이다. 그러나 모든 연령층에서 평균 섭취율이 낮으므로 칼슘 함량이 높고 체내 이용률이 상대적으로 높은 우유 및 유제품의 충분한 섭취가 중요하다. 따라서, 칼슘을 충분히 제공할 수 있는 다양한 조리방법 개발과 유제품을 간식으로 활용하는 것이 필요하다. 나트륨은 체내 항상성 유지와 생리 기능에 필수적인 요소로 삼투압 조절과 수분 평형, 신경자극 전달과 근육 수축에 관여하고 산–염기 균형에 중요한 역할을 한다. 신체활동량이 많으면 땀을 통한 전해진 손실이 증가될 수 있으므로 에너지 섭취량을 고려하여 섭취량을 산출한다.

(13) 미량 무기질

철은 산소를 공급하는 적혈구 단백질인 헤모글로빈의 필수 성분이다. 대부분의 빈혈은 철 결핍성 빈혈이며, 정상적인 면역기능을 유지하기 위해서도 충분한 철의

섭취가 필요하다. 체내 흡수율은 헴철의 형태가 비헴철의 형태보다 유용한데, 주로 동물성 급원식품이 헴철의 형태로 되어 있다. 아연은 체내 다양한 효소 및 조효소의 구성원소로 작용하여 성장과 발달에 관여한다. 또한 면역체계에서 중요한 역할을 하는데 부족하면 감염에 대한 초기 반응이 저해될 수 있다.

표 5-9는 유아기의 무기질 섭취기준을 제시하고 있다.

표 5-9 유아기 무기질 1일 섭취기준

		평균필요량(mg)	권장섭취량(mg)	충분섭취량(mg)	상한섭취량(mg)
칼슘	1~2세	400	500		2,500
	3~5세	500	600		2,500
나트륨	1~2세			810	1,200
	3~5세			1,000	1,600
철	1~2세	4.5	6		40
	3~5세	5	7		40
아연	1~2세	2	3		6
	3~5세	3	4		9

출처: 보건복지부, 한국영양학회, 2020

2) 유아 식사의 영양적 고려사항

(1) 다량 영양소

유아기에는 단백질 식품으로 질기고 씹기 어려운 육류음식보다 씹기 쉽고 부드럽게 조리된 달걀, 닭고기, 생선살, 곱게 간 완자, 콩류 등을 섭취하는 것이 좋다. 다른 연령층과 비교하여 유아의 지방 섭취비율이 높으므로 유아의 소화능력을 고려하여 지방 사용량을 적절히 늘리는 것이 좋다. 또한 유아의 보호자나 교사들을 대상으로 적절한 간식으로 선택할 수 있는 가공식품에 대한 교육도 필요하다.

(2) 식이섬유

식이섬유
채소, 과일, 해조류 등에 많이 들어 있는 섬유질 또는 셀룰로스로 알려진 성분. 사람의 소화효소로는 소화되지 않고 몸 밖으로 배출되는 고분자 탄수화물

식이섬유 섭취가 부족하면 분변량이 감소하고 장 기능이 저하될 수 있다. 채소류는 섬유질 함량이 높은 식품이지만 유아들의 선호도가 떨어지는 식품 중 하나이다. 식이섬유 섭취를 증가시키기 위해서는 잡곡류와 도정도가 낮은 쌀을 이용한 음식, 과일과 과일주스의 충분한 공급, 콩류, 해조류 및 견과류 등을 잘 먹을 수 있도록 지도하고 제공하도록 한다.

(3) 무기질과 비타민

무기질과 비타민은 에너지를 내지는 않지만 정상적인 성장과 발달에 반드시 필요한 영양소이다. 부족하면 성장지연, 뼈 형성 장애 및 빈혈 등이 발생할 수 있다. 무기질 중에서 특히 칼슘은 모든 연령층에서 평균 섭취율이 낮은 영양소이므로, 칼슘 함량이 높고 체내 이용률이 상대적으로 높은 우유 및 유제품의 충분한 섭취가 중요하다. 따라서, 칼슘을 충분히 제공할 수 있는 다양한 조리방법 개발과 유제품을 간식으로 활용하는 것이 필요하다. 유아기의 비타민 필요량은 식품 섭취 유형을 고려하여 충분히 섭취하는가를 확인하고, 영양보충제 섭취로 인해 과잉되지 않도록 주의해야 한다.

3) 유아 영양 · 건강 문제

(1) 설사

설사
변이 무르고 물기가 많은 상태로 배설되는 것. 배변 횟수가 하루 4회 이상, 또는 하루 250 g 이상의 묽은 변을 보는 상태

유아에게 흔히 발생하는 질병 중 하나가 설사이다. 유해물질에 의한 장 자극, 환경 변화, 스트레스, 감염, 식중독 등에 의해서 발생할 수 있다. 설사 치료는 약제 사용, 절식 및 충분한 수분 공급이 도움이 된다. 유아는 체내 수분 손실이 매우 위험하기 때문에 열과 구토가 동반되거나 묽은 설사가 자주 반복되면 즉각적으로 조치해야 한다. 설사가 심한 경우에는 1~2일간 음식을 제한하고 탈수증을 방지하기 위해 손실된 수분과 전해질 보충을 위한 액체를 공급한다.

(2) 변비

변비는 편식을 하는 유아에게 흔히 나타나는 현상이다. 수분 섭취의 증가와 함께 식이섬유가 많은 식품을 섭취하면서 적당한 운동을 하면 변비 치료에 도움이 된다.

변비
대변이 대장에 오래 머물고 정상적으로 배변되지 않는 증상. 배변 횟수가 적거나 배변이 힘들어짐

(3) 감기

면역력이 감소하면 질병에 대한 저항력이 떨어져 감기에 자주 걸릴 수 있다. 충분한 영양 섭취가 중요하다.

감기
다양한 바이러스에 의해 생기는 급성 상기도(비강부터 후두까지의 부위) 감염으로 가장 흔한 급성기 질환

(4) 충치

타액 단백질, 세균, 박리된 세포 등으로 이루어진 플라크plaque의 연쇄상구균 돌연변이종*Streptococcus mutants*은 탄수화물을 분해하여 에너지로 이용하고, 발효작용을 통해 치아의 산도를 pH 5.5 이하로 감소시켜서 에나멜층과 상아질을 파괴한다. 충치를 유발하는 식품 섭취와 식습관을 피하는 것이 좋다. 설탕, 포도당, 끈끈한 사탕, 과자 및 케이크 등은 충치 유발 가능성을 높이고, 취침 전 단 음료 섭취는 하지 않는 것이 좋다. 반면, 단백질 식품(특히 염기성 아미노산을 많이 함유한 단백질), 칼슘, 인 등 무기질 함량이 높은 식품은 치아를 튼튼하게 한다. 또한, pH 6.0 이상인 우유나 지방류 식품은 치아 표면에 유막을 형성하여 치아를 보호하며, 채소류 같이 식이섬유 함량이 높은 식품은 치아 표면에 달라붙은 음식 찌꺼기를 잘 닦아준다.

충치
치아의 에나멜층이나 상아질이 침범된 불가역적 질환

(5) 비만

비만은 섭취한 에너지보다 소비한 에너지가 더 적어서 남은 에너지가 체내에 지방으로 축적되는 것을 말한다. 비만은 유전적 · 환경적 · 대사적 다양한 원인이 복합적으로 작용하여 발생하는데, 식사와 간식의 과다한 섭취가 비만의 주요 요인으로 꼽힌다. 비만인 유아의 식사와 간식의 특징을 보면 당분과 지방 섭취량이 높다는 것이다. 예를 들면, 간식으로 단순당이 많이 포함되어 있는 음료수와 과자류를 많이

유아의 비만 기준

체질량지수가 성별과 나이를 기준으로 85~94.9%이면 과체중, 95% 이상이면 비만으로 구분한다.

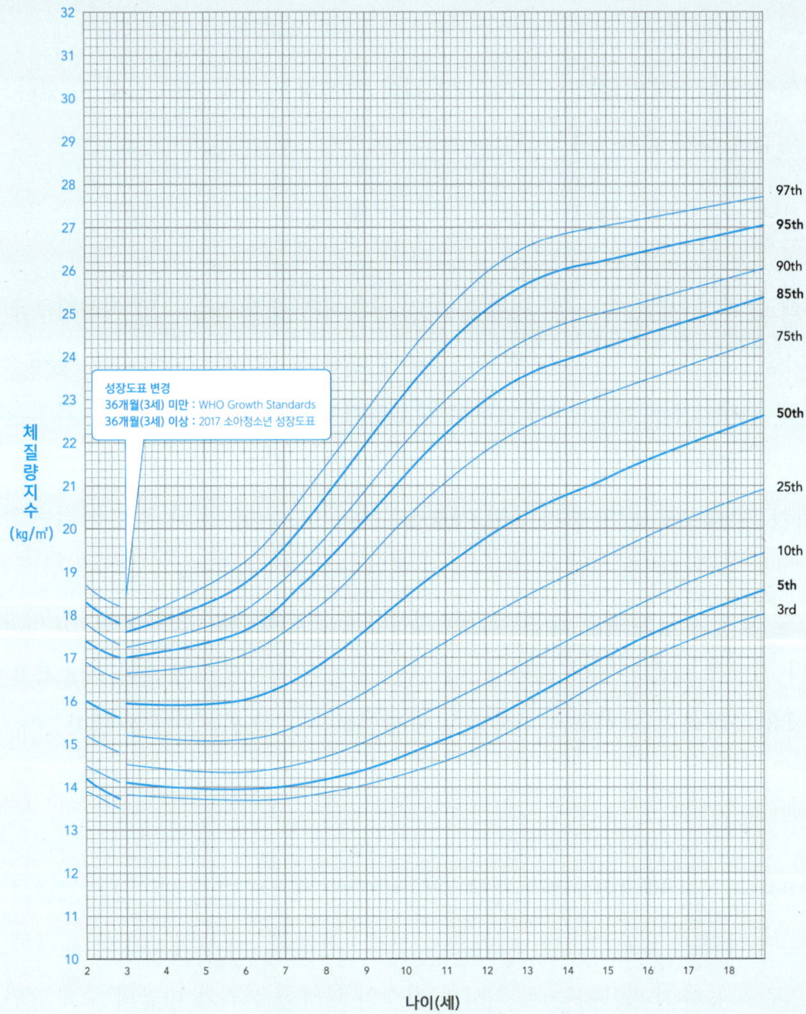

그림 5-3 남자 연령별 체질량지수 백분위수(3~18세)

출처: 질병관리청 성장도표제정위원회, 2017

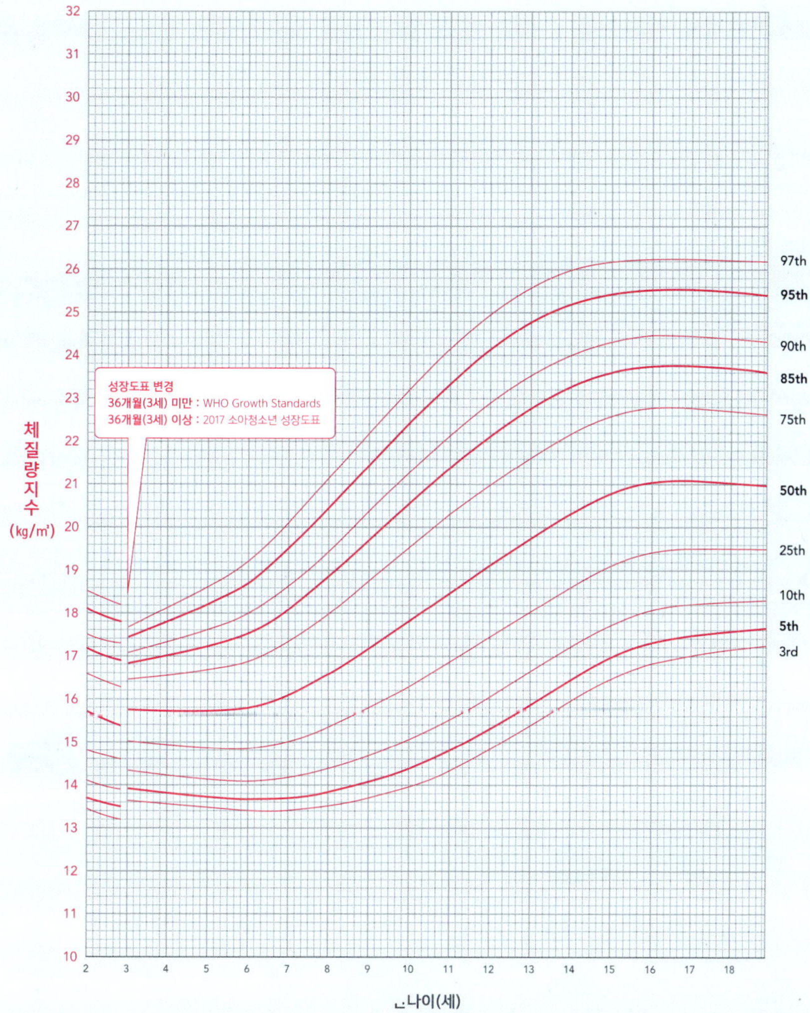

그림 5-4 여자 연령별 체질량지수 백분위수(3~18세)

출처: 질병관리청 성장도표제정위원회, 2017

섭취하고, 식사에서도 당질 섭취량이 많은 경향이 있다. 또한, 튀김, 스낵류와 같은 기름진 음식을 선호하고, 서구식 고열량 음식을 좋아한다.

유아의 비만 치료에 있어서 중요한 부분은 성인과 달리 신체 성장을 고려해야 한다는 것이다. 따라서, 몸무게를 무리하게 줄이지 않고 현 상태를 유지하는 정도로 하는 것만으로도 비만도를 낮추는 데 도움이 될 수 있다. 또한, 운동을 포함한 활동량 증가, 심리관리, 부모를 비롯한 가족의 협조와 노력도 중요하다.

(6) 식품 알레르기

알레르기
특이 항원이 면역과정으로 감작(sensitization)된 결과, 그 항원에 대하여 정상과는 다른 반응을 하는 상태. 과민반응

식품 알레르기는 일반적으로 무해한 식품을 특정인이 섭취하였을 때 그 식품에 대해 과도한 면역반응이 일어나는 것을 말한다(식품의약품안전처 식품안전나라). 주요 증상으로 기침, 재채기, 호흡곤란, 두드러기, 홍반, 가려움증, 구토, 복통, 빠른 맥, 혈압 저하, 의식 저하 등이 있다. 식약처에서 지정한 식품 알레르기 유발 식품은 총 22종으로 알레르기 유발식품을 대체하는 식품의 예는 그림 5-5에 제시하였다. 식품 알레르기는 유아기에 가장 흔하지만 연령이 증가하면서 과민반응이 점차 줄어든다. 최소한 2세 이전의 식사에서는 되도록 알레르기 유발식품들은 제한하는 것이 바람직하다.

그림 5-5 식품 알레르기 유발식품과 대체방법

출처: 식품의약품안전처 식품안전나라

3. 유아의 식습관

1) 유아기 식습관 확립

손가락 집기는 1세 때 발달하여 이 시기에는 손가락으로 먹는 것을 더 좋아하나, 2세 정도 되면 자기 스스로 먹는 것을 배우기 시작하여 숟가락이 입에 닿으면 흘리는 일이 거의 없어진다. 3세의 경우 대근육과 소근육을 이용한 신체 조절기능 및 운동기술이 빠르게 발달하여 혼자서 숟가락과 포크를 사용하여 밥을 먹을 수도 있게 된다. 4세가 되면 젓가락 사용방법도 익히게 된다. 5세 유아는 근육과 운동신경 조절능력이 발달하여 스스로 원하는 행동을 할 수 있게 된다. 더불어 숫자나 글자를 따라 쓸 수 있고 지적능력이 발달하여 다양한 교육(식생활, 영양소, 식품, 예절 등)이 가능해진다.

이처럼 유아기에는 각종 기능이 발달하면서 기본생활습관이 형성된다. 식사도 스스로 할 수 있고, 소화기능도 발달하면서 성인의 식사와 유사한 식품을 섭취할 수 있으며, 다양한 식재료와 여러 조리법의 음식을 수용하는 범위가 넓어진다. 이때 식욕부진, 편식 및 폭식 등과 같은 문제가 발생할 수 있으므로 올바른 식사습관을 확립해야 한다. 이때의 식습관은 성인기까지 이어지기 때문에 유아기에 올바른 식습관을 가질 수 있도록 지도하는 것이 중요하다.

폭식
한 번에 집중적으로 많은 양의 음식을 먹고, 배가 부른데도 먹는 것을 멈출 수 없을 것 같은 느낌을 가지며, 무엇을 얼마나 먹어야 할 것인지 조절할 수 없는 상태

2) 유아기 식욕부진의 원인과 대처방법

유아가 새로운 음식에 순응할 수 없을 때 식욕부진이 일어나기 쉬운데, 일반적으로 이유기와 4세 전후에 식욕부진이 쉽게 나타난다. 특히, 3~4세에는 다양한 것에 대해 기호의 감정이 뚜렷해지며 음식에 대해서도 싫은 것에는 거부반응을 나타낸다. 충치나 특정 질환으로 인한 신체 통증, 심리적 문제(스트레스)나 운동 부족인 경우에도 식욕부진이 일어날 수 있다.

식욕부진
음식물을 먹고자 하는 욕구가 떨어지거나 없어진 상태

유아의 식욕부진 개선을 위해서는 다양한 식재료와 조리법으로 식단을 구성하고, 담는 용기와 색깔 등에 변화를 주어 유아의 관심과 흥미를 유도하는 것도 좋다.

또한 외식을 하거나 또래 친구들과 함께 모여 식사를 하는 것도 도움이 된다.

3) 유아의 식품기호도 변화

일반적으로 3~7세(유아기와 초기 아동기)에 식품에 대한 기호도가 형성되는데, 이때는 자아의식의 발달과 심리적 변동이 많기 때문이다. 유아의 식품기호는 식품이 지닌 본연의 맛, 색채, 온도 및 혀와 입안에서 느껴지는 감각, 음식의 크기나 모양 등에 따라 달라진다.

유아는 약간만 싫어도 그 음식은 거의 먹지 않으려고 하는데, 이때 영양성분이 유사한 다른 식품을 잘 먹으면 발육과 건강 면에서 큰 문제가 발생하지는 않는다. 그러나 영양적 측면에서 문제가 없다고 하더라도 유아가 특정 식품을 기피하거나 선호하는 편향적 기호를 가지면 편식습관으로 고정될 수 있다. 따라서, 편식습관으로 진행되지 않도록 주의하면서 충분한 영양 섭취가 가능한가를 항상 주의해서 관찰 및 식사지도를 해야 한다. 유아가 평상시 가정에서 식재료 씻기, 과일 껍질 벗기기, 식기에 음식 담기, 상 차리기, 잔심부름 등과 같은 간단한 식사 준비과정을 경험하게 한다. 이러한 경험은 유아가 섭식 전반에 대한 올바른 인식과 긍정적인 자세를 형성할 수 있게 한다.

4) 유아의 편식 원인과 교정

(1) 편식과 영양문제

편식
음식에 대한 기호가 강하여 식사의 내용이 한쪽으로 치우치는 식생활

편식이란 음식에 대한 기호가 강하여 식사의 내용이 한쪽으로 치우치는 식생활로, 편식을 교정하지 않으면 영양적 불균형을 초래하고, 성장 · 발달에 영향을 미칠 수 있다. 또한 신경과민, 면역력 감소 등을 일으킬 수 있다. 예를 들어, 유아가 평소에 단순당이 많이 든 음료나 과자류를 좋아하여 이러한 음식을 많이 먹을 경우에 식사에 영향을 미쳐 영양 섭취가 양적으로 균형을 잃게 된다. 생선류는 종류에 상관없이 싫어하고, 채소는 무조건 싫어하는 등 식품군별 단위로 음식을 먹지 않을 경우

는 섭취 식품 구성에 있어 영양적 불균형이 나타날 수 있다. 그러나 특정 식품을 기피한다고 하더라도 영양적으로 유사한 식품을 먹어서 영양 섭취의 균형이 깨지거나 성장과 건강에 문제를 일으키는 상황이 아니라면 편식이라고 간주하지는 않는다.

(2) 편식의 원인

편식은 특정 식품이 원인인 경우도 있으나, 익숙하지 않은 맛을 본 경우 또는 혀의 근육발달 미숙으로 인한 경우도 있다. 시간을 들여 익숙하지 않은 식품을 되풀이하여 조금씩 주면서 맛에 대해 적응하도록 훈련시키면 먹게 된다.

① 생리적 · 심리적 원인

유아는 익숙하지 않은 특정 식품의 맛과 냄새에 심리적 위축감이 들 수 있는데, 이는 혀의 점막과 감각기관의 감수성 때문이다. 따라서, 유아의 네오포비아 neophobia 현상을 교정하기 위해서는 식품을 오감으로 느끼게 하는 미각교육 방법을 적용하는 것이 도움이 된다. 또한 섭취 강요, 구토나 복통과 같은 불쾌한 경험 등의 심리적 요인으로도 편식하게 된다.

네오포비아
새로운 것을 두려워하는 심리 또는 사회 현상

② 사회적 · 경제적 성장 환경 요인

유아가 성장하고 있는 지역에 특정 식품이 공급되지 않는 환경일 경우 접하는 식품 종류가 제한적이여서 편식이 생길 수 있다.

③ 가정의 식사 환경

가정의 식사 환경은 편식의 가장 큰 원인 중에 하나이고, 양육자의 양육태도에서도 기인할 수 있다.

(3) 편식 예방을 위한 유아의 식생활관리

자의식이 발달하는 3세 전후로 유아의 편식 경향이 많이 나타난다. 그러나 유아기의 편식은 유동적이기 때문에 습관으로 고정된 것이 아니므로 교정이 가능하다. 편식 예방과 교정을 위해서는 다음과 같은 사항에 부모 및 교사가 관심을 가져야 한다.

편식의 교정

- 가족이 편식을 하지 않는다.
- 음식을 강제로 먹게 하지 않는다.
- 영양 공급은 충분한가를 살피되 식사량에 지나친 관심을 보이거나 강요하지 않는다.
- 편식 경향이 생긴 음식(식품)에 대해 원하는 조리방법이 있는지 확인한다.
- 싫어하는 음식의 조리법을 개선하고 다시금 새롭게 시도해 보도록 한다.
- 식사 환경을 즐겁게 한다.

푸드브릿지

편식개선 교육을 할 때 가장 많이 사용하는 방법이 바로 푸드브릿지(food bridge)이다. 낯설고 싫어하는 식품(음식)을 단계적으로 노출시켜서 그 식품(음식)을 좋아하는 것으로 바꾸는 방법으로 아이들이 건강한 식습관을 갖도록 '다리(bridge)'를 놓아주는 것과 같은 방법이다. 싫어하는 음식을 처음에는 5~10% 정도로 시작하여 단계를 거치면서 90% 이상 노출시켜 좋아하는 음식으로 바뀌는 계기가 될 수 있도록 하며 최소 8번 이상의 노출이 필요하다.

단계	방법
1. 친해지기 싫어하는 식재료와 친해지기	오감을 이용하여 식재료와 그대로 자연스럽게 익숙해지기 (눈으로 보고, 냄새를 맡고, 만져보면서 촉감을 느끼기) 싫어하는 색깔의 음식은 우선 피하기 예: 식재료를 이용하여 도장찍기, 장난감(자동차, 배 등) 만들기
2. 간접 노출 재료의 형태를 완전히 알아볼 수 없게 만들되 호기심을 자극하기	식재료를 다지거나 갈고 즙을 내서 다른 식재료와 혼합하여 사용하기 싫어하는 재료 특유의 색이 눈에 띄지 않게 조금씩 넣기 함께 간단한 간식 만들기로 활용 예: 다진 당근으로 만든 당근케이크, 시금치즙을 넣은 수제비 등

단계	방법
3. 소극적 노출 좋아하는 재료와 편식재료를 함께 먹기	거부감을 갖지 않도록 좋아하는 식재료(음식)와 함께 노출시키기 편식하는 재료는 적당량만 넣고 음식 조리과정도 이야기해 주기 싫어하는 식재료를 천천히 점진적으로 늘리기(소량의 식재료를 한 번 노출 시 잘 먹는다고 바로 양을 늘리지 말고, 같은 단계에서 최소 5~6번은 반복하여 주어서 익숙해지도록 하기) 예: 주먹밥, 샌드위치, 미니햄버거 등
4. 적극적 노출 싫어하는 재료의 맛과 향을 느끼기	식재료를 직접 짜거나 갈아서 식재료 본연의 맛을 느끼기 좋아하는 만큼, 먹을 수 있는 만큼만 먹게 하기 조리과정에서는 할 수 있는 부분은 스스로 할 수 있게 하기(안전사고 등에 대해 설명하기)

*2~3단계에서 부정적 자극이 생기지 않도록 조심할 것

5) 유아기 간식의 중요성과 바람직한 유아용 간식

(1) 간식을 통한 영양섭취 관리

식사와 식사 사이에 음식을 먹는 것을 간식이라 한다. 유아에게 간식은 세끼 식사로 모자라는 영양소를 보충하는 것이 주목적이다. 더불어 기분 전환이나 심리적 만족감을 충족시키는 중요한 기능이 있으며, 간식용 음식 선택은 중요하다.

① 간식 제공량과 적정 횟수

유아에게 간식으로 제공되는 양은 하루 필요에너지의 10~15%가 적당하다. 간식은 식간에 먹는 것이므로 다음 식사의 식욕을 떨어뜨리지 않으면서 적당한 만족감을 주면 된다. 보통 1~2세는 오전 10시와 오후 3시경에 2회, 3~5세는 오후 3시경에 1회가 적당하며 다음 식사까지 2시간 정도의 간격이 있는 것이 좋다. 또한, 어린이집이나 유치원이 종일반 운영을 하는 경우 아침 결식 유아를 고려하여 오전 간식 시간을 30분 정도 앞당겨서 제공하기도 한다.

② 간식의 영양소 섭취에 대한 기여도

일반적으로 간식 섭취가 많은 유아의 전체 영양소 섭취량은 간식 섭취가 적은 유아보다 유의적으로 많다. 특히 에너지와 당질의 섭취가 높은 것으로 조사되었는데, 주로 제공되는 간식으로 과자와 스낵 제품이 반을 차지하고, 우유, 빵, 떡볶이, 케이크 등이 10% 정도, 과일이나 우유 · 유제품은 40% 정도였다. 따라서, 간식의 식품 선택에 더욱 주의가 요구된다.

(2) 간식으로 적합한 음식

간식은 적당한 포만감을 주면서 유아의 하루 영양소 요구량의 일부를 보충해 주는 것이 중요하다. 간식은 영양적으로 에너지, 단백질, 비타민, 무기질, 수분을 알맞게 공급할 수 있는 동시에 소화도 잘 되어야 한다. 또한 맛있고 시각적으로도 흥미로운 것을 준비하는 것이 좋다. 빈열량 식품empty calorie인 탄산음료와 사탕, 단 과자, 스낵 등은 농축된 단순당과 지방이 많고, 다음 식사에까지 영향을 미쳐 비타민, 무기질 등의 섭취가 제한되므로 영양 섭취의 불균형이 나타날 수 있다. 또한 당 섭취를 줄일 수 있는 유아 건강 식습관을 형성하는 것이 중요하다. 조리 시 달지 않게 하고, 자연식품의 단맛을 느끼도록 하며(예: 단호박 삶은 것, 고구마, 옥수수 등), 식품과 음료 제공 시 당이 덜 들어가도록 한다. 또한 과자류나 사탕류를 선물 또는 보상으로 주는 것은 제한하는 것이 좋다.

빈열량 식품
열량은 높지만 비타민 · 무기질 · 단백질 등 필수영양소를 거의 함유하지 않은 것

4. 유아기 식생활지도의 원칙과 방향

유아기 식생활습관은 성인기의 식생활습관으로 연결되고 이는 곧 건강상태에 영향을 미치기 때문에 이 시기에 올바른 식생활습관을 형성할 수 있도록 해야 한다. 식생활교육을 통해서 식사 전후의 위생관리를 습관화하고, 식품을 골고루 즐기면서 스스로 잘 먹는 습관을 기르도록 하여 긍정적인 식생활습관을 몸에 배도록 하는 것이 중요하다.

식생활지도의 기본원칙

유아의 식생활지도 시 기본적인 원칙은 다음과 같다.

- 식사시간과 간식시간은 일정하게 한다.
- 편안하고 안정되고 즐겁게 식사하는 분위기를 만든다.
- 되도록 일찍부터 식생활지도를 시작하되, 연령별 발달 수준에 맞추어야 한다.
- 유아의 지적 · 언어적 · 정서적 발달 등과 연계시킬 수 있어야 한다.
- 유아를 지도하는 자(부모, 주변 인물, 교사 등)는 항상 올바른 식사태도를 보여야 한다.
- 가정과 어린이집 및 유치원 등(급식 제공처)에서의 식생활지도 내용은 상호 일관성이 있어야 한다.

좋은 식습관 형성을 위한 식생활지도의 방향

- 음식 섭취에 있어 호기심을 유발하도록 한다.
- 유아가 식품에 대한 감각적으로 만족감을 느끼도록 한다.
- 음식의 양을 조절해서 준다.
- 식사 분위기를 안정되고 즐겁게 만들어 준다.
- 식사를 규칙적으로 한다.
- 스스로 식품(음식)을 선택할 수 있도록 유도한다.
- 식사지도는 끈기를 가지고 일관되게 한다.

어린이급식관리지원센터

식품의약품안전처에서는 어린이집, 유치원, 지역아동센터 등 어린이에게 단체급식을 제공하는 집단급식소를 대상으로 체계적이고 철저한 위생관리 및 영양관리를 지원하기 위하여 '어린이급식관리지원센터'를 설치하여 운영하고 있다. 2011년도 경기도 하남시를 시작으로 하여 현재 전국적으로 '어린이급식관리지원센터'234개소(2022년 기준)를 설치하여 운영하고 있다.

어린이급식관리지원센터의 주요 활동 내용

어린이급식관리지원센터의 영양사와 위생전문가는 어린이집과 유치원 등을 직접 순회 방문하여 위생적이고, 안전하며 영양 균형이 있는 급식을 제공할 수 있도록 지도한다.

- 유아기의 성장단계별 체계적 영양관리를 위한 맞춤형 식단 제공
- 원장과 교사 및 조리종사자를 대상으로 영양교육 및 위생교육
- 식사 및 식자재 관리지도
- 어린이들의 직접 체험형 교육(식생활교육 인형극, 위생 · 영양 체험관, 위생 · 영양사 부스 운영 등)
- 부모와 함께 하는 교육(부모 참관 프로그램, 부모와 함께하는 요리교실 등)

어린이급식관리지원센터의 제공식단의 예시

어린이급식관리지원센터 홈페이지 검색을 통해 음식별(예: 밥, 국/찌개, 죽/수프, 국수/만두, 찜, 구이, 전, 조림, 튀김, 볶음, 나물/무침, 김치, 간식, 건강간식) 레시피를 간편하게 검색할 수 있다. 또한 시기별(예: 초기 이유식, 중기 이유식, 후기 이유식, 이유기 간식)로도 검색이 가능하며, 해당하는 음식의 기본정보(열량과 재료 등)에 대한 정보를 한눈에 볼 수 있다. 또한 음식명을 클릭하면 상세한 정보를 알 수 있다(예: 음식명, 재료, 영양소 성분, 만드는 방법 등).

그림 5-6에 어린이급식관리지원센터의 유아식 레시피 예시를 제공하였다.

그림 5-6 어린이급식관리지원센터에서 제공되는 유아식 레시피 예시

출처: 어린이중앙급식관리지원센터(https://ccfsm.foodnara.go.kr/jungang/)

사회복지급식관리지원센터

사회복지급식관리지원센터는 어린이급식관리지원센터의 영역을 더 확대하여 노인 · 장애인 대상 소규모 급식소의 위생 · 영양 관리 지원 및 식생활 교육 등을 지원하기 위해 2019년 7개소의 센터를 시작으로 2022년 하반기에 12개소를 추가 설치되어 운영 중이다. 사회복지급식관리지원센터에서는 급식 위생 · 안전 및 영양관리 순회방문 지도, 사회복지급식소에 식단 제공 및 식단관리, 종사자 및 이용자에 대한 교육 및 상담 등 사업을 시행한다.

사회복지 급식관리지원센터 지원 서비스

① 맞춤형 식단/레시피 제공
- 질병이나 건강 상태에 맞는 식단 제공
- 표준 레시피 제공

② 전문 영양사의 방문 지도
- 급식소 위생 · 안전 · 영양관리 지원
- 입소 어르신 및 장애인 영양관리(영양관리카드, 영양상담)

③ 대상별 식생활교육
- 입소 어르신 및 장애인: 골고루 먹기, 싱겁게 먹기
- 조리원: 개인위생관리, 염도 관리, 식중독 예방
- 요양보호사 및 사회복지사: 질환별 영양관리, 위생적인 배식 관리

④ 교육자료 및 물품 지원
- 조리사 매뉴얼 제공
- 위생 점검 일지 및 식품 라벨 스티커 제공

출처: 식품의약품안전처 홈페이지

유아기 식생활지침

유아의 성장과 식욕에 따라 알맞게 먹이자

- 일정한 장소에서 먹입니다.
- 쫓아다니며 억지로 먹이지 않습니다.
- 한꺼번에 많이 먹이지 않습니다.

곡류, 과일, 채소, 생선, 고기, 유제품 등 다양한 식품을 먹이자

- 과일, 채소, 우유 및 유제품 등의 간식을 매일 2~3회 규칙적으로 먹입니다.
- 유아 음식은 싱겁고, 담백하게 조리합니다.
- 유아 음식은 씹을 수 있는 크기와 형태로 조리합니다.

출처: 보건복지부, 한국인을 위한 식생활지침

단원정리

1 유아기의 성장속도는 영아기에 비해서 전반적으로 다소 감소하나 비교적 빠르게 성장이 일어나는 시기이다.

2 유아기의 영양소 섭취기준의 목표는 정상적인 성장과 발달을 가능하게 하는 것이다. 영양소 섭취기준 설정과 관련하여 유아기는 1~2세, 3~5세의 2개 연령군으로 구분하는데, 이는 각 연령군의 체격(신장과 체중)의 차이에 근거한다.

3 유아기는 신체적 성장 및 발달과 함께 사회적, 정서적 발달이 이루어지기 때문에 음식에 대한 기호와 섭식 태도가 형성되는 시기이므로 이 시기에 좋은 식습관이 형성될 수 있도록 지도해야 한다.

4 간식은 영양적인 균형과 더불어 심리적 안정과 기호를 충족시키는 것이 매우 중요하다. 따라서 세끼 식사에서 부족한 영양소를 보충할 수 있어야 하되, 그 다음 식사 진행에 영향을 주면 안 되므로 하루 동안의 영양소 필요량의 15%를 넘지 않도록 한다.

5 유아기에 보이는 식품에 대한 기호와 식욕 변화, 편식, 식욕 부진 등은 일시적으로 나타났다가 사라지기도 하므로 지나친 편식 교정과 강압적인 지도는 하지 않는 것이 좋다.

연습문제

1 유아기 성장의 특징을 설명하시오.

2 유아기에 부족하기 쉬운 영양소로 가장 맞는 것은?

① 탄수화물 ② 칼슘 ③ 나트륨 ④ 단백질 ⑤ 비타민 A

3 유아의 올바른 식습관 형성을 위해 유아 지도자들이 고려해야 할 점을 생각해 보시오.

4 유아의 하루 간식량으로 적합한 에너지 공급 비율은?

① 10~15% ② 20~30% ③ 40~50% ④ 50~60% ⑤ 70% 이상

5 유아의 편식습관을 개선하기 위한 방안을 생각해 보시오.

CHAPTER

6

학령기 영양

1. 학령기의 중요성
2. 학령기의 성장과 발달 특성
3. 학령기 식생활행동 및 문제점
4. 학령기 영양 · 건강 문제
5. 학령기의 영양관리
6. 학령기 건강증진 방안

CHAPTER

6

학습목표

1. 학령기의 성장 · 발달 특성을 설명할 수 있다.
2. 학령기의 성장에 영향을 미치는 요소를 열거할 수 있다.
3. 학령기의 식행동에 영향을 미치는 요인들을 열거할 수 있다.
4. 학령기의 주요 영양문제를 열거할 수 있다.
5. 소아비만의 원인과 관리방안을 설명할 수 있다.
6. 충치 발생의 원인과 예방법을 열거할 수 있다.
7. 과잉행동장애의 원인과 특징에 대해 설명할 수 있다.
8. 학령기의 영양 섭취의 중요성과 영양소 섭취기준을 설명할 수 있다.
9. 학교급식의 중요성과 효과를 설명할 수 있다.

학령기는 완만하고 안정적인 성장속도를 보이는 시기이지만, 지속적으로 성장·발달이 진행되면서 왕성한 활동과 식욕의 증가와 함께 제2의 급속한 성장과 성 성숙을 준비하는 시기이다. 특히 유아기에 이어 식습관과 식품에 대한 기호가 확립되는 등 식생활에 대한 기초와 개별적 특성이 형성되기 시작한다. 학령기의 불규칙한 식사와 편식, 과식, 패스트푸드·가공식품의 지나친 섭취 등 잘못된 식행동과 운동 부족은 영양 섭취와 대사의 불균형을 초래하여 여러 가지 건강문제를 일으킨다. 따라서 이 시기의 영양은 활발한 학습활동과 신체활동을 뒷받침할 수 있는 균형 잡힌 영양식을 제공함과 더불어 올바른 식습관 형성을 위한 영양교육이 중요하다.

1. 학령기의 중요성

발달단계상 명확한 구분은 어려우나 학령기, 즉 아동기는 편의상 6세부터 11세까지의 초등학교 아동을 뜻하는 경우가 많다. 즉, 대개 6세부터 사춘기 변화가 시작될 때까지이며, 학령기가 끝나는 시기는 성별과 개인에 따라 많은 차이가 있다. 학령기 후반에 들어서면서 남녀의 성장 특성이 점차 뚜렷해지므로 학령기를 두 단계로 나누기도 한다. 즉, 학령기의 전·후반을 연령별로 5~10세middle childhood와 여아의 경우 9~11세, 남아의 경우 10~12세preadolescence로 분류한다. 한편, 우리나라 보건복지부와 한국영양학회에서는 학령기를 6~8세와 9~11세의 두 단계로 나누어 성별에 따라 영양소 섭취기준을 제시하고 있다.

학령기에는 완만한 성장이 지속되면서 장기와 각 조직이 커짐과 동시에 그 기능이 충실해지며, 골격의 발육도 현저하게 이루어진다. 아동의 신체적 성장은 완만하게 이루어지나 인지적·정서적·사회적 발달은 매우 현저하게 이루어진다. 또한 이 시기는 청소년기의 급성장에 대한 신체적·정서적 요구를 준비하는 시기이기도 하다. 학령기의 아동은 집 밖에서 보내는 시간이 많아짐에 따라 직접 식품과 음식을 선택해야 하는 기회가 많아져 자신의 식생활을 스스로 올바르게 관리할 수 있는 능력을 키워야 한다.

학령기의 신체 성장 및 발달과 건강에 영향을 주는 요인에는 여러 가지가 있지만, 영양은 유전적 잠재력을 최대로 발휘하기 위한 가장 중요한 요소이다. 따라서 아동의 적절한 영양·식생활 관리를 통해 심신의 발달을 도모하고 건강한 성인으로 성장할 수 있도록 식생활 관리와 지도가 이루어져야 한다.

2. 학령기의 성장과 발달 특성

1) 전체적인 신체 성장

학령기의 신체적 성장은 영아기나 청소년기처럼 급속하지 않으나 완만하고 꾸준한 성장이 이루어지는 시기로 전체적 모습이 성인과 비슷해진다. 몸통이나 팔, 다리가 가늘어지고 가슴은 넓어지며 머리 크기는 자신의 키의 1/7~1/8 정도로 성인의 모습과 유사해진다.

학령기의 아동은 성별에 관계없이 1년에 평균적으로 신장은 약 5 cm, 체중은 약 2~3 kg씩 성장한다. 학령기의 평균 신장은 남아가 여아보다 크나 10~12세에는 여아가 남아보다 큰데, 이는 여아의 사춘기 성숙이 먼저 일어나기 때문이다. 우리나라 2017년 소아발육 표준치에 의하면(표 6-1), 남아의 경우 6세경에는 평균 신장이 약 118.8 cm이며, 12세경에는 약 147.7 cm까지 성장한다. 여아의 경우는 6세의 평균 신장은 약 117.6 cm이며, 12세경에는 약 148.6 cm까지 성장한다. 체중은 남아와 여아가 거의 비슷하게 증가하여 6세경에는 평균 체중이 남·여아 각각 22.6 kg과 21.9 kg, 12세경에는 42.6 kg과 41.3 kg 정도로 증가한다(표 6-1, 그림 6-1).

우리나라 학령기의 평균 신장과 체중은 매년 꾸준한 증가 추세를 보이고 있는데, 예를 들면 2017년은 2007년보다 평균적으로 신장은 약 2 cm, 체중은 약 2 kg 정도 증가하였다. 이는 경제수준의 향상으로 인하여 충분한 영양 섭취를 할 수 있게 되었기 때문인 것으로 보인다. 하지만 매년 초·중·고등학생들을 대상으로 실시하는 학생건강체력평가시스템Physical Activity Promotion System, PAPS 결과를 보면 아동들의

학생건강체력평가 시스템

학생들의 건강과 체력 증진을 목적으로 하는 학생건강체력평가시스템. 필수평가는 심폐지구력, 유연성, 근력 및 근지구력, 순발력, 비만도 측정. 선택평가는 심폐지구력정밀검사, 체지방률평가, 자기신체평가, 자세평가가 있음. 초등학교는 2009년부터 5, 6학년을 대상으로 실시함

체위는 향상됐지만 운동 부족이나 스크린타임 증가로 인해 체력은 저하되고 비만아가 증가하는 것으로 나타나고 있다. PAPS 통계에 따르면 2016년과 2019년의 1·2등급 비율은 각각 48.4%와 46.1%, 3·4등급 비율은 6.1%와 7.9%로 학생들의 체력이 갈수록 저하되고 있는 것으로 보고되었다(표 6-2).

스크린타임
컴퓨터, 휴대전화, 텔레비전 또는 비디오게임 콘솔과 같은 화면이 있는 장치를 사용하면서 보낸 시간

표 6-1 학령기 아동의 소아발육 표준치

남아			연령	여아		
체중(kg)	신장(cm)	체질량지수(kg/m²)		체중(kg)	신장(cm)	체질량지수(kg/m²)
22.63	118.75	16.16	6~7세	21.88	117.55	15.93
25.70	124.75	16.16	7~8세	24.80	123.50	16.32
29.24	130.43	17.24	8~9세	28.19	129.38	16.85
33.22	135.88	17.97	9~10세	32.08	135.57	17.47
37.53	141.48	18.39	10~11세	36.52	142.18	18.12
42.56	147.70	19.44	11~12세	41.26	148.57	18.77

출처: 질병관리청, 대한소아청소년과학회, 2017

그림 6-1 아동의 체격 변화

표 6-2 초등학생 건강체력평가 결과 비교

학교		순발력 : 제자리 멀리뛰기(cm)			근력 · 근지구력 : 윗몸 말아올리기(회/분)		
		1990년	2016년	2019년	1990년*	2016년	2019년
초등(11세)	남	173.8	166.9	163.7	31.7	74.1	71.7
	여	153.9	146.2	144.5	22.6	56.5	54.3

*1989~2004년은 윗몸 일으키기, 2005년 이후는 윗몸 말아올리기 측정

출처: 통계청, 2020

2) 여러 조직과 기관의 성장

학령기에 전체적인 신체의 성장은 비교적 완만하게 이루어지나 뇌, 폐, 심장, 간, 위, 신장 등 내장기관이나 조직의 발육은 크기뿐만 아니라 그 기능이 더욱 충실해진다.

스캐몬Scammon의 성장곡선에서 학령기의 성장 특성을 살펴보면, 두뇌 성장은 10세 정도가 되면 성인과 비슷하지만, 폐 · 심장 등 신체 전체의 크기와 관련이 있는 기관들은 일반적인 신체 성장의 패턴을 따른다. 하지만 흉선과 같은 림프조직은 학령기 초반에 거의 성인 수준으로 성장하여 후반에는 성인의 2배에 가까운 비율까지 성장하고 이후 점차 감소한다(그림 1-3 참고).

아동의 골격은 그 크기와 구성성분이 계속 변하는 상태에 있으며, 긴 뼈의 성장이 왕성하여 다리가 길어진다. 골격의 성장은 생장점이 점차 연골로 바뀜에 따라 완전해진다. 아동의 뼈조직은 부드럽고 유연하며, 상처나 충격에 대한 회복속도가 빠르다. 그러나 너무 심한 타격이나 과도한 중량을 관절에 가하는 경우는 피해야 한다.

아동의 근육조직은 성장호르몬과 갑상샘호르몬 등의 영향으로 꾸준히 증가하며, 남아는 여아보다 근육량이 더 많아진다. 일반적으로 근육은 연령이 증가함에 따라서 길이와 폭이 증가된다. 또한 근육의 발달은 몸통에서 먼 부위보다 몸통에 가까운 부위에서 더 왕성하게 이루어진다. 근육조직의 성장은 5~6세에 시작되어 7세부터 11~12세까지 점진적이고 지속적인 성장을 보이며, 12세가 되면 정상적인 아동의

경우 6세 때 근육조직의 2배 정도까지 성장한다. 일반적으로 아동의 근육은 여리고 뼈에 견고하게 부착되어 있지 못하기 때문에 쉽게 피로해지는 반면 피로에서의 회복도 빠르다.

지방조직은 남·여아 모두 6세부터 사춘기 전까지 서서히 증가하나 사춘기를 앞두고 피하지방량은 여아가 약 25%로 남아의 약 18%보다 더 증가한다.

이 시기부터는 다양한 내분비계와 관련 호르몬들이 분비되며, 특히 남성호르몬인 테스토스테론testosterone과 여성호르몬인 에스트로겐estrogen, 프로게스테론progesterone이 학령기 동안에는 적게 분비되다가 사춘기 이후부터는 급격히 증가한다. 여아의 경우 학령기 후반에 대부분 초경을 경험하는 2차 성징secondary sexual characteristics이 나타난다. 이러한 성 성숙은 영양상태와 밀접한 관련성이 있어서 프리쉬Frisch와 레벨레Revelle의 연구(1970)에 의하면 초경을 시작하기 위해서는 47.8 kg의 결정적 체중critical body weight과 약 17~22%의 결정적 체지방량이 필요하다. 정은숙 등의 연구(2005)에 의하면, 한국인의 경우 41 kg의 체중과 17~19%의 체지방량이 필요하다고 한다.

3. 학령기의 식생활행동 및 문제점

학령기는 자신의 개인적 취향뿐만 아니라 그들이 학습한 것에 의존하여 식습관을 형성하며 이때 형성된 식습관은 일생동안 지속될 수 있다. 즉, 학령기는 유아기와 달리 스스로 식품을 선택하고 식품에 대한 선호도 분명해지는 시기이므로 올바른 식행동이나 식습관을 갖도록 지도하기에 가장 적합하다. 피아제의 심리발달이론에 의하면 학령기에는 사회성이 발달하고 이에 따라 유아기에 비해 식행동에 영향을 주는 환경적 요인들이 다양해진다(표 6-3).

표 6-3 피아제의 인지발달 이론과 식행동 관련성

발달기간	인지적 특성	식행동 특성
7~11세 미만	• 여러 상황에 동시에 집중할 수 있다. • 원인-효과 이론에 대한 이해가 높아진다. • 분류 · 재분류, 일반화 능력이 생긴다. • 자기중심적 사고가 감소하고 타인의 의견을 수용한다.	• 식사시간이 사회적으로 중요해진다. • 식품 선택의 기회와 식행동에 영향을 미치는 요인들이 다양해진다(예: 친구, 영양교육, 매스컴의 영향 증가). • 양호한 성장과 건강을 위해 영양가 높은 식품 섭취의 중요성을 인식하기 시작하지만 그 기전에 대한 이해는 부족하다.
11세 이상	• 과학적이다. • 이론에 대한 이해가 높아진다. • 가설적이고 추상적인 사고의 폭이 넓어진다.	• 식품 · 영양소 개념에 대한 과학적 이해가 높아진다. • 식품 선택 시 갈등이 커진다(예: 영양가에 대한 지식 – 비영양적인 식품 기호 사이의 갈등).

출처: Mahan, LK & Escott–Stump, S, 2000

대부분의 아동은 학교에서 많은 시간을 보내기 때문에 부모의 통제 없이 아동 스스로 식품을 선택하여 구입할 수 있고, 이러한 행동은 부모뿐만 아니라 선생님이나 친구들의 영향을 많이 받는다. 즉, 가족이나 또래집단과 함께 식품을 구매할 때에도 아동은 독립적인 의사결정을 하고 스스로 식단과 식품을 선택하는데, 이때 가정에서 부모를 통한 식행동, 학교급식을 통한 영양교육, 친구들과의 또래문화, 대중매체를 통한 광고효과 등도 커다란 영향을 미친다. 따라서 가정, 학교, 사회에서의 식생활과 영양교육이 아동의 올바른 식습관을 형성하고 좋은 식품을 선택하도록 지도해야 한다.

우리나라 아동의 식행동과 관련된 문제로는 아침 결식, 불규칙한 식사 및 편식을 하는 아동의 비율이 높고, 인스턴트식품이나 패스트푸드의 섭취빈도가 높은 것으로 지적되고 있으며, 최근 일부 아동에게서 체중 감량을 위한 잘못된 다이어트 등도 문제가 되고 있다. 이와 같은 식행동으로 인해 영양 섭취의 불균형이 나타나 비만이나 이상지질혈증과 같은 영양과잉뿐만 아니라 저체중이나 빈혈과 같은 영양결핍 문제를 초래하게 된다.

1) 학령기 식행동에 영향을 미치는 요인

아동은 사회와의 친밀한 관계 속에서 평생 건강에 영향을 주게 될 올바른 태도와 행동을 배운다. 특히 가족의 식습관과 TV를 포함한 새로운 외부 자극에서도 많은 영향을 받게 된다.

아동은 경제능력이 없고 식품 구매량이 어른과 비교할 수준은 아니지만, 자녀수의 감소, 맞벌이부부의 증가, 출산 기피 확산 등으로 가정에서 아동의 지위 및 영향력이 향상됨에 따라 아동이 더 이상 미래의 소비자로 머물지 않고 현재의 중요한 소비자로 자리 잡고 있다. 그러나 아직 초등학생은 가치관이나 판단력, 비판능력이 확립되지 못한 지적 · 정서적 성장의 초기 단계에 있으므로 잘못된 식품 소비가 이루어지기 쉽다.

(1) 가족

가족의 식생활 태도와 습관은 아동의 식생활에 가장 많은 영향을 미친다. 특히, 부모의 식품에 대한 기호와 습관은 아동의 식습관에 결정적인 영향을 미친다. 일반적으로 아동은 가정에서 반복적으로 제공되어 익숙해진 식품에 대한 수용도가 높다. 여러 연구에 의하면, 학령기에 형성된 식습관은 성인기까지 지속되는 경우가 많은 것으로 나타났다. 따라서 아동의 바람직한 식생활 행동을 형성하기 위해서 부모가 정확한 영양지식을 갖고 올바른 식습관 모범을 보여야 한다.

(2) 학교: 또래친구

학령기 아동은 학교에서 많은 시간을 보내지만, 특히 현재 우리나라의 아동은 방과후 활동이나 사교육기관에서 보내는 시간도 많다. 이에 따라 친구와 교사 등 가족 이외의 사람들과 보내는 시간이 많아지고, 함께 음식을 섭취하는 기회도 증가하고 있다. 학년이 높아질수록 식품을 선택할 때 친구들의 의견을 중요하게 생각하며, 특히 좋아하는 연예인이나 운동선수의 식생활을 포함한 생활양식이나 가치관에 영향을 받는다. 이러한 현상의 긍정적인 측면은 가정에서 접하지 못했던 새로운 음식을 시도해 보거나 좋은 식습관을 가진 친구의 영향을 받는다는 점이다.

(3) 대중매체

최근 아동을 타깃으로 한 각종 가공식품들과 이에 대한 광고가 넘쳐나고 있다. 아동은 어릴수록 광고를 그대로 수용하는 경향이 있으며, 가치관이나 판단력이 확보되지 않은 단계이므로 자극적이고 독특한 광고가 아동의 식품 선택에 미치는 부작용이 우려된다. 여러 조사연구 결과에서, 대부분의 아동은 TV 광고를 보면 사 먹고 싶은 충동을 느끼며, 실제 구입하여 먹는 경우가 많다고 응답하였다.

따라서 초등학생들이 각종 식품광고에 현혹되지 않고 건전한 구매행동을 할 수 있도록 정부의 규제와 함께 올바른 인식과 구매에 대한 아동 소비자 교육이 필요하다. 우리나라에서는 '어린이 식생활안전관리 특별법'으로 아동들이 TV를 많이 시청하는 오후 5~9시에는 고에너지·저영양 식품의 광고를 금지하고 있다(그림 6-2). 하지만 최근 컴퓨터나 휴대전화를 통해 여러 간식이나 식품들을 먹고 소비하는 사진이나 동영상을 보는 스크린타임이 증가하여 이러한 새로운 매체에 대한 올바른 교육도 더욱 필요한 시점이다.

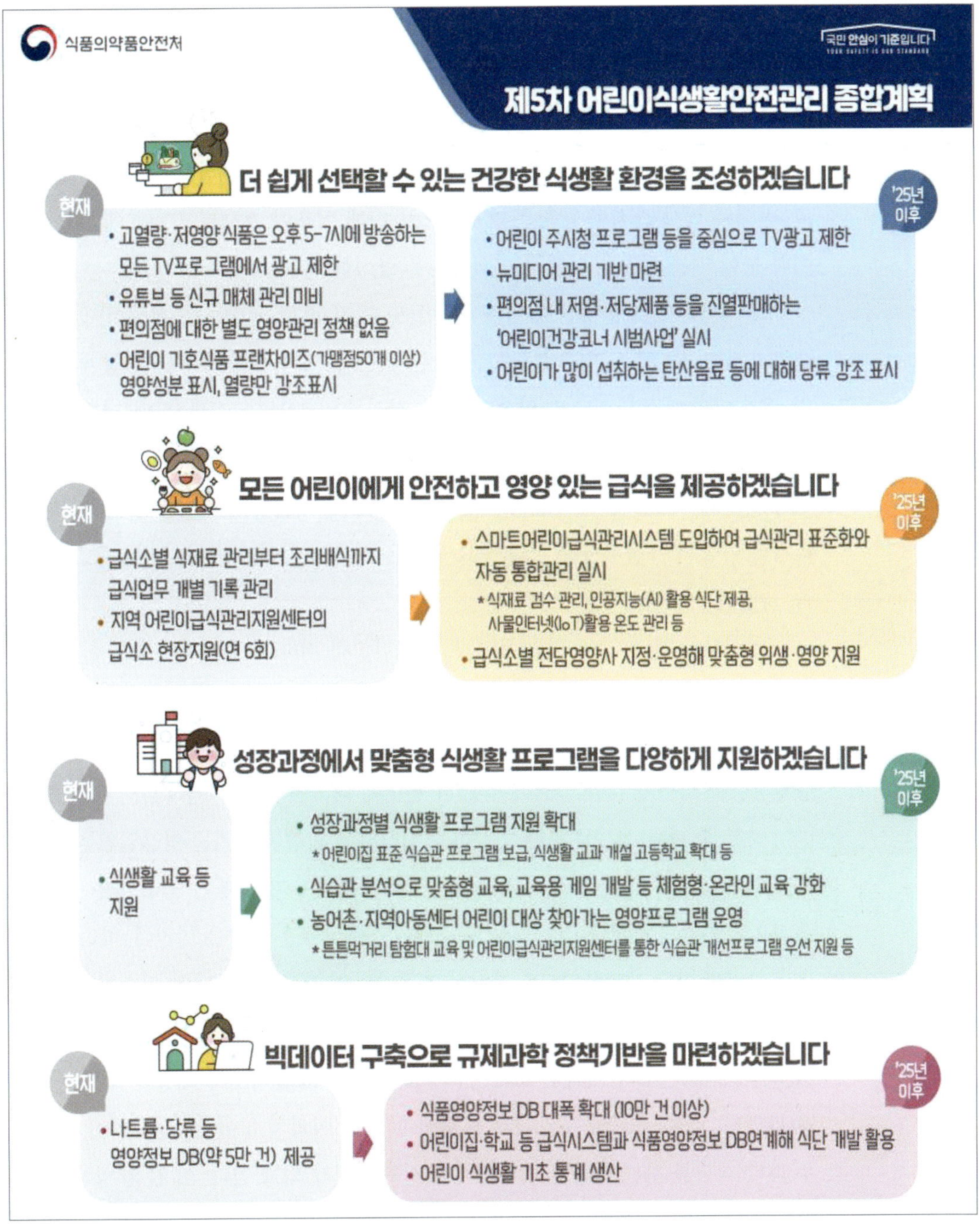

그림 6–2 제5차 어린이식생활안전관리 종합계획

출처: 식품의약품안전처, 2021

2) 학령기 식행동 문제

(1) 불규칙한 식사와 결식

불규칙한 식사로 식사시간의 간격이 길어지면 아동에게 심한 공복감을 일으키고, 반대로 식사 간격의 단축은 만복감으로 인해 식욕이 저하되고 기호에 맞는 식품이나 눈에 띄는 것만을 선택하는 식습관을 형성한다.

아침식사는 어른들뿐만 아니라 아동들도 가장 흔히 생략하는 식사이며, 완전히 생략하지는 않더라도 불충분하고 성급한 식사가 되기 쉽다. 국민건강통계에 의하면, 우리나라 아동(6~11세)의 아침식사 결식률은 2010년 전체 9.9%(남아 10.0%, 여아 11.6%)로 계속 비슷한 분율을 보이다가 2017년부터 증가하는 추세이며, 2019년에는 전체 17.7%(남아 13.2%, 여아 22.4%)로 특히 여아의 결식률이 높아졌다. 우리나라 아동의 아침식사 결식의 주요 원인은 식욕이 없거나 반찬이 맛없음, 시간 부족, 늦잠 등이었다.

아침식사를 하지 않을 경우 무기력, 주의집중력 저하, 학습능력 저하, 체육활동이나 놀이활동에 대한 흥미 저하뿐만 아니라 불규칙한 식습관으로 이어져 과식 · 결식 등의 악순환과 장기적인 영양 불균형을 초래한다. 아침식사를 하지 않고는 하루의 영양권장량을 모두 공급받기가 어렵다. 한 연구에 의하면 아침을 먹지 않는 5명 중 1명만이 하루 중 다른 식사를 통해 빈약한 아침식사에 의하여 생기는 영양결핍을 보충할 수 있었다고 한다. 또한 아침식사 결식은 공복감을 메우기 위해 간식의 섭취나 점심의 폭식으로 연결되어 위장이나 그 밖의 소화기관에 해로운 영향을 미친다. 따라서 아동들이 좋아할 만한 간편하면서도 다양한 조리법의 아침식사를 개발할 필요가 있다.

현대사회의 가족구조는 핵가족이면서 맞벌이가정, 결손가정이 증가하는 추세이며, 특히 2020년부터 시작된 코로나19 시대에는 학교급식조차 제공받지 못한 경우가 많았다. 바쁜 부모의 무관심과 사회적 여건이 여의치 않아 많은 아동이 혼자 아무 때나 식사를 하는 영양방임이 심각한 사회문제가 되고 있다. 이 같은 영양방임은 아동의 사회적 · 심리적 발달뿐만 아니라 평생 건강에도 악영향을 미칠 수 있으므로 지속적인 관심과 개선이 필요하다.

(2) 편식

아동의 성장·발달을 최대로 도모하고 활기찬 생활을 위해서는 모든 영양소의 균형적인 섭취가 중요하며, 이는 음식을 골고루 먹는 식습관을 통해 이루어질 수 있다. 그러나 아동의 가장 심각한 식생활문제 중 하나로 편식 습관이 지적되고 있다.

편식이란 음식을 좋아하고 싫어하는 감정이 강하고 식사내용이 항상 영양적으로 불균형하며 발육 및 영양 상태가 상당히 뒤떨어지는 경우에 한해 말한다. 편식은 유아기, 특히 자아의식이 발달하는 3세경부터 많아지며 학령기를 거쳐 사춘기에 고정화된다.

최근의 몇몇 조사연구 결과에 의하면 편식을 하는 아동의 비율은 50~75%로 절반 이상이 편식을 하고, 특히 김치나 채소를 싫어하는 아동의 비율이 높았다. 또한, 초등학생의 비만도에 따라 저체중군 78.9%, 정상체중군 66.4%, 과체중군 53.5%의 순으로 저체중군이 정상체중군이나 과체중군보다 편식을 많이 하는 것으로 나타났다. 2019년 교육부의 학생 건강검사 표본통계(초1과 초4 표본)에 따르면 채소 매일 섭취율도 27.9%로 2015년 31.9%에 비하면 계속 감소 추세이다.

심각한 편식은 영양소 결핍으로 인한 발육 및 건강 장애를 초래하는데, 비만, 철 결핍성 빈혈, 만성 변비, 만성 비특이성 설사, 피부질환 등의 원인이 되며, 비타민을 비롯한 각종 미량 영양소의 결핍이 발생할 수 있다. 또한, 편식은 성격이나 정서적 성향에도 영향을 주어 정서적으로 안정성과 책임성의 부족도 보고되고 있다. 그러므로 학령기의 바람직한 성격 형성, 성장·발달과 건강을 위해 학령기의 영양·식생활교육을 통한 편식 교정과 올바른 식습관 확립은 매우 중요하다.

(3) 간식 섭취 행동

학령기는 성장·발달이 활발히 이루어지고, 활동량이 많기 때문에 몸의 크기에 비해 많은 양의 영양소가 필요하다. 그러나 아동은 위의 용량이 작기 때문에 한 번에 먹을 수 있는 양이 제한되어 하루 세끼의 식사만으로는 충분한 영양소를 공급받기 어렵다. 그러므로 식사와 식사 사이에 영양소를 보충해 주는 의미에서 영양소가 풍부한 우유나 과일과 같은 식품을 간식으로 섭취하는 것이 필요하다. 또한, 아동은 간식시간을 통해 휴식과 즐거움을 얻기 때문에 아동에게 간식은 정서적으로도 중요한 의미를 갖고 있다.

2019년 교육부의 학생 건강검사 표본통계에서 주 1회 이상 간식 섭취율을 보면 라면 78.3%, 패스트푸드 68.6%, 음료수 80.9%로 2013년부터 계속 증가되는 추세이며, 이는 학년이 올라갈수록 증가하였다. 반면, 권장 식습관지표인 '우유 · 유제품 매일 섭취율'은 48.4%에서 45.0%, '과일 매일 섭취율'은 37.9%에서 32.3%로 감소하고 있다. 사회 · 환경적 변화로 인해 주로 보호자에 의해 아동의 간식이 선택되던 과거와 달리 아동이 직접 간식을 구매하는 경향이 증가한 가운데 2021년 식품의약품안전처의 보고에 따르면, 아동은 빵류(22%), 과자(16%), 탄산음료(14%), 면류(12%), 아이스크림류(10%)를 선호하고, 단맛 식품과 컵라면을 가장 좋아한다고 답한 비율이 전체의 2/3에 해당하였다. 즉, 아동이 선호하는 간식은 당 함량이 높은 과자나 음료수, 지방과 나트륨 함량이 높은 패스트푸드인 것으로 나타났으며, 이러한 기호식품의 섭취는 계속 증가하고 있다. 이런 식품들은 다른 영양소에 비해 열량만 많이 공급하는 고열량 · 저영양 식품이므로 많이 섭취하면 정규식사를 방해하고 비만으로 이어질 가능성이 높기 때문에 주의해야 한다.

2020년 국민건강영양조사에서 영양교육 및 영양상담 경험률은 남아 39.9%, 여아 42%로 비슷하였으나, 가공식품 선택 시 영양표시 이용률은 남아 6.4%, 여아 14.4%로 영양교육을 받아도 영양표시를 이용하는 아동이 많지 않았으며, 특히 남아의 경우 현저히 낮았다. 영양이 풍부한 간식을 선택하여 건강을 유지하기 위해서는 영양표시 이용률을 높일 수 있도록 영양교육과 영양상담을 강화하는 것이 필요하다.

4. 학령기 영양 · 건강 문제

우리나라 국민건강영양조사에 의하면, 학령기에 영양 부족과 과잉이 공존하며 영양 섭취의 불균형문제는 저체중, 체중 과다 또는 비만, 충치, 과잉행동장애, 철 결핍성 빈혈, 식품 알레르기 등의 영양 · 건강 문제를 유발한다.

1) 영양소 섭취 실태

우리나라 2019년 국민건강통계에 의하면 권장섭취량에 비교해서 비타민 A, 니아신(여아), 엽산, 칼슘, 칼륨, 철 등의 영양소를 제외하고 에너지와 다른 영양소들은 영양소 섭취기준을 달성하였다(그림 6-3). 에너지 섭취량은 2020년 제정된 기준(탄수화물 권장섭취량 130 g, 단백질 권장섭취량 체중 1 kg당 1 g, 지방 충분섭취량 25 g)보다 두 배 정도 많이 섭취했지만 모두 에너지섭취적정비율 내에서 섭취하였고(표 6-4), 부족한 경우보다 과잉인 경우가 더 많았다. 권장섭취량을 달성하지 못한 영양소들을 살펴보면 비타민 A 섭취량은 71.6%(남아 71.6%, 여아 71.6%), 니아신 섭취량은 여아 92.5%, 엽산 섭취량은 91.2%(남아 94.0%, 여아 88.4%), 칼슘 섭취량은 68.2%(남아 71.8%, 여아 64.6%), 칼륨 섭취량은 67.2%(남아 70.9%, 여아 63.5%), 철 섭취량은 93.1%(남아 94.7%, 여아 91.3%)였다. 반면에 만성질환위험감소섭취량이 설정된 나트륨의 경우 충분섭취기준의 두 배 가까이 섭취하는 것으로 나타나 어릴 때부터 덜 짜게 먹는 습관이 필요하다. 2014년 국민건강통계 결과는 칼

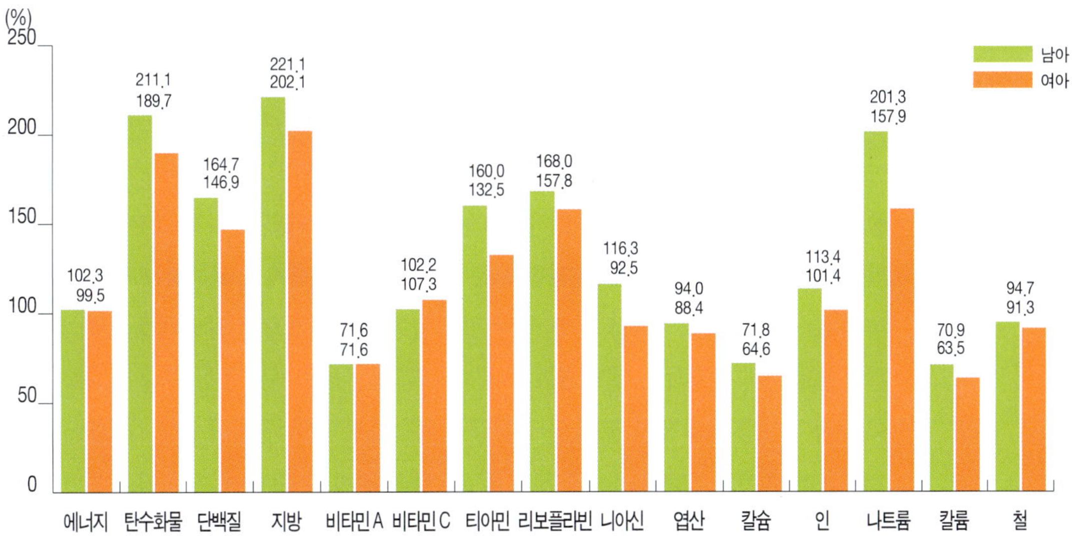

그림 6-3 학령기(6~11세)의 영양소별 섭취기준에 대한 섭취비율(%)

출처: 보건복지부, 질병관리청, 2020

표 6-4 학령기의 평균 에너지섭취비율과 지방산 섭취량 현황

연령(세)/성별		탄수화물 (%)	단백질 (%)	지질			
				총 지방 (%)	리놀레산 (g)	알파-리놀렌산 (g)	EPA + DHA (mg)
6~8	남아	61.7	14.0	23	8.6	1.1	197.6
	여아	63.8	13.5	25	6.8	0.8	197.7
9~11	남아	61.6	14.3	24	9.4	1.3	219.5
	여아	62.1	14.0	25	8.6	1.1	150.2

출처: 보건복지부, 질병관리청, 2021

슘과 칼륨만 권장섭취량을 달성하지 못하였는데, 2019년 결과는 비타민 A, 엽산, 니아신(여아), 철도 달성하지 못하였으므로 이들 영양소 섭취량의 추이를 주의 깊게 살피는 것이 필요하다.

특히, 칼슘의 경우에는 전 연령대에서 지속적으로 권장섭취량을 달성하지 못하였다. 2013~2017년 국민건강영양조사 자료에 의하면 유아, 아동, 청소년 중 평균필요량 이상 섭취하는 비율이 50% 이상인 연령대는 1~2세(53.0%)뿐이다. 아동의 칼슘 섭취량은 권장섭취량 대비 66.7%(남아 73.3%, 여아 60.0%), 칼륨 섭취량은 77.5%(남아 80%, 여아 75%)였다. 성장기 중 식품을 통한 칼슘 섭취는 12~18세 남아와 6~18세 여아 모두 75백분위도 평균필요량에 도달하지 못한다. 성장기 중 보충제를 통해 칼슘을 섭취하는 비율이 1~8세는 11% 내외였으며, 9~18세는 10% 미만이다. 또, 6~11세 여아를 제외한 모든 연령대에서 보충제를 섭취하는 사람이 섭취하지 않는 사람보다 식품을 통한 평균 칼슘섭취량이 적으므로 보충제를 통해서라도 칼슘을 충분히 섭취하는 것이 필요하다. 이 시기에는 보충제를 통한 칼슘 섭취량도 적어 식품과 보충제를 통한 총 칼슘 섭취량 중위수가 12~14세 여아에서 416.0 mg/일, 15~18세 여아는 320.9 mg/일로 평균필요량의 절반 수준이며, 평균필요량 미만으로 섭취하는 비율이 각각 91.0%와 90.5%로 가장 높다. 이처럼 우리나라 소아·청소년의 성장기 칼슘 섭취량은 매우 낮고, 특히 여아 청소년에서 더욱 낮은 실정이

다. 성장기 중 충분한 칼슘 섭취는 최대골질량 도달에 필수적이므로 칼슘 섭취를 늘리기 위한 영양교육과 상담, 홍보 등이 필요할 것이다.

2) 소아비만과 저체중

최근 아동들의 체위는 향상됐지만 운동 부족으로 인해 체력은 저하되고 비만아가 증가해 각종 소아질병의 이환율이 높아지고 있다. 그러나 한편으론 자신의 체형에 대한 잘못된 인식으로 체중 조절을 시도하는 저체중아가 늘어나는 등 아동의 체중 문제가 심각해지고 있다.

전 세계적으로 비만인구가 계속 증가하고 있으며 비만은 해결해야 할 사회문제로 인식되고 있다. 식생활정책과 영양교육 등 여러 정부정책에도 불구하고 우리나라에서도 비만인구가 점차 늘고 있고, 학령기의 소아비만 역시 지속적으로 증가하다가 2010년 이후에는 남녀 평균 10% 전후의 비만 유병률을 지속적으로 보이고 있다. 국민건강영양조사에서 2012년과 2019년의 6~11세 비만율을 비교한 결과를 보면 2012년 10.3%(남아 12.4%, 여아 8.0%), 2019년 11.2%(남아 11.7%, 여아 10.6%)로 비만율이 다시 증가하고 있다. 2019년과 2021년도 교육부의 학생 건강검사 표본통계 분석결과(그림 6-4)를 보면, 과체중군이 11.1%에서 12.7%로, 비만군이 13.7%에서 18.7%로 코로나19 이후 비만율이 크게 증가하였다. 또한, 가정 환경 역시 비만율에 영향을 미치는데 한부모나 조손 가정, 저소득층 아동들의 비만율이 더 높다. 2018년 아동실태조사에서 아동 비만율은 양부모가정 3.3%, 한부모・조손 가정 4.9%로 보고되었다. 또한 1998년과 2007~2009년의 국민건강영양조사 자료를 분석한 결과 소득상위 25% 가정의 소아・청소년 비만율은 6.6%에서 5.5%로 감소한 반면, 소득하위 25~50%는 3.4%에서 8.4%로, 소득하위 25%는 5.0%에서 9.7%로 두 배 정도 증가하였다.

소아비만은 성인이 되어서도 지속될 확률이 크며, 성인형 당뇨병, 고혈압, 지방간, 이상지질혈증, 동맥경화증 등과 관계가 있어 건강상의 문제를 일으킬 수 있다는 점 때문에 심각한 건강문제이다. 소아비만은 건강상의 문제를 초래할 뿐만 아니라

소아청소년 비만 기준

소아청소년기는 연령에 따라 키, 체중, 신체 조성의 변화가 있기 때문에 BMI 대신 '2017년 소아청소년 성장도표'를 기준으로 연령별, 성별 체질량지수 백분위수를 사용함(그림 5-3, 그림 5-4 참고)

- 과체중: 연령별 체질량지수 85~95 백분위수 미만
- 비만: 연령별 체질량지수 95백분위수 이상

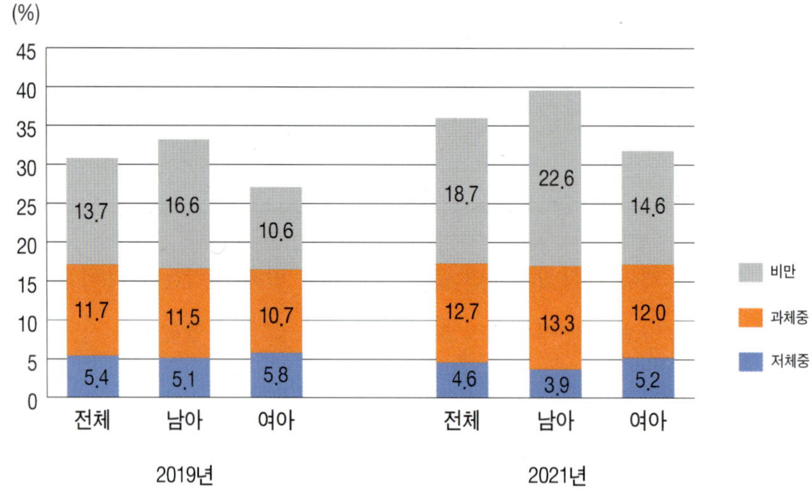

그림 6-4 학령기의 저체중, 과체중, 비만 비율

출처: 교육부, 2019년 & 2021년도 학생 건강검사 표준통계 분석결과

사회적·심리적 발달과정에도 영향을 미쳐 학교에서 친구들과의 적응문제, 고립감 등 인격 형성에도 영향을 미친다. 또한 어렸을 때 소외받은 상처 때문에 성인이 된 뒤에도 외모 콤플렉스에 시달릴 수 있다. 따라서 학령기에 비만을 예방하는 것은 미래에 건강한 삶을 영위하기 위한 기본조건이 된다.

비만아는 대체로 식습관을 포함한 생활습관에 문제가 있다. 즉, 비만아는 단맛을 더 좋아하고, 1일 3식을 규칙적으로 하는 경우가 적으며, 한꺼번에 과식을 하거나 간식에 의한 불규칙한 식사 형태를 갖고 있고, 체육시간을 싫어하는 등 운동을 기피하는 현상이 있으므로 이러한 습관을 교정하는 것이 필요하다. 특히 빈번한 패스트푸드, 음료수 섭취와 운동 부족에서 오는 에너지 과잉 등의 식사습관 관련 요인으로 비만이 초래되는데, 인스턴트식품들은 우리 전통음식보다 함유 열량이 훨씬 많고 기타 필수 영양소들은 부족한 반면 고혈압과 심장병 등 만성질환을 유발할 수 있는 나트륨의 함량이 높다.

한편, 교육부의 학생 건강검사 표준통계(그림 6-4)에서 초등학생의 저체중군은 2016년 6.25%(남아 5.9%, 여아 6.6%) 이후 2019년 5.45%(남아 5.1%, 여아 5.8%),

2021년 4.9%(남아 3.9%, 여아 5.2%)로 지속적으로 감소하고 있으나, 체질이나 섭식장애 등의 원인과는 별개로 건강한 정상체중을 비만으로 생각해 무리하게 체중 감량을 시도하는 아동이 증가하고 있다. 특히 여아의 경우, 외모에 대한 관심이 높아지고 날씬한 체형을 선호해 무분별한 방법으로 체중 조절을 하는 경우가 있다. 그러나 정확한 지식이 부족하여 대부분 식사를 거르거나 양을 줄이고, 배고프면 간식으로 보충하는 형태로 이루어진다. 결국 에너지 섭취는 감소시키지 못하면서 여러 필수 영양소의 균형된 섭취만을 저해하는 결과를 초래한다. 저체중은 건강에 중요한 영향을 미치는 영양불량증으로 항상 피로하고 머리가 무거우며, 동작이 바뀔 때 어지럽고 활력이 떨어져 만사에 의욕이 없으며, 심화되면 극심한 영양실조를 초래하여 저체온, 빈혈, 저혈압, 저항력 감소, 골다공증 등의 건강문제가 발생할 수 있으므로 아동이 더 건강한 생활을 할 수 있도록 지도하는 것이 필요하다.

또한 코로나19로 인한 등교일수 감소와 그에 따른 컴퓨터와 휴대전화 이용 등의 스크린타임 증가와 학교급식 미제공 등은 불규칙한 식생활로 이어져 소득과 지역 차이에 따른 아동의 영양수준 격차가 심화되었다. 특히 저소득층 가정 및 농어촌 지역 등의 아동 영양불균형이 심화되어 지속적인 관심과 정책적인 관리가 필요하다.

3) 치아건강

학령기의 대표적인 구강질환으로는 치아우식증(충치), 치주질환, 부정교합을 들 수 있다. 치아우식증은 소득수준과 상관없이 아동에게 가장 흔히 나타나는 식생활과 관련된 질병으로 볼 수 있다. 교육부의 '2011년 학교건강검사 표본조사 결과' 학령기(초1과 초4 표본)의 구강질환 유병률은 59.3%로 이는 치아우식증(28.9%), 치주질환(13.3%)과 부정교합(17.2%)으로 인해 발생하였다. 치아우식증 유병률은 2015년 27.1%, 2016년 24.3%, 2017년 23.9%, 2018년 23.9%로 감소하는 추세를 보이다가 2019년 28.8%로 다시 증가하였다. 2019년의 치주질환 유병률은 12.9%이다.

치아우식증과 치주질환은 산 생성 박테리아인 스트렙토코커스 뮤탄스 *Streptococcus mutans*가 구강 내 당류를 발효시키면서 산을 생성하는데, 이 산은 치아의 에나멜층을 녹이고 하부구조를 파괴하여 충치를 유발한다. 따라서 당도가 높으면서 치아에 점착력이 높은 식품이 쉽게 충치를 유발하며, 섭취량보다 섭취빈도가 충치 발생에 더 큰 관련이 있다. 엿, 캐러멜, 젤리, 잼, 비스킷, 껌, 전병, 사탕 등은 충치유발지수가 높은 식품이며, 각종 채소류와 해조류, 견과류, 육류 및 어패류, 달걀 등은 충치유발지수가 낮은 식품이다.

학령기에 자주 발생하는 치아우식증과 치주질환은 다인자성 질환이므로 어느 한 가지만으로 예방하거나 관리할 수 있는 것은 아니지만 치아조직의 정상 발육을 위해서 영양이 매우 중요하므로 다음과 같은 관리가 필요하다. 첫째, 성장기에 영양적으로 적절한 식사를 한다. 둘째, 침 분비를 촉진시키는 식이섬유와 단백질 식품을 많이 먹는다. 셋째, 간식 섭취 횟수를 줄이고 간식 섭취 시 발효성 당질이나 청량음료, 산성음료를 제한하고 우유나 치즈, 과일 등을 먹도록 한다. 넷째, 구강위생관리를 잘할 수 있도록 올바른 칫솔질 방법과 치실 사용을 교육한다.

4) 과잉행동장애

과잉행동증hyperactivity은 주의력결핍 과잉행동증attention deficit hyperactivity disorder, ADHD을 의미한다. 이 증상은 주의산만, 과잉행동, 충동적 행동 등의 특성을 보이는 만성질환이며, 일반적으로 유아기부터 시작한다. 학령기의 약 3~15% 정도가 과잉행동증의 양상을 보이며, 남아가 여아에 비해 3배 정도 더 많이 발생한다. 적절한 치료가 이루어지지 않으면 학업 수행이나 사회적 기능에 어려움을 겪을 수 있다.

과잉행동증의 원인은 아직 정확하게 밝혀지지 않았지만 유전적·신경학적·사회심리적 요인 외에도 식사와 환경 등의 요인이 복합적으로 작용한다. 식사요인으로는 정제당과 감미료, 식품첨가물, 인공색소나 향미료, 카페인, 가공식품 등의 과다 섭취가 원인이 될 수도 있다. 또한, 아침식사 결식, 배고픔, 불규칙한 식생활과 영양실조 등도 아동의 집중력 저하나 학습능력장애와 같은 행동 변화를 일으킬 수 있다. 따라서 과잉행동장애를 예방하거나 완화시키기 위해서는 단순당과 가공식품의 섭취를 제한하고 자연식품으로 조리되어 영양적으로 균형 잡힌 식사의 제공과 함께 건강한 식습관을 갖도록 지원해야 한다.

5) 철 결핍성 빈혈

2010년 국민건강통계에 의하면 철 결핍성 빈혈 유병률은 우리나라 10~18세 아동·청소년의 3.3%(남아 0.5%, 여아 6.7%)로 나타났다. 한편, 교육부의 학교건강검사 표본조사 결과에 따르면 초·중·고생의 빈혈 비율은 2011년 15.2%였고, 이후 고1 여학생을 대상으로 한 표본조사에서는 2014년 12.4%, 2019년 10.1%로 줄어드는 추세이다. 하지만 2019년 건강보험심사평가원 통계에 의하면 10대 여성이 남성보다 1.7배로 더 취약했다. 이는 학령기 후반 초경을 하는 여아의 경우 월경으로 인한 혈액 손실 등으로 철 요구량이 더욱 증가하는데 이 시기에 철을 충분히 섭취하지 않으면 빈혈 증상이 나타날 수 있다.

아동에게 철 결핍성 빈혈이 나타나는 이유는 성장을 위해 철이 신속하게 이용되고, 식사로부터 적당량의 철을 섭취하기 어렵기 때문이다. 철 결핍성 빈혈이 있는 경우 체력과 학습능력이 저하된다. 아동이 철의 좋은 급원식품인 육류를 잘 먹지 않는 이유는 육류를 씹기 힘들거나 맛이 없다고 느끼거나 경제적·종교적·도덕적 및 기타 이유로 가족들이 고기를 기피하기 때문이다. 철은 간, 달걀, 육류, 녹색야채류 등에 많이 들어 있으며, 특히 동물성식품에 함유된 철의 체내 흡수율이 높다. 육류 중에 존재하는 철은 헴철로 흡수율이 높은 반면 식물성식품 중에 주로 들어 있는 비헴철은 흡수율이 낮으므로 흡수율을 증가시키기 위하여 비타민 C가 들어 있는 식품과 함께 먹도록 해야 한다. 또한 다른 조혈영양소인 비타민 B_{12}와 엽산도 충분한 섭취가 필요하다.

6) 식품 알레르기

식품 알레르기는 아동에게 가장 흔히 나타나며, 연령이 증가하면서 점차 줄어든다. 식품 알레르기란 음식물이 항원이 되어 신체가 이에 대응하여 과민반응을 일으키는 알레르기성 질환을 말한다. 최근에 증가하고 있는 아토피성 질환도 여기에 해당될 수 있으나, 그 원인물질에 대해 아직 명확히 규명된 것은 아니다. 알레르기 반응은 비염, 설사, 구토, 복통, 호흡곤란, 두드러기, 피부 발진 등의 다양한 증상으로 나타나는데, 심한 경우 쇼크 증세까지도 나타날 수 있다.

아동에게는 달걀흰자, 우유, 밀 알레르기가 가장 흔하고, 다음이 갑각류, 생선, 호두, 돼지고기, 땅콩, 조개, 복숭아 알레르기의 순이다. 그밖에도 식품 알레르기는 사과, 닭고기, 메밀, 쇠고기, 키위, 아몬드, 들깨, 토마토, 오징어에 의해서도 발생하며, 향신료나 색소 등의 식품첨가물이 알레르기 반응을 일으키기도 한다(그림 5-5 참고). 식품 알레르기의 가장 일반적인 치료방법은 원인식품을 찾아내어서 그 식품을 식사에서 제거하는 것인데, 식품이나 음식 속의 재료에 대한 주의도 필요하다. 즉, 달걀에 대한 알레르기가 심하다면 달걀이 들어간 마요네즈 혹은 케이크와 과자류의 섭취도 제한해야 한다. 또한 기본적으로 식품을 위생적으로 다루고 신선한 재료를 사용하는 것도 중요하다.

2013년에 학교급식법령을 개정하여 학교급식 식단표에 알레르기 유발식품 정보 공지를 의무화하였고, 제5차 어린이 식생활안전관리 종합계획(2022~2024)에서는 아동의 올바른 식품 선택을 보장하기 위해 햄버거 등 어린이 기호식품 프랜차이즈 매장의 약 92%까지 영양성분 · 알레르기 표시를 확대하였다(그림 6-2 참고). 또한 2022년부터 나이스NEIS 학교급식시스템을 활용해서 식품 알레르기 등의 안전정보를 학생과 학부모에게 모바일로 제공하는 시스템을 구축 · 운영하고 있다.

5. 학령기의 영양관리

성장과 발육은 유전적으로 결정되나, 최대한의 능력을 발휘하려면 적절한 음식 섭취를 통한 영양 공급이 필요하다. 성장과 발육에 영향을 주는 여러 요인을 분석한 연구에 따르면, 영양 37%, 유전 22%, 문화 및 여러 자극 약 10%로 보고되고 있다. 유아기에 이어 학령기에도 영양적인 식사가 중요한 이유는 지속적인 성장, 활발한 신체활동 및 사춘기의 급성장을 위한 준비를 위해 영양적 요구가 증가하기 때문이다.

보건복지부와 한국영양학회에서 공동 발표한 '2020 한국인 영양소 섭취기준'에서 학령기 영양소 섭취기준 설정을 위한 체위기준은 소아·청소년 신체발육표준치(2017)를 사용하여 다음과 같다(표 6–1, 표 6–5). 학령기를 남녀별로 6~8세, 9~11세로 구분하여 영양소 필요량을 설정하였다.

표 6–5 한국인 영양소 섭취기준 설정을 위한 학령기(6~8세, 9~11세 연령 집단) 체위기준

성별	연령(세)	신장(cm)	체중(kg)	BMI(kg/m^2)
남아	6~8세	124.6	25.6	16.7
	9~11세	141.7	37.4	18.7
여아	6~8세	123.5	25.0	16.4
	9~11세	142.1	36.6	18.1

출처: 보건복지부, 한국영양학회, 2020

1) 에너지

아동의 에너지필요량은 기초·휴식 대사량, 신체활동대사량, 성장속도, 식품 이용을 위한 에너지 등에 의해 결정된다. 학령기의 에너지필요추정량은 유아기와 마찬가지로 에너지 소비량에 성장에 필요한 추가 에너지량과 활동의 특징을 고려하여 산정한다. 우리나라 아동의 에너지필요추정량 산출은 국내에 보고된 신체활동수준을 근거로 저활동적 신체활동수준을 적용하였으며, 성장에 필요한 에너지로 6~8세와 9~11세 아동의 경우 각각 하루에 20 kcal와 25 kcal를 추가하였다. 그러나 아동 개개인의 에너지 필요량은 같은 연령이라도 아동의 성별, 체격, 활동량, 성장속도 및 에너지 대사효율에 따라 개인차가 크다. 따라서 학령기에 성장에 필요한 평균 에너지는 조직 1 g당 5 kcal 정도로 평가되고 있고, 2020년부터는 '활동적'과 '매우 활동적' 신체활동수준에 해당하는 에너지필요추정량을 별도로 제시하였다(표 6–6). 단백질과 함께 필수아미노산 필요량 섭취기준은 평균 단백질 축적 비율과 체단백질의 평균 아미노산 조성값을 곱하여 산출한 뒤 성장기의 신체 성장

신체활동대사량
의식적인 근육활동에 필요한 에너지(운동에 의한 활동대사량+운동 이외의 활동대사량). 개인차가 크며 총 에너지섭취량의 15~30%

식품 이용을 위한 에너지(식이성 발열효과, thermic effect of food)
식품 섭취 후 식품을 소화시키거나 흡수, 대사, 이동, 저장을 위해 필요한 에너지. 혼합 식이 섭취 시 총 에너지 섭취량의 약 10%

과 유지에 대한 변이를 고려하여 성인의 변이계수(12.5%)를 적용하여 제시하였다(표 6-7). 아동의 전반적인 1일 소비 에너지의 구성을 보면 기초대사에 50%, 신체 성장에 12%, 신체 활동에 25%, 식품 이용을 위한 에너지 소모량에 8%를 이용한다.

표 6-6 학령기의 섭취 에너지적정비율과 1일 에너지필요추정량

연령	에너지적정비율(%)			에너지필요추정량(kcal)					
				저활동적		활동적		매우 활동적	
	탄수화물	단백질	지방	남아	여아	남아	여아	남아	여아
6~8세	55~65	7~20	15~30	1,700	1,500	1,900	1,700	2,200	2,100
9~11세				2,000	1,800	2,300	2,000	2,700	2,400

출처: 보건복지부, 한국영양학회, 2020

학령기 아동의 에너지필요추정량 산출공식

총 에너지 소비량(kcal/일)

〈남아〉 88.5 − 61.9 × 연령(세) + PA[26.7 × 체중(㎏) + 903 × 신장(m)]

PA = 1.0(비활동적), 1.13(저활동적), 1.26(활동적), 1.42(매우 활동적)

PA
physical activity

〈여아〉 135.3 − 30.8 × 연령(세) + PA[10.0 × 체중(㎏) + 934 × 신장(m)]

PA = 1.0(비활동적), 1.16(저활동적), 1.31(활동적), 1.56(매우 활동적)

- 성장 및 대사 변화에 따른 에너지 추가 필요량(kcal/일) : 6~8세 +20, 9~11세 +25
- 2005년부터 미국의학연구소(Institute of Medicine)에서 제안한 에너지필요추정량 산출식을 사용

출처: 보건복지부, 한국영양학회, 2020

2) 탄수화물과 식이섬유

몸의 크기에 비해 에너지의 필요량이 많은 아동기에 탄수화물은 에너지의 주요 급원으로 중요하다. 우리나라 영양소 섭취기준에서는 탄수화물의 섭취기준을 따로 제시하지 않고 에너지적정비율로 탄수화물의 섭취비율만을 권장하다가 2020년부터 남녀 아동 모두 1일 평균필요량은 100 g, 권장섭취량은 130 g로 최초 제정하였고, 에너지섭취비율은 55~65%로 개정되었다(표 6-6).

탄수화물은 식품에 내재하는 당과 가공 및 조리 시에 첨가하는 첨가당으로 구분할 수 있다. 탄수화물 중 단순당(단당류와 이당류)은 전분류에 비해 아동이 쉽게 소화시키지만 단순당, 특히 설탕의 섭취는 충치 발생 및 비만 등 건강문제를 초래할 수 있으므로 가능하면 섭취를 자제하는 것이 좋다. 한국인 영양소 섭취기준(2020)에 의하면 건강한 인구집단에서 총 당류 섭취량을 총 에너지 섭취량의 10~20%로 제한하고, 특히 총 당류 중 첨가당은 총 에너지 섭취량의 10% 이내로 섭취하도록 권장한다(WHO, 2015). 다행히 국민건강통계에서 2015년 이후 총 당류의 섭취는 점차적으로 감소하고 있는 것으로 보고되었다. 최근 우리나라 초등학생을 대상으로 수행된 연구에서는 총 에너지 섭취량 중 당류에서 얻어지는 에너지비율이 20% 이상인 경우 20% 미만인 대상자에 비해 철, 아연, 니아신 섭취가 유의적으로 낮았다고 보고되었으므로 다른 영양소와의 충분한 섭취를 위해서도 당류를 제한하는 것이 필요하다.

총 당류
식품에 내재하거나 식품을 가공, 조리하면서 첨가하는 단당류와 이당류의 총량을 의미함. 첨가당이란 식품의 제조과정이나 조리 시에 첨가되는 당과 시럽으로 설탕, 액상과당, 물엿, 당밀, 꿀, 시럽, 농축과일주스 등을 의미함

성인과 마찬가지로 학령기 아동들도 정상적인 배변과 식사 관련 암 예방 및 심혈관계질환, 비만, 당뇨병 등의 위험을 감소시키고 최적의 건강을 위해 식이섬유의 섭취량이 충분해야 한다. 학령기의 식이섬유 섭취기준은 한국인 평균 식이섬유 추정섭취량(12 g/1,000 kcal)을 기준으로 아동의 성별 · 연령별 1일 에너지 섭취량에 근거하여 계산한 결과 남아는 하루 25 g, 여아는 6~8세 20 g, 9~11세는 25 g의 충분섭취량으로 설정되어 있고, 이는 2015년 대비 각각 5 g씩이 증가된 수치이다.

3) 단백질

단백질은 체조직의 유지 및 새로운 조직의 합성을 위해 반드시 필요하므로 지속적인 성장이 이루어지는 학령기에 가장 중요한 영양소 중 하나이다.

우리나라 아동의 단백질 권장섭취량은 남녀 구분 없이 1일 체중 1 kg당 1 g을 기준으로 설정하여 6~8세는 남녀 구분 없이 35 g, 9~11세 남아 50 g, 여아 45 g으로 설정하였다(표 6-7). 한편, 한국인 영양소 섭취기준에서 학령기 아동의 단백질 에너지적정비율로는 7~20%를 제시하고 있다(표 6-6).

단백질은 양도 중요하지만 질적인 문제도 매우 중요하다. 즉, 단백질을 구성하는 모든 필수아미노산이 골고루 적절하게 함유되어야 단백질 합성이 진행될 수 있다. 대체로 동물성단백질이 곡류 등 식물성단백질보다 질적으로 우수하지만, 여러 식품을 서로 잘 배합하여 아미노산 보강효과를 통해 단백질의 질을 높일 수 있다. 한국인 영양소 섭취기준(2020)에 설정된 성장기의 필수아미노산에 대한 권장섭취량(표 6-8)은 신체 성장과 유지에 대한 변이, 단백질 이용효율을 고려하여 성인의 변이계수(12.5%)를 적용한 결과, 체중당 필수아미노산의 필요량은 1일 체중 kg당 약 200 mg으로 성인에 비해 1.2배가량 더 높다. 따라서 성장기 아동의 식사로 제공되는 단백질의 1/2~2/3가량은 동물성단백질로 공급하는 것이 바람직하다.

표 6-7 학령기의 단백질 1일 섭취기준

연령	평균필요량(g)		권장섭취량(g)	
	남아	여아	남아	여아
6~8세	30	30	35	35
9~11세	40	400	50	45

출처: 보건복지부, 한국영양학회, 2020

표 6-8 학령기의 필수아미노산 1일 섭취기준

아미노산	연령	평균필요량(g)		권장섭취량(g)	
		남아	여아	남아	여아
메티오닌	6~8세	0.5	0.5	0.6	0.6
	9~11세	0.7	0.6	0.8	0.7
류신	6~8세	1.1	1.0	1.3	1.3
	9~11세	1.5	1.5	1.9	1.8
이소류신	6~8세	0.5	0.5	0.6	0.6
	9~11세	0.7	0.6	0.8	0.7
발린	6~8세	0.6	0.6	0.7	0.7
	9~11세	0.9	0.9	1.1	1.1
라이신	6~8세	1.0	0.9	1.2	1.3
	9~11세	1.4	1.3	1.8	1.6
페닐알라닌+티로신	6~8세	0.9	0.8	1.0	1.0
	9~11세	1.3	1.2	1.6	1.5
트레오닌	6~8세	0.5	0.5	0.6	0.6
	9~11세	0.7	0.6	0.9	0.9
트립토판	6~8세	0.1	0.1	0.2	0.2
	9~11세	0.2	0.2	0.2	0.2
히스티딘	6~8세	0.3	0.3	0.4	0.4
	9~11세	0.5	0.4	0.6	0.5

출처: 보건복지부, 한국영양학회, 2020

4) 지질

지질은 에너지 밀도가 높은 효율적인 에너지원인 동시에 식품의 수용도에도 큰 영향을 미치는 영양소이며, 지용성비타민류를 운반하는 역할도 한다. 특히 지질 중에 필수지방산인 리놀레산과 알파-리놀렌산은 반드시 식품으로부터 공급되어야 한다. 지질의 영양소 섭취기준(2020)은 총 지방의 에너지적정비율 15~30%, 포화지방산 8% 미만, 트랜스지방산 1% 미만이다. 이를 위해 2020년부터 최초 제정된 지질 충분섭취량은 1일 25 g이며, 리놀레산 7~9.5 g, 알파-리놀렌산 0.8~1.3 g, EPA+DHA가 150~220 mg 내외이다(표 6-9).

표 6-9 학령기의 지질 1일 에너지적정비율과 충분섭취량

연령	에너지적정비율(15~30%)				충분섭취량(25 g)					
	포화지방산(%)		트랜스지방산(%)		리놀레산(g)		알파-리놀렌산(g)		EPA+DHA(mg)[1]	
	남아	여아	남아	여아	남아	여아	남아	여아	남아	여아
6~8세	<8	<8	<1	<1	9.0	7.0	1.1	0.8	200	200
9~11세	<8	<8	<1	<1	9.5	9.0	1.3	1.1	220	150

[1] EPA + DHA: eicosapentaenoic acid + docosahexaenoic acid

출처: 보건복지부, 한국영양학회, 2020

5) 수분

수분의 섭취기준은 충분섭취량으로 설정되었으며 음식의 수분량과 액체 섭취량을 합한 섭취량에 근거하여 제시하였다(표 6-10).

표 6-10 학령기의 수분 1일 섭취기준

연령	음식(mL)		액체(mL)		총 수분 충분섭취량(mL)	
	남아	여아	남아	여아	남아	여아
6~8세	900	800	800	800	1,700	1,600
9~11세	1,100	1,000	900	900	2,000	1,900

출처: 보건복지부, 한국영양학회, 2020

6) 비타민

우리나라 학령기의 비타민 섭취기준은 표 6-11 및 표 6-12와 같다. 비타민 A는 세포 분화와 증식에 중요하며 정상적인 발육을 위해 필수적이고, 비타민 D는 특히 골격 성장을 위해 중요하다. 에너지 대사를 위해 꼭 필요한 리보플라빈은 에너지 섭취가 많은 학령기 아동에게 부족하기 쉽다. 또한 단백질 대사에 필수적인 비타민 B_6, 콜라겐 합성에 필요한 비타민 C, 세포의 분열과 성장에 관여하는 엽산 등 에너지 및 주요 영양소의 대사와 아동의 정상적인 발육을 위해 각종 비타민의 적절한 섭취는 학령기 아동에게 매우 중요하다.

일반적으로 과일 및 채소를 적게 섭취하는 아동들은 비타민 A와 C의 섭취가 부족하기 쉬우며, 우유의 섭취가 적은 아동에게 리보플라빈이 부족하기 쉽다. 자외선에 의해 합성되는 비타민 D는 최근 바깥 활동이 줄어든 아동에게 부족하기 쉬우므로 식품을 통한 섭취에 관심을 가져야 한다.

표 6-11 학령기의 지용성비타민 1일 섭취기준

지용성비타민	연령	권장섭취량		충분섭취량		상한섭취량	
		남아	여아	남아	여아	남아	여아
비타민 A(μg RAE)[1]	6~8세	450	400			1,100	1,100
	9~11세	600	550			1,500	1,600
비타민 D(μg)	6~8세			5	5	40	40
	9~11세			5	5	60	60
비타민 E(mg α-TE)[2]	6~8세			7	7	200	200
	9~11세			9	9	300	300
비타민 K(μg)	6~8세					40	40
	9~11세					55	55

[1] RAE: retinol activity equivalents

[2] α-TE: α-tocopherol equivalent

출처: 보건복지부, 한국영양학회, 2020

표 6-12 학령기의 수용성비타민 1일 섭취기준

수용성비타민	연령	권장섭취량		충분섭취량		상한섭취량	
		남아	여아	남아	여아	남아	여아
비타민 C(mg)	6~8세	50	50			750	750
	9~11세	70	70			1,100	1,100
티아민(mg)	6~8세	0.7	0.7				
	9~11세	0.9	0.9				
리보플라빈(mg)	6~8세	0.9	0.8				
	9~11세	1.1	1.0				
니아신(mgNE)[1]	6~8세	9	9			15/350[3]	15/350[3]
	9~11세	11	12			20/500[3]	20/500[3]
비타민 B_6(mg)	6~8세	0.9	0.9			45	45
	9~11세	1.1	1.1			60	60
엽산(μgDFE)[2]	6~8세	220	220			500[4]	500[4]
	9~11세	300	300			600[4]	600[4]
비타민 B_{12}(mg)	6~8세	1.3	1.3				
	9~11세	1.7	1.7				
판토텐산(mg)	6~8세			3	3		
	9~11세			4	4		
비오틴(μg)	6~8세			15	15		
	9~11세			20	20		

[1] 1 mgNE(niacin equivalents) = 1 mg 니아신 = 60 mg 트립토판

[2] DFE: dietary folate equivalents

[3] 니코틴산/니코틴아미드

[4] 엽산의 상한섭취량은 보충제 또는 강화식품의 형태로 섭취한 μg/일에 해당됨

출처: 보건복지부, 한국영양학회, 2020

아동은 균형 잡힌 식생활을 통해 각종 비타민을 권장량만큼 섭취할 수 있으나, 경제적 빈곤이나 식욕부진·편식 등의 나쁜 식습관으로 인해 체중 부족인 아동, 채식주의 아동, 과보호 혹은 극단적인 편식으로 인한 비만아들의 경우 비타민의 보충을 고려할 수 있다.

니아신의 경우 권장섭취량과 상한섭취량과 함께 니코틴산과 니코틴아미드의 상한섭취량을 구분하여 설정하였다. 이는 니아신으로 작용하는 니코틴산과 니코틴아미드를 과량 섭취하면 메스꺼움, 구토, 간 독성, 홍조 등의 유해작용과 독성이 다르게 나타나기 때문이다.

다른 수용성 비타민들과 달리 판토텐산과 비오틴의 섭취기준은 충분섭취량으로 설정되어 있으며 학령기에서 성별에 따른 차이는 없다.

7) 무기질

아동의 정상적인 성장과 발달을 위하여 필수적인 다량·미량 무기질의 섭취기준은 표 6-13, 표 6-14와 같다.

성장기 아동의 칼슘 필요량은 아동의 골격 성장 평균치 도달을 위한 체내 칼슘 축적량에 중점을 두어 요인가산법으로 산출한다. 체내 칼슘 보유량은 칼슘 섭취량, 연령, 성장률, 비타민 D 영양상태 등에 의해 영향 받는다. 우리나라 6~8세 아동의 칼슘 권장섭취량은 1일 700 mg이고, 9~11세는 800 mg이다. 칼슘의 흡수율은 실제 섭취한 양의 30~60% 정도로 차이가 많으며, 섭취하는 음식의 배합과 종류에 따라 달라진다. 즉, 유당은 칼슘의 흡수를 증가시키나 피틴산과 수산은 흡수를 저해한다. 또한 단백질 섭취가 필요 이상으로 많으면 소변 중의 칼슘 배설이 증가한다.

나트륨은 생명현상에 필수적이지만 과잉 섭취는 고혈압, 뇌졸중, 심혈관질환 등을 포함한 여러 만성질환의 위험을 증가시킨다. 나트륨의 1일 충분섭취량은 남·여아 모두 6~8세에는 1,200 mg, 9~11세는 1,500 mg이다. 비만, 당뇨, 고혈압, 심혈관계질환 등 만성질환의 증가 추세를 고려하여 만성질환 위험 감소를 위해 2020년부터 나트륨은 만성질환위험감소섭취량chronic disease risk reduction intake이 신규 제정

표 6-13 학령기의 다량 무기질 1일 섭취기준

다량 무기질	연령	권장섭취량		충분섭취량		상한섭취량		만성질환위험감소 섭취량	
		남아	여아	남아	여아	남아	여아	남아	여아
칼슘 (mg)	6~8세	700	700			2,500	2,500		
	9~11세	800	800			3,000	3,000		
인(mg)	6~8세	600	550			3,000	3,000		
	9~11세	1,200	1,200			3,500	3,500		
나트륨 (mg)	6~8세			1,200	1,200			1,900	1,900
	9~11세			1,500	1,500			2,300	2,300
염소 (mg)	6~8세			1,900	1,900				
	9~11세			2,300	2,300				
칼륨 (mg)	6~8세			2,900	2,900				
	9~11세			3,400	3,400				
마그네슘 (mg)	6~8세	150	150			130[1]	130[1]		
	9~11세	220	220			190[1]	190[1]		

[1] 식품 외 급원의 마그네슘에만 해당

출처: 보건복지부, 한국영양학회, 2020

되었고, 그 기준은 남 · 여아 모두 6~8세에는 1,900 mg, 9~11세는 2,300 mg이다.

아동의 철 필요량은 성장률과 이에 따른 혈액량의 증가와 철 저장량에 따라 차이가 있다. 여아의 경우 초경의 시작 시기와 월경혈의 양에 따라 철 필요량이 다르며, 남 · 여아 모두 성장속도가 빠를수록 혈액량이 급격히 증가하므로 더 많은 철이 필요하게 된다. 우리나라 6~8세 남 · 여아의 철 권장섭취량은 1일 9 mg이며, 9~11세의 경우 성별에 따라 차이가 있어 남아의 경우 11 mg, 여아는 10 mg이다. 철은 보통 섭취량의 10%가 흡수되는 것으로 알려져 있으나, 비타민 C를 함유한 식품과 비헴철을 함유한 식품을 같이 섭취하면 흡수율이 증가한다.

아연은 체내에서 단백질과 핵산 대사에 중요한 역할을 하므로 성장과 성적 성숙을 위해 필수적인 영양소이다. 아연이 결핍되면 식욕감퇴, 미각의 변화, 성장지연, 피부 변화와 면역기능의 저하 등의 문제가 발생한다. 아연의 체내 보유량은 급성장기 동안 증가하며, 이 시기에 식사로 섭취한 아연의 이용률도 높아진다. 아연의 급원식품으로는 굴, 명태류, 육류, 달걀, 정제되지 않은 곡류 등이 있다. 아연의 1일 권장섭취량은 남·여아 모두 6~8세에는 5 mg이며, 9~11세는 8 mg이다.

표 6-14 학령기의 미량 무기질 1일 섭취기준

미량 무기질	연령	권장섭취량		충분섭취량		상한섭취량	
		남아	여아	남아	여아	남아	여아
철(mg)	6~8세	9	9			40	40
	9~11세	11	10			40	40
아연(mg)	6~8세	5	5			13	13
	9~11세	8	8			19	19
구리(mg)	6~8세	470	400			3,700	3,700
	9~11세	600	550			5,500	5,500
불소(mg)	6~8세			1.3	1.3	2.6	2.5
	9~11세			1.9	1.8	10	10
망간(mg)	6~8세			150	150	130	130
	9~11세			220	220	190	190
요오드(μg)	6~8세	100	100			500	500
	9~11세	110	110			500	500
셀레늄(μg)	6~8세	35	35			150	150
	9~11세	45	45			200	200
몰리브덴(μg)	6~8세	18	18			200	200
	9~11세	18	18			300	300
크롬(μg)	6~8세			15	15		
	9~11세			20	20		

출처: 보건복지부, 한국영양학회, 2020

6. 학령기 건강증진 방안

1) 학령기의 식사

하루 에너지 필요량의 1/4~1/3 정도를 아침식사로부터, 점심식사로는 하루 에너지 권장량의 1/3 정도를 제공하도록 한다. 아동에게 음식을 다량 섭취할 것을 권장하지 않으며, 콜레스테롤이나 지방 등을 지나치게 제한하지 않는 것이 좋다. 또한 식품의 섭취가 어느 한 끼니에 집중되지 않도록 하고 규정된 식사시간을 지키며 아동의 식사 유형과 기호에 맞는 식단을 운영하도록 한다.

표 6-15 학령기 식품군별 권장식사패턴 (섭취횟수)

식품군 \ 대상	남아		여아	
	6~8세 1,700 kcal	9~11세 2,000 kcal	6~8세 1,500 kcal	9~11세 1,800 kcal
곡류	2.5	3	2	3
고기 · 생선 · 달걀 · 콩류	3	3.5	2.5	3
채소류	6	7	6	6
과일류	1	2	1	1
우유 · 유제품류	2	2	2	2
유지 · 당류	5	6	5	5

1) 곡류: 식이섬유 섭취를 늘리기 위해서 잡곡류 사용을 권장함
2) 고기·생선·달걀·콩류: 고기의 경우 살코기 기준이며, 지방 함량이 높은 식품을 이용할 경우에는 유지류를 추가 사용하는 것으로 간주해야 함
3) 채소류: 소금 5 g 이하의 영양목표를 달성하기 위해 가능한 싱겁게 조리하도록 함
4) 나트륨: 국, 찌개류의 경우 건더기 위주로 섭취하도록 함
5) 과일류: 식이섬유 섭취를 늘리기 위해 주스보다는 생과일 섭취를 권장함
6) 우유·유제품류: 단순당질이 적게 함유된 제품을 권장함
7) 유지·당류: 조리 시 사용되는 양도 섭취횟수 범위 내에서 사용하도록 함
8) 양념류: 각 권장섭취패턴에 이미 양념 사용량이 포함되어 있음. 여기서 양념이란 간장, 고추장, 된장, 소금 등의 조미료류를 말하며 50~85 kcal 사용된 것으로 계산함

출처: 보건복지부, 대한영양사협회, 2021

매일 적어도 2컵 이상의 우유나 유제품을 섭취해야 칼슘 요구량을 충족시킬 수 있다. 단백질은 2컵의 우유와 60~90 g의 육류, 달걀, 콩 등에서 공급받을 수 있다. 식품별로 볼 때 감귤류 등과 같은 비타민 C의 급원식품은 매일 일정량씩 포함되어야 하며, 녹황색 채소류도 1주일에 3~4회 섭취하도록 한다. 가끔은 육류나 우유 대신 대두식품과 두유 등으로 대치하는 것도 좋다.

표 6-15에 한국인 영양소 섭취기준의 식사구성안으로 학령기 식품군별 권장식사패턴을 제시하였다. 식사구성안은 개인이나 집단에 필요한 에너지 섭취량을 기준하여 바람직한 영양소 섭취수준을 제안하는 것으로 식품군별 식품의 1회 분량의 섭취횟수를 제시한다. 표 6-16과 표 6-17은 식단 작성의 예이다.

표 6-16 학령기 남아를 위한 1일 식단의 예(1,900 kcal, A타입)

메뉴	분량	아침	점심	저녁	간식
		쌀밥 감잣국 소불고기 버섯파프리카볶음 치커리새콤무침 깍두기	채소볶음밥 두부된장국 달걀부침 브로콜리데침 배추김치 액상요구르트	현미밥 콩나물국 닭조림 시금치나물 무생채 백김치	바나나 우유
곡류	3회	쌀밥 189 g (0.9) 감자 140 g (0.3)	쌀밥 189 g (0.9)	현미밥 189 g (0.9)	
고기 · 생선 · 달걀 · 콩류	3.5회	소고기 60 g (1)	두부 40 g (0.5) 달걀 60 g (1)	닭고기 60 g (1)	
채소류	7회	표고버섯 15 g (0.5) 파프리카 28 g (0.4) 치커리 35 g (0.5) 깍두기 40 g (1)	당근 21 g (0.3) 양파 21 g (0.3) 브로콜리 35 g (0.5) 배추김치 40 g (1)	콩나물 35 g (0.5) 시금치 35 g (0.5) 무 35 g (0.5) 백김치 40 g (1)	
과일류	1회				바나나 100 g (1)
우유 · 유제품류	2회		액상 요구르트150g (1)		우유 200 mL (1)
유지 · 당류	5회	유지 및 당류는 조리 시 가급적 적게 사용할 것을 권장함			

총 에너지(kcal): 1869.9 kcal; 에너지 영양소 섭취비율(%): 탄수화물(55.3%), 단백질(15.4%), 지방(29.2%)

출처: 보건복지부, 한국영양학회, 2021

표 6-17 학령기 여아를 위한 1일 식단의 예(1,700 kcal, A타입)

메뉴	분량	아침	점심	저녁	간식
		달걀샌드위치 당근수프 키위 우유	흑미밥 무채양파국 가자미구이 감자멸치조림 김구이 배추김치	쌀밥 시금치된장국 돼지목살구이 상추무침 깍두기	방울토마토 호상요구르트
곡류	2.5회	식빵 70 g (0.5)	흑미밥 168 g (0.8) 감자 140 g (0.3)	쌀밥 168 g (0.8)	
고기 · 생선 · 달걀 · 콩류	3회	달걀 60 g (1)	가자미 49 g (0.7) 멸치 5 g (0.3)	돼지고기 60 g (1)	
채소류	6회	양상추 21 g (0.3) 당근 35 g (0.5)	무 14 g (0.2) 양파 14 g (0.2) 김 2 g (1) 배추김치 40 g (1)	시금치 21 g (0.3) 상추 35 g (0.5) 깍두기 40 g (1)	방울토마토 70 g (1)
과일류	1회	키위 100 g (1)			키위 50 g (0.5)
우유 · 유제품류	2회	우유 200 mL (1)			호상 요구르트 100 g (1)
유지 · 당류	5회	유지 및 당류는 조리 시 가급적 적게 사용할 것을 권장함			

총 에너지(kcal): 1660.9 kcal; 에너지 영양소 섭취비율(%): 탄수화물(55.3%), 단백질(16.5%), 지방(28.1%)

출처: 보건복지부, 한국영양학회, 2021

2) 학교급식

(1) 학교급식의 현황

우리나라 학교급식은 1953년 국제아동기금UNICEF, 미국 원조물자발송협회CARE, 미국 국제개발처USAID 등 외국 기관의 원조를 받아 결식아동에게 분유를 제공하는 것으로 시작되었다. 1973년부터는 정부 시책으로 국고 지원이나 개인 부담하에 다양한 형태의 학교급식이 시행되다가 1981년 '학교급식법'이 제정되어 목적, 방법, 시설 등의 제도적 규정이 마련되었다.

학교급식은 "학교급식의 질을 향상시키고 학생의 건전한 심신의 발달과 국민 식생활 개선에 기여함을 목적"으로 한다. 1998년부터 초등학교, 1998~1999년 고등학교, 2002년까지 중학교로 확대하여 2003년부터는 전국의 모든 초·중·고등학교에서 학교급식을 실시하게 되었다. 2021년 2월 기준 전국 초·중·고·특수학교 전체 11,903개교에서 100% 급식을 제공하고 있으며, 전체의 약 99.9%에 해당하는 평균 538만 명(교당 평균 452명)의 학생과 44만여 명의 교직원이 급식을 제공받고 있다(표 6-18).

1996년에는 학교급식법의 개정에 따라 직접 운영형태뿐만 아니라 위탁급식 형태도 가능하게 되었고, 2000년부터는 HACCP 개념의 '학교급식 위생관리시스템'을 도입하였다. 하지만 2006년 수도권지역 위탁급식학교에서 집단식중독 사고가 발생한 것을 계기로 2007년에 '학교급식개선 종합대책'이 마련되었다. 그 주요 내용은 '학교급식법'을 개정하여 영양교사의 역할 강화를 통한 식생활지도와 영양상담을 실시하고, 성장발달 단계에 맞는 연령별·성별 학교급식의 영양기준량을 설정하여 급식 운영 및 관리 체계를 개선토록 하였다. 2020년 교육부 보고에 따르면 위탁급식(2%)보다 직영급식(98%)으로 대부분 운영되며, 영양사(4,669명, 43.7%)를 영양교사(6,022명, 56.3%)로 순차적으로 전환하고 있다(표 6-18). 학교급식법 시행령 제8조에 의거한 영양교사의 직무는 ① 식단 작성, 식재료의 선정 및 검수, ② 위생·안전·작업 관리 및 검식, ③ 식생활 지도, 정보제공 및 영양상담이다. 2020년 급식학

표 6-18 급식학교, 학생수 및 운영형태 현황

구분	학교수(교)			학생수(천 명)			운영형태(교)	
	전체	급식	%	전체	급식	%	직영(%)	위탁(%)
초등학교	6,127	6,127	100	2,698	2,698	100	6,121(99.9)	6(0.1)
중학교	3,226	3,226	100	1,316	1,316	100	3,200(99.2)	26(0.8)
고등학교	2,372	2,372	100	1,337	1,336	99.9	2,167(91.4)	205(8.6)
특수학교	178	178	100	26	25	99.3	175(98.3)	3(1.7)
합계	11,903	11,903	100	5,377	5,375	99.9	11,663(98%)	240(2)

출처: 교육부, 2021

교 및 학생 수 현황은 표 6-18에 나타내었다.

(2) 학교급식의 중요성과 효과

학교급식은 성장기 아동들에게 필요한 영양을 균형 있게 공급하여 심신의 건전한 발달과 함께 올바른 식습관 지도, 편식의 교정, 공동체 의식, 전통 식문화 및 세계 식문화의 체험, 식품의 생산과 소비에 대한 올바른 교육을 제공함에 있다. 또한 학교급식은 아동이 올바른 식사태도와 식사예절을 지니게 하며 식생활 위생관리에도 효과적이다. 이는 평생건강의 지름길이며 아동의 영양교육을 통하여 가정에서의 식생활을 합리적으로 개선하는 데도 기여할 수 있어서 장기적으로 국민 식생활 개선에도 큰 효과가 있다.

6~11세 아동의 영양섭취부족자분율의 추이를 보면 2010~2019년도에는 5% 전후였으나, 2020년에는 11.8%(남아 10.3%, 여아 13.3%)로 크게 증가하였는데, 이는 코로나19로 인한 등교일수 감소와 학교급식 미제공이 주요인이 되었을 것으로 추정됨에 따라 학교급식의 중요성이 재조명되었다.

(3) 학교급식 영양관리기준

학교급식은 점심 한 끼의 식사를 통해 에너지와 영양소를 1일 영양소 섭취기준의 1/3을 충족시키는 범위에서 영양소를 보완하여 계획해야 한다. 또한 학생들의 음식에 대한 기호 및 안전과 위생 등도 고려해서 영양(교)사는 식단을 구성해야 한다. 이를 위해 우리나라 학교급식은 '학교급식법'의 학교급식 영양관리기준(2021년 개정, 표 6-19)에 따라 식단 작성 시 다음과 같은 사항을 고려하고 있다.

- 전통 식문화食文化의 계승 · 발전을 고려할 것
- 곡류 및 전분류, 채소류 및 과일류, 어육류 및 콩류, 우유 및 유제품 등 다양한 종류의 식품을 사용할 것
- 염분 · 유지류 · 단순당류 또는 식품첨가물 등을 과다하게 사용하지 않을 것
- 가급적 자연식품과 계절식품을 사용할 것
- 다양한 조리방법을 활용할 것

표 6-19 학교급식의 영양관리기준

성별	구분		에너지 (kcal)	단백질 (g)	비타민 A (μg RAE)		티아민 (mg)		리보플라빈 (mg)		비타민 C (mg)		칼슘 (mg)		철 (mg)	
					평균 필요량	권장 섭취량	평균 필요량	권장 섭취량	평균 필요량	권장 섭취량	평균 필요량	권장 섭취량	평균 필요량	권장 섭취량	평균 필요량	권장 섭취량
남	초등 학생	1~3학년	570	11.7	104	150	0.17	0.24	0.24	0.30	13.4	16.7	200	234	24	3.0
		4~5학년	670	16.7	137	200	0.24	0.30	0.30	0.37	18.4	23.4	267	267	27	3.7
여	초등 학생	1~3학년	500	11.7	97	134	0.20	0.24	0.20	0.27	13.4	16.7	200	234	24	3.0
		4~5학년	600	15.0	130	184	0.27	0.30	0.27	0.34	18.4	23.4	217	267	27	3.4

1. 학교급식의 영양관리기준은 한끼의 기준량을 제시한 것으로 학생 집단의 성장 및 건강상태, 활동 정도, 지역적 상황 등을 고려하여 탄력적으로 적용할 수 있다.
2. 영양관리기준은 계절별로 연속 5일씩 1인당 평균 영양공급량을 평가하되, 준수범위는 다음과 같다.
   가. 에너지는 학교급식의 영양관리기준 에너지의 ±10%로 하되, 탄수화물:단백질:지방의 에너지 비율이 각각 55~65%:7~20%:15~30%가 되도록 한다.
   나. 단백질은 학교급식 영양관리기준의 단백질량 이상으로 공급하되, 총 공급 에너지 중 단백질 에너지가 차지하는 비율이 20%를 넘지 않도록 한다.
   다. 비타민 A, 티아민, 리보플라빈, 비타민 C, 칼슘, 철은 학교급식 영양관리기준의 권장섭취량 이상으로 공급하는 것을 원칙으로 하되, 최소한 평균필요량 이상이어야 한다.

출처: 학교급식법 시행규칙 [별표 3] <개정 2021. 1. 29.>

3) 식생활지침

2003년부터 생애주기별 특성을 고려한 식생활 실천지침이 국가 차원에서 마련되고 있으며 현재 아동을 위한 식생활지침은 2009년 보건복지부에서 개정된 안을 따르고 있고 다음과 같다.

2021년에 보건복지부, 농림축산식품부와 식품의약품안전처는 새로 개정된 한국인을 위한 식생활지침을 공동 발표하였다(부록 참고). 새로운 식생활지침은 만성질환 감소, 비만관리, 위생적인 식문화 등을 강조하면서 식품 및 영양섭취, 식생활 습관, 식생활 문화 관련 지침으로 구성되어 있다.

어린이를 위한 식생활지침

• 음식은 다양하게 골고루

① 편식하지 않고 골고루 먹습니다.
② 끼니마다 다양한 채소 반찬을 먹습니다.
③ 생선, 살코기, 콩제품, 달걀 등 단백질 식품을 매일 한 번 이상 먹습니다.
④ 우유를 매일 두 컵 정도 마십니다.

• 많이 움직이고, 먹는 양은 알맞게

① 매일 한 시간 이상 적극적으로 신체활동을 합니다.
② 나이에 맞는 키와 몸무게를 알아서, 표준체형을 유지합니다.
③ TV 시청과 컴퓨터게임을 모두 합해서 하루에 두 시간 이내로 제한합니다.
④ 식사와 간식은 적당한 양을 규칙적으로 먹습니다.

• 식사는 제때에, 싱겁게

① 아침식사는 꼭 먹습니다.
② 음식은 천천히 꼭꼭 씹어 먹습니다.
③ 짠 음식, 단 음식, 기름진 음식을 적게 먹습니다.

• 간식은 안전하고, 슬기롭게

① 간식으로는 신선한 과일과 우유 등을 먹습니다.
② 과자나 탄산음료, 패스트푸드를 자주 먹지 않습니다.
③ 불량식품을 구별할 줄 알고 먹지 않으려고 노력합니다.
④ 식품의 영양표시와 유통기한을 확인하고 선택합니다.

• 식사는 가족과 함께 예의바르게

① 가족과 함께 식사하도록 노력합니다.
② 음식을 먹기 전에 반드시 손을 씻습니다.
③ 음식은 바른 자세로 앉아서 감사한 마음으로 먹습니다.
④ 음식은 먹을 만큼 담아서 먹고 남기지 않습니다.

출처: 보건복지부, 2009

어린이 기호식품 품질인증제도

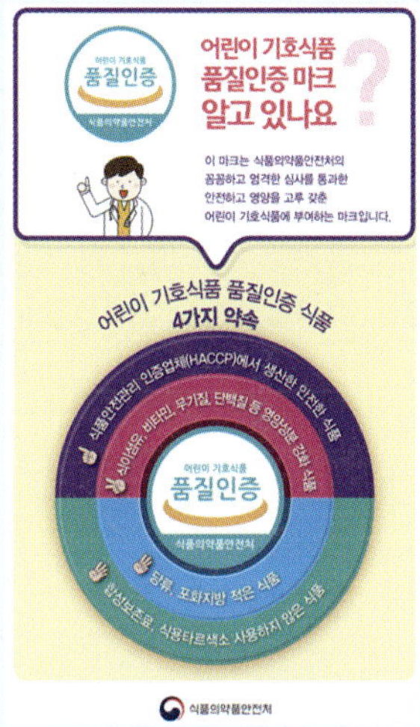

1) 품질인증 근거와 기준 : 어린이 식생활안전관리 특별법」 제15조 제1항 및 어린이 기호식품 품질인증기준(식약처 고시 2019-114호) 제3조제1항에 근거함. 안전하고 영양을 갖춘 제품의 제조 · 가공 · 유통 · 판매를 권장하는 판매 환경을 조성하기 위하여 어린이 기호식품 중 안전에 관한 기준, 영양에 관한 기준과 식품첨가물의 사용에 관한 기준에 적합한 기호식품들을 식품의약품안전처장이 품질을 인증해 주는 제도이며, 품질인증식품뿐만 아니라 고열량 · 저영양 식품, 고카페인 함유 식품과 정서저해 식품도 관리함
2) 품질인증식품 표시기준 : 품질인증을 받은 어린이 기호식품은 용기 · 포장 등에 일정한 도형 또는 문자로 품질인증식품 표시 가능
3) 어린이 기호식품 유형 : ① 가공식품 : 과자류 중 과자(한과류는 제외), 캔디류, 빙과류, 빵류, 초콜릿류, 유가공품 중 가공유류, 발효유류(발효버터유 및 발효유분말은 제외), 아이스크림류, 어육가공품 중 어육소시지, 면류(용기면만 해당) 중 유탕면류 및 국수, 음료류 중 과 · 채주스, 과 · 채음료, 탄산음료, 유산균음료, 혼합음료, 즉석섭취식품 중 김밥, 햄버거, 샌드위치 ② 조리식품 : 제과 · 제빵류, 아이스크림류, 햄버거와 피자, 어린이 식품안전보호구역에서 조리하여 판매하는 라면, 떡볶이, 꼬치류, 어묵, 튀김류, 만두류, 핫도그 등
4) 어린이 기호식품 품질인증은 2개월마다 업데이트하며 2020~2022년도 현황은 다음과 같으며, 식품의약품안전처와 식품안전나라 홈페이지에서 확인 가능함

2020. 6. 30. 기준
- 9개 유형 79개 업체 총 246개 인증
- 가공유류 3개, 과 · 채음료 35개, 과 · 채주스 151개, 과자 14개, 발효유류 16개, 빙과류 3개
- 어육소시지 3개, 유산균음료 3개, 혼합음료 18개

2021. 6. 30. 기준
- 10개 유형 101개 업체 총 346개 인증
- 가공유류 4개, 과 · 채음료 39개, 과 · 채주스 217개, 과자 19개, 발효유류 17개, 빙과류 6개
- 어육소시지 3개, 유산균음료 4개, 혼합음료 28개, 캔디류 9개

2022. 12. 31. 기준
- 10개 유형 121개 업체 총 406개 인증
- 가공유류 9개, 과 · 채음료 45개, 과 · 채주스 264개, 과자 13개, 발효유류 18개, 빙과류 5개
- 어육소시지 1개, 유산균음료 2개, 혼합음료 35개, 캔디류 14개

어린이 기호식품 신호등 표시제

1) 신호등 표시제 근거와 등급 : 2012년부터 어린이 식생활안전관리 특별법(어린이식생활법) 제12조에 따라 어린이 기호식품의 주표시면에 어린이 비만을 유발하는 주요 영양성분인 당류, 총지방, 포화지방, 나트륨의 함량을 3개 등급으로 나누고 그 등급에 따라 어린이들이 알아보기 쉽게 녹색, 황색, 적색의 색상으로 표시하는 '신호등 표시제'를 표시하도록 식품제조 · 가공업자와 수입업자에게 권고하였으나 실효성이 미흡했음. 이에 따라 2021년부터 어린이 기호식품에 신호등 표시를 의무사항으로 규정하고, 이를 위반하여 표시하지 않은 경우 300만 원 이하의 과태료를 부과하는 어린이식생활법이 일부 개정되었음

2) 신호등 표시제 대상 식품 : 과자류(과자, 캔디류, 빙과류), 빵류, 초콜릿류, 유가공품(가공유류, 발효유류, 아이스크림류), 어육가공품(어육소시지), 음료류(과 · 채주스, 과 · 채음료, 탄산음료, 유산균음료, 혼합음료)

3) 신호등 표시제 기준과 도안 : 어린이 기호식품과 영양성분 함량에 따른 등급별 색상 기준과 함량 표시 도안의 예시

• 신호등 표시제 기준

		지방	포화지방	당	나트륨
간식용	녹색	3 g 미만	3 g 미만	3 g 미만	120 mg 미만
	황색	3 g 이상~9 g 이하	1.5 g 이상~4 g 이하	3 g 이상~17 g 이하	120 mg 이상~300 mg 이하
	적색	2 g 초과	4 g 초과	17 g 초과	300 mg 초과
식사 대용	녹색	3 g 미만	1.5 g 미만	3 g 미만	120 mg 미만
	황색	3 g 이상~12 g 이하	1.5 g 이상~4 g 이하	3 g 이상~17 g 이하	120 mg 이상~600 mg 이하
	적색	12 g 초과	4 g 초과	17 g 초과	600 mg 초과

• 표시 도안의 예시

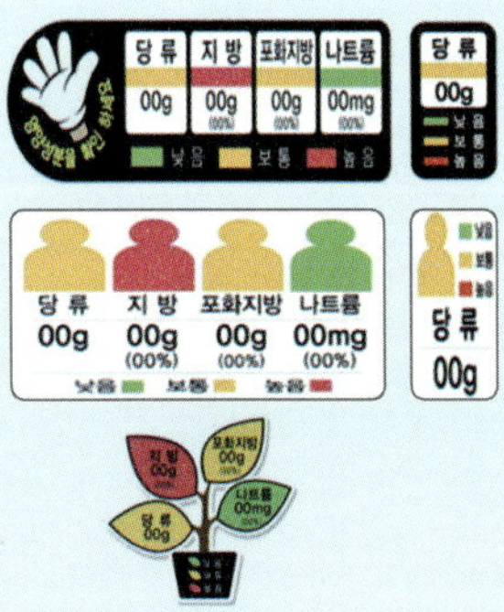

출처: 식품의약품안전처 식품소비안전국 식생활영양안전정책과, 2022

단원정리

1 학령기, 즉 아동기는 보통 6세부터 사춘기 변화가 시작될 때까지이다. 우리나라에서는 학령기를 6~8세와 9~11세의 두 단계로 나누어 성별로 영양소 섭취기준을 제시하고 있다.

2 아동의 성장에 영향을 미치는 가장 주요한 요인은 유전과 영양이며, 이 시기의 신체 성장은 완만하게 이루어지나 각 기관의 기능은 충실해진다.

3 학령기의 식행동에 영향을 미치는 요인은 가족, 학교(또래친구), 대중매체 등이 있으며, 우리나라 아동의 식행동 문제로 불규칙한 식사와 부적절한 아침식사, 편식, 잘못된 간식 섭취 행동, 가공식품 · 패스트푸드의 지나친 섭취 등이 지적되고 있다.

4 학령기 아동의 영양 부족과 과잉이 공존하며, 영양 섭취의 불균형 문제는 저체중, 체중 과다 또는 비만, 충치, 과잉행동장애, 철 결핍성 빈혈, 식품 알레르기 등의 영양 · 건강 문제를 유발한다.

5 학령기에는 지속적인 성장, 활발한 신체활동 및 사춘기의 급성장 준비를 위해 영양적 요구가 증가하므로 적절한 영양 섭취가 중요하며, 에너지적정비율은 탄수화물 55~65%, 단백질 7~20%, 지방 15~30%이다.

6 학교급식은 성장기 아동들에게 필요한 영양을 균형 있게 공급하여 심신의 건전한 발달과 함께 올바른 식습관 지도, 편식의 교정, 공동체 의식, 전통 식문화 및 세계 식문화의 체험, 식품의 생산과 소비에 대한 올바른 교육을 제공하고, 점심 한 끼의 식사를 통해 에너지와 영양소를 1일 영양소 섭취기준의 1/3을 제공하여야 한다.

연습문제

1 학령기 신체발달 특성에 대한 설명으로 옳은 것은?

① 여아가 남아보다 2차 성징이 먼저 시작된다.

② 학령기는 영아기보다 신체적 성장이 왕성하다.

③ 남아의 체중 증가는 10~11세에 현저하게 나타난다.

④ 여아보다 남아에서 피하지방량이 더 증가하고 골격발달도 현저하다.

⑤ 신장 발육은 남아의 경우 10~12세에, 여아의 경우 12~14세에 현저하다.

2 학령기 아동의 성장에 영향을 미치는 요인으로 가장 옳은 것은?

① 유전, 영양 ② 영양, 기후 ③ 기후, 스트레스 ④ 스트레스, 운동 ⑤ 운동, 유전

3 학령기 아동의 식행동에 영향을 주는 요인에 대한 설명으로 옳은 것은?

① 가족의 식습관이 아동의 식품 선택에 미치는 영향은 적다.

② 학교에서 보내는 시간이 많으므로 식사시간은 언제나 규칙적이다.

③ TV 속 광고는 아동의 간식패턴에 영향을 미쳐 비만을 초래하는 요인으로 작용할 수 있다.

④ 자의식이 발달하는 시기이므로 친구들의 식품 기호보다는 본인의 의지에 따른 식행동을 나타낸다.

⑤ 신체적 발달을 하는 시기이나 아직 신체에 대한 인식은 적어 신체상(body image)에 의한 영향은 매우 적다.

4 학령기 어린이에게 나타나는 알레르기의 주된 원인이 되는 식품들로 연결된 것은?

① 우유, 현미 ② 초콜릿, 사과 ③ 감귤류, 현미 ④ 우유, 초콜릿 ⑤ 달걀흰자, 사과

5 비만 아동에 대한 설명으로 옳은 것은?

① 배가 고플 때만 먹는다.

② 영양소의 기능에 대하여 잘 안다.

③ 정상체중 아동보다 이유시기가 늦다.

④ 단 음식을 싫어하고 기름진 것만 먹는다.

⑤ 우울하거나 무기력할 때는 먹는 걸로 기분을 푼다.

6 충치의 예방법으로 옳은 것은?

① 칫솔질은 아침, 저녁 2회만 실시한다.

② 간식의 횟수와 충치의 발생은 관련이 없다.

③ 치아의 건강을 위해 양질의 단백질 및 칼슘을 섭취한다.

④ 과일 통조림, 건포도, 곶감 등 가공된 과실류는 충치 유발성이 낮다.

⑤ 유치는 영구치로 대체되므로 충치가 생겨도 큰 문제가 되지 않는다.

7 학령기 아동에게 나타날 수 있는 주의력결핍 과잉행동증(ADHD)에 대한 설명으로 옳은 것은?

① 학령기 후반에 주로 발병한다.

② 남아보다 여아에게서 더 많이 발생한다.

③ 과격하고 충동적이며 참을성이 없는 특징을 나타낸다.

④ 식품첨가물이나 설탕의 과다 섭취가 직접적인 원인이다.

⑤ 학령기 아동의 20% 정도가 주의력결핍 과잉행동증의 양상을 보인다.

8 학령기의 영양소 섭취기준에 대한 설명으로 옳은 것은? (2020 한국인 영양소 섭취기준)

① 지질은 총 에너지의 20~35% 섭취를 권장하고 있다.

② 단백질 필요량은 질소평형을 유지하기 위한 양으로 설정하였다.

③ 탄수화물 중 첨가당의 적정섭취비율은 총 에너지 섭취량의 10% 이내이다.

④ 학령기는 성장이 이루어지고 있는 시기로 남녀 모두 총 에너지필요추정량은 2,100 kcal이다.

⑤ 식이섬유는 성장기 무기질의 흡수를 방해할 수 있으므로 영양소 섭취기준을 제정하지 않았다.

9 학령기의 영양소 섭취기준이 남아와 여아에서 동일한 것은? (2020 한국인 영양소 섭취기준)

① 에너지 ② 비타민 A ③ 철 ④ 인 ⑤ 티아민

10 학교급식의 중요성과 효과를 설명하시오.

CHAPTER 7 청소년기 영양

CHAPTER

7

학습목표

1. 청소년의 신체적 성장과 발달에 대해 설명할 수 있다.
2. 청소년기의 성숙단계를 성별에 따라 설명할 수 있다.
3. 청소년의 식행동 특징과 영향을 미치는 요소를 설명할 수 있다.
4. 청소년기의 영양 섭취의 중요성과 영양소 섭취기준을 설명할 수 있다.
5. 청소년의 영양상태에 영향을 미치는 요인들에 대해 설명할 수 있다.
6. 청소년기 영양 · 건강 문제와 영양관리 방안에 대해 설명할 수 있다.

1. 청소년기 영양의 중요성

청소년기는 학령기에서 성인기로 전환되는 과정으로 신체적 · 정서적 · 사회적 과도기이다. 제2의 성장기이며 성적 성숙이 가속적으로 이루어져 성장이 완성되어 가는 시기로 볼 수 있다. 2차 성징이 나타나기 시작하는 청소년기 초기 2~3년을 사춘기라고 하며, 12~14세는 청소년 전기로, 15~19세는 청소년 후기로 구분한다. 이 시기는 신체적 · 정서적 · 사회적 그리고 인지적으로 급격한 변화가 생기는 시기이다. 신체적 성장과 발달 그리고 성숙과 더불어 정서적으로 불안정한 시기이므로 학교나 가정, 사회생활을 활발하게 할 수 있도록 다면적 지원이 병행되어야 하는 일생 중 다른 어느 시기보다 매우 가치 있는 시기이다.

표 7-1 청소년기 성장과 발달 단계

구분	청소년 시작 시기	청소년 전기	청소년 후기
여자	8~11세	13~15세	16~19세
남자	9~11.5세		

사춘기
성장 · 발달함에 따라 성적 기능이 활발해져서 2차 성징이 나타나는 시기

청소년기에는 급격한 신체적 성장과 발달이 이루어진다. 이에 청소년기는 에너지, 단백질, 비타민 그리고 무기질 등의 영양관리가 특히 중요하며, 사회 · 심리학적 발달 특성에 따라 나타나는 정체성, 독립심 등은 바람직한 식생활행동을 확립시키는 기반이 된다.

청소년기의 영양관리는 사회적 · 환경적 요인 등 다양한 요인에 따라 영향을 받는다. 최근에는 많은 수의 청소년이 아침을 거르거나 카페인과 단순당을 자주 섭취하는 등 영양불균형 상태에 노출된 것으로 알려져 있다. 또한 청소년은 외부 영향을 쉽게 받아 왜곡된 신체 이미지를 가지고 있어 체질량지수BMI와 상관없이 스스로를 비만이라고 생각하는 등 신체 이미지에 대한 오해가 있는 것으로 보고되고 있다. 따라서 올바른 식습관과 건전한 신체 이미지를 형성하기 위해 청소년기 영양교육의 중요성은 매우 크다고 볼 수 있다.

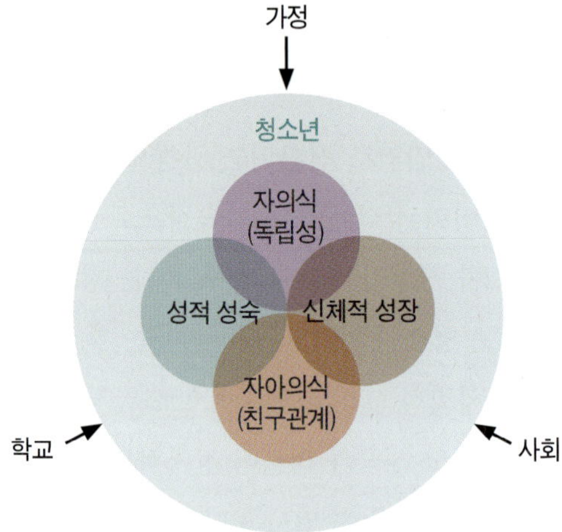

그림 7-1 청소년기 영양과 식생활행동에 영향을 주는 변인들

2. 청소년기의 성장과 발달

청소년기는 사춘기의 등장을 포함하는 성장 · 발달 시기이다. 청소년기에 나타나는 생물학적 변화는 성적 성숙과 함께 키와 체중의 증가, 골밀도의 증가와 신체 구성의 변화를 포함한다.

청소년기에 나타나는 사춘기는 일반적인 특징이지만, 사춘기의 시작, 지속, 성숙 등은 개인마다 차이가 크다. 따라서 동일한 연령이더라도 사춘기를 경험한 청소년과 그렇지 않은 청소년의 신체적 외모의 차이는 매우 크다.

이러한 신체적 차이는 개인의 영양소 섭취 필요량에 직접적으로 영향을 미칠 수 있다.

1) 청소년기의 신체 성장

청소년기는 급격한 신체 크기가 성장하는 시기로, 특히 신장과 체중이 증가한다.

청소년기 신체발육표준치에서는 남자 청소년은 18세가 되면 평균 키 173.6 cm에 체중 66.7 kg이고, 여자 청소년은 160.6 cm, 54.0 kg으로 나타났다.

표 7-2 청소년기 신체발육표준치

남아			연령	여아		
체중(kg)	신장(cm)	체질량지수(kg/m²)		체중(kg)	신장(cm)	체질량지수(kg/m²)
45.4	151.4	19.8	12세	43.7	151.7	19.1
50.9	158.6	20.3	13세	47.7	155.9	17.7
56.0	165.0	20.8	14세	50.5	158.3	20.3
60.1	169.2	21.2	15세	52.6	159.5	20.8
63.1	171.4	21.6	16세	53.7	160.0	21.0
65.0	172.6	21.9	17세	54.1	160.2	21.1
66.7	173.6	22.3	18세	54.0	160.6	21.0

출처: 질병관리청, 대한소아청소년과학회, 2017

여자 청소년의 경우에는 평균적으로 10.5세에, 남자 청소년의 경우에는 12.5세에 신장과 체중의 변화가 가장 급격하게 나타난다.

청소년들의 흉위의 발달은 신장보다 1년쯤 늦게 나타나며, 남자 청소년과 여자 청소년 모두 11~15세 사이에 급성장한다. 청소년기 기관의 발달은 신장은 성인의 50~55%, 간은 약 94% 발달하며, 폐는 성인의 34%로 아주 느리게 발달한다.

여성의 골반횡경이 현저히 증가하며, 근육과 지방량의 증가로 남성과 여성의 신체 모습이 달라진다. 상대적으로 남성의 근육이 더 발달하고 여성은 체지방이 축적되어 곡선형의 체형을 가진다. 여성은 16세 이후 근육량이 일정하며, 남성은 성인이 될 때까지 증가한다.

청소년기 여성의 체지방은 남성에 비하여 2배 정도가 된다.

여러 연구에 의하면 여자 청소년에게 체지방은 기본적으로 생리적인 필요와 규칙적인 배란주기의 유지, 발달 등에 필요하다. 사춘기 동안 체지방은 대략 1.44 kg 정도 증가하여 15~16세에 가장 높은 수준을 보인다. 평균적으로 체지방이 16~27% 수준으로 증가하는 등 신체 구성에도 변화가 생긴다. 여자 청소년에게 체지방 축적은 지극히 자연스러운 과정이지만, 본인들은 이것에 대해 부정적으로 생

배란주기
성숙한 난자가 난소에서 배출되는 주기로, 일반적으로 4주간을 의미함

신체상
개인이 자기 자신의 신체에 대해 갖는 마음의 표상

각하고 왜곡된 신체상body image을 가져 체형에 불만족한다. 이러한 불만족은 다양한 형태의 섭식장애로 나타나며, 에너지 불균형, 만성 다이어트, 다이어트 약 복용 등의 행동으로 이어지기도 한다.

남자 청소년의 경우, 키의 성장과 근육량 축적이 동시에 일어나면서 체중이 증가하게 된다. 체중은 평균 9 kg 정도 증가하는 반면, 체지방은 감소한다. 사춘기가 끝날 때쯤에는 대략 12% 감소한다. 골질량은 성인의 90% 정도가 청소년 시기인 약 18세에 형성된다. 유전, 호르몬의 변화, 체중부하운동, 담배, 알코올, 칼슘, 비타민 D, 단백질, 철의 섭취 등은 골질량 축적에 영향을 미친다. 그러므로 청소년기는 골질량 형성에 가장 중요한 요인들의 변화가 일어나는 시기이므로, 건강한 골격의 성장과 발달을 위해 균형 잡힌 적절한 영양 섭취가 중요하다.

2) 성장과 성 성숙도

2차 성징
성장하면서 남녀의 신체적 특징이 나타나는 것

성 호르몬
성별이 있는 생물의 발생과정 중 암컷과 수컷으로 구분하는 호르몬

성 성숙도
2차 성징이 나타나는 정도

사춘기는 신체가 성장하면서 성적 기능이 활발해지고 2차 성징이 나타나며 생식기능이 완성되기 시작하는 시기로 정의한다. 청소년기 성의 성숙은 대체로 순서에 따라 일어나지만 성숙하는 나이는 다양하다. 사춘기에는 성 호르몬sex hormone 분비가 증가하여 근육, 골격, 피부, 털과 같은 기관에도 변화가 생긴다. 사춘기를 경험하여 급격하게 키가 크고, 근육이 발달한 14세의 남자 청소년과 사춘기를 경험하지 않은 14세 남자 청소년은 에너지와 영양소 필요량이 다르게 요구된다. 실제 연령보다 성적 성숙이 생물학적 성장과 발달 그리고 청소년의 개인적인 영양 필요량을 평가하는 데 사용이 된다.

성 성숙도scale of secondary sexual characteristics, SMR는 2차 성징의 정도를 나타낸다. 여자 청소년은 가슴 발달과 음모의 출현을, 남자 청소년은 고환과 음경의 발달, 음모의 출현을 기반으로 하여 성 성숙도를 다섯 단계로 구분한다. 1단계는 사춘기 이전의 성장과 발달을, 2단계는 사춘기 초기, 3단계는 사춘기 중기, 4단계는 사춘기 후기로 구분한다. 마지막 5단계에서는 성적 성숙이 끝나는 완전한 성인으로 본다. 이렇듯 성적 성숙은 키와 체중의 급격한 증가, 신체 구성의 변화 그리고 호르몬의 변화와 관련성이 있다.

표 7-3 성 성숙도

여자				
평균 연령	유방	단계	음모	평균 연령
	오직 유두만 융기, 아무런 변화가 없는 상태	1	없음	
10~12세	유방과 유두가 불어남	2	음순 주위에 길고 곧은 솜털이 남	11.5~14세
11~14세	유방과 유륜이 더 커지나 이중 융기는 아님	3	털이 많아지고 짙어지며 곱슬곱슬해짐	12.5~15.5세
12.5~15.5세	유방과 유륜이 튀어나와 이중 융기 형성	4	성인형이나 털 분포가 좁음	14~16.5세
14.5~17세	유방이 더 커지고 융기된 유륜이 유방과 동일선상으로 후퇴하여 단일 융기를 형성하고, 유두만 튀어나옴	5	성인과 동일한 양과 분포를 보임(역삼각형), 대퇴 내측까지 퍼짐	15~17세
2, 3, 4단계에서 성장/2, 3단계에서 급성장 유방 3, 4단계 사이와 음모 2, 3단계에서 초경				

남자				
평균 연령	고환	단계	음모	평균 연령
	크기 3 cc 미만	1	없음	
12세 전후	크기 4 cc 이상, 음낭 주변 피부색 짙어짐	2	음낭저부에 긴 솜털	13세 전후
14세 전후	크기 10 cc 이상, 음낭 다소 처짐	3	음모가 짙어지며 곱슬	14세 전후
15세 전후	크기 16 cc 이상, 음낭색 더 검어지고 커짐	4	성인형, 분포 적음	15.5세 전후
16세 전후	크기 25 cc 이상, 음낭 성인 크기	5	성인과 동일	15.9세 전후
3, 4, 5단계에서 성장/3, 4단계에서 급성장				

출처: 보건복지부, 대한의학회

안드로겐
남성호르몬의 작용을 나타내는 모든 물질

테스토스테론
남성 2차 성징 발현에 관여하는 호르몬

청소년기에는 성 호르몬의 증가로 2차 성징이 나타나면서 생식기능이 발달한다. 남자 청소년의 경우는 성장과 성숙에 가장 크게 작용하는 호르몬은 성호르몬과 안드로겐androgen이다. 성호르몬은 남성의 고환과 여성의 난소에서 합성되어 작용하는데, 남성은 14세를 전후하여 테스토스테론testosterone의 분비가 증가하면서 2차 성징이 나타난다. 2차 성징은 모두 테스토스테론에 의한다. 반면, 여자 청소년들은 안드로겐의 영향을 받아 남자 청소년보다 사춘기가 일찍 찾아오고 일찍 끝나게 된다 또한 에스트로겐 외에도 프로게스테론progesterone이 있으며 난소의 발달, 배란 및 황체의 발달을 조절한다. 여성호르몬은 남성호르몬의 안정적이고 계속적인 분비와는 달리 매월 주기에 따라 분비량이 달라진다.

여자 청소년은 평균적으로 8~13세에 사춘기의 첫 번째 현상이 나타난다. 가슴의 발달 그리고 성기의 건강한 음모의 발달이 있다(SMR 2단계). 초경은 보통 가슴과 음모의 발달이 처음으로 시작된 후(2~4년 후)인 SMR 4단계에 나타난다. 초경은 빠르게는 9~10세에, 늦게는 17세에도 시작하는데 평균적으로 12.4세 시작한다. 신체 내에 지방이 심각하게 부족한 경우에 초경이 늦어지기도 하는데 보통 운동선수들이나 에너지 섭취가 매우 부족할 경우에 나타난다.

여자 청소년의 경우 급격한 키 성장은 대부분 9.5~14.5세인 SMR 2단계에 이루어진다. 키 성장속도의 절정은 초경을 시작하기 6~12개월 전인 SMR 2단계 말과 SMR 3단계 동안이다. 평균 25 cm 정도로 성인 키의 15~25%가 사춘기 동안에 성장이 이루어진다. 청소년기 성장이 절정을 맞는 동안 여자 청소년들은 평균적으로 1년에 8~9 cm 성장하고, 대부분 16세 정도가 되면 키의 성장이 멈추는데, 일부는 19세가 지나서도 조금씩 크기도 한다.

남자 청소년의 경우 사춘기의 첫 증상으로 고환의 커짐과 음낭의 색 변화는 평균적으로 11.6세인 10.5~14.5세에 나타난다. 음모의 발달은 여자 청소년과 동일하게 SMR 2단계에서 나타난다. 고환의 커짐은 9.5~13.5세에 시작되고(SMR 2~3단계) 12.7~17세에 끝난다. 남자 청소년들이 평균 14세에 정자가 생성spermarche된다. 평균적으로 키 성장의 절정은 SMR 4단계 동안 고환의 발달과 음모의 생성과 동시에 또는 그 후에 나타난다. 키가 급격하게 성장하는 평균 나이는 14.4세이다. 청소년기 남자들은 1년에 7~12 cm 정도로 폭풍같이 급성장하며, 키 성장은 계속되고 21세 정도에 멈춘다.

3) 사회 · 심리적 성장과 발달

청소년기에는 개인적 정체성, 도덕성, 윤리적인 가치 그리고 자신감이나 자존감을 느끼고 진로에 대한 열망 등이 나타난다. 청소년 시기에는 사회적 기술이 보다 정교해지고, 또래, 친구에 대한 관심이 많아지며 또래집단에 소속되고자 하는 욕구가 커진다. 가정 안에서 받던 관심이나 간섭에서 벗어나고 싶어 하며 행동반경이 넓어진다. 지역사회에 대한 탐색, 새로운 대인관계에 대한 폭이 넓어지고 사회적 활동범위도 점점 커진다. 개인에 따라 과격하고 불안정해 보이기도 하며, 스스로가 심

자존감
자아존중감. 스스로 품위를 지키고 자기를 존중하는 마음

표 7-4 청소년기의 사회 · 심리적 발달

발달요인	청소년기의 시작	청소년기의 종결
생물학적	사춘기의 시작	신체적 · 성적 성숙이 이루어짐
정서적	부모로부터 정서적으로 독립하기 시작	자아정체감의 확립, 정서적 독립
인지적	논리적으로 추론, 문제해결, 의사결정기술의 발현	논리적 추론, 자율적 의사결정
대인관계적	부모지향에서 또래지향으로	또래 및 성인과의 친밀함 증가
사회적	대인관계, 정서, 성격의 변화	사회적으로 책임 있는 행동 수행
교육적	중학교 입학	고등학교 또는 대학교 졸업
종교적	성년 축하 예식의 준비	종교단체에서 성인으로의 지위 획득
연령	12~13세	24~25세
법적	청소년의 지위 획득	성인으로서의 법적 지위 획득
문화적	통과의례 준비	통과의례 완성

출처: Arwater E, 1996

리 · 정서적 긴장을 견딜 수 있는 자기 통제의 역할이 증가하기도 한다. 이 시기에는 친사회적인 행동양식과 사회적 인간으로서 성장하는 것은 매우 주요한 과제가 된다. 또한 정서적 특성은 환경과 기질, 개인차에 의해 어느 정도 차이는 있겠으나 정서 조절 전략 및 자기 통제력이 매우 중요한 역할을 하게 된다.

섭식장애
정신적인 문제로 인해 음식 섭취에 장애가 생기는 질환

사춘기 초기는 신체상body image에 대한 발달과 성sex에 대한 인식을 가지는 시기로 또래의 영향으로 인해 왜곡된 신체상 정립과 섭식장애가 발생할 수 있다. 10대들은 신체적 외모와 사회적 행동을 중요하게 생각하기 때문에 또래의 분위기에 맞추려고 노력한다. 10대 청소년들에게 음식 선택의 중요한 요인으로는 누구와 같이 먹는지, 어디서 먹는지, 그리고 누가 준비하는지 등이다. 청소년기는 또래의 영향으로 편중된 식사 패턴, 패스트푸드의 섭취, 편의점 음식, 단 음료수 그리고 고지방의 음식을 먹는 등의 특별한 식생활행동들이 나타난다.

사춘기에는 성 성숙도에 따라 스스로에 대한 신체의 불만족이 나타나기도 한다. 여자 청소년이 일찍 성숙하는 경우, 왜곡된 신체상이 나타나고 식사행동에 문제가 나타나는 경향이 있다. 남자 청소년의 경우에는 남성적인 특징이 일찍 나타나는 친구들보다 열등하다고 느끼고, 키가 커지려는 열망과 근육을 발달시키려고 음식 외에 기능성식품과 스테로이드 물질 등에 의존하기도 한다. 또한 일부지만 담배와 술 등 성인의 행동을 시작하기도 하는 등의 이유로 긍정적인 자기이미지와 올바른 신체상을 가질 수 있도록 청소년기의 성장과 발달 그리고 신체적인 변화에 대한 교육이 필요하다.

청소년기는 자신의 식생활행동을 포함한 건강 관련 행동들이 미래의 건강상태나 건강과 관련된 행동들에 어떠한 영향을 미칠지에 대해 인지할 수 있는 능력이 부족한 시기이다. 초기 청소년은 구체적인 생각, 자기중심주의, 그리고 충동적인 행동에 지배되므로, 성인 때 나타날 수 있는 복잡한 건강문제와 영양 · 식생활행동에 관하여 이해하기는 쉽지 않다. 게다가 청소년기는 가족, 특히 부모로부터 감정적이고 사회적 독립심 발달이 뚜렷한 시기이므로 가정에서 다양한 갈등이 나타날 수 있으며, 특히 식생활행동과 문제들이 나타날 수 있다.

청소년기 마지막 단계는 신체적 성장과 발달이 거의 완성되므로 신체상에 대한 문제는 줄어들 수 있고, 개인의 정체성과 도덕적 신념의 발달에 의해 특징지어진다. 또 충동적인 행동들은 줄어들고, 감정적으로 부모에게 덜 의존하게 된다. 따라서 집단적 행동보다는 개인 간의 관계가 더 중요하므로 개인적인 선택이 나타나는 시기이다.

따라서 청소년기에 바람직한 식품 선택과 식생활행동을 도출하기 위한 영양교육의 방향과 목표를 설정할 때 또래친구의 영향력, 개인의 정체성이나 독립심 등 청소년기의 사회·심리적 성장과 발달 특성을 고려해야 할 것이다.

3. 청소년기 식생활행동

청소년기의 식생활은 친구들의 영향, 모델링, 먹을거리에 대한 유용성, 기호·경제적 요인, 편리성, 문화적인 믿음, 대중매체 그리고 신체상 등 복합적인 요인들에 의해 영향을 받는다.

이를 개인적, 사회환경적, 행동적 특성으로 분류해서 보면 다음과 같다. 첫째, 개인적 특성으로는 기호, 신체에 대한 관심, 건강관리에 대한 태도, 식품 선택에 대한 자아효능감self efficacy 등이 있다. 둘째, 사회환경적 특성으로는 사회적 지원체계, 가족의 식사패턴, 사회·경제적 상태, 식품 공급 환경 등이 있다. 셋째, 행동적 특성으로는 식사 빈도, 체중 조절 행동, 패스트푸드 섭취 행동 등이 있다.

자아효능감
어떤 상황에서 성공할 수 있다는 가능성을 인식하는 것으로 느끼고 생각하며 동기부여에 따라 신념이 되는 것

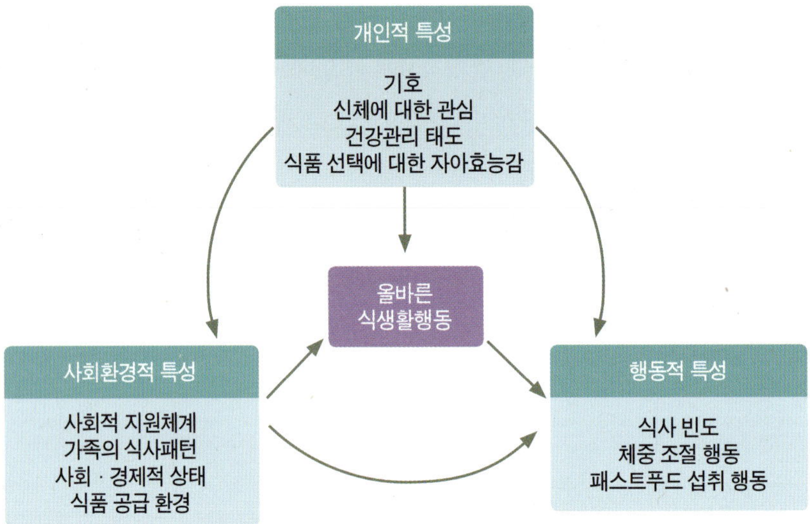

그림 7-2 청소년의 올바른 식생활행동에 영향을 미치는 특성

1) 무절제한 식사행동

청소년기에 즐겨 먹는 라면, 햄버거, 피자, 튀김류, 스낵류와 같은 식품은 단순당류, 콜레스테롤, 포화지방산, 식염 등을 함유하고 있고 이들은 섭취를 줄여야 하는 영양소들이다. 청소년들이 과도하게 섭취하는 인스턴트식품, 편이식품, 가공식품 등은 바로 질병이 나타나는 것은 아니지만, 자칫 바람직하지 못한 식습관으로 형성되어 성인이 된 후 건강상태에 영향을 미칠 수 있다. 청소년기에 형성된 식사습관은 성인기의 건강상태를 결정하는 요인이 될 수 있다. 즉, 식사습관으로 인해 성인기에 동맥경화증, 심장질환, 당뇨병 등 각종 만성질환이 발생할 수 있다. 따라서 성인기의 만성질환을 예방하기 위해서는 청소년기에 바람직한 식습관을 형성하고 이를 유지하는 것이 필요하다.

2) 아침식사 결식

우리나라 아침식사 결식률은 2007년 22.6%에서 2019년 31.3%로 8.7%가 증가한 것으로 나타났다. 특히 연령별 결식률을 보면, 19~29세가 54.0%로 가장 높게 나타났고, 청소년(12~18세)이 39.5%로 전체 연령 중 두 번째로 결식률이 높게 나타났다.

아침식사 결식으로 나타난 건강문제를 보면, 저녁식사 이후로 긴 시간 먹지 않아 혈당치가 매우 낮아지기 때문에 집중력 저하로 학습 등의 수행능력에 지장을 주고 운동능력이 저하될 수 있다. 청소년들의 아침식사 결식 원인으로는 학교생활 및 학업에 대한 부담 등 여러 요인이 있다.

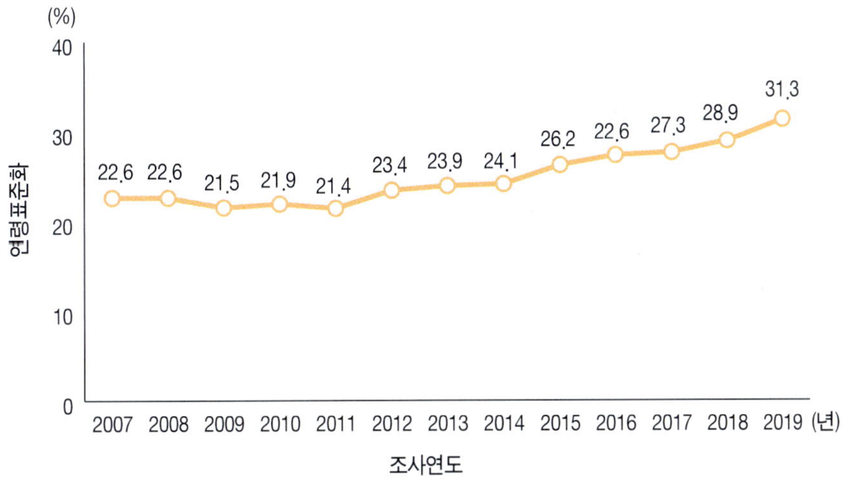

그림 7-3 아침식사 결식률 추이(2007~2019)

출처: 질병관리청, 2020

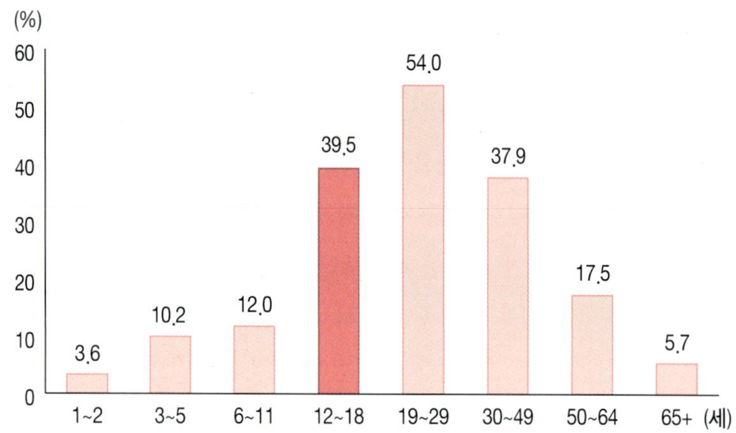

그림 7-4 연령별 아침식사 결식률 현황, 2019년

출처: 질병관리청, 2020

3) 간식 행동

청소년기에는 간식이 전체 에너지 중 1/4~1/3가량을 섭취해야 할 정도로 비중이 크다. 2020년 청소년건강행태조사에 따르면, 최근 7일 동안 3회 이상 피자, 햄버거, 치킨 등의 패스트푸드를 섭취한 학생은 25.4%로, 남자 청소년(27.0%)이 여자 청소년(23.6%)에 비해, 고등학생(27.4%)이 중학생(23.4%)에 비해 높았다.

또한 최근 7일 동안 3회 이상 탄산음료를 마신 학생은 35.5%로 여자 청소년은 28.0%이며, 남자 청소년은 42.4%로 나타나 남자 청소년들이 더 높았다.

간식 섭취 행동은 간식을 섭취한다는 자체보다 간식으로 어떤 식품을 선택하고 얼마만큼 먹는지가 중요하다. 청소년들이 흔히 간식으로 먹는 식품들은 패스트푸드와 감자칩, 스낵류 등으로 식염, 설탕, 지방은 많고 무기질과 비타민이 적은 식품이 대부분이다. 또한 탄산음료 섭취는 설탕이 많이 함유되어 열량을 많이 섭취하게 되는 문제와 함께 그 안에 많이 들어 있는 인산 때문에 골격과 치아 건강에 유해할 수 있다. 그러므로 간식으로 과일이나 생채소, 우유 및 유제품을 섭취하도록 하며, 충분한 수분 섭취를 권장한다.

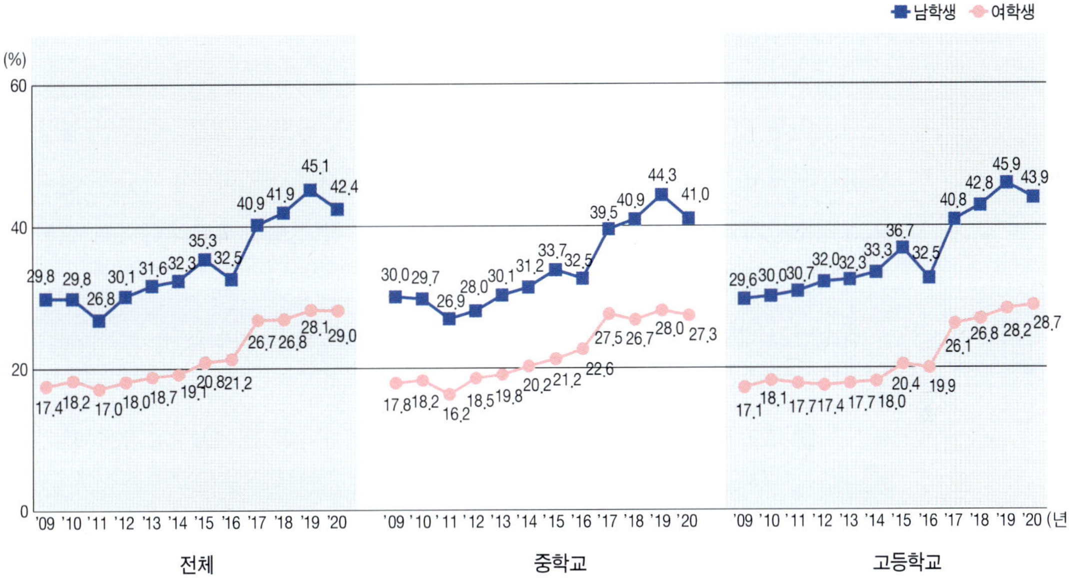

그림 7-5 주 3회 이상 탄산음료 섭취율 추이

출처: 질병관리청, 2022

먹방, 쿡방 등 미디어가 청소년에게 미치는 영향

최근 몇 년 동안 미디어를 통해 크게 유행한 대표적인 콘텐츠 중 하나는 음식을 먹거나 요리하는 것을 주 내용으로 한 먹방(먹는 방송) 또는 쿡방(요리하는 방송)이다. 온라인 동영상 플랫폼 이용률이 가장 높은 10대 청소년에게 먹방 및 쿡방 시청이 식습관에 어떠한 영향을 미치는지 연구한 결과, 시청 빈도가 높을수록 식습관이 좋지 않은 것으로 나타났다. 이는 음식 관련 미디어 이용량이 많은 청소년이 인스턴트식품 섭취, 간식 및 야식 섭취 빈도가 높은 등 불건강한 식습관을 보였다. 시청 이유는 '영상이 재미있어서', '대리만족하기 위해서' 등으로 나타나 양호하지 않은 식사행동과 관련이 있었다.

이처럼 먹방, 쿡방 시청 행태 중 시청 빈도와 시청 이유가 청소년의 전반적인 식습관과 관련된 요인이기 때문에 청소년을 위한 영양교육 프로그램 개발 및 청소년 비만 예방을 위한 다양한 방안이 모색되어어야 한다.

출처: 김수경 외, 2020

4. 청소년기의 영양관리

한국인의 건강 유지와 질병 예방에 도움이 될 수 있도록 '2020 한국인 영양소 섭취기준'에서는 영양소와 연령별로 섭취수준을 제시하고 있다. 이 자료는 실질적으로 청소년기의 건강한 영양·식생활 도모를 위한 학교 현장에서의 교육과 실천에 기초 척도로 활용되고 있다.

청소년기 영양소 섭취기준 설정을 위한 체위기준은 표 7-5와 같다.

표 7-5 2020 한국인 영양소 섭취기준 제정을 위한 청소년기(12~14세, 15~18세 연령 집단) 체위기준

연령	신장(cm)		체중(kg)	
	남자	여자	남자	여자
12~14세	161.2	156.6	52.7	48.7
15~18세	172.4	160.3	64.5	53.8

출처: 보건복지부, 한국영양학회, 2020

1) 에너지

12~18세의 청소년기에 권장되는 에너지 적정섭취비율은 탄수화물 55~65%, 단백질 7~20%, 지질 15~30%로 제시되었다. 이러한 비율은 청소년 성장에 필요한 에너지를 소비되는 에너지에 추가하여 도출하였다.

청소년기의 1일 에너지필요추정량은 남자 12~14세가 2,500 kcal이고, 15~18세에는 급성장이 이루어지면서 더 많은 에너지를 필요로 하므로 2,700 kcal를 권장한다. 여자의 경우 12~18세까지 2,000 kcal를 권장한다. 청소년기의 왕성한 식욕은 필요추정량의 크기를 추측할 수 있는 지표로 고려되는데, 성장에 따라 자연스럽게 에너지 필요량이 증가하고 식욕도 함께 증가하면서 이들은 서로 관련이 있기 때문이다.

표 7-6 청소년기의 섭취 에너지적정비율과 1일 에너지필요추정량

연령	에너지적정비율(%)			에너지필요추정량(kcal)	
	탄수화물	단백질	지질	남자	여자
12~14세	55~65	7~20	15~30	2,500	2,000
15~18세				2,700	

출처: 보건복지부, 한국영양학회, 2020

2) 탄수화물과 지질

청소년기에는 불규칙한 식사습관, 잦은 외식과 매식 그리고 바쁜 학업 일정으로 간단하고 빠르게 식사할 수 있는 패스트푸드나 인스턴트식품을 선택하여 자극적인 맛의 다양한 가공식품들을 접하고 있다. 이에 단순당의 섭취가 늘어나고 전곡류 및 채소류의 섭취가 줄어들면서 식이섬유나 복합당의 섭취량도 함께 감소하였다.

또한 청소년들은 포화지방산의 높은 섭취율에 비해 불포화지방산은 적게 섭취하고 있어 지질의 영양적 비율이 적절하지 못한 상태이며, 가공식품 속 트랜스지방의 섭취량이 증가함에 따라 청소년 비만이 증가하고 있는 실정이다. 그러나 높은 지질 함량의 식사를 우려하여 지나치게 제한을 하면 에너지 및 단백질 섭취에도 영향을 미치면서 성장저해를 초래할 수 있기 때문에 지나친 섭취를 비롯한 과도한 제한 또한 피하는 것이 좋다.

3) 식이섬유

식이섬유는 고분자 탄수화물로서 인간의 소화효소에 의해 소화되지 않고 몸 밖으로 배출된다. 이는 채소 · 과일 · 해조류 등에 많이 들어 있으며, 셀룰로스 또는 섬유질이라고 부른다. 일반적으로 청소년기에는 식이섬유가 부족하지 않다고 생각할 수 있으나 조사 결과 권장량의 반도 못 미치는 것으로 알려졌다. 그러므로 청소년기에는 통곡물 및 채소 등의 다양한 식품을 통하여 충분한 식이섬유 섭취가 필요하다.

4) 단백질

청소년의 성장과 호르몬·체구성 성분의 변화에 단백질이 관여함에 따라 그 필요량이 증가한다. 따라서 평균필요량보다 약 5~10 g 정도의 충분한 섭취가 더 이루어지는 것이 적절하다.

단위체중당 단백질 권장섭취량(g/kg)은 12~14세에 남녀 모두 가장 높고, 15~18세에는 감소한다. 그러나 청소년기의 1일 권장섭취량은 남자의 경우 12~14세에 60 g, 15~18세에는 65 g으로 증가하고, 여자의 경우 12~18세에는 55 g을 제시하고 있다.

오늘날 대부분의 청소년들은 적절한 단백질 섭취가 이루어진다고 보고되지만, 충분히 공급되지 못할 경우 질병에 대한 저항력이 감소하여 질환의 이환율이 증가하고 이에 따른 식욕부진과 성장저하 등을 초래할 수 있다.

표 7-7 청소년기의 1일 단백질 평균필요량과 권장섭취량

연령	평균필요량(g)		권장섭취량(g)	
	남자	여자	남자	여자
12~14세	50	45	60	55
15~18세	55	45	65	55

출처: 보건복지부, 한국영양학회, 2020

5) 수분

수분은 체내에서 1 kcal의 에너지를 소비하며 약 1.0~1.5 mL가 필요하다. 이는 환경(온도, 습도)과 여러 질병(열, 구토, 설사 등)에 따라 필요량이 변한다. 청소년기의 수분 1일 충분섭취량은 2,000~2,600 mL이다. 수분은 음료, 우유 등에서도 공급될 수 있으나 가능한 생수 등으로 섭취하는 것이 필요하며, 탄산음료나 단 음료는 과잉으로 섭취하지 않도록 주의해야 한다.

표 7-8 청소년기 수분 1일 충분섭취량

연령	음식(mL)		물(mL)		음료(mL)		충분섭취량			
							액체(mL)		총 수분(mL)	
	남자	여자	남자	여자	남자	여자	남자	여자	남자	여자
12~14세	1,300	1,100	911	610	1.9	0	1,100	900	2,400	2,000
15~18세	1,400	1,100	920	659	6.4	7.3	1,200	900	2,600	2,000

출처: 보건복지부, 한국영양학회, 2020

6) 비타민

비타민은 체내 주요 영양소들의 대사과정에 관여하므로 에너지 및 주요 영양소들의 섭취량은 비타민의 권장섭취량에 영향을 미친다. 따라서 비타민이 제대로 공급되어야 청소년기에 원활한 성장과 성숙이 이루어질 수 있다. 대부분의 비타민은 체내에서 합성되지 않기 때문에 일상 식사에서 충분히 섭취해야 한다.

(1) 지용성비타민

비타민 A는 성장과 발달 촉진 및 피부 점막의 상피세포 기능과 시력 유지, 정상적인 면역반응에 관여하고, 칼슘과 인의 흡수와 이들의 대사 조절작용에 비타민 D가 관여한다.

면역반응
생물이 외부의 침입자를 막기 위해 일으키는 반응

표 7-9 청소년기 지용성비타민 1일 섭취기준

	연령	권장섭취량		충분섭취량	
		남자	여자	남자	여자
비타민 A(μg RAE)	12~14세	750	650		
	15~18세	850	650		
비타민 D(μg)	12~14세			10	10
	15~18세			10	10

계속

	연령	권장섭취량		충분섭취량	
		남자	여자	남자	여자
비타민 E(mg α-TE)	12~14세			11	11
	15~18세			12	12
비타민 K(μg)	12~14세			70	65
	15~18세			80	65

출처: 보건복지부, 한국영양학회, 2020

(2) 수용성비타민

리보플라빈

비타민 B_2로 에너지를 발생할 때 작용하는 효소의 기능을 도움

비타민 C는 면역기능 향상과 콜라겐 형성에 관여하며, 티아민은 소화기능과 식욕을 자극한다. 또한 리보플라빈은 성장 촉진에 관여하기 때문에 결핍 시 성장저해를 발생시킬 수 있고, 엽산은 DNA 합성을 하므로 결핍 시 성장장애가 올 수 있다.

표 7-10 청소년기 수용성비타민 1일 권장섭취량

	연령	권장섭취량	
		남자	여자
비타민 C(mg)	12~14세	90	90
	15~18세	100	100
티아민(mg)	12~14세	1.1	1.1
	15~18세	1.3	1.1
리보플라빈(mg)	12~14세	1.5	1.2
	15~18세	1.7	1.2
니아신(mgNE)	12~14세	15	15
	15~18세	17	14
비타민 B_6(mg)	12~14세	1.5	1.4
	15~18세	1.5	1.4

계속

	연령	권장섭취량	
		남자	여자
엽산(μgDFE)	12~14세	360	360
	15~18세	400	400
비타민 B_{12}(mg)	12~14세	2.3	2.3
	15~18세	2.4	2.4

출처: 보건복지부, 한국영양학회, 2020

7) 무기질

(1) 칼슘

칼슘은 청소년기에 있어 매우 중요한 영양소이다. 이 시기에는 골격 성장이 약 45% 정도 이루어지므로 충분한 칼슘의 공급이 필요하다. 그러나 칼슘은 우리나라 청소년의 섭취가 가장 부족한 영양소로 조사되었고, 실질적으로 청소년은 권장섭취량의 54~56% 정도만을 섭취하고 있는 실정이다.

칼슘은 우유 및 유제품류가 주요 급원식품인데, 청소년들의 우유 섭취량은 매우 부족한 실정이다. 따라서 학교급식을 통한 섭취는 물론 스스로 매일 1~2잔의 우유 섭취가 권장된다. 우유 및 유제품류 외에도 칼슘 급원으로 멸치, 뼈째 먹는 생선 등의 식품이 있다.

(2) 철

철은 청소년기의 남녀 모두에게 중요한 영양소이다. 여자는 월경으로 혈액의 손실이 발생하고, 남자는 근육량이 증가하면서 철 요구량이 증가한다. 따라서 월경을 하는 15~18세의 여자는 철의 평균필요량과 권장섭취량이 12~14세보다 급증하고, 같은 연령대의 남자보다도 더 많은 양이 요구되기 때문에 육류, 가금류, 간 등과 같이 철의 좋은 급원식품을 섭취해야 한다.

(3) 아연

아연은 하루에 10 mg 이하를 필요로 하는 미량 무기질에 속한다. 특히 청소년기에는 성적 성숙과 급격한 성장이 이루어지기 때문에 아연의 섭취는 중요하다. 근육 조직이 증가하고 세포가 왕성하게 분열하면서 아연 결핍의 위험도 증가하므로 아연 섭취에 주의를 기울여야 한다. 아연의 좋은 급원으로는 조개, 굴, 간, 육류 등의 동물성식품이 있다.

(4) 나트륨

나트륨은 칼륨과 함께 산·알칼리 균형을 조절하는 항상성 유지에도 관여한다. 또한 나트륨은 여러 소화액의 성분(이자액, 장액, 쓸개즙 등)이며, 인체 내에 존재하는 나트륨은 세포막의 삼투압 조절을 통하여 수분 균형을 이루도록 한다.

나트륨의 결핍은 당뇨병과 저혈당증, 호르몬 분비의 이상을 일으킬 수 있으며, 이와 반대로 과다한 나트륨의 섭취는 고혈압, 비만, 심장병, 신장병 등을 일으킨다.

표 7-11 청소년기 무기질 1일 섭취기준

다량 무기질	연령	권장섭취량		충분섭취량		상한섭취량		만성질환위험 감소섭취량	
		남자	여자	남자	여자	남자	여자	남자	여자
칼슘(mg)	12~14세	1,000	900			2,500	2,500		
	15~18세	900	800			2,500	2,500		
철(mg)	12~14세	14	16			40	40		
	15~18세	14	14			45	45		
아연(mg)	12~14세	8	8			27	27		
	15~18세	10	9			33	33		
나트륨(mg)	12~14세			1,500	1,500			2,300	2,300
	15~18세			1,500	1,500			2,300	2,300

출처: 보건복지부, 한국영양학회, 2020

5. 청소년기 영양 · 건강 문제

청소년기의 영양소 섭취 실태를 보면 에너지, 탄수화물, 단백질, 지방 섭취의 불균형과 성장에 필수적인 칼슘, 비타민 A 등의 영양소 섭취 부족 문제가 있다. 청소년기의 영양소 섭취 실태는 성장과 발달 그리고 성인의 건강상태에 직접적인 영향을 미칠 수 있다.

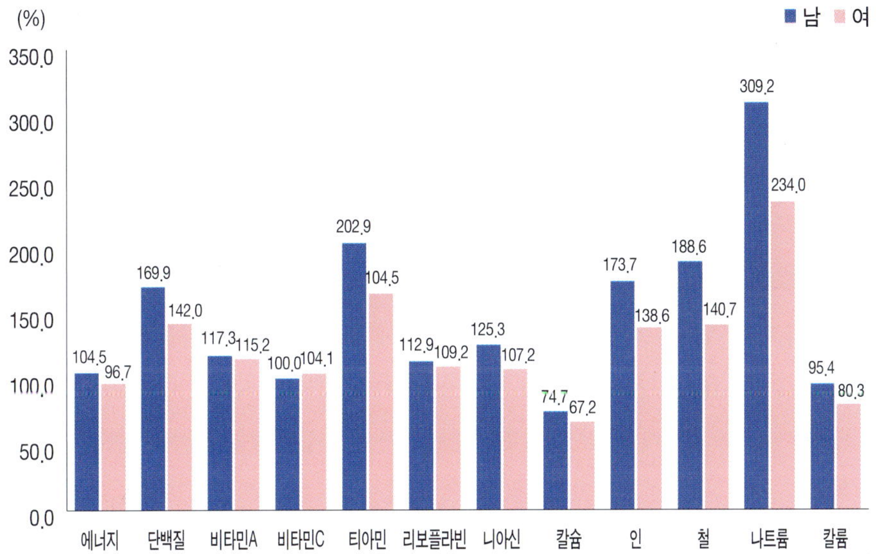

그림 7-6 영양소별 영양소 섭취기준에 대한 섭취비율

출처: 질병관리청, 2021

1) 영양소 섭취 실태

우리나라 청소년기의 영양소 섭취 실태를 살펴보면, 에너지, 칼슘, 비타민 A, 나트륨 등의 영양 불균형이 나타나고 있다.

먼저 에너지 섭취 실태를 살펴보면, 청소년의 에너지 섭취비율은 성별과 연령에 따라 다소 차이는 있으나 탄수화물 59.8~61.9%, 단백질 13.8~14.9%, 지질 24~26%로 적정비율 범위 내에 있는 것으로 나타났다. 우리는 다양한 식품을 통해 에너지를 섭취하게 된다. 이에 에너지 섭취량과 섭취비율뿐만 아니라 어떤 식품으로 에너지를 섭취하는 것인지가 중요하다. 청소년기에는 밥류나 자연식품을 통한 식사보다는 당류가 높은 식품이나 가공식품 등을 통한 간식 섭취로 인해 에너지를 섭취하는 경우가 많다. 이에 2020 한국인 영양소 섭취기준에서는 총 당류를 총 에너지섭취량의 10~20%로 제한하고, 첨가당은 10% 이내로 섭취하도록 제시하였다.

첨가당

식품의 제조과정 · 조리 시에 첨가되는 꿀, 시럽, 설탕, 물엿 등

다음으로 칼슘, 비타민 A의 섭취는 청소년기를 포함하여 대부분의 연령대에서 평균필요량에 미치지 못하는 것으로 나타났다. 특히 칼슘은 남자 청소년의 경우 84%가 평균 필요량에 미치지 못하는 것으로 나타났다. 2008~2013년의 국민건강영양조사를 연구한 결과에서는 청소년(12~18세) 중 비타민 D 결핍군은 충분군에 비해 HDL(고밀도지단백질)이 저하되는 저 HDL 이상지질혈증의 유병률이 높은 것으로 나타났다. 따라서 청소년들의 비타민 D 영양관리를 위해 하루 30분가량 충분히 햇볕을 쬐는 것을 권장하며 추가적으로 생선, 달걀, 우유 등의 음식이나 보충제 섭취를 통해 비타민 D를 보충하길 추천한다.

마지막으로 나트륨의 섭취를 보면, 2019년에 조사된 한국인 나트륨 1일 평균섭취량은 3,287.1 mg로 2020 한국인 영양소 섭취기준 대비 높은 수치를 보이는 것을 알 수 있다(2020 한국인 영양소 섭취기준에서는 충분섭취량은 1,500 mg로, 만성질환 위험감소를 위한 섭취량으로 2,300 mg로 제시함). 실제로 12~18세 남자 청소년과 여자 청소년 각각 3,682.5 mg, 2,843.9 mg로 높은 섭취량을 보였다. 나트륨은 체내 항상성 유지와 생리기능에 필수적이다. 그러나 과다 섭취 시 청소년기에 만성질환이 바로 나타나지 않을 수 있으나, 성인기에 만성질환을 유발할 수 있다.

표 7-12 청소년의 평균 에너지 섭취량 및 1일 에너지 필요추정량

연령	평균 에너지 섭취량(kcal)		에너지필요추정량(kcal)	
	남자	여자	남자	여자
12~14세	2,438.6	1,858.2	2,500	2,000
15~18세	2,559.8	1,823.2	2,700	2,000

출처: 보건복지부, 한국영양학회, 2020

표 7-13 청소년의 주요 영양소 1일 섭취량

영양소	연령	1일 섭취량	
		남자	여자
에너지(kcal)	전체	2,234.2	1,594.1
	12~14세	1,892.8	1,642.0
	15~18세	2,331.7	1,829.8
탄수화물(g)	전체	308.9	242.1
	12~14세	274.5	246.5
	15~18세	325.0	268.4
당(g)	전체	64.3	57.7
	12~14세	64.4	62.5
	15~18세	72.7	70.9
단백질(g)	전체	83.4	58.8
	12~14세	70.0	58.8
	15~18세	92.7	66.0
지질(g)	전체	56.3	40.1
	12~14세	55.3	45.7
	15~18세	70.7	53.2
비타민 A(μgRAE)	전체	403.2	341.4
	12~14세	375.7	340.2
	15~18세	424.6	317.1
칼슘(mg)	전체	545.6	456.0
	12~14세	538.5	484.6
	15~18세	541.7	462.1
나트륨(mg)	전체	3,887.2	2,689.2
	12~14세	2,717.6	2,132.3
	15~18세	3,682.5	2,843.9

출처: 보건복지부, 한국영양학회, 2020

2) 청소년 비만

점차 감소하는 활동량과 날로 풍부해지는 식생활로 인해 우리나라의 비만 문제가 심각해지고 있다. 특히 청소년 비만은 소아비만과 함께 최근 급속히 증가하고 있다. 2019년도 학생건강검사 표본통계에 의하면 과체중 이상 비율은 25.8%로 최근 5년간 매년 1% 수준으로 증가하였다.

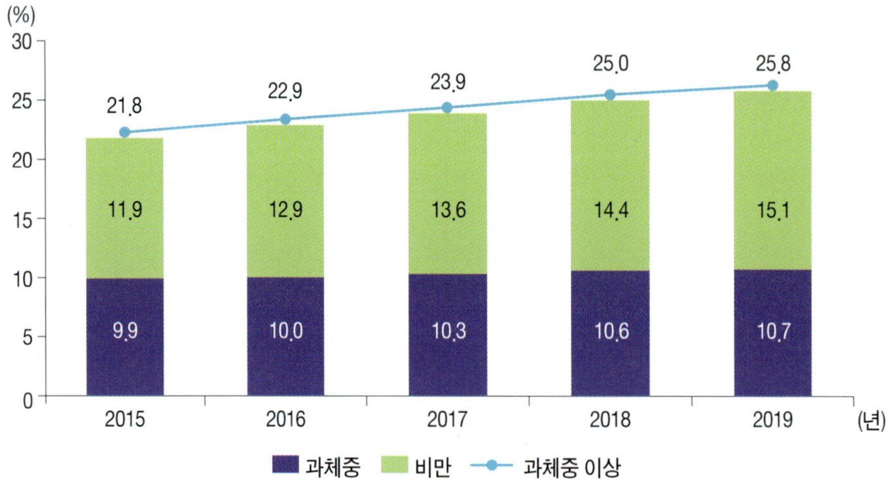

그림 7-7 과체중 및 비만 비율

출처: 교육부, 2020

이러한 청소년기의 과도한 비만은 고혈압, 당뇨병, 이상지질혈증, 수술 후 위험률 증가 등 건강에 여러 가지 좋지 않은 영향을 미칠 수 있을 뿐만 아니라 성인 비만으로 이행될 수 있다.

표 7-14 소아비만이 성인(21~29세) 비만으로 연결될 가능성

연령	아동 때 비만이 아닌 경우(%)		아동 때 과체중이나 비만인 경우(%)	
	부모 비만 아님	부모 중 비만 있음	부모 비만 아님	부모 중 비만 있음
1~2세	10	28	8	40
3~5세	8	28	24	62
6~9세	7	17	37	71
10~14세	8	15	64	79
15~17세	5	14	54	73

출처: Whitaker RC et al., 1997

비만의 원인으로는 유전이나 특정한 질병에 의한 것이 있기도 하나, 대부분은 신체활동량에 비해 지나친 섭취로 인한 에너지 불균형으로 나타난다. 특히 청소년기에 나타나는 비만은 패스트푸드와 인스턴트식품 등의 빈번한 섭취가 큰 원인 중 하나이다. 청소년기는 급격한 성장이 이루어지는 시기인 만큼, 어떤 식품을 섭취하는지에 따라 청소년기의 성장과 성인의 건강으로 이행된다. 즉, 식습관으로 인해 나타난 청소년 비만은 성인 비만으로 이행되어 심각한 건강문제를 야기할 수 있다.

일반적으로 청소년기의 올바른 체중 조절방법은 먼저 체중을 줄이겠다는 굳은 결심을 하고 바람직한 식습관으로의 변화가 필요하다. 바람직한 식습관의 예로는 첫째, 패스트푸드, 과자, 케이크, 탄산음료와 같이 칼로리는 높고 성장에 유익한 영양소가 적게 들어 있는 식품은 적게 먹도록 한다. 둘째, 싱겁게 먹기, 덜 달게 먹기를 실천하도록 한다. 셋째, 가공식품보다는 자연식품 위주로 섭취하도록 한다. 마지막으로 바람직한 식습관과 더불어 운동을 병행하면 더욱 효과가 좋다.

청소년기에 바람직한 식습관 형성을 통한 비만 예방은 청소년기의 성장 · 발달과 건강한 성인이 되기 위해 매우 의미가 있다.

3) 청소년 섭식장애

청소년기의 섭식장애는 다른 시기보다 본인 스스로의 몸매와 체중에 관심이 많은 시기에 잘못된 유행 다이어트를 따라하다가 생긴다. 가족관계에서 부모와 갈등이 생기면서 음식으로 긴장을 해소, 학교, 친구관계, 성적 스트레스로 더 심각해질 수 있기 때문에 청소년기 섭식장애가 특히 위험하다.

거식증은 사망에까지 이르게 하는 무서운 섭식장애이다. 20대 후반이 되면 발병률이 급격하게 증가하고, 10대 후반 10명 중 1명에게 나타나는 흔한 증상이다. 이는 청소년기에 마른 체형을 중시하는 풍조가 가장 주요한 원인 중 하나이다. 체중을 줄이기 위해 심한 운동을 하고 구토를 유발하고, 마른 체형에도 불구하고 살쪘다고 생각하며 체중 증가에 대한 공포를 가지고 있다. 폭식증은 음식을 갈망하여 폭식하는 경우를 말한다. 그러나 먹은 후 음식을 토해 내는 것으로 악순환된다. 폭식증이 거식증보다 훨씬 흔하게 나타나며, 음식과 체중에 대한 집착으로 생활은 엉망이 되는 경우가 흔하다.

청소년의 경우 부모가 누구보다도 좋은 조력자가 되어야 하며, 무엇보다도 올바른 신체상을 확립하는 것이 중요하다. 섭식장애 행동은 신체적 · 정신적 측면으로 접근해야 한다.

표 7-15 거식증과 폭식증의 특징

거식증	폭식증
• 병적인 체중 감소 • 비만에 대한 극심한 공포와 두려움 • 왜곡된 신체 이미지 • 무월경 • 음식에 대한 몰두 • 극심한 열량 제한 • 과도한 운동 • 자신의 질병을 부인함	• 체중의 기복이 심함 • 먹을 것에 집착함 • 체형과 체중에 대해 예민함 • 월경불순 • 폭식 후 구토 유발 • 설사약 복용 등 기타 강박성 행동 • 자신의 행동이 비정상적이라고 자각함

청소년들의 신체 이미지 인식

청소년은 생애주기에서 성인기로 전환되는 과도기에 놓여 있는 시기로 이성에 대한 관심이 많아지고 외모에 신경을 쓰며 자신과 타인에게 비추는 신체 이미지를 중요시한다.

청소년을 대상으로 실제 비만도 및 주관적인 체형 인식과 영양소 섭취와 정신건강과의 관련성을 연구한 결과, 남녀 모두 정상체중인 경우 체형을 왜곡되게 인식하는 비율이 높았으며, 특히 자신을 과체중 체형이라 인식하는 대상자가 남학생보다 여학생이 유의적으로 많았다.

남·여 청소년 모두 과체중 인식군의 영양질적지수, 영양소 적정비가 모두 낮았으며, 1일 전체 에너지 섭취량, 탄수화물 섭취량에서도 가장 낮았던 반면, 스트레스 인지율과 우울감 정도가 통계적으로 유의하게 가장 높게 나타났다. 객관적인 체형보다는 주관적인 체형 인식이 영양 섭취상태와 정신건강에 영향을 미치는 것으로 나타났으며, 주관적인 체형 인식이 청소년의 신체적 성숙과 정신건강에 영향을 미치기 때문에 청소년 시기에 바람직한 신체를 갖고, 자신의 체형에 대한 만족감을 높이며 동시에 올바른 식생활을 할 수 있도록 가정 · 학교 · 사회에서의 적절한 교육이 필요하다.

출처: 신성희 외, 2017

4) 청소년 여드름

청소년기에는 사춘기 호르몬 분비로 인해 여드름이 생길 수 있다. 이는 개인마다 차이가 큰데, 여자 청소년의 경우 월경 중 호르몬 분비의 변화 그리고 안드로겐 분비량, 피지샘 크기, 피지 생성량, 스트레스, 수면 부족에 영향을 받는다. 청소년의 경우 일반적으로 남자 청소년들에게서 더 흔하게 나타나는데, 그 이유는 남성 호르몬인 테스토스테론 때문이다. 여드름 관리를 위해서는 깨끗하게 비누로 세안하고, 영양적으로 균형 있는 식사를 하는 것이 중요하다.

5) 청소년 음주와 흡연

청소년 건강행태조사에 음주율은 최근 30일 동안 1잔 이상 술을 마신 적이 있는 사람의 분율이다. 지난 10년 동안의 음주율은 2009년 남자와 여자 청소년 각각 23.7%, 18.2%에서 2020년에 12.1%, 9.1%로 다소 감소하는 추이를 보였다. 청소년의 음주는 여러 가지 문제를 야기하는데, 식생활 측면에서 보면 알코올에는 다른 영양소는 거의 함유되어 있지 않고 열량이 1 g당 7 kcal로 조금 높은 편이다. 알코올을 다량 섭취하게 되면 식사에는 관심이 적어져 섭취량이 줄어들게 된다. 이에 따라 부족하기 쉬운 영양소는 비타민 B군과 칼슘, 아연, 망간 등으로 영양상의 불균형을 더욱 초래한다. 일부 고등학생은 대입 스트레스 등을 해소하기 위해 더욱 많이 음주를 하고 있다고 보고된 바 있다. 음주 행동은 언어, 판단력, 자제력 등에 영향을 미치는데, 충동적인 행동이 나타나는 청소년기에는 성인에 비해 음주로 인한 교통사고, 싸움 및 흡연, 약물 등의 문제가 주로 동반하는 것이 문제이다.

청소년 건강행태조사에서 흡연율은 최근 30일 동안 1일 이상 일반담배(궐련)을 흡연한 사람의 분율로 제시하였다. 10년 동안 추이를 보면, 2009년 남자와 여자 청소년 각각 17.4%, 7.6%에서 2020년에 6.0%, 2.7%로 점차 감소하였다. 청소년의 흡연은 성인보다 신체적 · 정신적 건강에 더 많은 악영향을 미친다. 흡연을 하면 성인의 폐에 비해 사춘기의 폐 성장 · 발달에 문제가 될 수 있다. 흡연을 시작하는 이유는 단순한 호기심, 또래집단과 어울리기 위해, 어른스러워 보이기 위해, 스트레스 해소 등으로 올바르지 못한 정보와 잘못된 선입견 때문이다.

청소년의 건강한 성장 · 발달을 도모하기 위해서는 음주와 흡연을 예방해야 한다. 이를 위해서는 학교 교육 및 사회 교육을 통해 건전한 생활태도를 가질 수 있도록 유도해야 한다.

표 7-16 청소년기 영양 · 식생활행동에 따른 영양 · 건강 문제

영양 · 식생활행동	원인	영양상의 문제	대책
• 무절제한 식사 • 아침식사 결식	• 불규칙한 식사시간 • 수면 부족	• 비만, 폭식증	• 아침식사 중요성 강조 • 아침식사 대용식 제안
• 간식 행동	• 인스턴트식품의 범람 • 탄산음료, 설탕의 다량 섭취	• 비만	• 간식 선택 교육: 과일이나 우유 등
• 무절제한 다이어트	• 왜곡된 신체상 • 잘못된 정보 • 대중매체 영향	• 거식증 • 체중 감소 • 영양불균형	• 올바른 신체상 확립 • 올바른 영양교육 • 식생활교육
• 음주 및 흡연	• 불건전한 스트레스 해소	• 영양불균형	• 건전한 여가, 문화, 운동 프로그램 등의 활성화

6. 청소년기 영양 · 건강 관리방안

청소년기의 성장 · 발달 단계에 따른 특징 및 영양 · 식생활행동과 청소년들의 영양소 필요량에 대해서 알아보았다. 이에 청소년기의 바람직한 영양 · 식생활행동 및 건강행동 증진을 위한 영양 · 건강 전략과 이를 바탕으로 한 영양교육이 이루어져야 할 것이다.

청소년기의 바람직한 영양 · 식생활행동 및 건강행동 증진 전략은 다음과 같다.

첫째, 단순당질의 섭취를 줄이고 잡곡밥, 콩류 등 복합당질의 섭취를 증진시켜 단순당질의 체내 축적을 줄인다. 둘째, 에너지 섭취량과 소모량이 균형을 이루어 적정체중을 유지하여 청소년기 비만을 비롯한 음식에서 오는 질병과 생활습관병을 예방한다. 셋째, 식품구성자전거의 6가지 식품군에 따라 배합된 균형 있는 식사를 하도록 권장한다. 넷째, 비타민과 무기질의 부족한 섭취도 문제지만, 과도한 비타민과 무기질 섭취는 바람직하지 못하다. 그러므로 기능성식품 및 보충제 섭취보다는 일상식사를 통해 충분히 섭취하여 적정 섭취수준을 준수한다. 다섯째, 지질, 염분, 설탕 함량이 높은 식품은 제한하며, 칼슘과 철이 풍부한 음식을 통해 부족하지 않도록 한다. 여섯째, 청소년기에는 음주, 흡연을 하지 않으며, 적당한 운동을 통해 신체

생활습관병
성인병으로도 불리는 질병으로 식습관, 운동습관, 음주, 흡연 따위의 생활습관에 영향을 받아 생기는 병

적 · 정신적으로 건강을 유지하도록 한다.

이렇게 영양 건강 · 행동 증진전략은 여러 가지가 있지만, 무엇보다도 청소년기의 영양 · 식생활행동은 본인의 의지와 판단에 따른 의사결정에 의해 이루어질 수 있도록 스스로 인식해야 한다. 또한 전략을 계획할 때에는 너무 많은 목표보다는 3~4가지의 변화 전략을 세우는 것이 좋으며, 목표달성 과정을 수시로 점검하여 수정 · 보완해 나가야 할 것이다.

그림 7-8 한국인을 위한 식생활지침

출처: (사)대한영양사협회 홈페이지

한국 10대 청소년 소아비만 증가

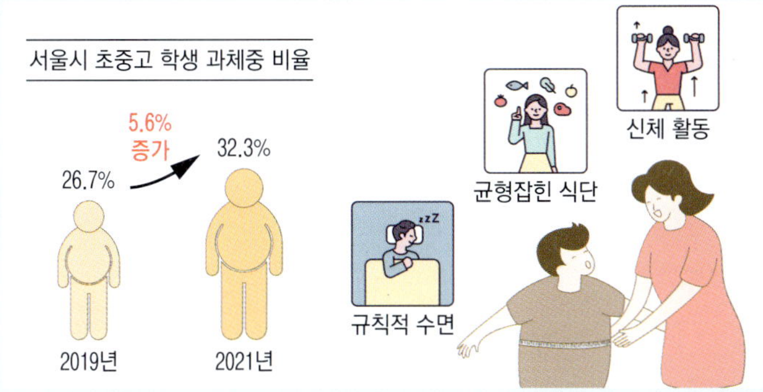

코로나19 장기화가 사회 전반에 직 · 간접적으로 미친 파장은 적지 않다. 특히 이 기간 동안 여러 요인으로 소아청소년 비만율이 증가해 각별한 주의가 필요하다.

사회적 거리두기 여파로 소아청소년은 활동량 감소와 잘못된 생활습관, 사회적 관계 단절 등 신체적 · 정서적으로 힘든 시기를 보내면서 정상적인 성장기를 놓쳐 버렸다. 여기에 더해 이 기간 중 소아청소년 비만도는 더 높아졌다.

한 조사에 따르면 코로나로 집에 머무는 시간이 늘면서 서울권 학생 10명 중 3명이 과체중인 것으로 나타났다. 서울시교육청이 지난 1월말 발표한 자료에 따르면 2019년 26.7%였던 서울 학생들의 과체중 비율이 2021년에는 32.3%로 크게 증가한 것이다.

세계보건기구(WHO)도 2006년, 이미 '비만퇴치헌장'을 채택하고 아동 대상 식품광고 규제, 가공식품 저염 · 저당 · 저지방화 추진, 학교 영양 · 체육교육 관리 강화 방안을 제시한 바 있다. 소아청소년 비만 위험성은 이미 전 세계적으로 심각한 수준이기 때문이다.

성장기 소아청소년은 골고루 영양을 섭취할 수 있는 식단과 하루 30분 이상 적절한 운동 등 생활 개선 계획을 세우고 실천하는 것이 중요하다"며, "특히 스마트폰, 인터넷 게임 등의 시간을 줄이고, 규칙적인 수면을 지킬 수 있도록 가족의 관심과 격려가 큰 힘이 될 것"이라고 당부했다.

출처 : 매일경제, 2022. 4. 26.

청소년을 위한 기본식단의 예시

청소년을 위한 1일 권장식사패턴(식사구성안 이용)

연령	성별	곡류	고기 · 생선 · 달걀 · 콩류	채소류	과일류	우유 · 유제품류	유지 · 당류
12~18	남	3.5	5.5	8	4	2	8
	여	3	3.5	7	2	2	6

청소년기 남자 12~18세(2,600 kcal, A타입)

식단		곡류		고기 · 생선 · 달걀 · 콩류		채소류		과일류		우유 · 유제품류	
		분량	횟수	분량	횟수	분량	횟수	분량	횟수	분량	횟수
아침	잡곡밥	210 g	1								
	두부된장국			40 g	0.5						
	어묵야채볶음			60 g	1	35 g	0.5				
	양배추샐러드					70 g	1				
	오이생채					70 g	1				
점심	쌀밥	210 g	1								
	콩나물국					35 g	0.5				
	갈치구이			120 g	2						
	김구이					2 g	1				
	배추김치					40 g	1				
저녁	현미밥	210 g	1								
	미역국					15 g	0.5				
	제육볶음			120 g	2	35 g	0.5				
	호박나물					70 g	1				
	무생채					70 g	1				
간식	잼샌드위치	50 g	0.5								
	우유									1컵 (200 mL)	1
	요구르트(호상)									1/2컵 (100 g)	1
	사과							1/2 (100 g)	1		
	오렌지							1/2 (100 g)	1		
	합계	3.5회		5.5회		8회		2회		2회	

출처: 보건복지부, 한국영양학회, 2020

단원정리

1 청소년기에는 급격한 신체적 성장과 발달이 눈에 띄는 변화이다. 이에 청소년기에는 에너지, 단백질, 비타민 그리고 무기질 등 영양관리가 특히 더 중요하다.

2 청소년기는 아동에서 성인으로의 신체적 변화를 의미하는 사춘기의 등장을 포함한다. 청소년기 동안 나타나는 생물학적 변화는 성적 성숙과 함께 키와 체중의 증가, 골밀도의 증가와 신체구성의 변화를 포함한다.

3 청소년기에 바람직한 식품 선택 행동과 식생활행동을 도출하기 위한 영양교육의 방향과 목표를 설정할 때 또래친구의 영향력, 개인의 정체성이나 독립심 등 청소년기의 사회 · 심리적 성장과 발달 특성을 고려해야 한다.

4 청소년기의 식생활은 또래친구의 영향, 부모님의 모델링, 먹을거리에 대한 유용성, 기호 · 경제적 요인, 편리성, 문화적 믿음, 대중매체 그리고 신체상 등 복합적 요인들에 영향을 받는다.

5 청소년기의 아침식사 결식률은 39.5%로 다소 높은 편이다. 아침식사의 결식으로 나타난 건강문제를 보면, 저녁식사 이후로 긴 시간 동안 먹지 않게 되어 혈당치가 매우 낮아지기 때문에 학습에 지장을 주고 운동능력이 저하될 수 있다.

6 청소년기의 영양소 섭취 실태를 보면 에너지, 탄수화물, 단백질, 지방 섭취의 불균형과 성장에 필수적인 칼슘, 비타민 A 등의 영양소 섭취 부족 등의 문제가 있다. 청소년기의 영양소 섭취 실태는 성장과 건강에 직접적인 영향을 미칠 수 있다.

7 청소년들을 위한 영양적 메시지는 무엇이 그들의 삶에 중요한지에 초점을 맞춰야 할 필요가 있다. 현재의 좋은 영양이 외모, 운동능력이나 학업 성취에 얼마나 긍정적으로 영향을 끼치는 것에 초점을 맞추는 것이 장기적으로 질병 예방에 초점을 맞추는 것보다 영향력이 크다.

연습문제

1 여자 청소년에게 당연하게 나타나는 체지방 축적을 부정적으로 생각하고 몸무게의 불만족을 느낄 때 나타나는 행동에 대해 간단히 서술하시오.

2 청소년기의 영양소 섭취기준 중 에너지와 단백질 권장섭취량에 대해 남자 청소년과 여자 청소년 전기(12~14세)와 후기(15~18세)로 구분하여 제시해 보시오.

구분		에너지	단백질
남자	12~14세		
	15~18세		
여자	12~14세		
	15~18세		

3 우리나라 아동 · 청소년 비만율은 꾸준히 증가 추세이며, 2019년 성인 남성 중 4명은 비만으로 나타나고 있다. 그에 비해 신체활동 실천율, 아침식사 결식률 등은 개선되고 있지 않아 이에 대한 꾸준한 관리가 필요한 상황이다. 이와 관련한 식생활지침에 대해 설명해 보시오.

CHAPTER 8

성인기 영양

1. 성인기의 일반적 특징
2. 성인기의 생리적 변화
3. 성인기의 영양관리
4. 성인기의 건강문제

CHAPTER

8

학습목표

1. 성인기의 신체적 · 정신적 특성을 설명할 수 있다.
2. 성인기의 신체기능 변화에 대해 설명할 수 있다.
3. 성인의 체성분 변화에 대해 설명할 수 있다.
4. 성인기의 영양 섭취의 중요성과 영양소 섭취기준을 설명할 수 있다.
5. 우리나라 성인의 영양 섭취실태를 설명할 수 있다.
6. 성인기의 건강한 생활을 위한 식사지침을 열거할 수 있다.
7. 대사증후군을 정의하고 영양관리 방안을 설명할 수 있다.
8. 이상지질혈증을 정의하고 영양관리 방안을 설명할 수 있다.
9. 성인의 영양상태에 영향을 미치는 흡연, 음주, 카페인 등에 대해 설명할 수 있다.

성인기는 아동 · 청소년기의 활발한 성장이 끝나고 노년기가 시작할 때까지의 긴 시기로서 19~64세에 해당한다. 성인기의 영양 및 건강 관리에 따라 만성질환의 발병 위험과 수명이 달라지므로 이 시기 동안 신체적 · 정신적 건강을 유지하는 것이 중요하다. 이를 위해서는 특히 세포의 손상을 방지하고 위험요인을 조절하며 정상 체중을 유지하는 것이 필요하다.

1. 성인기의 일반적 특징

성인기에 접어들면 성장을 위한 영양의 필요성은 감소하지만 건강 유지를 위한 영양 섭취가 중요해진다. 이는 이 시기의 식생활이 후일의 건강과 복지에 큰 영향을 미치기 때문이다. 식사를 비롯하여 운동, 흡연, 체중 등의 생활습관은 유전적 소인, 환경적 요인 등과 함께 작용하여 개인의 수명과 삶의 질을 결정한다.

2019년 사망원인통계에 따르면 한국인의 사망원인 1위는 악성신생물(암)이고, 심장질환, 폐렴, 뇌혈관질환, 고의적 자해(자살)가 뒤를 잇고 있음

한국인의 주요 사망원인인 암, 뇌혈관질환, 심혈관질환, 당뇨병 등은 식사 섭취에 크게 영향받는 질병들로서, 성인기의 식사와 운동 등 생활습관을 통해 발병 위험을 조절할 수 있다. 이 시기의 바른 생활습관을 통해 만성질환의 발생을 예방 또는 지연하고 건강수명을 연장하는 것이 개인의 복지 향상과 의료비 절감을 위해 필수적이다.

2. 성인기의 생리적 변화

1) 성인기의 체성분 및 에너지 소비의 변화

성인기에는 체중 및 체지방의 증가가 흔히 나타난다. 이와 같은 증가는 상당 부분 근육의 감소 때문에 일어나는데, 근육은 대사적으로 활발한 조직이므로 근육이 감소하면 기초대사량도 감소한다. 기초대사량은 1일 에너지 소비의 60~75%를 차

지하므로 근육의 감소는 현저한 에너지 소비의 감소로 이어진다. 따라서 성인기 후반으로 갈수록 잉여 에너지가 많아지고 비만의 위험이 높아진다. 성인기에는 가령加齡에 따라 에너지 섭취가 감소하는 경향을 보이지만 체중이 증가하는 것을 예방하기에는 충분치 않다(그림 8-1).

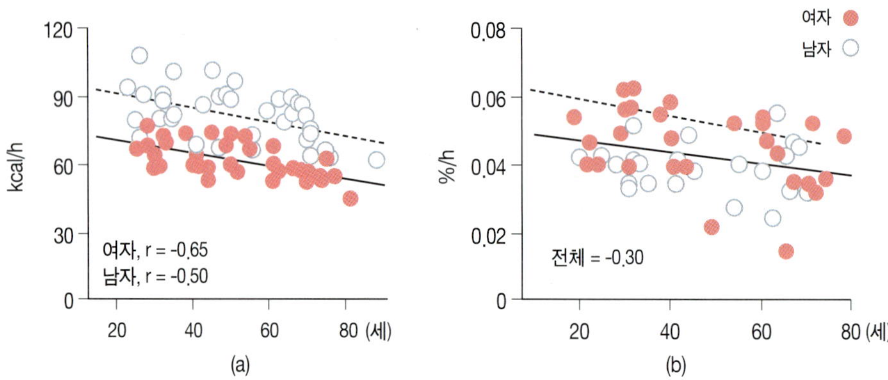

그림 8-1 연령에 따른 기초대사율 감소(a)와 근육단백질 합성률 감소(b)

출처: Short K R et al., 2004

대사율과 에너지 소비는 성인기 초기부터 10년에 약 2%의 비율로 감소하는데 신체활동을 활발히 하면 감소를 최소화할 수 있다. 반면 근골격계 질환이나 비만 증세가 있으면 신체활동이 적어지며 에너지 소비 감소가 더욱 심해진다.

성인기에는 체지방의 양뿐만 아니라 분포도 변하는데 복부와 내장지방이 증가하고 피하지방은 상대적으로 감소하여 체형이 변한다. 이와 같은 체지방의 재분배는 고혈압, 인슐린저항, 당뇨병, 뇌졸중, 담낭질환과 관상동맥질환의 증가로 이어진다.

일반적인 사람은 20대가 되면 키 성장이 멈춘다. 하지만 골밀도는 30세경까지 계속 증가하다가 그 이후에는 점차 감소하는 양상을 보인다(그림 8-2).

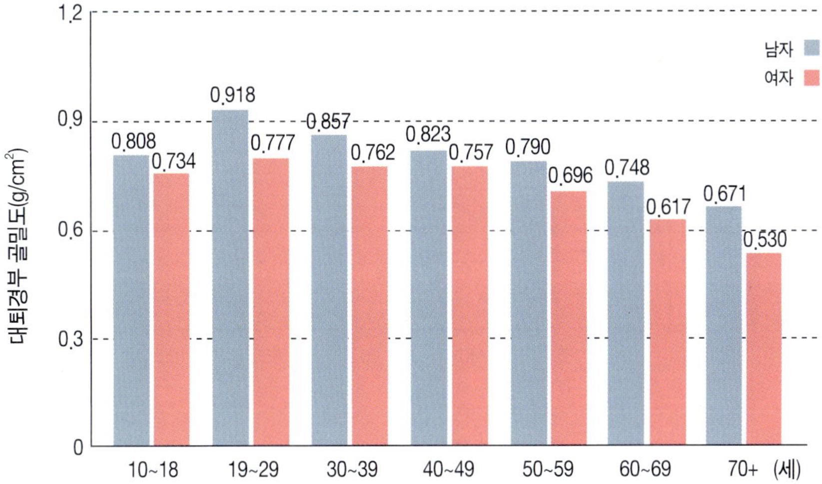

그림 8-2 성인기의 골밀도 변화

출처: 보건복지부, 질병관리청, 2010

2) 성인기의 신체기능 변화

성인기에는 신체기능이 서서히 변한다. 하지만 유전적 소인, 생활습관에 따라 사람마다 변화의 정도가 다르다.

성인기에는 근육량과 함께 유연성, 근력 등도 쇠퇴한다. 근력은 25~30세에 최고조에 달하며 그 이후 점차 감소하는데 감소의 정도는 운동과 영양에 의해 크게 영향받는다. 운동의 종류와 양은 근력뿐만 아니라 근육, 체지방, 골밀도 등에도 큰 영향을 미친다. 한편 근육은 식후 혈당의 약 70%를 처리하는 조직이므로 근육이 감소하면 혈당 조절능력 또한 감퇴한다(그림 8-3).

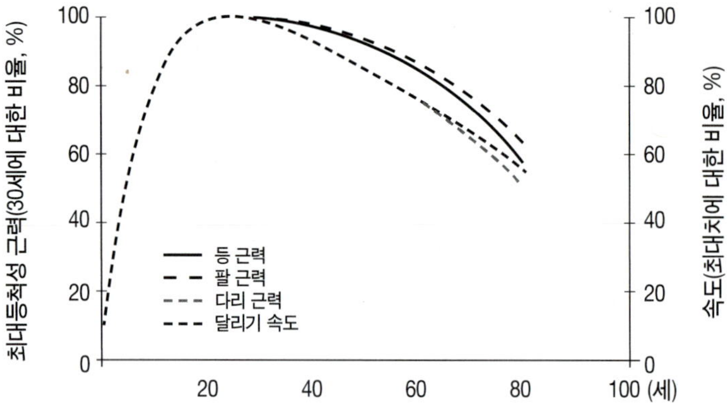

그림 8-3 성인기의 근력 변화

출처: Burr DB, 1997

신경자극 전달속도, 심박출량, 신장여과율, 최대호흡능력과 등과 함께 감각기능과 인지기능도 점차 쇠퇴하는데, 청력 감퇴는 25세경부터 시작되며 시력은 40세부터 나빠지기 시작한다(그림 8-4).

노화로 인한 생리적 변화를 완전히 막을 수는 없지만 적절한 영양 섭취와 함께 운동, 흡연, 음주 등의 생활습관을 조절하면 기능의 감퇴를 최대한 늦추고 좀 더 오

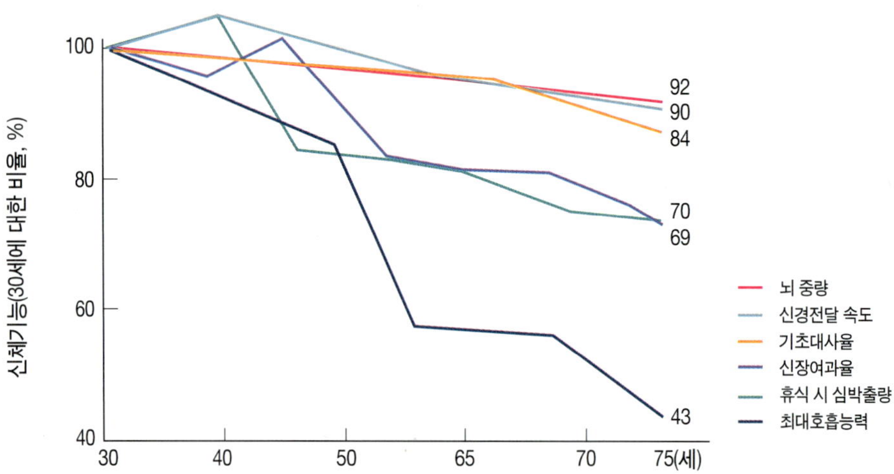

그림 8-4 성인기의 신체기능 변화

래 건강한 생활을 영위할 수 있다. 예를 들어, 적절한 단백질과 칼슘 섭취는 골질량 손실을 최소화할 수 있으며 이때 운동을 병행하면 더 큰 효과를 볼 수 있다.

3) 여성 폐경

여성의 나이가 50세에 가까워지면 난소가 위축되면서 월경주기와 호르몬 분비가 변하는데 이 시기를 폐경전후기라고 한다. 이 기간은 대개 몇 년간 지속되는데 마지막 월경이 끝나고 12개월이 지나면 완전히 폐경이 되었다고 할 수 있다. 폐경기의 가장 큰 특징은 에스트로겐 분비가 감소하는 것인데 이 호르몬은 생식기뿐만 아니라 뇌, 심장, 혈관, 뼈 등의 세포에 영향을 미치므로 폐경이 되면 신체의 여러 기관에 변화가 일어난다.

(1) 폐경기의 특징

폐경이 되면 안면 홍조, 피부 건조 등의 비교적 가벼운 증상 외에도 요실금, 골다공증, 심혈관질환 등의 발병 위험이 증가한다.

폐경전후기에 제일 처음 나타나는 변화는 월경주기의 변화로서 주기가 길어지거나 짧아지고 생리량 또한 많아지거나 적어진다. 이 시기에 가장 흔하게 나타나는 증상 중 하나는 안면홍조인데, 이 증상은 피부 혈관의 확장으로 인해 발생하며 얼굴과 상체에 더운 느낌이 들고 피부가 붉어진다. 종종 땀 분비가 증가하는 현상이 동반되기도 한다. 대개 몇 년 정도 지속되다가 저절로 사라지지만 약 10%의 여성은 60~70대까지 안면홍조가 나타나기도 한다.

폐경 이후에는 피부가 건조해지며 피하의 지방과 콜라겐 단백질이 감소하면서 피부가 얇아지고 탄력성을 잃게 된다. 이런 현상은 피부뿐만이 아니라 질과 요로에서도 일어나는데 그 결과 상처 및 감염의 위험이 높아진다.

체형에도 변화가 나타나는데 허리 부근에 특히 지방이 축적되면서 허리가 굵어지고 체중 증가도 흔하게 나타난다. 반면 근육은 감소하며 관절과 근육의 경직과 통증을 호소하는 일이 잦아진다.

많은 폐경기 여성이 수면의 양과 질이 저하된다고 느끼며 따라서 일과시간 중에 피로를 호소하는 경우가 많다. 그 밖에 기억력 감퇴, 성욕 감퇴, 정서 불안, 과민 등도 흔하게 나타나는 증상이다.

(2) 폐경기 여성과 골다공증

골다공증은 골질량이 감소하여 뼈가 약해지는 질병이다. 에스트로겐이 뼈 생성에서 중요한 역할을 담당하므로 폐경기에 에스트로겐 분비가 감소하면 골다공증의 위험이 증가한다.

남녀 모두 30세 이후부터 골질량이 감소하기 시작하는데 특히 여성은 폐경을 전후하여 골손실의 속도가 매우 빨라진다. 몇 년 후에는 골손실의 속도가 늦춰지지만 노년기에 접어들어서도 골손실은 지속된다(그림 8-5). 골질량이 감소한 뼈는 쉽게 부러지는데, 이 경우 혼자서는 일상생활이 어려울 정도로 거동이 불편해지는 경우가 많다. 골다공증의 위험을 증가시키는 요인으로는 골다공증의 가족력, 성인기의 골절 경험, 난소 제거 수술, 이른 폐경, 칼슘 섭취 부족, 오랜 침상생활, 흡연, 과음, 항경련제 혹은 글루코코르티코이드 복용, 저체중 등이 있다.

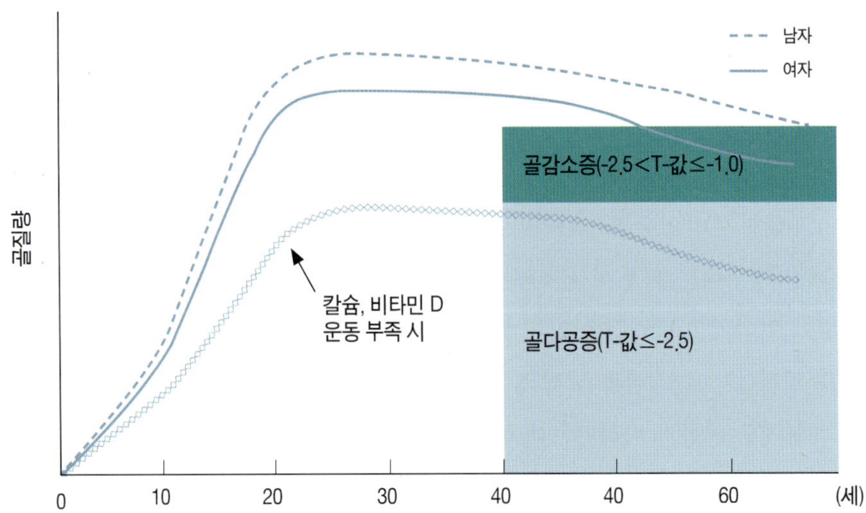

그림 8-5 폐경기 여성의 골밀도 변화

규칙적인 운동과 적절한 식사를 통해 골손실을 늦출 수 있는데 걷기, 달리기, 계단 오르기 같은 체중부하운동weight-bearing exercise을 3~4회/주 실시하면 뼈를 튼튼하게 하는 데 도움이 된다. 한편 근력과 균형감각을 키우는 운동은 낙상의 위험을 감소시킴으로써 골절을 예방한다. 골다공증 예방을 위해서는 칼슘과 비타민 D가 풍부한 식사를 하고 필요 시 보충제를 섭취함으로써 골밀도를 유지하는 것이 필요하다. 칼슘의 급원으로는 저지방 우유 및 유제품을 권장하는데 이는 일반우유에 들어 있는 포화지방이 혈청지질을 상승시킬 수 있기 때문이다. 일주일에 두 번, 5~30분 정도 햇빛을 쐬면 뼈 건강을 위해 충분한 양의 비타민 D를 합성할 수 있다. 그러나 나이가 들면 비타민 D를 합성하는 능력이 떨어지므로 비타민 D가 풍부한 식품이나 보충제를 통해 섭취를 증가시킨다.

골감소증과 골다공증
건강한 30세 성인의 평균 골밀도와 비교하여 T-값을 구하는데, T-값이 -1.0보다 크면 정상, -1.0~-2.5이면 골감소증, -2.5 이하이면 골다공증으로 진단함

흡연하는 여성은 폐경이 약 2년 정도 빨리 찾아오므로 골밀도를 보전하기 위해서는 금연이 필수적이다. 한편 과음은 낙상과 골절의 위험을 증가시킴으로써 골손실을 가속화할 수 있기 때문에 자제가 필요하다.

3. 성인기의 영양관리

1) 성인기의 영양소 섭취기준 및 영양 섭취실태

성인을 위한 영양소 섭취기준의 목표는 이 인구집단이 필요한 영양소를 적정량 섭취하여 만성질환 발병의 위험을 낮추도록 하는 것이다. 성인은 19~29세, 30~49세, 50~64세의 3개 연령군으로 구분하는데, 이는 각 연령군의 체격, 즉 신장과 체중의 차이에 근거한 분류이다. 표 8-1에는 영양소 섭취기준 제정의 기초가 되는 체위 기준이 표시되어 있다.

표 8-1 2020년 한국인 영양소 섭취기준 제정을 위한 성인기의 체위기준

연령	남자		여자	
	신장(cm)	체중(kg)	신장(cm)	체중(kg)
19~29세	174.6	68.9	161.4	55.9
30~49세	173.2	67.8	159.8	54.7
50~64세	168.9	64.5	156.6	52.5

출처: 보건복지부, 한국영양학회, 2020

(1) 에너지

성인은 성장을 위한 에너지가 필요하지 않으므로 성인의 에너지 필요추정량은 건강한 사람이 일상적인 활동을 수행하며 에너지 평형을 유지하는 데 필요한 열량이다. 따라서 성인의 에너지 필요추정량은 총 에너지 소비량과 동일하다(표 8-2). 한국 성인의 신체활동수준은 운동선수와 일부 육체 노동자를 제외하고는 대부분 저활동적 상태에 해당한다. 따라서 에너지 필요추정량 계산 시 저활동적 수준에 해당하는 신체활동단계별 계수를 적용하였다.

표 8-2 1일 에너지 필요추정량

연령	남자(kcal)	여자(kcal)
19~29세	2,600	2,000
30~49세	2,500	1,900
50~64세	2,200	1,700

출처: 보건복지부, 한국영양학회, 2020

성인의 에너지 필요추정량 산출공식

남자

662 - 9.53 × 연령(세) + PA[15.91 × 체중(kg) + 539.6 × 신장(m)]

PA (신체활동단계별 계수): 1.0(비활동적), 1.11(저활동적), 1.25(활동적), 1.48(매우 활동적)

여자

354 - 6.91 × 연령(세) + PA[9.36 × 체중(kg) + 726 × 신장(m)]

PA(신체활동단계별 계수): 1.0(비활동적), 1.12(저활동적), 1.27(활동적), 1.45(매우 활동적)

(2) 탄수화물

케톤증을 예방하고 뇌와 적혈구에 필요한 에너지를 공급하기 위해 평균필요량을 100 g으로 설정하였고 권장섭취량은 변이계수를 15%로 하여 130 g/일로 설정하였다. 2019년 국민건강영양조사에 따르면 우리나라 19~29세, 30~49세, 50~64세 성인의 탄수화물 섭취량은 각각 275.06, 282.13, 288.6 g/일로서 충분한 양의 탄수화물을 섭취하고 있는 것으로 보인다.

탄수화물, 특히 정제된 탄수화물을 과잉 섭취하면 충치와 비만의 위험이 높아진다. 또한 혈청 중성지방, small LDL-콜레스테롤의 농도가 상승하는 반면 심혈관질환에 보호효과가 있는 HDL-콜레스테롤의 농도는 낮아진다. 따라서 과도한 탄수화물 섭취는 바람직하지 않으며 탄수화물로부터의 에너지섭취분율은 55~65%가 적합하다. 2020년 국민건강영양조사 결과를 보면 19세 이상 성인은 60.1%의 에너지를 탄수화물로부터 섭취하고 있는 것으로 드러나 적당한 비율을 유지하고 있음을 알 수 있다.

한편 당류는 과도하게 섭취할 경우 식사의 영양밀도를 낮추고 비만, 충치 등의 위험을 증가시키므로 조리 시 첨가하는 설탕 등 첨가당은 전체 에너지 섭취의 10% 이내로 제한하고, 식품에 함유되어 있는 당류와 첨가당을 합한 총 당류는 전체 에너지 섭취의 10~20% 이내로 제한하여야 한다. 2020년 조사 결과, 19세 이상 성인의 당 섭취는 전체 에너지 섭취의 11.9%인 58.1 g이다.

(3) 식이섬유

식이섬유는 인간의 소장에서 소화 · 흡수되지 않고 대장에서 발효될 수 있는 난소화성 탄수화물과 식물의 리그닌을 뜻한다. 식이섬유는 에너지를 발생하지 않기 때문에 에너지 섭취량을 감소시키고 비만의 위험을 낮추는 효과가 있다. 또한 혈당과 혈청 콜레스테롤 수준을 낮추고 변비를 예방한다. 또 장 내용물의 통과시간을 단축하고 대장 내용물을 희석시키기 때문에 대장암의 발생을 낮추는 효과가 있는데 저지방식사와 병행할 때 특히 효과가 좋다.

성인기에는 비만의 위험이 높으므로 에너지밀도를 낮추는 섬유질을 충분히 섭취하는 것이 바람직하다. 만성퇴행성질환이 주요 사망원인이 되지 않았던 1960년대 말~1970년대 초의 한국인의 평균 식이섬유 추정섭취량(12 g/1,000 kcal)을 식이섬유 충분섭취량 설정기준으로 하여 성인 남자는 30 g, 여자는 20 g을 1일 충분섭취량으로 설정하였다.

(4) 단백질

단백질은 신체조직을 구성할 뿐만 아니라 각종 효소, 호르몬, 항체를 만들고 체액의 산-염기 평형 유지, 수분 대사 조절 등의 중요한 기능을 한다. 따라서 성장이 끝난 성인기에도 건강 유지와 특히 면역기능을 위해 적당량의 단백질을 섭취하는 것이 필요하다.

질소평형 유지를 위한 한국 성인의 단백질 1일 필요량은 0.66 g/kg로 계산하였으며 이용효율 90%를 적용하여 0.73 g/kg을 1일 평균필요량으로 결정하였다. 권장섭취량은 평균필요량에 변이계수 1.25를 적용하여 1일 0.91 g/kg로 설정하였다(표 8-3). 에너지적정비율은 7~20%로 권장하는데 2020년 국민건강영양조사에 따르면 19세 이상 성인은 15.9%의 에너지를 단백질로부터 섭취하고 있으므로 적당한 수준이다.

섭취량을 살펴보면 19세 이상 성인의 경우 74.3 g(남자 88.1 g, 여자 59.9 g)에 달해 섭취기준의 132.0%에 달하는 많은 양을 섭취하고 있음을 알 수 있다. 과잉의 단백질을 섭취하는 경우 칼슘의 소변 배설을 증가시켜 골다공증 위험이 높아지고 신장에 부담을 주므로 당뇨병이나 신장병 환자의 경우 과잉 섭취하지 않도록 유의해야 한다.

표 8-3 단백질 1일 섭취기준

연령	남자		여자	
	평균필요량(g)	권장섭취량(g)	평균필요량(g)	권장섭취량(g)
19~29세	50	65	45	55
30~49세	50	65	40	50
50~64세	50	60	40	50

출처: 보건복지부, 한국영양학회, 2020

(5) 지방

지방을 과잉 섭취할 경우 이상지질혈증, 고혈압, 뇌혈관질환, 심혈관질환, 비만, 대사증후군, 당뇨, 암 등의 위험이 증가한다. 따라서 만성질환의 발생이 증가하는 성인기에는 지방을 과하게 섭취하지 않도록 유의해야 한다. 총 지방 에너지적정비율은 15~30% 수준인데, 2020년 국민건강영양조사의 결과를 보면 19세 이상 성인은 24.1%의 에너지를 지방으로부터 섭취하는 것으로 드러나 적절한 비율을 유지하고 있음을 알 수 있다.

한편 포화지방산의 에너지적정비율은 7% 미만이다. 포화지방산의 섭취가 많아지면 체내에서 콜레스테롤 합성이 증가할 뿐만 아니라 당뇨병, 암, 심장질환, 이상지질혈증 등의 위험이 상승하므로 성인기에는 쇠고기, 돼지고기, 버터, 치즈 등 포화지방산이 풍부한 음식의 섭취를 자제해야 한다. 트랜스지방산의 에너지적정비율은 1% 미만인데 이는 트랜스지방산이 포화지방산과 마찬가지로 LDL-콜레스테롤의 수준을 상승시키기 때문이다. 또한 혈청 중성지방을 상승시키고 HDL-콜레스테롤을 감소시킴으로써 심혈관질환의 위험을 현저히 증가시키는 효과가 있다.

2020년 한국인 영양소 섭취기준에는 리놀레산, 알파-리놀렌산, EPA+DHA의 섭취기준이 도입되었다. 2013~2017년도 국민건강영양조사에서 파악된 성인의 지방산 평균섭취량을 기반으로 각 지방산의 충분섭취량을 산정하였다(표 8-4). ω-6계 지방산을 과잉 섭취하면 심혈관질환, 염증, 암 등의 발생이 증가한다고 알려져 있다. 반면 ω-3계 지방산 섭취는 혈청 지질의 수준을 낮추고 관상동맥질환의 발생을 억제하는 효과가 있다. 그러나 ω-3계 지방산은 불포화도가 높아 산화되기 쉬우므로 지나친 섭취는 피해야 한다.

표 8-4 지질 1일 섭취기준(충분섭취량)

연령	남자			여자		
	리놀레산 (g)	알파-리놀렌산 (g)	EPA+DHA (mg)	리놀레산 (g)	알파-리놀렌산 (g)	EPA+DHA (mg)
19~29세	13.0	1.6	210	10.0	1.2	150
30~49세	11.5	1.4	400	8.5	1.2	260
50~64세	9.0	1.4	500	7.0	1.2	240

출처: 보건복지부, 한국영양학회, 2020

(6) 수분

수분은 인체에서 가장 높은 비율을 차지하는 구성 성분으로서 체내 항상성 및 생명 유지를 위해 반드시 필요하다. 수분은 혈액을 통해 영양소를 운반하고, 이산화탄소, 요소 등 노폐물을 배출시켜 주며 체온을 조절한다. 또한 타액, 소화액, 점액 등의 주요 성분이다. 체내 생화학 반응의 용매로서 대사과정이 정상적으로 이루어지도록 한다.

체내 수분은 각종 호르몬의 작용을 통해 항상성을 유지하므로 평균필요량을 추정하기 어렵다. 따라서 충분섭취량을 섭취기준으로 설정하였고, 음식 수분 섭취량을 포함한 총수분과 액체로 구분하여 제시하였다. 한국인의 음식 수분 섭취량은 에너지필요추정량에 한국인 일상식의 수분 함량(0.53 mL/kcal)을 곱하여 계산하였다.

표 8-5 수분 1일 섭취기준

연령	충분섭취량			
	액체(mL)		총 수분(mL)	
	남자	여자	남자	여자
19~29세	1,200	1,000	2,600	2,100
30~49세	1,200	1,000	2,500	2,000
50~64세	1,000	1,000	2,200	1,900

출처: 보건복지부, 한국영양학회, 2020

(7) 비타민

① 지용성비타민

비타민 A는 레티놀, 레티날, 레티노산 외에 카로테노이드를 총칭하는 용어로서 세포 성장, 상피세포의 정상적인 분화 및 증식, 시각과 면역기능 등에 관여한다. 카로테노이드는 항산화작용 및 항암효과가 뛰어나다고 알려져 있다. 최근에는 카로테노이드의 일종인 루테인이 노인성 황반변성에 보호효과가 있다고 하여 각광 받고 있으며, 리코펜은 전립샘암 예방효과가 있다고 한다.

비타민 A의 평균필요량은 영양상태가 좋은 사람이 체내 비타민 A 풀을 유지하는 데 필요한 양으로 산정하였으며, 권장섭취량은 여기에 20%의 변이계수를 적용하여 설정하였다. 19~49세 성인의 1일 권장섭취량은 남자 800, 여자 650 μg RAE이다(표 8-6). 2020년 국민건강영양조사에 따르면 19세 이상 성인의 비타민 A 섭취량은 섭취기준 대비 57.1%에 불과하다. 이는 비타민 A의 단위를 REretinol equivalent에서 RAEretinol activity equivalent로 변경하였기 때문으로 보인다. RAE를 사용할 경우 카로테노이드의 전환효율이 이전의 1/2 수준으로 낮아지기 때문에 주로 식물성식품으로 비타민 A를 섭취하는 우리나라의 경우 비타민 A 섭취량이 낮게 평가된다.

비타민 A를 과잉 섭취하는 경우 지방간, 간 손상, 골격 약화와 연골 손상 등의 증상이 나타난다고 보고되었고, 특히 임신부의 경우 기형아 출산의 위험이 높아진다.

따라서 과잉의 비타민 A 섭취는 매우 위험하며 간독성을 독성종말점으로 하여 설정한 1일 상한섭취량은 3,000 μgRAE이다. 그러나 1,500 μgRE 이상의 비타민 A를 장기간 섭취했을 때 골다공증 발생과 골절 위험이 증가했다는 보고도 있으므로 적절한 섭취가 필요하다.

한편 근래에는 건강에 대한 관심이 높아지면서 보충제 형태의 카로테노이드를 섭취하는 사람들이 많아졌다. 그러나 고용량의 베타-카로텐 보충제를 섭취한 흡연자와 석면 노동자들에서 폐암 발생이 유의적으로 증가했다는 연구 결과가 있으므로 과량의 보충제 섭취는 바람직하지 않은 것으로 판단된다. 하지만 보충제가 아닌 식품으로 섭취하는 경우 카로테노이드는 일시적인 카로텐피부증 외에는 독성이 없고 만성질환에 대한 보호효과가 뚜렷하다. 따라서 미국인 영양섭취기준에서는 하루에 5회분serving 이상의 채소와 과일을 섭취할 것을 권장하고 있다.

비타민 D의 주요 기능은 칼슘의 흡수를 촉진하여 건강한 골격을 형성하고 유지하는 것이다. 성인에서는 골다공증과 골연화증을 예방하는 역할을 하며 근래에는 전립샘암, 유방암, 고혈압, 심혈관질환 등을 예방하는 효과가 있다고 보고되었다.

50세 이상이 되면 연령 증가, 자외선 노출 감소, 폐경 이후 여성 호르몬 저하 등으로 인해 골다공증 발생이 증가하므로 50세 이상 성인, 특히 폐경 이후 여성에게는 골다공증 및 골절 예방을 위해 적절한 칼슘과 비타민 D 섭취가 필수적이다. 한국 성인의 비타민 D 1일 충분섭취량은 10 μg이다(표 8-6). 비타민 D의 주요 공급원은 태양광선에 의한 피부에서의 생합성과 연어, 고등어, 청어, 정어리, 난황, 버터 등이다. 피부에서의 비타민 D 합성능력은 연령이 증가함에 따라 감소하여 70대가 되면 젊은이의 1/4로 감소하고, 자외선 차단제 사용은 피부에서 비타민 D 합성을 현저히 억제한다. 체지방은 비타민 D를 흡수하므로 비만한 사람은 비타민 D 부족증이 더 잘 나타난다.

비타민 D 과잉 섭취는 서서히 혈액과 소변의 칼슘 농도를 높여 여러 기관, 특히 신장에 칼슘의 침착이 나타나게 한다. 그 밖의 중독 증상으로는 구토, 식욕부진, 설사, 경련 등이 있다. 자외선에 오래 노출되거나 보충제가 아닌 식품을 통해 비타민 D를 섭취한 경우에는 과잉증이 거의 발생하지 않는다. 비타민 D 1일 상한섭취량은 고칼슘혈증을 독성종말점으로 하여 100 μg으로 설정하였다.

비타민 E는 α, β, γ, δ 토코페롤과 토코트리에놀의 총칭으로 주로 식물성 유지에 함유되어 있다. 비타민 E의 주요 기능은 항산화 작용으로서 세포막과 지단백질을 구성하는 불포화지방산을 산화적 손상으로부터 보호한다. 한편 면역증진 효과도 있다.

산화적 손상의 축적은 노화를 촉진하고 각종 만성질환의 발생을 증가시키므로 항산화 역할을 하는 비타민 E를 충분히 섭취하는 것이 성인기 건강 유지에 도움이 된다. 비타민 E의 충분섭취량은 남녀 모두 12 mg α-TEtocopherol equivalent이다(표 8-6). 불포화지방산을 많이 섭취하면 비타민 E의 필요량이 증가하는데, 다가불포화지방산 1 g당 비타민 E를 0.5 mg의 비율로 섭취할 것을 권장한다. 비타민 E는 과잉 섭취로 인한 독성이 비교적 약하지만, 과량 섭취 시 면역기능이 저해되고 비타민 K의 작용을 억제한다는 보고가 있으므로 적절한 섭취가 필요하다.

표 8-6 지용성비타민 1일 섭취기준

		평균필요량		권장섭취량		충분섭취량		상한섭취량	
		남자	여자	남자	여자	남자	여자	남자	여자
비타민 A (μg RAE)	19~29세	570	460	800	650			3,000	3,000
	30~49세	560	450	800	650			3,000	3,000
	50~64세	530	430	750	600			3,000	3,000
비타민 D (μg)	19~29세					10	10	100	100
	30~49세					10	10	100	100
	50~64세					10	10	100	100
비타민 E (mg α-TE)	19~29세					12	12	540	540
	30~49세					12	12	540	540
	50~64세					12	12	540	540
비타민 K (μg)	19~29세					75	65		
	30~49세					75	65		
	50~64세					75	65		

출처: 보건복지부, 한국영양학회, 2020

비타민 K는 혈액응고에 관련된 프로트롬빈과 뼈에 존재하는 오스테오칼신 단백질을 카르복실화하는 역할을 한다. 따라서 비타민 K가 결핍되면 프로트롬빈의 생성이 억제되고 심한 경우 출혈이 나타날 수 있다. 한편 카르복실화된 오스테오칼신은 수산화인회석hydroxyapatite과 결합하여 뼈 형성에 관여한다. 따라서 비타민 K 섭취가 적은 사람은 골밀도가 낮고 골절의 위험이 높다고 알려져 있다. 그러나 골절 예방에 도움을 준다고 알려진 비타민 K 섭취량은 일반적인 섭취기준보다 상당히 높다.

비타민 K의 1일 충분섭취량은 건강한 성인의 섭취량에 근거하여 남자 75, 여자 65 μg으로 설정하였다(표 8-6). 비타민 K는 케일, 시금치, 비름나물, 근대, 김, 녹차 등에 풍부하다.

② 수용성비타민

비타민 C는 전자를 내어주는 특성으로 인해 강력한 항산화제로 기능하며 체내에서 생성된 활성산소종을 제거한다. 그 밖에 철의 흡수를 도와주며 콜라겐, 카르니틴, 신경전달물질, 담즙산 합성 등에 관여한다.

성인의 비타민 C 1일 평균필요량은 75 mg이며 변이계수 15%를 감안한 권장섭취량은 100 mg이다(표 8-7). 한편 흡연자는 비흡연자에 비해 산화적 손상을 많이 받으므로 비타민 C 교체율이 높다고 보고되었다. 그러나 흡연자에게 비타민 C 권장섭취량을 증가시켜야 하는 근거가 충분하지 않아 따로 기준을 제시하지 않았다.

비타민 C 섭취가 과한 경우 오심, 구토, 복통, 설사 등의 위장관 장애를 나타낼 수 있다. 또한 소변으로 배설되는 수산의 양이 많아지며 신장결석 형성이 증가한다. 위장관 장애를 독성종말점으로 하여 2,000 mg을 1일 상한섭취량으로 설정하였다.

비타민 C 급원식품은 딸기, 오렌지, 고추, 귤, 피망, 토마토 등이다. 우리나라 19세 이상 성인의 비타민 C 섭취량은 64.2 g으로 섭취기준의 64.1%에 불과하다(2020년 국민건강영양조사).

티아민은 TPPthiamin pyrophosphate의 형태로 피루브산의 탈탄산반응을 촉매하는 등 탄수화물 대사와 에너지 대사에 관여한다. 따라서 티아민의 필요량은 에너지 소모량과 연관되어 있다. 결핍 시에는 신경계와 심혈관계 장애를 동반하는 각기병이 발생한다.

성인기의 티아민 1일 권장섭취량은 남자 1.2 mg, 여자 1.1 mg이다. 티아민은 과량 섭취 시 흡수율이 저하되기 때문에 독성이 나타나지 않으며, 따라서 상한섭취량은 설정되지 않았다(표 8-7).

주요 급원은 돼지고기, 간, 삼치, 전곡, 두류 등이다. 2020년 국민건강영양조사에 따르면 19세 이상 성인의 1일 평균섭취량은 1,279.5μg로서 한국인의 티아민 섭취가 비교적 양호하다는 것을 알 수 있다. 그러나 과도한 알코올을 섭취하는 사람이나 운동을 심하게 하는 사람은 티아민 결핍이 쉽게 일어나므로 추가 섭취가 필요하다. 반면 다이어트 등으로 인해 에너지 섭취량이 감소하는 경우에도 티아민을 1.0 mg 미만으로 섭취하지 않도록 주의해야 한다.

리보플라빈은 FMNflavin mononucleotide과 FADflavin adenine dinucleotide의 형태로 여러 산화-환원 반응의 촉매 역할을 함으로써 탄수화물, 지방, 아미노산 대사에 참여한다. 리보플라빈의 결핍 증세는 구순구각염, 설염, 피부염, 빈혈 등이다.

리보플라빈의 1일 평균필요량은 남자 1.3 mg, 여자 1.0 mg로 계산하였으며, 권장섭취량은 변이계수 10%를 감안하여 남자 1.5 mg, 여자 1.2 mg으로 설정하였다(표 8-7). 과량의 리보플라빈을 섭취하더라도 위장관에서 리보플라빈을 흡수하는 능력에 한계가 있고 또한 흡수된 리보플라빈은 단시간 내에 소변으로 배설되기 때문에 과잉증이 거의 발생하지 않는다.

근래에는 섭취 부족으로 인한 결핍증은 흔하지 않으나 경구피임약을 복용하거나 당뇨병, 알코올 중독, 간질환 등을 갖고 있는 경우 결핍증 발생이 증가한다. 리보플라빈은 에너지 소비량이 증가함에 따라 이용이 증가하므로 운동선수 등 신체활동이 활발한 사람의 경우 리보플라빈을 넉넉하게 섭취해야 한다. 리보플라빈의 급원으로는 육류, 가금류, 생선, 우유 등이 있다.

2020년 국민건강영양조사에 따르면 19세 이상 성인의 리보플라빈 1일 섭취량은 1,756.4 μg으로 섭취기준의 129.0% 수준이다.

니아신은 NADnicotinamide adenine dinucleotide, NADPnicotinamide adenine dinucleotide phosphate의 형태로 체내 산화-환원 반응에 관여한다. NAD는 주로 세포 내 호흡, 탄수화물, 지방 및 알코올 대사에 참여하고 NADP는 지방산, 스테로이드 합성에 관여한다. 니아신이 결핍되면 염증, 구토, 변비, 우울증 등을 증상으로 하는 펠라그라가 발생하는데 알코올 중독자에서는 펠라그라가 더 쉽게 발생한다.

성인 남성의 니아신 평균필요량은 12 mg NEniacin equivalent이고, 여성은 11 mg NE이다. 권장섭취량은 변이계수 15%를 감안하여 남자 16 mg NE, 여자 14 mg NE로 설정하였다(표 8-7). 식품에서 니아신을 섭취한 경우 과잉증이 발생하지 않지만 약물 혹은 보충제의 형태로 섭취한 니아신은 독성을 나타낼 수 있다. 이상지질혈증 치료, 운동 시 지방 이동 억제 등의 목적으로 과량의 니아신을 복용하는 경우 홍조, 위장관장애, 구토, 간독성 등의 증상이 나타나기도 한다. 간기능장애, 당뇨병, 위궤양, 부정맥, 통풍, 알코올 중독 등의 증상이 있는 이들은 좀 더 쉽게 독성이 나타날 수 있으므로 주의를 요한다. 니코틴산의 경우 홍조와 위장장애를 독성종말점으로 삼아 1일 상한섭취량을 35 mg NE로 설정하였다. 니코틴아미드는 니코틴산에 비해 독성이 잘 나타나지 않으며 상한섭취량은 1,000 mg NE이다.

니아신의 급원은 쇠고기, 돼지고기, 생선, 달걀, 우유 등이다. 2020년 국민건강영양조사에 따르면 성인의 섭취량은 13.2 mg NE로서 섭취기준의 86.9%이다.

비타민 B_6는 아미노전달효소 등 아미노산 대사에 관여하는 효소의 조효소이며 필요량은 단백질 섭취량과 연관되어 있다. 그 밖에 헴, 니아신, 신경전달물질의 합성에도 관여한다.

성인 남자의 1일 평균필요량은 1.3 mg, 여자는 1.2 mg이며, 1일 권장섭취량은 각각 1.5와 1.4 mg이다(표 8-7). 비타민 B_6가 부족한 경우 혈장의 호모시스테인 농도가 높아지는데 이는 심장혈관계 질환의 위험요인이다. 알코올 중독자와 흡연자는 건강한 사람에 비해 혈중 B_6의 농도가 낮으므로 결핍증이 쉽게 나타날 수 있다. 월경전증후군, 입덧 등을 완화하기 위해 피리독신 형태의 비타민 B_6 보충제를 복용하는 경우 손발저림, 감각상실, 근육협동 손상 등을 증상으로 하는 과잉증이 나타날 수 있다. 1일 상한섭취량은 100 mg이다. 급원식품은 생선, 돼지고기, 닭고기, 달걀, 현미, 대두 등이다.

엽산은 체내에서 DNA 합성과 나아가 세포분열에 관여한다. 또 호모시스테인으로부터 메티오닌을 합성하는 과정에 관여하므로 엽산 결핍 시에는 혈장 호모시스테인 농도가 상승하고 메티오닌과 SAMS-adenosyl methionine이 부족하게 된다. SAM은 체내 메틸화반응에서 메틸기 공여체로 작용하므로 엽산이 부족하면 메틸화반응이 적절히 이루어지지 않는다.

엽산이 부족하면 세포분열이 빠르게 일어나는 적혈구와 위장 점막의 손상으로 인해 거대적아구성 빈혈이 생기고 흡수불량 등의 위장장애가 나타난다. 또한 엽산 부족은 자궁, 대장, 유방 등에 암 발생을 증가시킨다고 알려져 있으며 고호모시스테인혈증은 심혈관질환의 위험을 높인다.

성인의 1일 평균필요량은 320 μgDFEdietary folate equivalent, 권장섭취량은 400 μgDFE이다(표 8–7). 알코올 섭취는 엽산 흡수를 방해하고 배설을 증가시켜 엽산 결핍을 악화시키며 항소염제를 과량 복용하면 엽산 영양상태가 나빠질 수 있다.

보충제나 강화식품을 통해 엽산을 과잉 섭취하면 독성이 나타날 수 있는데, 엽산 자체의 독성보다는 비타민 B_{12} 결핍의 진단을 방해하는 간접 독성의 위험이 더 크다. 한국 성인의 1일 상한섭취량은 1 mg이다.

엽산은 대두, 시금치, 쑥갓, 김, 다시마 등에 풍부하게 들어 있으나 식품을 조리, 가공하는 과정에서 50~90%까지 파괴된다. 한국 성인의 섭취기준에 대한 엽산 섭취비율은 75.6%이고, 특히 여성의 경우 67.5%에 불과하지만 혈액 수준에서 결핍은 거의 나타나지 않는 것으로 보인다.

비타민 B_{12}는 미생물에 의해 합성되어 동물의 근육이나 내장에 축적되므로 동물성식품을 통해서만 섭취할 수 있다. 엽산과 함께 세포분열 및 메틸화반응에 관여하므로 결핍 시 거대적아구성 빈혈, 신경계 이상, 위장장애 등의 증상을 나타낸다.

한국 성인의 비타민 B_{12} 1일 평균필요량은 2.0 μg이고, 권장섭취량은 2.4 μg이다(표 8–7). 위점막의 손상으로 인해 내적인자intrinsic factor, IF 분비가 저하되면 비타민 B_{12}의 흡수도 저하되어 악성빈혈 등의 결핍증이 나타난다. 나이가 들수록 위점막이 위축되고 위산, 펩신, 내적인자의 분비가 감소하므로 비타민 B_{12}의 흡수가 감소하고 결핍증의 위험이 높아진다. 한편 한국인에 흔한 헬리코박터 파일로리*Helicobacter pylori* 감염 시 비타민 B_{12} 영양상태가 악화되고 만성 알코올중독의 경우에도 결핍증이 쉽게 나타난다.

과량의 비타민 B_{12}를 섭취하는 경우에는 흡수율이 저하되므로 독성이 쉽사리 나타나지 않는다. 비타민 B_{12}는 어패류, 쇠간, 육류, 달걀, 우유 등에 풍부하다.

표 8-7 수용성비타민 1일 섭취기준

		평균필요량		권장섭취량		충분섭취량		상한섭취량	
		남자	여자	남자	여자	남자	여자	남자	여자
비타민 C (mg)	19~29세	75	75	100	100			2,000	2,000
	30~49세	75	75	100	100			2,000	2,000
	50~64세	75	75	100	100			2,000	2,000
티아민 (mg)	19~29세	1.0	0.9	1.2	1.1				
	30~49세	1.0	0.9	1.2	1.1				
	50~64세	1.0	0.9	1.2	1.1				
리보플라빈 (mg)	19~29세	1.3	1.0	1.5	1.2				
	30~49세	1.3	1.0	1.5	1.2				
	50~64세	1.3	1.0	1.5	1.2				
니아신 (mg NE)	19~29세	12	11	16	14			35[1]/1,000	35/1,000
	30~49세	12	11	16	14			35/1,000	35/1,000
	50~64세	12	11	16	14			35/1,000	35/1,000
비타민 B_6 (mg)	19~29세	1.3	1.2	1.5	1.4			100	100
	30~49세	1.3	1.2	1.5	1.4			100	100
	50~64세	1.3	1.2	1.5	1.4			100	100
엽산 (μg DEF)	19~29세	320	320	400	400			1,000	1,000
	30~49세	320	320	400	400			1,000	1,000
	50~64세	320	320	400	400			1,000	1,000
비타민 B_{12} (mg)	19~29세	2.0	2.0	2.4	2.4				
	30~49세	2.0	2.0	2.4	2.4				
	50~64세	2.0	2.0	2.4	2.4				

[1] 니코틴산 상한섭취량/니코틴아미드 상한섭취량

출처: 보건복지부, 한국영양학회, 2020

(8) 무기질

① 다량 무기질

칼슘은 뼈 건강을 위해 필수적인 요소이다. 겉으로 보기에 뼈는 교체가 이루어지지 않는 것처럼 보이지만 실제로는 골형성과 골분해가 지속적으로 일어나는 동적인 조직이다. 이 과정에서 칼슘은 수산화인회석의 형태로 단백질 기질에 침착함으로써 뼈를 단단하게 하는 역할을 한다. 건강한 성인은 골 생성과 분해가 평형을 이루지만 칼슘 섭취가 적절하지 않으면 골생성이 제대로 되지 않아 골질량이 감소할 수 있다. 나이가 들수록 칼슘 흡수율이 낮아지고 골생성을 담당하는 조골세포의 활성이 파골세포 활성에 비해 떨어지므로 성인기 후반과 노인기에는 골손실이 발생하기 쉽다.

성인 남자의 칼슘 1일 권장섭취량은 19~49세의 경우 800 mg이고, 50~64세는 750 mg이다. 여성은 19~49세에 700 mg을 권장하나, 폐경 이후인 50세 이상 여성은 흡수율이 떨어지고 골다공증 위험이 증가하는 것을 감안하여 800 mg으로 설정하였다(표 8-8).

칼슘을 과잉 섭취하는 경우 고칼슘혈증과 함께 신장결석의 발생이 증가한다. 또한 철, 아연, 마그네슘 등 다른 무기질의 흡수가 저하될 수 있으므로 칼슘은 하루 2,500 mg 이상 섭취하지 않도록 한다. 한편 50~64세 성인 및 노인 여성이 하루 2,000 mg 이상의 칼슘을 섭취할 경우 신장결석의 위험이 높아진다는 연구 결과가 있으므로 50세 이상 성인 및 노인의 경우 상한섭취량은 2,000 mg로 설정하였다.

칼슘의 대표적 급원식품은 우유, 유제품, 뼈째 먹는 생선, 녹색잎채소, 두류 등이다. 2020년 국민건강영양조사 결과에 따르면 19세 이상 성인의 칼슘 섭취량은 493.9 g으로 섭취기준에 미달한다. 2018년 조사 결과를 살펴보면 19~29세, 30~49세, 50~64세 남성과 여성의 섭취기준 대비 칼슘 섭취비율이 각각 69.1, 75.2, 79.5%와 67.8, 69.9, 66.7%로서 특히 여성의 칼슘 섭취가 부족함을 보여준다(2018년 국민건강통계).

성인기에 골다공증 예방을 위해서는 섭취한 칼슘의 양도 중요하지만 칼슘의 체내 대사에 영향을 미치는 다른 식사요인들도 중요하다. 예를 들어, 단백질은 소변으로 칼슘의 배설을 증가시키므로 지나친 단백질 섭취는 골다공증의 위험을 증가시킨다. 그러나 단백질은 뼈 기질의 구성성분으로서 단백질 섭취 부족 시에도 골절 위험이 상승한다고 알려져 있다. 따라서 뼈 건강을 위해서는 단백질을 부족하지 않게 섭취하는 것이 중요하다. 또한 나트륨과 칼슘의 배설은 서로 연관되어 있기 때문에 나트륨 배설이 증가하면 칼슘 배설도 증가한다. 소금을 과량 섭취하면 나트륨과 칼슘의 배설이 증가하므로, 싱겁게 먹는 식습관은 혈압뿐만 아니라 뼈 건강에도 도움이 된다. 수산, 피틴산은 칼슘 흡수를 저해하며 카페인 역시 칼슘 배설을 증가시킴으로써 칼슘 손실을 가속화시킨다. 카페인에 의한 칼슘 손실은 칼슘 섭취량이 적을 경우 더 심해진다.

성인기, 특히 폐경 이후의 여성은 골다공증의 예방과 관리를 위해 운동과 함께 에스트로겐 호르몬대치치료와 약물요법 등을 실시하기도 한다. 그러나 칼슘 섭취가 부족한 경우 이런 치료법들의 효과가 떨어지므로 어떠한 경우에도 적절한 칼슘 섭취는 필수적이다.

나트륨은 세포외액의 주요 양이온으로서 삼투압 유지와 수분 평형에 관여한다. 그 밖에 신경자극 전달과 근육의 수축에도 필요하며 소장에서 포도당과 아미노산의 흡수에도 관여한다. 나트륨이 결핍되면 무기력, 메스꺼움, 구토, 짜증, 어지러움 등의 증세가 나타난다. 신장기능이 정상적인 사람은 나트륨 결핍이 거의 나타나지 않지만, 발한에 의한 체중 손실이 체중의 3% 이상일 때에는 나트륨 손실을 보충해 주어야 한다.

만성질환위험감소섭취량
건강한 인구집단에서 만성질환의 위험을 감소시킬 수 있는 영양소의 최저 수준의 섭취량

건강한 성인의 충분섭취량은 1,500 mg이다. 나트륨을 과잉 섭취할 경우 고혈압, 심혈관질환의 위험이 증가하므로 만성질환위험감소섭취량chronic disease risk reduction intake, CDRR을 1일 2,300 mg으로 설정하였다(표 8-8). 19세 이상 성인의 섭취기준 대비 나트륨 섭취비율은 2010년 261.3%에 달했으나 해마다 감소하여 2020년에는 170.6%를 기록하였다(2020년 국민건강영양조사).

나트륨을 과잉 섭취하면 고혈압, 뇌졸중, 심부전 등의 심장질환이 증가한다. 따라서 성인기에는 심혈관질환의 예방과 관리를 위해 나트륨 섭취를 줄일 것을 권장한다. 나트륨 과잉 섭취는 또한 골다공증 위험도 증가시킨다.

나트륨 섭취를 줄이기 위해서는 소금, 염장식품과 함께 가공식품 섭취를 자제해야 한다. 가공식품에는 베이킹파우더, 조미료, 보존제, 발색제 등이 함유되어 있는데 이들 물질 중 대다수는 나트륨을 함유하고 있으므로 가공식품에는 나트륨 함량이 높다.

칼륨은 소변 중 나트륨 배설량을 증가시켜 항고혈압 효과를 나타내므로 나트륨 섭취가 많은 사람은 칼륨 섭취를 증가시키는 것이 좋다. 고혈압 환자는 칼륨이 풍부한 토마토, 오이, 호박 등을 충분히 섭취하도록 한다.

나트륨에 비해 칼륨이 풍부한 식품

- 견과류 : 땅콩, 아몬드, 잣, 호두, 들깨, 참깨, 밤
- 콩류 및 곡류 : 콩, 팥, 녹두, 메밀, 도토리
- 과일류 : 바나나, 사과, 배, 딸기, 포도, 감, 귤, 복숭아, 참외, 수박, 자몽, 모과, 자두, 대추, 오렌지, 멜론
- 서류 : 옥수수, 고구마, 감자
- 채소류 : 고구마 줄기, 토란대, 고사리, 시금치, 취나물, 아욱, 고춧잎, 두릅, 부추, 배추, 열무, 양상추, 상추, 파, 호박, 가지, 양파, 무, 당근, 죽순, 우엉, 마늘, 고추, 오이, 버섯
- 해조류 : 미역, 톳, 김
- 기타 : 코코아, 초콜릿

출처: 보건복지부, 국민고혈압사업단, 2010

② 미량 무기질

철은 헤모글로빈, 미오글로빈의 구성분으로서 산소를 운반하는 기능을 하므로 철이 결핍될 경우 철 결핍성 빈혈이 생긴다. 그 밖에 운동실조, 발달장애, 인지능력 손상 등의 증상이 나타나기도 한다. 노화, 제산제 복용 등으로 인해 위산 분비가 저하되거나 위절제술을 받은 환자 등은 철 흡수가 저해되므로 철 결핍증의 위험이 높아진다.

땀, 피부, 대변 등을 통한 기본적인 하루 철 손실량은 체중 1 kg당 14 μg로서 이를 보충하기 위한 19~64세 성인 남자의 1일 철 권장섭취량은 10 mg이다. 19~49

세 여성의 경우 기본적인 하루 철 손실량 외에 월경으로 인한 손실량을 감안하여 (500 μg) 14 mg의 철 섭취를 권장한다. 폐경기에 해당하는 50~64세의 1일 권장섭취량은 8 mg이다(표 8–8).

철 섭취가 증가하면 흡수율이 감소하므로 과잉 섭취로 인한 독성은 잘 나타나지 않는다. 하지만 드물게 구토, 설사, 변비 등의 위장 증세와 함께 심혈관계, 신경계, 신장, 간 및 혈액 등에 부작용이 나타날 수 있다. 또한 철이온과 아연이온은 장에서 무기질의 흡수를 담당하는 2가 금속 전달체divalent metal transporter에 대해 경쟁관계에 있기 때문에 과량의 철을 섭취하는 경우 아연 흡수가 저해된다. 그 밖에 과량의 철은 산화적 손상을 심화시킬 뿐만 아니라 면역체계를 과활성화하여 알레르기 반응을 촉진할 수 있다. 위장장애를 독성종말점으로 하여 설정한 1일 상한섭취량은 45 mg이다.

표 8–8 무기질 1일 섭취기준

			평균필요량		권장섭취량		충분섭취량		상한섭취량	
			남자	여자	남자	여자	남자	여자	남자	여자
다량 무기질	칼슘 (mg)	19~29세	650	550	800	700			2,500	2,500
		30~49세	650	550	800	700			2,500	2,500
		50~64세	600	600	750	800			2,000	2,000
	나트륨 (mg)	19~29세					1,500	1,500	2,300[1]	2,300
		30~49세					1,500	1,500	2,300	2,300
		50~64세					1,500	1,500	2,300	2,300
미량 무기질	철 (mg)	19~29세	8	11	10	14			45	45
		30~49세	8	11	10	14			45	45
		50~64세	8	6	10	8			45	45
	아연 (mg)	19~29세	9	7	10	8			35	35
		30~49세	8	7	10	8			35	35
		50~64세	8	6	10	8			35	35

[1] 만성질환위험감소섭취량

출처: 보건복지부, 한국영양학회, 2020

19세 이상 성인의 평균 철 섭취량은 11.2 mg으로 섭취기준에 대한 섭취비율은 108.1%이다. 그러나 섭취기준(평균필요량) 미만 섭취자분율이 성인 남성 22.6%, 성인 여성 56.4%에 달해 특히 여성의 경우 철 부족이 만연함을 알 수 있다. 한국인의 주요 철 급원식품은 백미, 돼지고기(간), 소고기(살코기), 달걀 등이다.

아연은 체내 300여 개 효소의 활성에 필요하다. 또한 유전자 발현을 조절하며 면역체계, 특히 T세포의 발달 등에 관여하므로 아연 결핍 시 면역반응이 저해된다. 또한 성장 지연, 성 성숙 지연, 염증, 식욕 감퇴, 탈모 등의 증상이 나타난다.

19~29세 남자의 경우 위장관, 소변, 피부 등을 통한 손실량을 보충하기 위한 1일 필요량은 9 mg이며, 권장섭취량은 10% 변이계수를 감안하여 10 mg으로 설정하였다. 성인 여자는 전 연령에 걸쳐 1일 8 mg을 권장한다(표 8-8).

보충제 등을 통해 과량의 아연을 만성적으로 섭취하는 경우 복통, 구토, 메스꺼움, 설사, 두통 등을 증상으로 하는 과잉증이 발생하고 면역반응이 억제된다. 또한 구리 영양상태가 저하될 수 있는데 이는 지나친 아연 섭취가 구리의 흡수를 방해하기 때문이다. 구리가 부족하면 혈청 세룰로플라스민ceruloplasmin 농도가 저하되어 빈혈이 나타날 수 있다. 아연의 1일 상한섭취량은 35 mg이다.

아연은 육류, 해산물, 전곡류, 두류 등에 풍부한데 과량의 철, 칼슘, 구리 등은 아연 흡수율을 감소시키고 피틴산도 아연의 흡수를 저해한다. 반면 동물성 단백질 섭취는 아연 흡수율을 상승시킨다.

2) 성인기의 식사지침

(1) 권장식사패턴

성인기에는 만성질환의 발병을 최소화하기 위해 지방 섭취를 될 수 있는 대로 줄이고, 비타민과 섬유질이 풍부한 채소와 과일, 전곡류의 섭취를 증가시킨다. 저지방 혹은 무지방 유제품을 사용하면 지방 섭취를 억제하면서 필요한 칼슘을 섭취할 수 있다. 표 8-9에는 성인에게 적합한 식사패턴이 소개되어 있다.

권장식사패턴A

우유 · 유제품 2회 권장

권장식사패턴B

우유 · 유제품 1회 권장

표 8-9 성인기의 권장식사패턴B

	곡류	고기 · 생선 · 달걀 · 콩류	채소류	과일류	우유 · 유제품	유지 · 당류
남자 2,400B	4회	5회	8회	3회	1회	6회
여자 1,900B	3회	4회	8회	2회	1회	4회

출처: 보건복지부, 한국영양학회, 2021

(2) 식생활지침

채소, 과일, 우유 제품을 매일 먹자.
- 여러 가지 채소를 매일 먹자.
- 다양한 제철과일을 먹자.
- 우유, 요구르트, 치즈 등 우유 제품을 간식으로 먹자.

지방이 많은 고기와 튀긴 음식을 적게 먹자.
- 고기는 기름을 떼어 내고 먹는다.
- 튀기거나 볶은 음식은 적게 먹는다.
- 등푸른 생선을 자주 먹는다.

짠 음식을 피하고 싱겁게 먹자.
- 장아찌, 젓갈과 같은 짠 음식을 적게 먹는다.
- 음식을 만들거나 먹을 때 소금이나 간장을 적게 사용한다.
- 국과 찌개의 국물을 적게 먹는다.

활동량을 늘리고 알맞게 섭취하자.
- 운동은 1회 30분 이상, 1주 3~4회 이상 실천하자.
- 생활 속에서의 신체 활동을 늘린다.
- 단 음식과 단 음료를 제한한다.
- 건강체중을 유지한다.

술을 마실 때는 그 양을 제한하자.
- 되도록 음주를 피한다.
- 남자는 하루 2잔, 여자는 1잔 이내로 제한한다(2잔은 소주로는 3잔, 맥주로는 2캔, 양주로는 2잔에 해당한다).
- 임신부나 청소년은 절대 술을 마시지 않는다.

세끼 식사를 규칙적으로 즐겁게 하자.
- 아침을 거르지 않는다.
- 저녁식사는 가족과 함께 즐겁게 한다.

음식은 먹을 만큼 준비하고 위생적으로 관리하자.
- 음식은 먹을 만큼 만들거나 주문한다.
- 남은 음식은 바로 냉장 보관하고 오래 두지 않는다.

밥을 주식으로 하는 우리 식생활을 즐기자.
- 밥과 다양한 반찬을 갖춘 식사로 영양의 균형을 유지한다.

자료: 보건복지부, 2010

4. 성인기의 건강문제

1) 대사증후군

대사증후군이란 비만, 이상지질혈증, 고혈당, 인슐린저항, 고혈압 등 일련의 증상의 집합으로서 대사증후군이 있는 경우 심장질환과 당뇨병의 위험이 높아진다. 운동, 식사, 체중 등을 조절하여 대사증후군을 예방하거나 증상을 개선하면 성인기와 노년기의 대표적 사망원인인 심혈관질환, 당뇨병, 뇌졸중 등의 발병 위험을 낮출 수 있다.

대사증후군의 진단기준[1)]

- 허리둘레 85 cm 이상(남자 90 cm 이상)[2)]
- 혈압 130/85 mmHg 이상 또는 혈압강하제 복용
- 공복혈당 100 mg/dL 이상 또는 경구 혈당강하제, 인슐린 사용
- 혈청 중성지방 150 mg/dL 이상
- HDL 50 mg/dL 미만 (남자 40 mg/dL 미만)

위 기준 중 세 개 이상에 해당하면 대사증후군에 해당

출처: [1)] National Cholesterol Education Program Adult Treatment Panel Ⅲ (NCEP–ATPⅢ), 2002
[2)] 대한비만학회, 2021

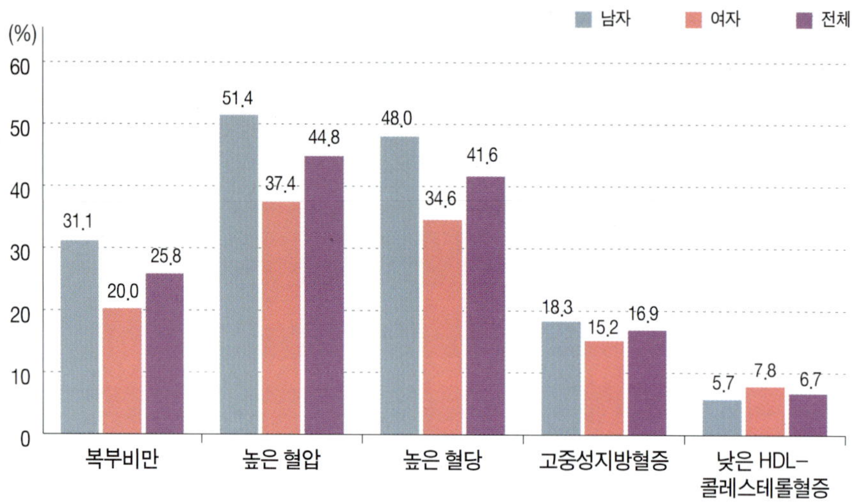

그림 8-6 성인의 대사증후군 위험요인별 현황(2020)

출처: 국민건강보험공단, 건강검진통계, 2022

대사증후군을 예방하고 관리하려면 체중을 감량하는 것이 필요하다. 하지만 단기간에 살을 빼려는 욕심으로 지나치게 에너지 섭취를 제한하면 중도포기의 위험이 높고 빈혈이나 골다공증 등의 부작용이 생길 수 있다. 따라서 하루에 1,000~1,500 kcal의 에너지를 공급하는 저칼로리식을 하는 것이 체중 감량을 위해 가장 이상적이다. 너무 적은 양의 식사를 하면 공복감을 유발하여 폭식으로 이어질 가능성이 높으므로 에너지밀도가 낮은 식품을 충분히 섭취하는 것이 지속적인 체중 감량을 위해 가장 좋다. 그 밖에 오랜 시간 동안 만복감을 유지하는 데 도움이 되는 단백질과 체내에서 지방분해효소의 유전자 발현을 증가시키는 n-3계 지방산을 충분히 섭취하도록 한다.

체중을 감량하면 체지방뿐만 아니라 체단백질도 감소한다. 특히 1주일에 1 kg 이상을 감량하는 급격한 다이어트는 인체의 포도당 필요량을 충족하지 못하므로 포도당신생성을 위해 근육 단백질이 분해된다. 근육이 감소하면 에너지 소비가 감소하여 체중 감량이 어려워지므로 저항운동resistance exercise을 통해 근육량과 기초대사량을 유지하는 것이 필요하다. 더불어 유산소운동을 통해 에너지 소비를 증가시키면 체중 감량에 도움이 될 뿐만 아니라 요요현상을 막아준다. 체중을 감소하기 위해서는 하루에 최소 60분 이상의 운동이 필요하다.

2) 이상지질혈증

국민건강영양조사 결과에 따르면 고콜레스테롤혈증 환자가 2005년 이후 꾸준하게 증가하고 있다. 고콜레스테롤혈증은 관상동맥질환의 위험요인이므로 성인기에는 만성질환의 발병을 예방하기 위해 하루 300 mg 미만의 콜레스테롤을 섭취할 것을 권장하고 있다. 콜레스테롤이 많이 함유된 식품은 간, 곱창 등의 내장고기, 달걀노른자, 오징어, 생선알, 굴, 새우 등이다.

식사로 섭취하는 콜레스테롤에 비해 체내에서 합성되는 콜레스테롤의 양이 많으므로, 혈중 콜레스테롤 수치를 낮추려면 합성을 억제하는 것이 효과적이다. 포화지방산과 트랜스지방산은 체내에서 콜레스테롤 합성의 원료가 되므로 적절한 섭취가 필요하다. 에너지 섭취가 적을 경우 콜레스테롤 합성이 억제되므로 이상지질혈증의 관리를 위해서는 저에너지 식사가 권장된다.

한편 탄수화물의 섭취가 많은 한국인은 고중성지방혈증의 발생이 흔하다. 고중성지방혈증도 심혈관질환의 위험인자이므로 성인기에는 콜레스테롤과 함께 탄수화물, 에너지 섭취가 과잉되지 않도록 주의해야 한다(그림 8-7a).

폐경 이전의 성인 여자는 남자에 비해 심혈관질환에 덜 걸리지만 폐경이 되면 이 같은 보호효과가 사라진다. 이는 폐경이 되고 나면 혈청 총 콜레스테롤, LDL-콜레스테롤, 중성지방이 증가하고 HDL-콜레스테롤은 감소하기 때문이다. 혈청 LDL 수준이 높으면 동맥경화와 심장마비, 뇌졸중의 위험이 상승한다. 2020년 국민건강영양조사 결과를 살펴보면 여자는 50세 이후에 고콜레스테롤혈증 유병률이 급격히 상승하는 것을 알 수 있다. 따라서 30~49세는 남성의 고콜레스테롤혈증 유병률이 더 높지만 50세 이후에는 여자의 유병률이 더 높다(그림 8-7b).

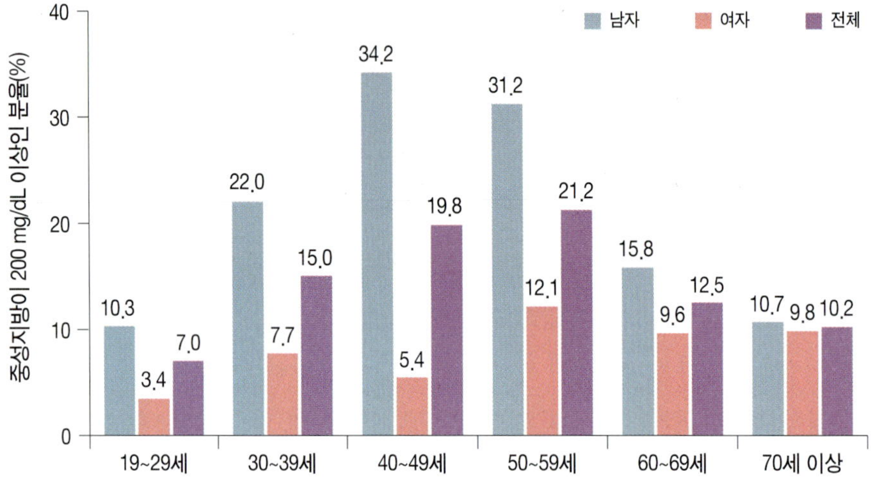

그림 8-7a 성인기의 고중성지방혈증 유병률

출처: 2020 국민건강통계, 질병관리청, 2022

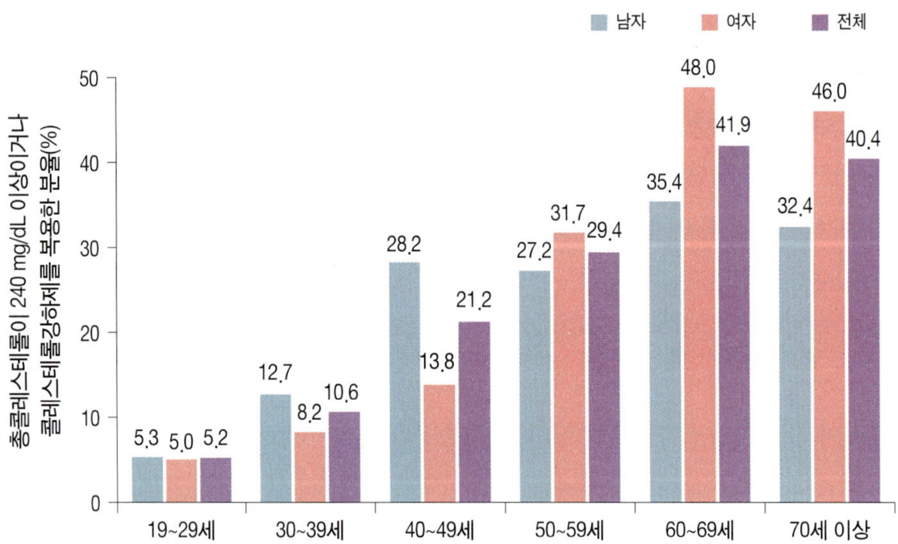

그림 8-7b 성인기의 고콜레스테롤혈증 유병률

출처: 2020 국민건강통계, 질병관리청, 2022

3) 고혈압

19세 이상 성인의 고혈압 유병률은 2010년 23.7%, 2015년 26.5%에서 2020년 29.0%로 증가하였다. 유병자 기준 조절률(고혈압 관리 수준, 고혈압 유병자 중 수축기 혈압이 140 mmHg 미만이고 이완기 혈압이 90 mmHg 미만인 분율)은 2010~2012년 41.0%에서 2019~2020년 47.6%로 향상되었다(그림 8-8).

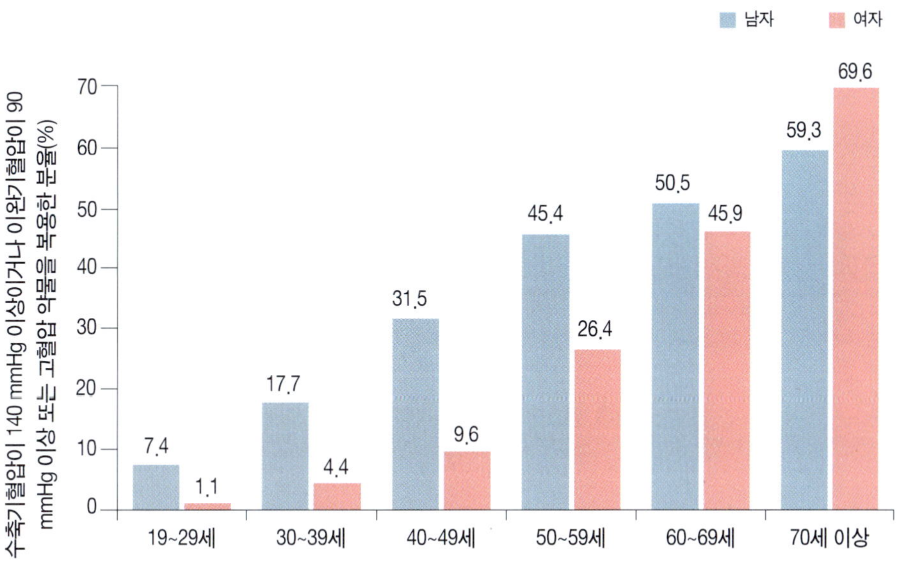

그림 8-8 고혈압 유병률

출처: 2020 국민건강통계, 질병관리청, 2022

4) 당뇨병

19세 이상 성인의 당뇨병 유병률은 2011년 10.3%로 조사된 이후 큰 변화가 없었으나, 2019년 12.2%, 2020년 13.9%로 상승하는 경향이 나타났다. 유병자 기준 조절률(당뇨병 관리 수준)은 2013~2015년 23.1%, 2019~2020년 24.1%로 고혈압에 비해 낮았다. 특히 치료자 기준 조절률(당뇨병 치료자 중 당화혈색소가 6.5% 미만인

분율)이 25.1%(2019~2020년)에 불과해 당뇨병의 치료 및 관리가 잘 이루어지지 않음을 알 수 있다(그림 8-9).

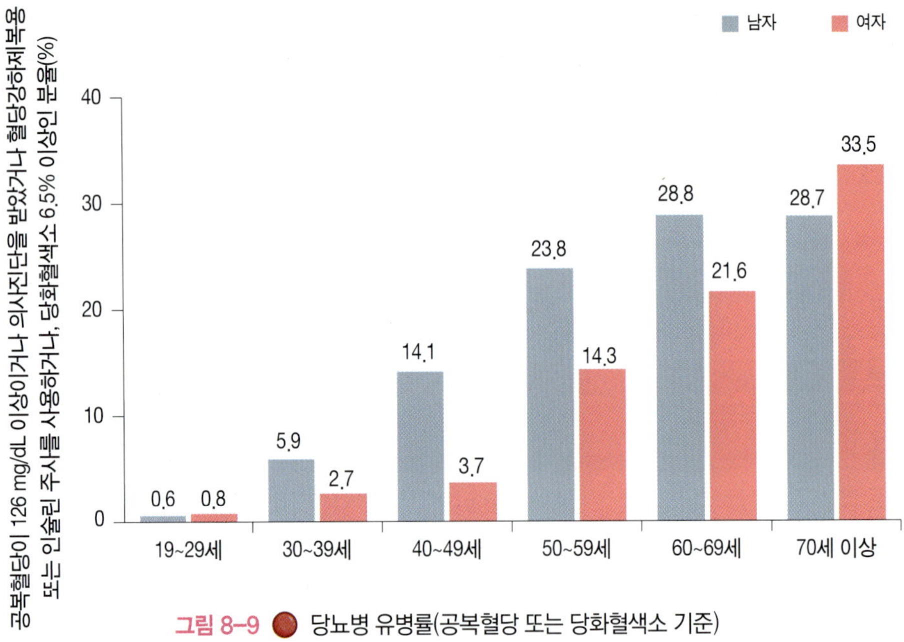

그림 8-9 당뇨병 유병률(공복혈당 또는 당화혈색소 기준)

출처: 2020 국민건강통계, 질병관리청, 2022

5) 성인의 건강상태에 영향을 미치는 요인들

(1) 흡연

세계보건기구에 의하면 흡연에 의한 사망자는 전 세계적으로 연간 600만 명에 달하며 이들 중 60만 명 정도는 간접흡연에 의한 것이라고 한다.

담배연기에는 4,000가지 이상의 화학물질이 함유되어 있는데 이들 중에는 50개가 넘는 발암물질이 포함되어 있다. 따라서 흡연은 폐암, 후두암, 인후암 등 각종 암 발생을 증가시킨다.

또한 흡연은 심혈관질환의 위험을 높이는 강력한 위험요인이다. 담배에 함유되어 있는 니코틴은 항이뇨호르몬의 분비를 자극하여 혈압을 상승시키는 효과가 있다. 또한 에피네프린의 분비를 촉진함으로써 심박동수, 혈압, 호흡수 및 혈당을 상승시킨다. 흡연을 하면 혈전 생성도 증가하므로 하루에 한 갑 이상의 흡연을 하는 사람은 금연하는 사람에 비해 심혈관질환의 위험이 2~3배 높아진다. 피임약을 비롯한 몇몇 약물은 담배와의 상호작용으로 인해 혈전증을 악화시킨다. 따라서 고혈압 환자와 피임약을 사용하는 여자는 절대적으로 금연을 해야 한다.

1998년 성인 남성의 현재흡연율은 68.3%였으나 점차 감소하여 2020년에는 35.9%를 기록하였다(19~64세 기준, 그림 8-10). 과거에는 OECD 국가에 비해 흡연율이 높았으나 2019년에는 흡연율이 16.4%로서 OECD 평균인 16.5%와 유사하다(15세 이상 국민의 매일 흡연율 기준).

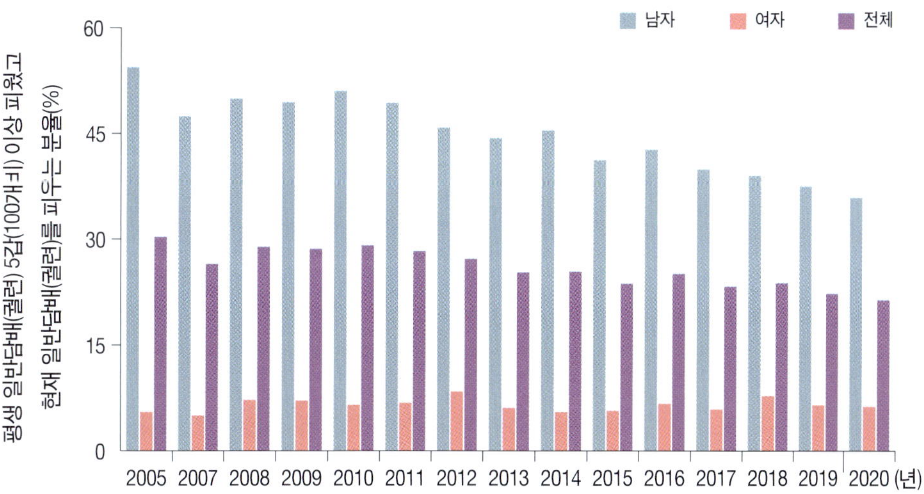

그림 8-10 19~64세 흡연율, 2005~2020년 추이

출처: 2020 국민건강통계, 질병관리청, 2022

(2) 음주

성인기에는 사회생활을 하면서 음주를 할 기회가 많아진다. 적당한 음주는 긴장감을 풀어주고 기분을 좋게 해주는 등 긍정적인 효과가 있지만 지나치면 건강을 해친다.

① 적당한 음주의 긍정적 효과

과음을 하면 각종 질병의 발생이 급격히 증가하지만 적당한 양의 알코올을 섭취하면 오히려 몇몇 질병의 위험이 감소한다. 여자는 10 g/일, 남자는 20 g/일 미만의 알코올을 섭취하면 특히 심혈관질환과 허혈성 뇌졸중의 위험이 감소하는 효과가 있다. 이는 알코올이 ApoA-I과 HDL-콜레스테롤 농도를 상승시키고 LDL-콜레스테롤의 산화를 막아주며 혈액 응고를 억제하기 때문이다.

알코올의 보호효과는 40~50대 이후의 중년에게 특히 도움이 되며, 젊은 사람은 술을 마셔도 건강이 증진되지 않는다. 알코올의 건강증진 효과는 음주 패턴에 의해서도 영향받는데, 알코올을 한 번에 몰아서 폭음을 하는 경우 보호효과가 사라진다고 한다. 알코올의 효과를 기대할 수 있는 중년기 이후의 사람이라 하더라도 고혈압, 부정맥 등의 질병이 있거나 항우울제, 안정제, 항응고제, 심혈관질환 약제 등을 복용하는 사람은 될 수 있는 대로 음주를 자제해야 한다. 심혈관계 이외의 다른 질환에 대해서는 알코올이 보호효과를 나타내지 않으며, 심지어 식도암 등 각종 암 발생이 약간 증가한다는 연구 결과가 있다. 또한 약간의 음주만으로도 교통사고 등 각종 사고의 위험이 상승하므로 일절 음주를 삼가야 한다는 의견도 있다. 2021년에 개정된 한국인을 위한 식생활지침에는 '술은 절제하자'는 항목이 포함되어 있다.

② 과도한 음주의 부정적 효과

하루에 세 잔 이상의 음주를 하면 만성 췌장염과 간경화의 위험이 현저하게 증가한다. 알코올은 그 밖에 고혈압과 출혈성 뇌출혈의 위험을 높이고 구강, 식도, 후두, 간 등의 암 발생을 증가시킨다.

③ 한국인의 음주실태

19~64세 성인의 음주실태를 살펴보면 월 2~4회 음주하는 사람이 26.4%로 가장 많았고, 월 1회 미만이 20.8%, 주 2~3회가 18.9%였다. 한편 남자의 28.9%는 1회 음주량이 10잔 이상이라고 응답하여 가장 많은 비중을 차지하였고, 그 뒤를 이어 22.9%가 7~9잔이라고 응답하였다. 반면 여자는 47.6%가 1~2잔에 그친다고 응답하였다(2020년 국민건강영양조사).

일주일에 한 번 정도 폭음을 하는 19~64세 남성이 전체의 29.5%에 달했으며, 특히 10.3%의 남성은 거의 매일 폭음을 한다고 조사되었다. 위의 결과로부터 상당수의 성인 남성이 알코올의 질환 보호효과보다는 부정적 효과에 노출되어 있음을 알 수 있다(그림 8-11).

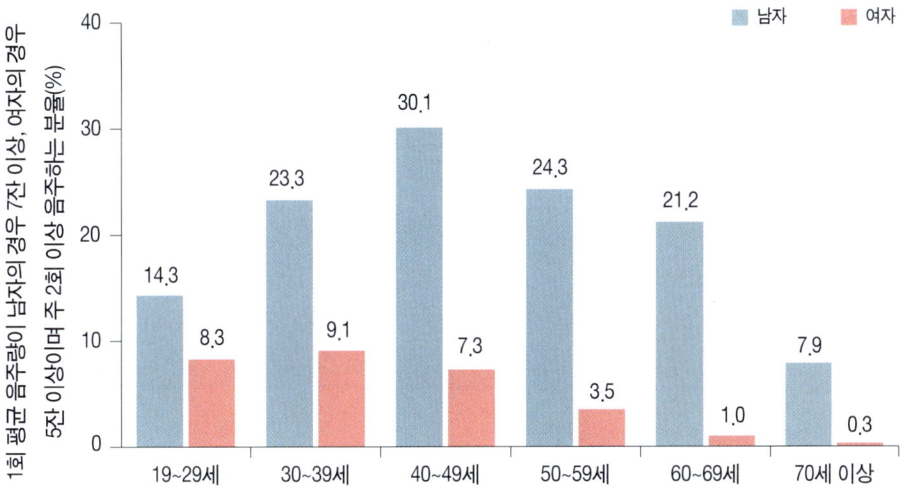

그림 8-11 연간음주자의 고위험 음주율

출처: 2020 국민건강통계, 질병관리청, 2022

(3) 카페인

카페인은 차, 커피, 코코아, 초콜릿, 청량음료와 에너지음료 등에 함유되어 있는 알칼로이드 물질이다. 카페인은 아데노신 수용체 길항제로서 중추신경계와 말초신경계를 자극하여 졸음을 쫓아주고 피로를 경감시키는 효과가 있다. 또한 적당량의 카페인 섭취 시 심혈관질환, 제2형 당뇨병 등의 위험을 낮춘다는 보고도 있다.

반면 과잉 섭취 시에는 불면증을 유발하고 혈압을 상승시키며, 위산 분비 과다로 인한 위점막 손상, 이뇨작용 증가로 인한 칼슘 배설 증가 등의 문제가 발생할 수 있다. 따라서 식품의약품안전처는 최대 1일 섭취권고량(일반적으로 건강한 사람이 섭취하였을 시에 부작용이 없을 것으로 예상하는 하루 섭취량)을 성인의 경우 400 mg

이하, 임신부는 300 mg 이하, 어린이 · 청소년은 체중 1 kg당 2.5 mg 이하로 설정하였다.

19세 이상 성인의 하루 평균 카페인 섭취량은 78.0 mg으로서 최대 1일 섭취권고량의 19.8% 수준이며(2015~2017 국민건강영양조사), 성인의 경우 커피전문점을 포함한 액상 커피가 전체 카페인 섭취의 44%를 차지하였다.

표 8-10 1회 제공량당 카페인 함량

	1회 제공량	카페인 함량(mg)
볶은 커피(원두)	7 g	91.5
액상 커피	250 mL	88.2
조제커피(커피믹스)	12 g	55.8
인스턴트 커피	2 g	54.5
에너지음료	250 mL	80.2

출처: 식품의약품안전처 보도자료, 2020

단원정리

1 성인기는 19~64세를 일컬으며, 이 시기에는 성장을 위한 영양보다 건강 유지와 질병 예방을 위한 영양 섭취가 중요해진다.

2 성인기에는 근육의 감소가 일어나는데 근육은 대사적으로 활발한 조직이므로 기초대사량의 감소가 동반된다. 성인기 후반으로 갈수록 에너지 소비가 감소하므로 비만의 위험이 높아진다. 체지방의 양뿐만 아니라 분포도 변하는데 복부와 내장지방이 증가하고 피하지방은 상대적으로 감소한다.

3 성인기에는 유연성, 근력, 골밀도, 에스트로겐 생산 등이 감소하고 신체기능도 감퇴하기 시작하나 감퇴 정도는 개인마다 다르다.

4 성인기 후반의 여자는 난소가 위축되며 에스트로겐 분비가 감소하는데 이를 폐경이라 한다. 에스트로겐은 생식기, 심장, 혈관, 뼈 등의 세포에 영향을 미치므로 폐경이 되면 신체의 여러 기관에 변화가 생긴다. 폐경이 되면 안면 홍조, 피부 건조 등의 증상이 나타나고 요실금, 골다공증, 심혈관질환 등 각종 질병의 위험이 증가한다.

5 성인을 위한 영양소 섭취기준의 목표는 필요한 영양소를 적정량 섭취하여 만성질환 발병의 위험을 낮추도록 하는 것이다. 성인은 19~29세, 30~49세, 50~64세의 3개 연령군으로 구분하여 영양소 섭취기준을 제시한다.

6 성인기에 빈발하는 대사증후군은 비만, 이상지질혈증, 고혈당, 인슐린 저항, 고혈압 등 일련의 증상의 집합으로서 대사증후군이 있는 경우 심장질환과 당뇨병의 위험이 높아진다.

7 성인기에 발병이 증가하는 고콜레스테롤혈증, 고중성지방혈증은 관상동맥질환의 위험요인이므로 콜레스테롤, 탄수화물, 에너지 등을 과잉 섭취하지 않도록 해야 한다.

8 성인기에는 흡연과 음주가 잦아진다. 적당한 음주는 심혈관질환의 위험을 다소 감소시킨다는 의견이 있지만 과도한 음주는 각종 질병의 위험을 증가시킨다.

연습문제

1 성인기의 생리적 특징에 대한 설명 중 옳은 것은?

① 가령에 따라 체내 칼륨량은 증가한다.

② 신체기능은 20대 중반에 최대가 된다.

③ 성인기는 신체의 변화가 매우 큰 시기이다.

④ 체중에서 차지하는 체지방 비율이 감소한다.

⑤ 신체의 기능 감소 및 퇴화는 누구에게나 일정하다.

2 폐경기 이후의 여성에게 잘 발생하며 칼슘과 관련이 있는 것은?

① 신장결석 ② 척추디스크 ③ 고관절장애
④ 골다공증 ⑤ 류머티스성 관절염

3 폐경기 여성은 골절이 발생하기 쉽고 골다공증이 흔히 관찰된다. 이는 어느 호르몬의 분비량이 감소하기 때문인가?

① 에스트로겐 ② 성장호르몬 ③ 에피네프린
④ 코르티솔 ⑤ 갑상샘호르몬

4 폐경기에 증가하는 혈액 성분은?

① 알부민 ② LDL-콜레스테롤 ③ HDL-콜레스테롤
④ 헤모글로빈 ⑤ 에스트로겐

5 대사증후군의 위험요인으로 옳은 것은?

① 적은 에너지 섭취 ② 낮은 혈압 ③ 낮은 혈액 중성지방
④ 높은 혈액 HDL-콜레스테롤 ⑤ 높은 혈당

6 19~49세 여성에 비해 50세 이후 여성의 섭취기준이 <u>낮은</u> 영양소는?

① 비타민 C ② 비타민 D ③ 비타민 E

④ 칼슘 ⑤ 철

7 부모님의 키, 몸무게, 허리둘레, 혈압, 공복혈당, 혈청지질 수치 등을 알아보자. 나의 부모님이 대사증후군에 해당하는가?

CHAPTER

9 노인기 영양

1. 노인인구 증가와 이에 따른 문제
2. 노인의 생리적 특징
3. 노인기 영양관리
4. 노인기 건강문제
5. 우리나라 노인영양복지정책의 현황

CHAPTER

9

학습목표

1. 평균수명과 기대수명을 정의할 수 있다.
2. 한국인의 평균수명 변화 추세와 전망에 대해 설명할 수 있다.
3. 노화를 정의할 수 있다.
4. 노화가설을 설명할 수 있다.
5. 노화에 따른 생리기능의 변화에 대해 설명할 수 있다.
6. 식사와 수명의 관련성을 설명할 수 있다.
7. 노인기의 영양 섭취의 중요성과 영양소 섭취기준을 설명할 수 있다.
8. 우리나라 노인의 영양 섭취실태와 관리방안을 설명할 수 있다.
9. 우리나라 노인의 질병 이환율 및 사망률 양상을 설명할 수 있다.
10. 노인의 영양상태를 불량하게 만드는 요인과 관리방안을 설명할 수 있다.
11. 다음 노년기 질환들의 관리 방안에 대해 설명할 수 있다.
12. 우리나라의 노인영양복지정책 현황을 파악할 수 있다.

의학의 발달, 경제 성장 및 영양상태 증진 등에 의해 전 세계적으로 수명이 길어짐에 따라 노인인구가 급격히 증가하고 있다. WHO에서는 2025년의 노인인구가 1970년에 비해 223%가 증가하여 12억 명이 될 것이고, 2050년에는 20억 명이 될 것이며 특히 이 중 80%가 개발도상국가에서 살고 있을 것이라 추정하고 있다(WHO, 2021). 한국은 이미 세계에서 가장 빠른 고령화 속도를 나타내고 있어서 이미 2000년에 고령화사회(7.2%)로 들어섰고, 2018년에는 고령사회(14% 이상)가, 2025년에는 초고령사회(20% 이상)가 될 것으로 전망하고 있다. 이에 따라 기대여명도 1975년 63.8세였던 것이 2020년에는 83.5세에 이르고 있지만, 건강수명 healthy life expectancy은 이에 못 미쳐 약 6년을 건강하지 못한 상태로 살고 있는 실정이다. 따라서 우리는 오래 살더라도 건강하게 살 수 있는 방안을 강구해야 할 필요가 있다.

21세기에 들어와서 전 세계적인 가령화는 모든 나라의 경제적 사회적 부담을 증가시킬 것이다. 그러나 동시에 노인은 우리 사회의 조직에 중요한 기여를 하는, 소중하지만 자주 간과되는 자원이기도 하다. 따라서 나이가 들면서 삶의 질을 높일 수 있도록 건강, 참여, 안전을 위한 기회를 최적화하는 과정인 '활동적인 노령화 active ageing'가 필요하다(WHO, 2014)고 한다. 여기서 '활동적이다'는 것은 육체적인 일을 할 수 있는 신체적 활동만이 아니라 사회적 · 경제적 · 정신적 · 문화적 모든 일에 꾸준히 활동적으로 참여하는 것을 의미하므로, '활동적인 노령화'의 목표는 모든 사람이 나이가 들면서 건강수명과 삶의 질 quality of life을 확장시키는 것이다.

활동적인 노령화를 결정하는 요인은 그림 9-1과 같이 많은 요인의 상호작용에 의해서이다. 여기에서는 이러한 요인 중에서 가장 기본적인 신체적 건강과 이를 유지시키기 위한 영양소 필요량 및 질병 등에 대해 알아본다.

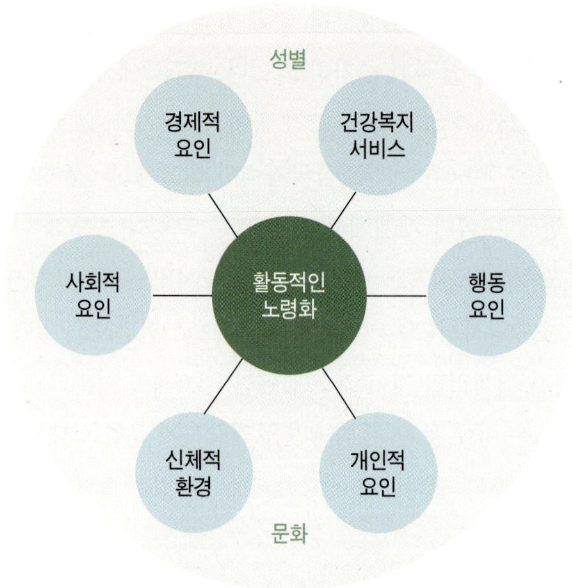

그림 9-1 활동적인 노령화의 요인들

1. 노인인구 증가와 이에 따른 문제

1) 노인인구 비율 증가

한국은 1990년에 65세 이상 노인인구가 전 인구의 5%(5.1%)를 넘어서면서 급속히 고령화되기 시작하여, 2021년 전체 인구의 기준 16.5%로 계속 증가하여 2025년에는 우리나라가 65세 인구 비율이 20%가 넘는 초고령사회로 진입할 것으로 전망되고 있다. 고령인구는 초고령사회로 진입하는 2025년에는 20.3%로 증가하며, 2030년에는 25.0%, 2060년에는 43.9% 지속적으로 증가할 것으로 전망된다(그림 9-2).

고령화사회
65세 이상 인구가 전체 인구의 7% 이상

고령사회
65세 이상 인구가 전체 인구의 14% 이상

초고령사회
65세 이상 인구가 전체 인구의 20% 이상

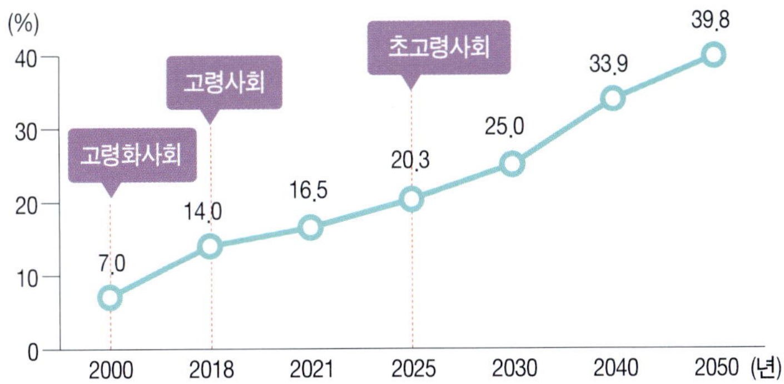

그림 9-2 고령인구(65세 이상) 비중

출처: 통계청, 2019

이러한 고령화 속도는 다른 선진국들에 비해 월등히 빠르게 이루어지고 있는데, 초고령사회에 이르는 시간은 단 25년으로 일본(36년), 프랑스(154년), 독일(77년), 이탈리아(79년), 미국(94년) 등과 비교한다면 전례가 없을 정도이다(그림 9-3).

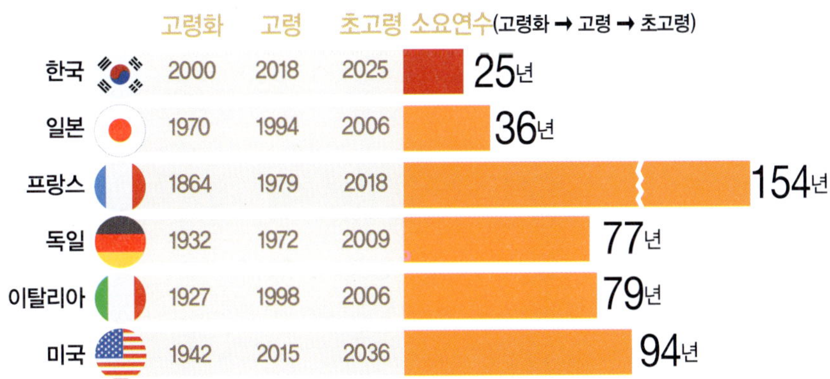

그림 9-3 주요 국가별 인구 고령화 속도

출처: 보건사회연구원, 보건복지포럼

2) 기대수명과 건강수명

기대수명
출생자가 출생 직후부터 생존할 것으로 기대되는 평균 생존 연수

세계적으로 1955년만 해도 48세였던 인간의 기대수명이 의학의 발달, 산업화 및

영양상태 증진 등에 의해 1990년에는 64세, 2009년에는 68세로 증가하였고, 2025년에는 73세에 이를 것으로 추정되고 있다. 2020년 출생아(남녀 전체)의 기대수명은 83.5년이며, 전년 대비 0.2년, 10년 전 대비 3.2년 증가하였다. 성별로 보면, 2020년 출생한 남자의 기대수명은 80.5년, 여자는 86.5년이며, 전년 대비 남녀 모두 0.2년 증가한 것으로 나타났으며, 10년 전 대비 남자는 3.6년, 여자는 2.8년 증가하였다. 그러나 기대수명이 길어지더라도 건강하게 살지 못한다면 오히려 삶의 질이 떨어지므로 질병 부담없이 건강하게 사는 건강수명의 차이를 줄이는 것은 중요한 일이다.

소득수준 향상 및 의료기술의 발달로 기대수명은 지속적으로 증가되고 있으며, 한국은 OECD 국가들의 평균을 상회(2018년 기준 82.7세, OECD 평균 80.7세)하고 있다(그림 9-4).

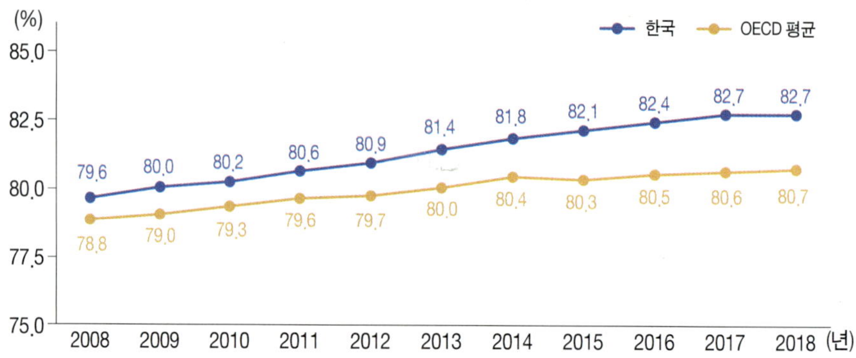

그림 9-4 한국과 OECD 평균과의 기대수명 차이

출처 : 관계부처합동, 제5차 국민건강증진종합계획(Health plan 2030, '21_'30), 2021

기대수명에서 질병이나 부상으로 인한 기간(유병기간)을 뺀 건강수명도 지속적으로 증가하고 있으며 기대수명과 약 12년의 격차가 존재하고 있다. 우리나라 2018년 기준 건강수명은 70.4세(남성 68.3세, 여성 72.4세)로 지난 11년(2008~2018)간 1.54세 증가하였으며(남성 1.78세, 여성 1.37세), 2030년 건강수명은 73.3세로 예상되며(남성 71.4세, 여성 75.0세), 2018~2030년까지 향후 12년간 2.9세 증가가 예측(남성 3.1세, 여성 2.6세)된다(그림 9-5).

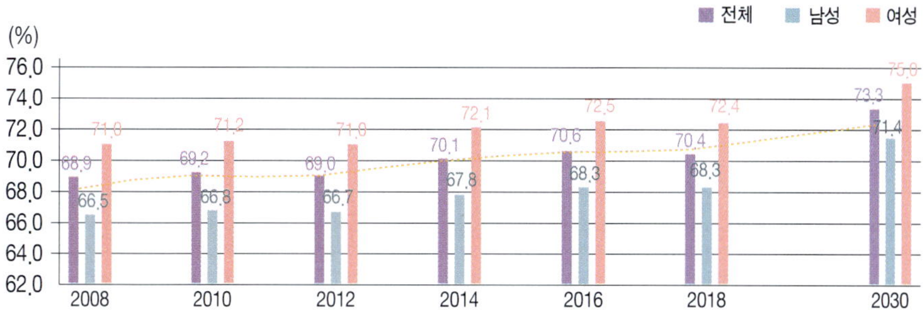

2030년 건강수명 예측치는 R&D 연구결과(2008~2018 산출치)를 토대로 GLM(Generalized Linear Model)을 활용하여 산출된 결과임
2012년, 2018년의 건강수명 감소는 기대수명 증가 대비 총 청구건수 증가(의료 이용량 증가)가 상대적으로 컸기 때문으로 분석

그림 9-5 건강수명 추이 및 2030 예측치

출처 : 관계부처합동, 제5차 국민건강증진종합계획(Health plan 2030, '21_'30), 2021

3) 고령가구와 독거노인 비율의 증가

노인인구의 증가와 핵가족화에 따라 고령가구와 독거노인(고령자 1인 가구)의 비율 역시 증가하는 추세를 보이고 있다. 연령이 65세 이상인 고령자 가구는 2020년 464만 가구(전체 가구의 22.4%)에서 2050년 1,137만 5천 가구(전체 가구 49.8%)로 2.5배 증가할 전망이다. 65세 이상 1인 가구는 2020년 161만 8천 가구에서 2050년 467만 1천 가구로 2.9배 이상으로 증가하여 고령자 자주의 증가보다 독거노인 비율의 증가가 더 빠른 것으로 예측된다.

표 9-1 고령자 가구 및 1인 가구 2020~2050 변화 (단위: 만 가구)

	2020년	2025년	2030년	2040년	2050년
총 고령자 가구	464.0	614.7	765.4	1,029.0	1,137.5
고령자 가구 중 1인 가구	161.8	224.8	286.1	402.3	467.1

출처: 통계청, 2022

4) 노령화지수의 상승에 따른 노년 부양비 증가

노년부양비
(65세 이상 인구/15~64세 인구) × 100, 노령화지수 = (65세 이상 인구/0~14세 인구) × 100

유소년인구(0~14세) 100명당 고령인구수인 노령화지수는 2020년 125.9명에서 2030년 260명, 2040년 345명으로 높아져 15년 이내에 고령인구가 유소년인구보다 3배 이상 많아질 전망이다. 이렇게 노령화지수가 상승하게 되면 생산연령인구(15~64세)가 부담해야 할 고령인구(65세 이상 인구)인 노년부양비 또한 급격히 증가하게 되어 2020년 21.7명에서 2030년 38.2명을 넘고, 2040년 60.1명 수준으로 2020년 대비 3배로 증가할 전망이다(그림 9-6).

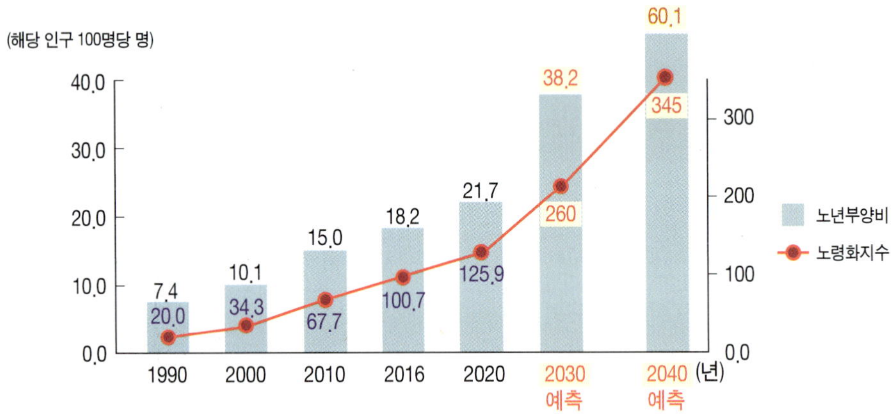

그림 9-6 노년부양비 및 노령화지수

출처: 통계청, 2019

2. 노인의 생리적 특징

1) 노화가설

노화라는 생명현상은 개체의 형태적 변화나 기능적 저하와 같은 생리적 변화에 의해 판별되지만 생리적 노화와 함께 심리적 노화와 사회적 노화도 나타나게 된다.

노화현상에 대한 많은 가설은 이미 300여 개가 넘게 발표되었지만 아직도 통합된 이론은 나오지 않고 있다. 이는 아직도 노화 현상의 본질에 대한 이해가 부족하다는 뜻이다. 다만 우리의 몸이 노화가 되고 제한된 수명을 갖는 것은 우리 몸이 그렇게 살도록 프로그램되어 있기 때문이라고 보는 것이 타당해 보인다. 현재까지 발표된 많은 노화요인들을 크게 분류하면 유전적 요인, 환경적 요인, 그리고 이들 상호간의 작용에 의한 효과로 구분되는 정도이다. 이 중 가장 자주 거론되는 가설은 유전적 요인에서 노화유전자설과 노화시계설aging clock, telomere shortening, 환경적 요인에서 산화적 손상설mitochondrial theory과 식이제한설calorie restriction 그리고 이들 상호 간의 작용에 의한 효과로서 영양유전체 등이 있다. 사람의 경우, 사회환경의 개선에 의해 수명이 계속 늘어나고 있으며, 아직 한계점에 이르렀다는 증거가 없기 때문에 최근 유전적 요인과 환경적 요인의 상호작용의 중요성이 부각되고 있다.

이와 같이 복잡한 가설들에도 불구하고 노화라는 현상은 공통적인 특징을 가지고 있다. 일찍이 스트렐러(Strehler, 1959)는 노화의 특성을 4가지로 정의하였고, 이후부터 이 노화의 4원칙은 노화에 대한 기본이론의 배경이 되었다. 노화의 4원칙은 첫째, 누구에게나 예외없이 보편적으로 초래되는 현상이며, 둘째, 생체 내에서 지속적으로 진행하는 변화이며, 셋째, 생명체 고유의 내재적 변화에 따라 초래되는 현상이며, 넷째, 노화에 따른 변화는 대부분 기능 저하를 동반하는 형태적 변화 현상이라는 것이다. 그러나 최근 이 개념 역시 여러 가지 과학적 연구들에 의해 도전받고 있다. 노화현상은 연령 증가라는 시간적 요인에 따라 나타나지만, 공간적 요인인 대사계, 신호전달계, 스트레스반응계 등 여러 반응 시스템에 의해 다양한 형태적 변화가 일어나고 있음이 확인되었다. 따라서 노화현상이 시간 경과에 따른 생명체의 숙명적 변화라기보다는 시·공간적, 외적 요인에 따른 반응적 적응현상의 하나임이 분명해지고 있으므로 노화현상을 생명체의 생존을 위한 기본 현상의 일부로 이해하는 것이 타당하다는 것이다. 따라서 노화현상은 되돌릴 수 있는 가소성plasticity이 있으며, 노화는 여러 외부 요인에 대한 내성(응내성homesis)을 통해 생존율을 높이는 특성, 즉 환경에 적응adaptation하는 성질을 가지고 있으며, 생존을 유지하기 위해 독성자극에 대한 저항성과 증식인자에 대한 반응성을 저하시키는 보호막을 가진, 즉 보호성barrier을 가지고 있다고 하였다(박상철, 2011).

(1) 노화유전자설(Gerontogene theory)

그동안 많은 유전자가 장수나 노화와 관련이 있다고 보고되었다. 대표적 연구로 워너증후군Werner's syndrome이나 프로제리아Hutchinson Gilford syndrome 같은 조로현상이 유전적 성향을 보이고 있기 때문에 이 질병을 일으키는 유전자가 노화유전자일 것이라고 기대했다. 그러나 여러 연구 결과, 이 유전자는 능동적으로 노화현상을 유도하는 노화유전자가 아니라 특정 기능을 가지고 있는 유전자의 고장에 의하여 특정 기능이 저하됨으로써 간접적으로 노화를 일으켰기 때문에 간접노화유전자virtual gerontogene라고 구분하였다. 이후 인간게놈프로젝트에 의해 수만 개 유전자들의 실체가 밝혀졌지만 아직 노화유전자라고 할 수 있는 유전자는 밝혀지지 않았다. 최근 동물모델 실험에서 많은 노화유전자가 제안되고 있지만 유전자조작 모델이기 때문에 진정한 노화유전자라고 인정하지 않고 있다.

(2) 노화시계설(Aging clock theory)

생체를 구성하고 있는 세포 자체가 이미 수명 한계성을 가지고 있다는 것으로 가장 주목받고 있는 것은 텔로미어 가설telomere shortening theory이다. 이 가설은 세포가 분열할 때마다 염색체 종단의 일부(텔로미어)가 복제되지 못하며, 이에 따라 분열이 지속될수록 복제되지 않는 범위가 커져서 결국에는 분열을 중단할 수밖에 없다는 것이다. 이 가설에 의하면 수명이 긴 동물일수록 텔로미어가 길어야겠지만 실제로 그렇지 못하다. 예를 들어, 쥐는 사람과 비교하여 수명은 삼십분의 일에 불과하지만 텔로미어의 길이는 오십 배 이상이나 길다는 것이다. 그리고 여러 연구에서 세포 내 텔로미어 길이와 세포 노화현상과의 상관관계가 분명하게 나타나지 않고 있는 것도 이 가설의 문제점이다. 따라서 노화시계에 의한 수명한계설의 정립을 위해서는 텔로미어 가설이 아닌 새로운 가설이 필요하다고 본다.

(3) 산화적 손상설(Oxidative stress theory)

노화가설 중에 가장 주목을 받고 있는 가설로서, 생명체가 삶을 유지하기 위해 호흡하는 과정에서 발생하는 유해산소가 노화를 일으킨다는 가설이다. 미토콘드리아에서 산소를 이용하여 에너지ATP를 만드는 과정에서 전자 전달이 일어나고, 이때 들이마신 산소의 2~3%는 활성산소ROS가 된다. 이렇게 발생한 활성산소는 superoxide dismutaseSOD나 catalase 등에 의해 소멸되어 0.1% 이하의 활성산소만이 남게 된다. 활성산소가 많아지면 미토콘드리아 기능을 손상시켜 미토콘드리아의 역동적 구조 변화mitochondrial dynamics와 자가소화autophagy 기능이 저하되는 악순환이 계속되면서 노화를 일으킨다는 가설이다. 그러나 이 가설에도 문제점이 있다. 최근 밝혀진 바에 의하면 유해산소라고 하는 산소라디칼이 생체 내에서 나쁜 영향만을 미치는 것이 아니라 생체 세포의 증식에 매우 중요한 역할을 한다는 것이 밝혀졌고, 여러 동물을 대상으로 한 노화와 수명에 미치는 항산화제의 효과가 보편적이면서 동일한 효과를 나타내지 못한다는 것과 산소라디칼이 특정한 단백질을 공격하는 것이 아니어서 노화에 대한 메커니즘과 결과를 예측할 수 없다는 것이다. 이와 같이 산화적 손상설은 불특정한 표적에 대한 산화적 손상이기 때문에 모든 동물에서 거의 일정한 패턴으로 일어나는 노화현상을 설명하기 위해서는 산화적 손상이 보편적인 노화현상을 일으키는 공통적인 경로를 찾아내야 한다.

(4) 식이 제한설(Calorie restriction)

'소식해야 장수한다'는 말은 학계뿐만 아니라 일반인에게도 가장 영향력 있는 가설이다. 이 가설은 실험적으로 쥐나 생쥐를 자유급식군과 자유급식군의 60~70%로 제한한 식이제한군으로 구분하여 수명을 비교했더니 식이제한군의 수명이 30% 이상 연장되었다는 결과 발표 이후 많은 관심을 끌었다. 이 결과는 선충, 초파리, 개, 원숭이 등의 연구에서도 입증되어 식이제한설은 여러 동물에서 공통적으로 입증된 가설이다. 또한 동물에서 식이 제한은 수명 연장의 효과뿐만 아니라 암이나 종양 발생 억제, 심혈관계 지표 개선, 당뇨 억제 및 능동적 생체활동 상태 등 생리기능을 양호하게 유지시켜 준다는 것이 밝혀지고 있다. 그러나 사람은 식사의 즐거움이 중요하기 때문에 식사를 강제로 줄이는 것은 오히려 스트레스를 유발한다. 따라서 식사는 정상으로 하지만 흡수를 저하시키거나 대사량을 제한시켜서 식이 제한과 유사한 효과를 내는 약물 등의 개발과 관련된 산업이 활성화되고 있다.

그러나 이 가설도 식이 제한에 의한 노화 억제나 수명 연장의 기전을 정확하게 설명하지 못하고 있다. 이 설의 근거가 되는 '많이 움직이면 빨리 죽는다'는 활동률 가설living theory of aging이 여러 동물의 비교 실험에서 부정되고 있다. 또한 최근 실험실이 아닌 야생 공간에서는 식이제한군의 생존률이 낮고 자유급식군의 생존력이 더 높다고 보고하고 있다. 이는 식이 제한이 생물체의 질병 예방과 수명 연장에 유리할 것이라는 믿음에 대한 도전이다.

2) 노화에 따른 신체적 변화

스트렐러(Strehler, 1959)에 의해 정의된 노화의 특성 중 넷째인 "노화에 따른 변화는 대부분 기능 저하를 동반하는 형태적 변화 현상"은 최근 이러한 노화현상을 생명체의 생존을 위한 적응현상의 일부로 이해하기 시작하면서 신체적으로 건강하게 나이를 먹을 수 있다고 생각되고 있다. 즉, 가령화에 따른 신체적 변화가 유전에 의한 영향도 있지만 바람직하지 않은 식사와 생활습관, 비활동적인 생활 등에 의해 영향을 받으므로 이러한 요인들을 제거하면 건강하게 장수할 수 있다고 한다.

일반적으로 나이가 들면 체지방은 증가하지만 대부분의 기관의 크기가 감소한다. 뇌와 신장은 10% 정도, 간은 15% 정도, 근육과 뼈는 20% 정도, 비장spleen은 40% 정도씩 감소한다. 이에 따라 신체의 각 기관들의 기능이 저하되고, 신체의 구성성분이 변하며 감각기능이 저하된다(표 9-2). 이에 따라 노인의 영양소 필요량도 달라진다.

표 9-2 가령화에 의한 신체 변화

<table>
<tr><th colspan="3">신체 변화</th><th colspan="3">내용</th></tr>
<tr><td rowspan="7">신체기관의 변화</td><td colspan="2">심혈관계</td><td colspan="3">혈관의 탄력성 감소로 혈압 상승, 심장근의 약화로 혈액 박출량 감소 등</td></tr>
<tr><td colspan="2">소화기계</td><td colspan="3">타액, 점액, 위액, 소화효소 등의 분비 감소, 치아 손실, 연동운동 감소 등</td></tr>
<tr><td colspan="2">신장</td><td colspan="3">네프론 수의 감소, 사구체여과율 감소 등</td></tr>
<tr><td colspan="2">호흡기계</td><td colspan="3">폐활량 감소 등</td></tr>
<tr><td colspan="2">신경계</td><td colspan="3">맛, 냄새, 감각, 인지 등 신경계 전달속도 감소, 수면장애 등</td></tr>
<tr><td colspan="2">내분비계</td><td colspan="3">에스트로겐, 테스토스테론, 티록신, 성장호르몬 등의 분비 감소, 코티솔 분비 증가, 당내인성 감소 등</td></tr>
<tr><td colspan="2">근골격계</td><td colspan="3">근육과 뼈의 손실로 작업 강도의 저하</td></tr>
<tr><td rowspan="5">신체 조성의 변화</td><td colspan="2"></td><td>20~25세</td><td>70~75세</td><td></td></tr>
<tr><td rowspan="3">제지방</td><td>단백질</td><td>19%</td><td>12%</td><td rowspan="3">제지방량의 감소</td></tr>
<tr><td>무기질</td><td>6%</td><td>5%</td></tr>
<tr><td>수분</td><td>61%</td><td>53%</td></tr>
<tr><td colspan="2">체지방</td><td>14%</td><td>30%</td><td>체지방량의 증가, 분포 변화</td></tr>
<tr><td rowspan="4">감각기능의 변화</td><td colspan="2">미각 저하</td><td colspan="3">기본맛의 한계값 상승, 특히 짠맛에 대한 예민도 저하로 짜게 먹기 쉬워짐</td></tr>
<tr><td colspan="2">후각 저하</td><td colspan="3">후각기능의 저하로 탄 냄새나 상한 냄새를 잘 인지하지 못하여 위험할 수 있음</td></tr>
<tr><td colspan="2">치아 손실</td><td colspan="3">치아 손실과 타액 분비 부족으로 씹기와 삼키기가 어려워져 영양 섭취가 저하될 수 있음</td></tr>
<tr><td colspan="2">식욕과 갈증 저하</td><td colspan="3">식욕 저하와 갈증을 잘 느끼지 못해 영양 섭취 부족과 탈수의 위험이 있음</td></tr>
</table>

3. 노인기 영양관리

1) 우리나라 노인의 영양소 섭취기준

한국인의 영양소 섭취기준에서 노인은 65~74세와 75세 이상으로 구분되어 있으며 연령대에 따라 영양소 섭취기준이 감소하는 경우에는 칸에 색을 넣어 표시하였다(표 9-3).

에너지적정비율은 성인과 마찬가지로 탄수화물 55~65%, 지질 15~30%, 단백질 7~20%의 비율로 섭취할 것을 권장하고, 식이섬유는 에너지 필요추정량이 감소됨에 따라 50~64세의 충분섭취량보다 낮게 책정되었다. 노인의 영양소 섭취기준

표 9-3 노인기 1일 영양소 섭취기준

	연령	필요 추정량		권장 섭취량		충분 섭취량		만성질환위험 감소섭취량[1)]	
		남자	여자	남자	여자	남자	여자	남자	여자
에너지(kcal)	65~74세	2,000	1,600						
	75세 이상	1,900	1,500						
탄수화물(g)	65~74세			130	130				
	75세 이상			130	130				
식이섬유(g)	65~74세					25	20		
	75세 이상					25	20		
단백질(g)	65~74세			60	50				
	75세 이상			60	50				
EPA+DHA(g)	65~74세					310	150		
	75세 이상					280	140		
총 수분(mL)	65~74세					2,100	1,800		
	75세 이상					2,100	1,800		

계속

		연령	필요 추정량		권장 섭취량		충분 섭취량		만성질환위험 감소섭취량[1)]	
			남자	여자	남자	여자	남자	여자	남자	여자
지용성 비타민	비타민 A(μg RAE)	65~74세			700	600				
		75세 이상			700	600				
	비타민 D(μg)	65~74세					15	15		
		75세 이상					15	15		
	비타민 E(mg α-TE)	65~74세					12	12		
		75세 이상					12	12		
	비타민 K(μg)	65~74세					75	65		
		75세 이상					75	65		
수용성 비타민	비타민 C(mg)	65~74세			100	100				
		75세 이상			100	100				
	티아민(mg)	65~74세			1.1	1.0				
		75세 이상			1.1	0.8				
	리보플라빈(mg)	65~74세			1.4	1.1				
		75세 이상			1.3	1.0				
	니아신(mg NE)	65~74세			14	13				
		75세 이상			13	12				
	비타민 B_6(mg)	65~74세			1.5	1.4				
		75세 이상			1.5	1.4				
	엽산(μg DFE)	65~74세			400	400				
		75세 이상			400	400				
	비타민 B_{12}(μg)	65~74세			2.4	2.4				
		75세 이상			2.4	2.4				

계속

		연령	필요 추정량		권장 섭취량		충분 섭취량		만성질환위험 감소섭취량[1]	
			남자	여자	남자	여자	남자	여자	남자	여자
수용성 비타민	판토텐산(mg)	65~74세					5	5		
		75세 이상					5	5		
	비오틴(μg)	65~74세					30	30		
		75세 이상					30	30		
다량 무기질	칼슘(mg)	65~74세			700	800				
		75세 이상			700	800				
	인(mg)	65~74세			700	700				
		75세 이상			700	700				
	나트륨(mg)	65~74세					1,300	1,300	2,100	2,100
		75세 이상					1,100	1,100	1,700	1,700
	염소(mg)	65~74세					2,100	2,100		
		75세 이상					1,700	1,700		
	칼륨(mg)	65~74세					3,500	3,500		
		75세 이상					3,500	3,500		
	마그네슘(mg)	65~74세			370	280				
		75세 이상			370	280				
미량 무기질	철(mg)	65~74세			9	8				
		75세 이상			9	7				
	아연(mg)	65~74세			9	7				
		75세 이상			9	7				
	구리(μg)	65~74세			800	600				
		75세 이상			800	600				

계속

		연령	필요 추정량		권장 섭취량		충분 섭취량		만성질환위험 감소섭취량[1]	
			남자	여자	남자	여자	남자	여자	남자	여자
미량 무기질	불소(mg)	65~74세					3.1	2.5		
		75세 이상					3.0	2.3		
	망간(mg)	65~74세					4.0	3.5		
		75세 이상					4.0	3.5		
	요오드(μg)	65~74세			150	150				
		75세 이상			150	150				
	셀레늄(μg)	65~74세			60	60				
		75세 이상			60	60				
	몰리브덴(μg)	65~74세			28	22				
		75세 이상			28	22				
	크롬(μg)	65~74세					25	20		
		75세 이상					25	20		

: 성별에 따라 65~74세의 영양소 섭취기준보다 75세 이상에서 낮게 설정된 영양소와 값

[1] '만성질환위험감소섭취량'이란 건강한 인구집단에서 만성질환의 위험을 감소시킬 수 있는 영양소의 최저 수준의 섭취량으로 이 기준보다 영양소 섭취가 높은 경우, 섭취를 낮추면 만성질환의 위험도를 낮출 수 있음

출처: 보건복지부, 한국영양학회, 2020

이 성인기(19~64세)보다 높게 설정된 영양소는 비타민 D로써 이는 노인기의 피부에서 비타민 D 합성능력의 감소, 햇빛 노출 감소, 골질량 감소와 골다공증 등의 증가를 고려하여 책정한 것이다.

특히 2020 한국인 영양소 섭취기준에서는 나트륨에 대하여 기존에 있던 '목표섭취량'을 더 이상 이용하지 않고 대신에 '만성질환위험감소섭취량'이라는 값을 추가로 설정하였다. 이 기준보다 영양소 섭취가 많은 경우, 섭취를 낮추면 만성질환의 위험도를 낮출 수 있다고 제시되어 있고, 1일 만성질환위험감소섭취량은 성인 2,300 mg, 65~74세 남성 노인의 경우 2,100 mg으로 설정하였다.

2) 영양적으로 특별히 유의해야 할 사항

(1) 에너지 필요량 감소에 따른 적절한 에너지 섭취

생리학적으로 노인은 제지방량이 감소하고 체지방량은 증가하며, 근골격계뿐만 아니라 대사적으로 활발한 뇌, 신장, 간 등의 부피가 감소하므로 휴식대사량이 감소한다. 제지방의 손실에 따른 휴식대사량의 감소는 활동에너지 소비의 감소와 식사에 의한 열효과thermic effect of food, TEF의 감소와 함께 에너지 소비의 감소로 이어지고, 이는 다시 체지방량을 증가시켜 근감소 비만을 야기한다. 따라서 균형 잡힌 식사, 규칙적 생활습관과 활동적인 생활 등을 통해 근육량(제지방량)을 증가시켜 건강을 유지하는 것이 중요하다.

노화에 따른 에너지 소비의 감소 원인

1. 제지방의 손실과 변화
2. 에너지 소비의 감소
   - 휴식대사량 감소
   - 식사에 의한 열효과(TEF) 감소
   - 활동에너지 소비 감소
     - 운동 감소
     - non-exercise activity thermogenesis 감소: 노인은 젊은 사람보다 서있는 시간이 적고, 앉아 있는 시간이 유의하게 많은데 여기에 소요되는 열생산도 적어짐

국민건강영양조사 자료 분석 결과(보건복지부, 2020), 75세 이상 여성은 에너지 필요추정량에 비해 낮은 에너지 섭취량을 보였고, 50~64세 이상의 남성은 에너지 섭취를 줄일 필요가 있다(표 9-4).

표 9-4 연령 · 성별 1일 에너지 필요추정량과 평균 에너지섭취량

	에너지 필요추정량	평균 에너지섭취량
75세 이상 여성	1,500 kcal	⬇ 1,305.4 kcal
50~64세 남성	2,200 kcal	⬆ 2,325.5 kcal

(2) 충분한 단백질 섭취

근감소
근육섬유의 수 및 단면적의 감소로 인한 골격근 감소와 근기능의 감소

노인인구 비율이 급격히 증가하면서 근감소sarcopenia는 공중건강에 있어 중요 관심 문제 중 하나가 되었다. 근육량은 약 40세 이후부터 평균 0.5~1%/년 정도씩 감소하므로 60세 이상의 30%, 80세 이상의 50% 이상이 근감소증을 나타낸다고 한다. 근감소는 운동, 즉 활동성을 떨어뜨리므로 노인의 독립성을 현저히 저하시켜 삶의 질을 낮추는 원인이 된다. 지난 2017년 세계보건기구WHO는 근감소증의 정식 질병코드를 등재했으며, 우리나라도 지난 2021년 한국표준질병사인분류KCD 8차 개정을 통해 근감소증 질병코드를 부여하여 근감소증을 자연적인 노화의 과정으로 보기보다는 공식적인 질병으로 바라보게 되었다. 따라서 노인의 근감소증을 예방하는 영양 공급과 운동은 중요하다.

그동안 여러 연구에서 노인에게 단백질을 공급했을 때 긍정적인 효과가 있음을 보고하였다. 일반적으로 노인 중 단백질 섭취가 많은 사람이 체조직의 손실량이 적었으며, 단백질 공급의 효과는 공급시간과 단백질 급원에 따라 차이가 있다고 한다. 공급시간에 있어서 장기간의 효과는 아직 불분명하지만 단기간 급성 단백질 공급은 단백질 합성을 자극하였고, 운동 후 단백질 섭취가 운동 전 섭취보다 효과적이었으며, 같은 양을 공급할 때 아침, 점심, 저녁에 고루 분포하는 것이 단백질 합성에 효과적(하루 90 g일 때, 3끼 30 g씩 골고루 주면 모두 최대 단백질 합성을 보이지만 아침 10 g, 점심 20 g, 저녁 60 g을 주었을 때는 60 g일 때만 최대 단백질 합성을 나타냄)이었다고 한다. 단백질 급원에 있어서 무지방 우유와 대두유 모두 운동 전보다 운동 후에 효과가 있었고, 운동 후 3시간 뒤의 회복에서는 무지방 우유가 대두유보다 효과가 높았다. 노인은 우유 단백질 중 유청단백질이 카제인 가수분해물이나 카제인보

다 흡수가 빨라 단백질 합성의 자극에 더 효과적이었다고 볼 수 있다.

따라서 단백질이 충분한 식사는 나이가 들면서 근육량을 유지시키는 데 도움이 될 것이다. 즉, 매끼 양질의 단백질을 20~30 g 섭취하는 것이 근육단백질 합성을 최대화하여 노화로 의한 근육 손실을 늦출 수 있을 것으로 보인다.

(3) 칼슘과 비타민 D의 충분한 섭취

노인기의 골다공증은 골절로 이어져 신체활동이 제한되고, 이에 따라 독립적인 생활을 할 수 없게 되면서 다른 질병의 유병률을 높이는 악순환으로 이어진다. 남성도 문제이지만 특히 여성은 폐경 후에 급격히 골밀도가 떨어지므로 더욱 조심해야 한다.

칼슘의 섭취와 비타민 D가 골대사에 미치는 영향은 이미 잘 알려져 있다. 여러 연구에서 골밀도는 칼슘 섭취도 중요하지만 비타민 D의 섭취량이 충분해야 골밀도가 높고 골절 위험도가 낮아진다고 보고하고 있다. 최근에는 비타민 D 이외에 $\omega-3$ 지방산, 체지방과 해산물 섭취량 등이 골밀도와 관계가 있다고 보고되었다.

또한 폐경 후 한국 여성의 영양소 섭취량에서도 65세 이상의 여성이 50~64세 여성보다 불포화지방산($\omega-3$ 지방산, $\omega-6$ 지방산), 비타민 D, 칼슘, 칼륨 등의 섭취율이 유의하게 낮아지는 것을 볼 수 있다. 이와 같이 골밀도가 급격히 감소하기 시작하는 50세 이후에, 특히 65세 이상 노인에서 칼슘의 섭취율이 유의하게 낮아지는 것은 노인의 골다공증 발생률을 가속화시키는 원인이라고 볼 수 있다. 따라서 50세 이전부터 충분한 칼슘과 비타민 D의 섭취를 권장해야 하며, 섭취량이 충분치 않을 경우 보충제를 섭취하는것도 고려할 수 있다.

(4) 면역력을 증진시키는 비타민과 무기질의 충분한 섭취

노화가 되면 인체에서 면역을 담당하는 B세포, T세포 그리고 100여 종의 사이토카인의 균형이 깨지고 기능이 저하되어 면역력이 저하된다. 골수의 림프구의 균형이 깨져 골수에서의 성숙률이 저하되어 B세포의 기능이 저하되며, 골수에서 생성되어 흉선thymus로 이동하여 기능을 갖는 T세포는 노화에 의해 T세포의 활성화 감소가 일어나 B세포와의 정보 교환율이 떨어진다. 또한 세포 매개성 또는 항체 매개성 면역을 담당하는 여러 사이토카인 간의 균형이 깨진다.

이러한 면역체계는 영양소 섭취에 영향을 받는다. 즉, 부적절한 열량 섭취, 항산화제hesperidin, quercetin, resveratrol, 해조류, 프로바이오틱스, ω−3 PUFA(염증 억제 효과), 아연(고농도는 독성), 셀레늄, 렙틴 수준의 조절, 리놀레산 등과 관계가 있다는 보고들이 있다. 따라서 노인들은 항산화물질과 비타민, 무기질이 풍부한 채소, 과일 및 해조류 등을 충분히 섭취할 필요가 있다. 면역계에 영향을 미치는 미량원소들은 표 9−5와 같다.

프로바이오틱스
건강에 도움을 주는 균들로 요거트 같은 식품에 포함됨

표 9−5 면역계에 영향을 미치는 영양소

상피세포 장벽 (epithelial barriers)	세포 면역 (cellular immunity)	항체 생산 (antibody production)
비타민 A 비타민 C 비타민 E 아연	비타민 A 비타민 B_6 비타민 B_{12} 비타민 C 비타민 D 비타민 E 엽산 철 아연 구리 셀레늄	비타민 A 비타민 B_6 비타민 B_{12} 비타민 D 비타민 E 엽산 아연 구리 셀레늄

(5) 뇌 기능에 도움이 되는 영양소의 충분한 섭취

우리의 뇌는 나이가 들수록 특히 전두엽의 부피가 줄어들고 혈관 구조가 노화되며, 혈압이 상승함에 따라 뇌졸중과 허혈의 가능성이 증가한다. 또한 기억력 감퇴는 또한 노화와 함께 발생하며 기억 작업에 대한 뇌 활성화는 더욱 감소한다. 지난 2020년 치매 예방, 중재와 치료 위원회에서는 잠재적으로 수정 가능한 12가지의 치매 위험요인을 발표하였다. 이는 저학력, 고혈압, 청력 손상, 흡연, 비만, 우울증, 신체 활동 부족, 당뇨병, 그리고 낮은 사회적 접촉, 과도한 알코올 섭취, 외상성 뇌 손상 및 대기오염이다. 이 12가지의 치매 위험요인에 영양적 요소가 포함되어 있지는 않으나, 뇌기능에 도움이 되는 식품과 영양소들은 보고된 바 있다.

대표적으로는 $\omega-3$ 지방산EPA, DHA이 많은 생선류, 항산화와 항염증 작용을 하는 피토케미칼을 함유한 과일과 채소류(딸기류, 커리 등), 녹차나 커피 등의 음료, 호모시스테인의 수준을 낮춰서 뇌혈관을 보호하고 뉴런의 DNA 손상을 방지하는 엽산 등이 보고되고 있다.

3) 노인의 영양상태 평가

노년기에 발생하는 만성질환을 예방하기 위해서는 식생활과 영양상태의 개선이 필요하며, 올바른 도구를 사용하여 노인의 영양불량을 초기에 평가하는 것이 중요하다. 해외에서는 간이영양평가표mini nutritional assessment, MNA나 DETERMINEDisease, Eating Poorly, Tooth loss, Economic hardship, Reduced social contact, Multiple medications, Involunatry weight loss, Needs assistance, Elder years over 80 체크리스트 등 다양한 영양판정 도구들이 개발되었으나, 주로 영양불량을 선별하는 도구이다. 한국영양학회에서는 2018년에 만 65세 이상 노인을 대상으로 개인 또는 집단의 영양상태와 식사의 질을 종합적으로 평가하는 도구로 비교적 건강한 노인의 영양평가를 할 수 있는 영양지수Nutrition Quotient for Elderly, NQ-E를 개발하였다. 이 도구는 우리나라 노인의 식생활 실태를 파악할 수 있는 신뢰도와 타당도가 검증된 도구로 전체적인 점수와 이를 세분화하여 '식행동', '절제', '균형', '다양성'의 4개의 영역별 평가가 가능하다. NQ-E를 사용한 연구로는, 독거노인의 영양섭취 상태 및 식생활과 건강실태를 조사한 연구와 경기도 일부 지역에 거주하는 노인의 영양지수를 조사한 결과가 있다.

노인의 영양상태 판정

영양상태와 식사의 질 평가: 노인영양지수(NQ-E) 질문지

01. 귀하는 한 번 식사할 때 김치를 제외한 채소류를 몇 가지나 드십니까?	① 먹지 않는다 ② 1가지 ③ 2가지 ④ 3가지 ⑤ 4가지 이상
02. 귀하는 과일을 얼마나 자주 드십니까?	① 2주일에 1번 이하 ② 일주일에 1~3번 ③ 일주일에 4~6번 ④ 하루에 1번 ⑤ 하루에 2번 이상
03. 귀하는 우유 또는 유제품을 얼마나 자주 드십니까?	① 2주일에 1번 이하 ② 일주일에 1~3번 ③ 일주일에 4~6번 ④ 하루에 1번 ⑤ 하루에 2번 이상
04. 귀하는 콩이나 콩제품을 얼마나 자주 드십니까?	① 2주일에 1번 이하 ② 일주일에 1~3번 ③ 일주일에 4~6번 ④ 하루에 1번 ⑤ 하루에 2번 이상
05. 귀하는 달걀을 얼마나 자주 드십니까?	① 2주일에 1번 이하 ② 일주일에 1~3번 ③ 일주일에 4~6번 ④ 하루에 1번 ⑤ 하루에 2번 이상
06. 귀하는 생선이나 조개류를 얼마나 자주 드십니까?	① 2주일에 1번 이하 ② 일주일에 1~3번 ③ 일주일에 4~6번 ④ 하루에 1번 ⑤ 하루에 2번 이상
07. 귀하는 라면류를 얼마나 자주 드십니까?	① 거의 먹지 않는다 ② 2주일에 1번 ③일주일에 1~3번 ④ 일주일에 4~6번 ⑤ 하루에 1번 ⑥ 하루에 2번 이상
08. 귀하는 과자(초콜릿, 사탕 포함) 또는 달거나 기름진 빵(케이크, 도넛, 단팥빵 등)을 얼마나 자주 드십니까?	① 2주일에 1번 이하 ② 일주일에 1~3번 ③ 일주일에 4~6번 ④ 하루에 1번 ⑤ 하루에 2번 이상
09. 귀하는 가당 음료를 얼마나 자주 마십니까?	① 2주일에 1번 이하 ② 일주일에 1~3번 ③ 일주일에 4~6번 ④ 하루에 1~2번 ⑤ 하루에 3번 이상
10. 귀하는 하루에 물을 얼마나 자주 마십니까?	① 거의 마시지 않는다 ② 하루에 1~2번 ③ 하루에 3~5번 ④ 하루에 6~7번 ⑤ 하루에 8번 이상
11. 귀하는 하루에 식사를 몇 번 하십니까?	① 1번 ② 2번 ③ 3번 이상
12. 귀하는 하루에 간식을 몇 번 하십니까?	① 하지 않는다 ② 1번 ③ 2번 ④ 3번 이상
13. 귀하는 얼마나 자주 혼자서 식사를 하십니까?	① 혼자 식사하는 경우가 거의 없다 ② 일주일에 1~3번 ③ 일주일에 4~6번 ④ 하루에 1번 ⑤ 하루에 2번 ⑥ 하루에 3번
14. 귀하는 평소에 건강에 좋은 식생활을 하려고 얼마나 노력하십니까?	① 전혀 노력하지 않는다 ② 노력하지 않는 편이다 ③ 보통이다 ④ 노력하는 편이다 ⑤ 매우 노력한다
15. 귀하는 현재 치아나 틀니, 잇몸 등의 문제로 인해 음식을 씹는 것이 어느 정도 불편하십니까?	① 전혀 불편하지 않다 ② 불편하지 않은 편이다 ③ 보통이다 ④ 불편한 편이다 ⑤ 매우 불편하다
16. 귀하는 음식을 먹기 전에 손을 씻으십니까?	① 전혀 씻지 않는다 ② 씻지 않는 편이다 ③ 보통이다 ④ 씻는 편이다 ⑤ 항상 씻는다
17. 귀하는 하루에 운동(걷기 포함)을 얼마나 하십니까?	① 거의 하지 않는다 ② 30분 이내 ③ 30분 이상 ~ 1시간 이내 ④ 1시간 이상~2시간 이내 ⑤ 2시간 이상
18. 귀하는 평상 시 우울함을 어느 정도 느끼십니까?	① 전혀 느끼지 않는다 ② 느끼지 않는 편이다 ③ 보통이다 ④ 느끼는 편이다 ⑤ 매우 느낀다
19. 귀하는 본인이 얼마나 건강하다고 생각하십니까?	① 전혀 건강하지 않다 ② 건강하지 않은 편이다 ③ 보통이다 ④ 건강한 편이다 ⑤ 매우 건강하다

출처: http://kns.or.kr/FileRoom/FileRoom_view.asp?mode=mod&restring=%252FFileRoom%252FFileRoom.asp%253Fxsearch%253D0%253D%253Dxrow%253D10%253D%253DBoardID%253DNq%253D%253Dpage%253D1&idx=101&page=1&BoardID=Nq&xsearch=1&cn_search=

4. 노인기 건강문제

1) 우리나라 노인의 사망률 및 질병 이환률

(1) 사망원인

2020년 65세 이상 고령자 10만 명당 사망원인은 악성신생물(암)(733.3명), 심장질환(331.9명), 폐렴(257.5명), 뇌혈관질환(225.3명) 순이었다. 악성신생물(암), 뇌혈관질환에 의한 사망은 감소하는 추세이나, 알츠하이머병에 의한 사망은 계속 증가하여, 2020년 처음으로 고령자 사망원인 5위로 나타나 당뇨병으로 인한 사망률이 5위 밖으로 밀려났다. 고령자의 사망률은 전체 인구 사망률과 비교하여 악성신생물(암) 4.6배, 심장질환 5.3배, 폐렴 5.9배, 뇌혈관질환 5.3배, 알츠하이머병 6.2배 수준이다(표 9-6).

표 9-6 사망원인별 사망자 수[1) 2)] (단위: 명/고령자 인구10만 명)

		2000년	2010년	2015년	2019년	2020년
고령인구 (65세 이상)	1순위	악성신생물(암) (937.3)	악성신생물(암) (882.4)	악성신생물(암) (803.0)	악성신생물(암) (750.5)	악성신생물(암) (733.3)
	2순위	뇌혈관질환 (789.9)	뇌혈관질환 (409.4)	심장질환 (351.0)	심장질환 (335.7)	심장질환 (331.9)
	3순위	심장질환 (363.5)	심장질환 (344.0)	뇌혈관질환 (311.1)	폐렴 (283.1)	폐렴 (257.5)
	4순위	당뇨병 (220.0)	당뇨병 (153.1)	폐렴 (209.1)	뇌혈관질환 (232.0)	뇌혈관질환 (225.3)
	5순위	만성하기도질환 (210.3)	폐렴 (127.6)	당뇨병 (133.2)	당뇨병 (87.1)	알츠하이머병 (91.4)

주: 1) 심장질환은 허혈성 심장질환과 기타 심장질환을 포함

2) 만성하기도질환은 기관지염, 천식, 폐기종 등 만성적으로 호흡에 장애를 주는 폐질환의 총칭

출처: 통계청, 2021

암으로 인한 사망률은 점차적으로 감소하는 추세이지만, 위암으로 인한 사망률만 급격하게 떨어지는 반면 다른 암들은 완만한 감소를 보이고 있다. 남녀 모두 폐암 사망률이 가장 높고 그 다음으로 남자는 간암, 여자는 대장암 사망률이 높게 나타났다(그림 9-7).

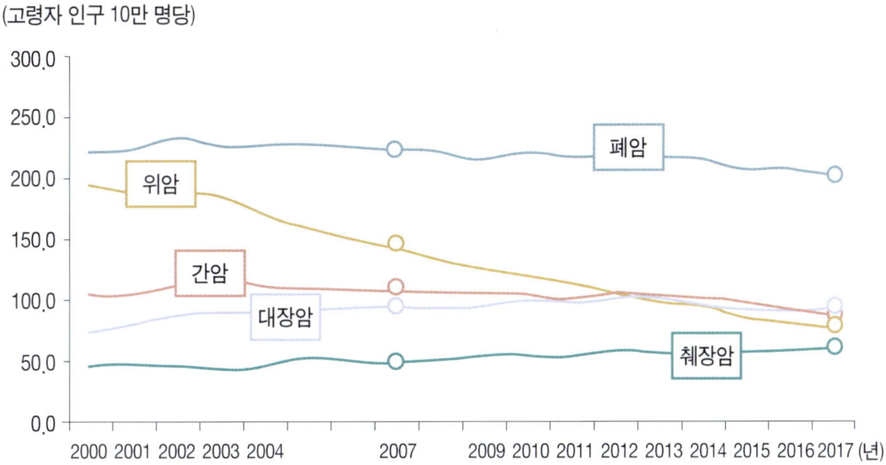

그림 9-7 고령자의 암 종류별 사망률 추이

출처: 통계청, 2021

(2) 의료비의 증가

노인인구의 증가에 따라 전체 의료비 상승과 함께 노인에게 지급된 의료비도 급속히 증가하고 있는데, 2020년 65세 이상의 건강보험 진료비 36조 4,737억 원으로 전체 의료비의 43.1%를 차지하였고 지속적인 증가 추세를 보일 것이다(그림 9-8).

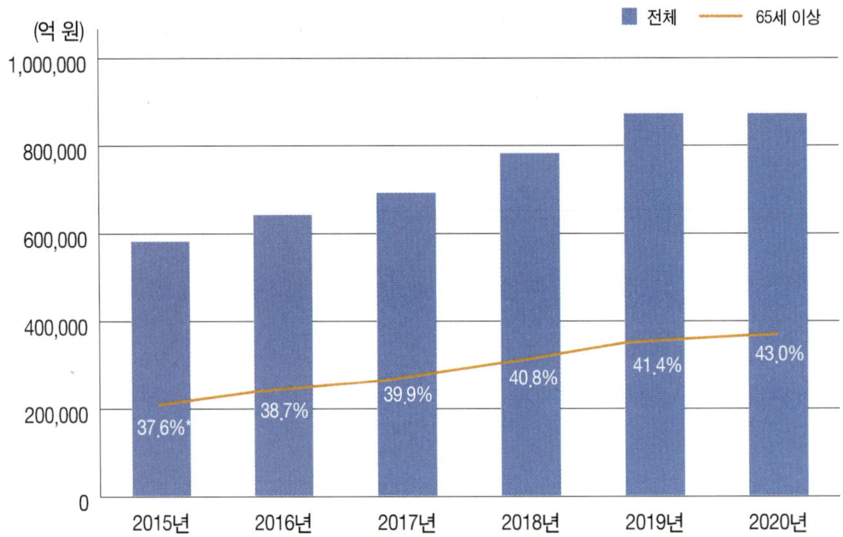

그림 9-8 전체 대비 65세 이상 건강보험 의료비

* 전체 대비 65세 이상 진료비 비율(%)

출처: 국민건강보험공단, 2021

2) 노인의 영양 섭취실태

국민건강영양조사에서는 65세 이상 노인의 영양 섭취상태가 매우 불량함을 이미 2001년부터 계속 지적해 왔다. 식품군 섭취량으로 살펴보아도 65세 이상 노인은 성인에 비해 전반적인 식품 섭취량이 적고, 특히 육류, 난류, 어류 및 우유류와 같은 동물성식품의 섭취가 적었다. Nutrition Screening InitiativeNSI가 개발한 'Determine Your Nutrition Health' 체크리스트를 이용하여 노인의 영양관리 상태를 조사하여 발표한 '노인 실태조사 2020 보고서'를 살펴보면 전체 노인의 72.2%는 양호한 수준이고, 19.0%는 영양관리 주의가 요구되며, 8.8%는 영양관리 개선이 필요한 것으로 파악되었다(그림 9-9). 영양선별도구NSI의 10개 항목에 문항별 가중치를 부여한 총점 21점을 기준으로 0~2점은 양호, 3~5점은 영양관리 주의, 6점 이상은 영양관리 개선으로 구분된다. 성별 영양관리 개선이 요구되는 비율은 여자 노인이 10.6%로 남자 노인 6.6%보다 높으며, 연령별로는 연령이 높아질수록 영양관리 개선이 요구되는 비율이 높아지는 경향을 보였다. 특히 가구 형태로 노인 독거의 경우 영양관리 개선이 필요한 경우가 가장 높았다(표 9-7).

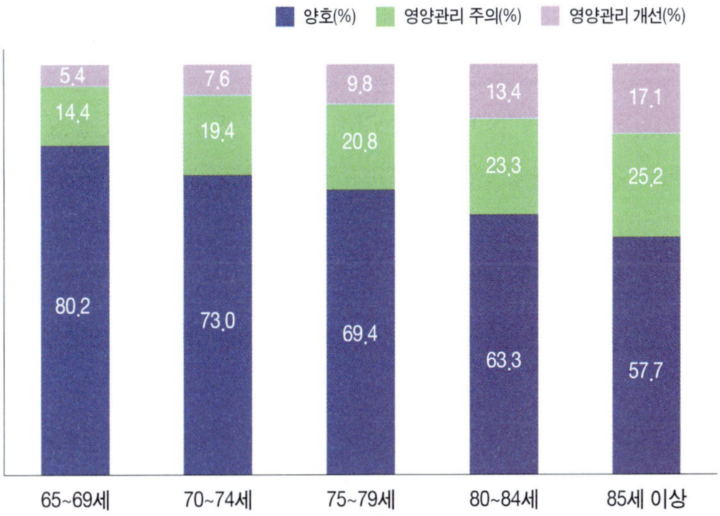

그림 9-9 노인의 영양 섭취실태

출처: 보건복지부, 2020

표 9-7 노인의 일반 특성별 영양관리 상태 (단위: %)

특성		양호	영양관리 주의	영양관리 개선	계 (명)
성	남자	75.8	17.6	6.6	100 (4,346)
	여자	69.4	20.0	10.6	100 (5,751)
가구 형태	노인독거	54.6	28.1	17.2	100 (1,998)
	노인부부	77.2	17.1	5.8	100 (5,898)
	자녀동거	75.1	15.6	9.3	100 (2,026)
	기타	69.4	19.5	11.1	100 (174)

출처: 보건복지부, 2020

3) 노인기 질환의 관리방안

(1) 삼킴장애(연하곤란)

삼킴장애란 섭취와 관련된 근육 및 신경계의 이상이나 음식물이 통과하는 경로에 발생한다. 즉 씹어서 넘기는 데 문제가 있는 상태이다. 기계적 원인은 식도의 외과적 수술, 종양, 식도암, 식도염 등이 있으며, 마비적 원인은 뇌졸중, 머리 외상, 뇌종양, 신경계 질환, 소아마비, 루게릭병, 파킨슨병, 치매 등이 있고, 고령화에 따른 자연스러운 문제가 될 수도 있다. 주요 증상으로는 식사 시 액체류를 먹을 때 사레가 잘 걸리며, 식사 후 목에 이물감 및 갈라지는 목소리, 식사 중 혀나 잇몸을 잘 씹어 상처가 나며, 덩어리로 된 음식물을 씹기 어렵고 먹는 것이 힘들게 된다.

VFSS검사
바륨(조영제)을 단계별로 정해진 점도의 음식에 넣어서 삼킴 과정을 살펴보며 연하곤란의 단계를 확인하는 검사

VFSS검사videofluoroscopic swallow study를 통해 정확히 진단하며, 올바른 치료방향을 제시한다(그림 9-10).

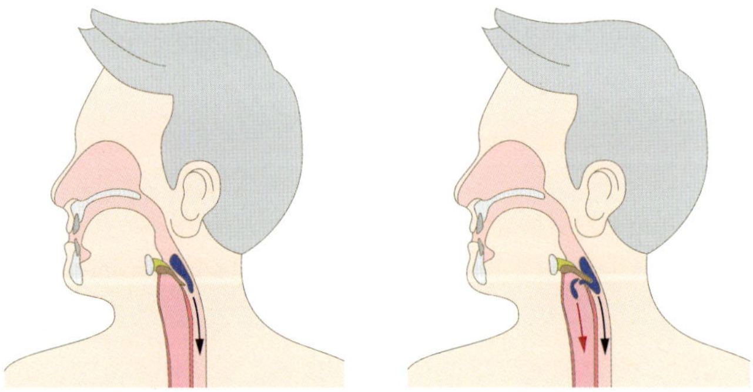

그림 9-10 삼킴곤란이 있는 경우

삼킴장애가 있는 경우, 액체 섭취를 기피하여 탈수나 영양불량 상태가 될 수 있으며, 무리하게 섭취하는 경우는 흡인성 폐렴이 발생할 수도 있다. 따라서 음식물을 안전하게 섭취하면서 균형 잡힌 식사를 제공해야 하므로, 노인의 적응 정도에 맞게 음식의 농도와 질감에 변화를 주는 등 적절한 관리가 필요하다.

연하곤란 시 식사지침은 다음과 같다.

① 삼키는 능력의 정도를 평가한 후, 개인별 수용 여부에 따라 점도를 조절한다.

② 너무 뜨겁거나 차가운 음식은 피하고 실온 상태의 음식을 제공한다.

③ 부드러운 음식을 공급한다.

④ 특정 음식에 싫증을 내거나 의존하지 않도록 가능한 다양한 식품을 선택한다.

⑤ 식사량이 적을 경우 소량씩 자주(1일 5~6회) 섭취한다.

⑥ 작은 조각으로 된 음식은 피하고, 입안에 덩어리를 형성하는 음식을 선택한다.

(2) 당뇨병

당뇨병은 췌장에서 분비되는 인슐린이 부족하거나 인슐린이 효과적으로 작용하지 않아서 생기는 질병이다. 체내에서 흡수된 포도당이 에너지로 사용되기 위해서는 인슐린이 필요하지만, 당뇨병이 있으면 혈액 속의 당이 에너지로 사용되지 못하고 혈액 내에 쌓여 고혈당 증상이 나타나며, 소변으로도 당이 배출된다.

노인에게 당뇨병은 심혈관질환과 여러 가지 합병증을 유발하고, 모든 기관의 기능을 악화시켜 질병으로부터 회복되기 어렵게 만들므로 주의해야 한다. 당뇨병은 황반변성, 백내장, 녹내장, 손발의 신경증이나 절단 등의 위험률을 10배나 높인다. 또한 고혈당은 시력저하, 야뇨, 나트륨 고갈과 탈수, 아연과 마그네슘 같은 무기질의 고갈, 불면 등을 야기하고, 말초혈관이 손상되고 쉽게 감염되며 상처가 잘 아물지 않게 한다. 따라서 적절한 식사와 규칙적인 생활습관을 통해 당뇨병을 예방하는 것이 바람직하다.

당뇨병 관리를 위한 건강한 식사방법은 다음과 같다.

당뇨병에 좋다고 알려진 특정 음식을 잘 먹는다고 하여 혈당이 잘 조절되는 것은 아니다. 당뇨병을 잘 관리하기 위해서는 단순히 탄수화물을 줄이거나 제한하는 것, 또는 혈당 조절에 도움이 되는 몇 가지 음식을 추가로 먹는 것이 아니라 균형 있게 알맞은 양의 식사를 하고 건강한 생활습관을 실천하는 것이 중요하다.

(3) 고혈압

고혈압은 여러 가지 원인들에 의해서 발생된다. 나이, 가족력, 비만, 짜게 먹는 것과 같은 잘못된 식습관, 과음과 흡연, 운동 부족이나 스트레스, 칼륨 섭취의 부족, 당뇨병이나 이상지질혈증과 같은 다른 질환들에 의해 나타날 수 있다. 고혈압은 '생활습관병'이라고 하는 만큼 금연과 절주를 하거나 운동을 하는 등의 건강한 생활수칙을 실천함으로써 예방과 관리가 가능하다. 혈압을 관리하기 위해 짜게 먹지 않고, 술은 가급적 마시지 않으며 칼륨을 충분히 섭취하는 것이 좋다. 또한 비만이 되지 않도록 균형 잡힌 식사를 함으로써 당뇨병과 이상지질혈증 등을 예방하여 고혈압의 위험요인들을 조절할 수 있다.

표 9-8 고혈압의 병태생리

원인	특징
구조적 변화	• 동맥혈관벽이 단단해지므로 동맥의 경화도가 말초혈관의 저항성보다 매우 커져 수축기혈압의 상승만에 의한 고혈압이 발생함 • 수축기혈압과 대동맥 혈압의 상승은 심장의 부담을 크게 함 • 동맥이 경화되면 심장에서 혈류가 빠른 속도로 나갔다가 빠른 속도로 돌아 오기 때문에 맥압(pulse pressure)이 상승함
신장기능 저하	• 신장의 사구체여과율(GFR)이 저하되고, 나트륨 고갈이나 부하에 따른 예민도가 증가하며 레닌-안지오텐신-알도스테론계가 활성화되므로 나트륨이 축적되어 혈압이 상승하게 됨 • 따라서 소금에 대한 반응이 더 민감하므로 소금에 민감한 고혈압(salt-sensitive hypertension) 발생률이 높아짐
압반사(baroreflex) 예민도 손상	교감신경 반응(β-adrenergic responsiveness) 저하로 기립성 저혈압이나 식후 저혈압이 발생하며, 혈압의 변동성이 큼
저항성 고혈압 (resistant hypertension)	• 부적절한 혈압 측정, 진료실 고혈압(white-coat hypertension, pseudo-hypertension), 팔뚝에 비해 커프스(cuffs)가 작을 때 • 체액 과잉과 가성내구성 : 나트륨 섭취 과잉, 신장병에 의한 체액 저류 또는 부적절한 이뇨제 사용 • 기타 : 비만, 알코올 남용, 약물 등
일과성 주기 (circadian variation) 악화	아침에 변동성이 커서 아침에 혈압이 낮아지거나(morning dipper) 아침 고혈압(morning hypertension)이 발생함

특히 노인은 혈관, 심장 등 여러 장기의 노화에 따라 혈압이 상승하므로 표 9-8과 같은 특징을 나타낸다. 이와 같이 노인은 수축기혈압의 상승이 주요 특징이므로 생활양식의 교정이나 약물에 의한 치료가 필요하다.

고혈압 관리를 위한 건강한 식사방법은 다음과 같다.

① 혈압 조절을 위한 DASH(Dietary Approaches to Stop Hypertension) diet

고혈압 예방 및 치료를 위해 미국국립보건원national institutes of health, NIH에서 개발한 식사요법으로 특정 영양소의 제한이나 첨가가 아닌 식사형태 변화를 통해 혈압을 감소시키기 위한 것이다. 주요 지침은 포화지방과 지방의 섭취량을 줄이고 칼륨, 칼슘, 마그네슘, 식이섬유, 그리고 단백질 섭취를 증가시키는 것이며, 과일과 채소, 생선을 더 많이 섭취하고 지방을 적게 섭취함으로써 혈압을 떨어뜨릴 뿐만 아니라 심뇌혈관질환 예방에도 도움을 준다.

② 지방 섭취 조절하기

혈압을 조절하기 위해서는 포화지방산과 콜레스테롤 같은 동물성 지방의 섭취를 제한해야 한다. 육류는 지방이 많은 부위보다는 살코기 위주로 섭취하고, 닭 등 가금류는 기름기가 많은 껍질을 제거하고 먹는다. 간이나 곱창 같은 내장류도 콜레스테롤이 많이 함유되어 있으므로 주의하는 것이 좋다. 우유나 유제품을 섭취할 경우에는 저지방이나 무지방 제품을 선택한다.

③ 알코올 섭취 조절하기

과음하면 혈압이 상승하고 고혈압 약에 대한 저항성이 올라간다. 또한 체중 증가와 혈액 내 중성지방을 증가시킬 수 있으므로 술은 가급적 마시지 않는 것이 바람직하다.

(4) 소화기질환 및 변비

노화에 따라 장관신경계enteric nerve system, ENS의 퇴화가 일어나고 이에 따라 각 위장관 운동이 저하된다는 사실은 대체로 일치된 견해를 보이고 있다. 위나 장의 운동성 역시 감소하는 것으로 보이며, 소화액의 감소 등으로 인해 영양소 흡수 또한 감소된다. 특히 위 배출이 지연되고 대장 통과 지연 및 만성 변비 발생이 노화에 따른 현상으로 알려져 있으며 실제 노인에서 대장 통과시간이 길어진다.

소화기장애의 경우 건강한 식사방법은 다음과 같다.

① 위장이 약한 사람의 식사

- 잘 씹어 먹는다 : 잘 씹지 않으면 소화액이 혼합되기 어렵고 소화에 시간이 걸린다. 씹는 것에 의해 타액 분비가 촉진된다.
- 식사를 규칙적으로 한다 : 생활도 규칙적이 되고 위장의 건강만이 아니라 신체 전반적으로 좋은 영향을 미친다.
- 천천히 즐겁게 먹는다 : 무언가 생각하고 나쁜 자세이거나 화가 난 상태에서 식사를 하면 위액의 분비가 나빠지고 소화도 안 된다.
- 한번에 많이 먹는 것은 피한다 : 1회의 식사분량을 적게 하고 항상 위의 80% 정도 먹도록 한다. 위장 부담을 줄이기 위해 하루 식사를 3회에서 4, 5회 나누어 먹는다.

② 설사를 할 때

배가 차거나 과식으로 인한 설사의 경우 소화에 좋은 것을 부드럽게 조리하여 위장에 부담이 없도록 한다.

■ 일반적인 주의사항

- 설사가 심할 때는 금식하고 보리차와 과즙으로 수분을 공급한다.
- 기름진 음식은 삼간다.
- 증상의 회복에 따라 반유동식, 묽은죽, 죽, 된죽을 먹고 설사가 멈추면 밥으로 먹는다.

■ 설사 시 피해야 할 식품

- 섬유질이 많은 것 : 우엉, 머위, 연근, 고구마, 토란, 해조류, 곤약, 메밀 등
- 자극이 강한 식품 : 탄산음료, 겨자, 고추냉이, 고추, 후추, 카레가루 등

- 장내에서 발효하기 쉬운 식품 : 두부, 밤, 과일, 고구마, 생채소 등
- 지방이 많은 음식 : 베이컨, 돼지기름, 삼겹살, 튀김, 부침 등

③ 변비일 때의 식사

장의 움직임이 둔해지고 치아가 부실하여 채소류 등 식이섬유를 많이 함유한 식품 섭취가 줄어들면서 변비가 발생하기 쉬워진다.

- 아침식사 전에 차가운 음료와 우유를 마시면 효과적이며, 수분은 변을 부드럽게 해주기 때문에 부족하지 않도록 한다.
- 식이섬유가 많은 해조류, 채소, 과일을 많이 섭취하여 장을 자극할 필요가 있다.
- 변비라도 소화 · 흡수 능력이 저하된 것은 아니므로 식사량을 줄이지 않는다.
- 비타민 B_1을 함유한 보리밥과 현미 등도 변비에 효과가 있으며 꿀, 물엿 등 당류도 변을 묽게 하는 작용을 한다.

(5) 근감소증 및 골다공증

노화에 따른 노인의 두드러진 신체 특징 중 하나는 근육의 양과 강도는 감소하고 지방은 증가하는, 즉 근감소 비만이다. 노인의 근감소는 영양적 요인, 호르몬 요인, 대사적 요인 및 면역학적 요인 등에 의해 근섬유의 감소에 따른 운동단위 감소와 근섬유의 위축이 일어나서 근육량과 근육강도가 감소하기 때문에 일어난다. 이러한 근감소는 육체적 운동의 감소를 가져오고, 또 육체적 운동의 감소는 다시 근감소를 일으키는 악순환이 이루어지면서 노인은 운동성이 감소되고 쇠약해져서 결국에는 독립성을 잃는다.

노인은 일반적으로 다리의 근육량은 적어지고 복부의 지방량이 많아져 체형이 변하고, 이에 따라 보행능력이나 균형감을 상실하므로 낙상에 의한 골절 등의 위험도 증가한다. 또한 복부지방량이 많아지는 것은 만성질환의 발병률을 높이므로 노인의 삶의 질을 저하시킬 뿐만 아니라 의료비나 사회적 비용을 증가시키는 원인이 된다. 근육은 사용하면 증가하고 사용하지 않으면 위축되는 가소성을 가지고 있으므로 육체적 활동, 특히 저항성 운동은 근육량과 제지방은 증가시키고 복부지방과

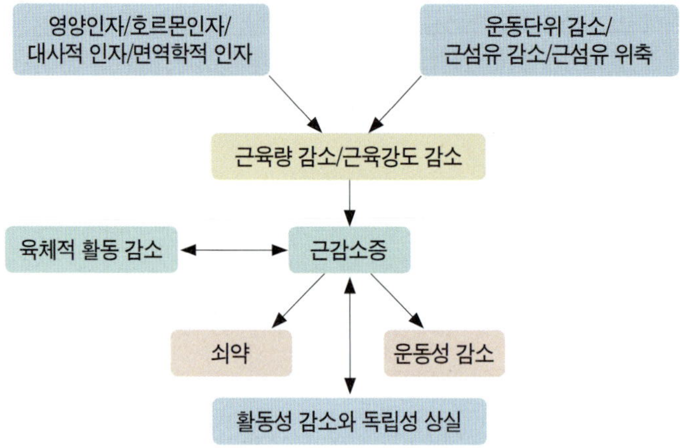

그림 9-11 근감소에 영향을 미치는 인자

체지방은 감소시킨다. 근육이 증가하면 보행 등 신체기능의 향상뿐만 아니라 대사증후군, 심혈관질환, 당뇨병 등 만성질환의 유병률을 낮출 수 있다. 또한 집중력이나 기억력도 증가하고 여가활동의 참여에 따른 만족도의 증가로 정신적 · 사회적 건강도 좋아진다.

골다공증은 노화에 의하여 뼈 조직이 감소하고 골절이 일어나는 질환으로 일반적으로 폐경기의 여성에게 많이 나타나며 척추, 허리 끝뼈, 둔부 등에 골절이 된다. 이는 칼슘의 섭취 감소, 흡수능력 감퇴, 배설량 증가, 또는 호르몬의 분비 감소에 따른 골조직 형성의 저하, 콜라겐 형성에 필요한 비타민 C의 섭취 부족, 운동 부족에 따른 뼈 형성을 위한 자극이 감소하기 때문이다. 노인에게 골다공증은 자칫 골절에 의한 신체활동의 제한을 가져와 장기적으로 독립적인 생활을 할 수 없거나 다른 질병을 악화시켜 노인의 건강에 악영향을 미친다. 따라서 골다공증을 예방하기 위해서는 칼슘과 비타민 D의 섭취에 유의하고, 단백질, 지방 등 균형 잡힌 식생활과 걷기 등 운동에도 유의해야 한다.

근감소증과 골다공증을 위한 식사방법은 다음과 같다.

① 단백질 섭취를 늘린다

단백질 보충 혹은 고단백 식사 섭취가 근감소증/노쇠 지표(근육량과 근력 감소)

를 억제시키고, 근섬유 생성을 증가시킨다는 연구 결과가 꾸준히 보고되고 있다. 신장질환을 가지고 있지 않는 한, 충분한 단백질 섭취로 노화에 따른 근감소증을 적극적으로 예방할 필요가 있다. 노인의 경우 1.2~1.5 g/kg 정도를 권장한다. 일상적인 식사로 단백질 섭취가 부족한 경우에는 단백질보충제를 통한 섭취를 고려해 볼 수 있다.

② 칼슘과 비타민 D 섭취를 늘린다

칼슘과 비타민 D를 적절히 섭취하여 성인 초기에 최적의 최대골량을 달성하고, 폐경기 골손실을 줄이며 골다공증성 골절을 예방하는 것이 중요하다.

폐경 여성과 노인에서는 정상적인 노화과정으로 골소실이 진행되며, 여성은 폐경 후부터 60대 또는 70대까지 급격히, 남성은 여성보다 완만한 속도로 골소실이 일어난다. 골다공증의 예방과 치료를 위해, 칼슘은 칼슘이 풍부한 음식을 통해 섭취하도록 권고하며, 그래도 부족한 경우는 칼슘 보조제를 사용할 수 있다. 식품과 보조제를 포함해서 칼슘 섭취의 하루 총 권장량은 800~1,000 mg으로 한다(표 9-9).

표 9-9 칼슘의 주요 급원식품(1회 분량당 함량)

상위 10위 식품	칼슘 함량(mg)
미꾸라지, 60 g	720
멸치, 15 g	373
굴, 80 g	342
우유, 200 g	226
들깻잎, 70 g	207
홍어, 60 g	183
요구르트(호상), 100 g	141
치즈, 20 g	125
라면(조리한 것, 스프 포함), 250 g	120
건미역, 10 g	111

2017년 국민건강영양조사의 식품별 섭취량과 식품별 칼슘 함량(국가표준식품성분표 DB 9.1) 자료를 활용하여 칼슘 주요 급원식품 상위 10위 산출 후 1회 분량을 적용하여 1회 분량당 함량 산출

비타민 D의 총 섭취량은 식사를 통한 섭취량과 보충제로부터 공급되는 양을 포함한다. 2020년 성인의 비타민 D 1일 충분섭취량은 10 μg으로 설정하였다. 비타민 D의 자연적인 급원식품은 등푸른 생선, 어류의 간유, 달걀노른자, 버섯류 등이고, 우유나 치즈, 요구르트 등 일부 식품에 비타민 D가 첨가된 비타민 D 강화식품도 주요 식품 급원이 된다.

표 9-10 비타민 D 주요 급원식품(1회 분량당 함량)

상위 10위 식품	비타민 D 함량(μg)
연어, 60 g	19.8
달걀, 60 g	12.5
꽁치, 60 g	7.8
잉어, 60 g	7.4
전갱이, 60 g	7.0
어패류알젓, 40 g	6.8
조기, 60 g	5.1
쥐치포, 15 g	5.1
오징어, 80 g	4.8
돔, 60 g	3.4

2017년 국민건강영양조사의 식품별 섭취량과 식품별 칼슘 함량(국가표준식품성분표 DB 9.1) 자료를 활용하여 칼슘 주요 급원식품 상위 10위 산출 후 1회 분량을 적용하여 1회 분량당 함량 산출

(6) 빈혈

빈혈은 혈액 중의 혈색소hemoglobin 또는 적혈구RBC의 양이 정상 이하로 감소된 상태를 말한다. 빈혈의 주된 증상은 피로감, 호흡곤란, 가슴통증, 수족냉증, 두통 등이 있다. 노화의 결과로 빈혈이 반드시 발생하는 것은 아니지만 최근 발표자료에 따르면, 우리나라 65세 이상 노인의 빈혈 유병률은 14.0%로 10세 이상 인구의 빈혈 유병률(7.3%)에 비해 두 배가량 높았다. 이는 나이가 들면서 여성이거나 저체중이

거나 홀로 생활함으로 인한 영양결핍, 만성 염증, 관절염·당뇨병·심혈관질환·뇌졸중·암·만성신부전 등 지병이 있으면 빈혈로 진단될 가능성이 높다고 밝혔다.

질병이 원인이 되지 않은 일반적인 빈혈의 가장 흔한 원인은 철 결핍이고, 이는 충분한 음식을 통한 철분 섭취로 빈혈을 예방할 수 있다. 철분은 주로 단백질이 풍부한 식품에 많고 동물성단백질 식품의 철이 식물성단백질 식품의 철보다 흡수율이 높으므로 간, 달걀노른자, 굴, 우유, 유제품, 두부, 두유, 녹색채소, 해조류 등을 규칙적으로 섭취하는 것이 좋다. 그러나 식품으로 섭취라 어려운 경우에 철분 제제의 복용으로 고칠 수 있다. 다만, 철분제제는 변비를 발생시키기 쉬우므로 주의하여야 한다.

(노인성) 빈혈을 예방할 수 있는 특별한 방법은 따로 없지만, 노화가 되기 전부터 규칙적이고 균형 잡힌 식습관과 건강한 몸 상태를 유지하는 것이 무엇보다도 중요하다. 철 흡수를 돕기 위해 비타민 C를 섭취하는 것이 좋고, 골수에서 혈액을 만들 때 주요한 재료인 비타민 B_{12}와 엽산도 빈혈에 좋은 영양 성분이다. 특히 시금치나 연근, 파슬리는 음식 자체의 철뿐만 아니라 철 흡수를 돕는 비타민 C도 풍부하고, 비타민 B_{12}는 동물성단백질 식품에 많이 함유되어 있으며 엽산은 씨앗, 땅콩, 시금치, 연어 등에 풍부하다

가벼운 빈혈이라도 신체 기능, 인지 및 삶의 질 저하를 포함하는 부작용의 범용성과 관련이 있기 때문에 노인의 경우에는 특별히 주의하여 주기적인 검사를 해주는 것이 중요하다.

(7) 치매

뇌는 노화에 따라 축소되며 남녀 차이 없이 비슷한 비율로 축소된다. 보통 뇌부피는 해마다 5.4 cm^3씩 감소하는데 회백질의 부피가 줄어든다고 한다. 이에 따라 인지능력도 감소하지만 개인차가 매우 커서 어떤 사람은 25세부터 감소하기 시작하고, 어떤 사람은 60세까지도 그대로 유지된다. 따라서 뇌의 인지능력을 최대한 유지시킬 수 있는 방법을 강구하는 것이 중요하다. 뇌의 인지능력은 살면서 새로운 신경연결망을 형성하면서 이루어지므로neuroplasticity 이를 유지할 수 있도록 적절한 영양

을 공급하고 운동과 사회 참여 등의 자극과 새로운 경험을 지속적으로 유지하는 것이 바람직하다.

어르신을 위한 식사지침

각 식품군을 매일 골고루 먹자

- 고기, 생선, 달걀, 콩 등의 반찬을 매일 먹습니다.
- 다양한 채소 반찬을 매끼 먹습니다.
- 다양한 우유제품이나 두유를 매일 먹습니다.
- 신선한 제철 과일을 매일 먹습니다.

짠 음식을 피하고 싱겁게 먹자

- 음식을 싱겁게 먹습니다.
- 국과 찌개의 국물을 적게 먹습니다.
- 식사할 때 소금이나 간장을 더 넣지 않습니다.

식사는 규칙적이고 안전하게 하자

- 세끼 식사를 꼭 합니다.
- 외식할 때는 영양과 위생을 고려하여 선택합니다.
- 오래된 음식은 먹지 않고, 신선하고 청결한 음식을 먹습니다.
- 식사로 건강을 지키고 식이보충제가 필요한 경우는 신중히 선택합니다.

물은 많이 마시고 술은 적게 마시자

- 목이 마르지 않더라도 물을 자주 충분히 마십니다.
- 술은 하루 1잔을 넘기지 않습니다.
- 술을 마실 때에는 반드시 다른 음식과 같이 먹습니다.

활동량을 늘리고 건강한 체중을 갖자

- 앉아 있는 시간을 줄이고 가능한 한 많이 움직입니다.
- 나를 위한 건강체중을 알고, 이를 갖도록 노력합니다.
- 매일 최소 30분 이상 숨이 찰 정도로 유산소 운동을 합니다.
- 일주일에 최소 2회, 20분 이상 힘이 들 정도로 근육운동을 합니다.

출처: 보건복지부, 2010

5. 우리나라 노인영양복지정책의 현황

1) 통합건강증진사업

우리나라 통합관리서비스의 대표적인 통합건강증진사업으로 영양플러스와 건강과일바구니사업, 건강위험요인 개선을 위한 맞춤영양관리사업 등이 있으며, 노인을 위해서는 어르신을 위한 영양관리사업을 들 수 있다.

(1) 어르신을 위한 영양교육 프로그램

이 프로그램은 노인기 식생활의 중요성을 알고 올바른 식습관을 가지게 함으로써 어르신 스스로 건강한 식생활을 유지하는 데 도움이 되고자 시작되었다. 대상자는 65세 이상의 노인이며 8주 동안 강의나 시범실습을 통하여 영양교육을 하고, 특히 일반 어르신, 고혈압 어르신, 당뇨 어르신을 위한 프로그램이 진행되고 있다.

(2) 실버 건강식생활 사업

이 사업은 노인에 대한 영양관리 및 지원의 필요성 증가로 식품 구입과 조리 등이 어려운 독거노인을 대상으로 식생활관리에 대한 교육을 실시하고, 과일 및 유제품 등 건강간식을 제공한다. 65세 이상의 독거노인 중 취약계층 어르신이 대상이다.

건강간식
과일과 우유 및 유제품을 주 3회 제공

방문건강 관리서비스

빈곤, 질병, 장애, 고령 등 건강위험요인 큰 취약계층 대상자 가구별로 간호사 등 전문 인력이 직접 찾아가 건강관리서비스 제공

노인맞춤돌봄 서비스

취약계층 노인에 대한 생활실태 및 복지 욕구 파악, 정기적인 안전 확인, 보건·복지 서비스 연계 및 조정, 생활교육 등의 맞춤형 돌봄서비스 제공

실버 건강 식생활 사업 서비스 제공 절차

- 1단계 : 연령기준 및 소득기준에 따른 대상자 선정
- 2단계 : 건강 스크리닝 실시
- 3단계 : 맞춤형 식생활관리(영양교육 방법 및 내용) 계획
- 4단계 : 선정된 대상자에게 식생활관리 및 건강간식도시락 서비스 제공

※ 영양사 : 대상자 선정, 서비스 계획 수립, 서비스 제공 모니터링 등 사업의 전반적인 관리를 담당하고, 타 사업과 연계를 통해 체계적인 노인건강관리가 이루어지도록 함

※ 전문의 : 대상자의 구강기능(저작, 삼킴 등), 치매 등 신체상태와 관련된 정확한 정보를 파악하기 위해 영양사와 필요 시 수시 연계하여 진행

※ 건강 스크리닝 : 대상자의 건강상태(신체기능, 영양상태, 구강기능, 만성질환 여부 등)를 파악하기 위해 방문건강관리사업과 연계하여 결과 공유 권장

이들에게는 식생활 관리 서비스 및 영양교육(개인의 영양상태에 따라 영양교육 및 상담을 월 1회 실시)을 실시하거나 건강간식을 제공하거나, 타 사업과의 연계 운영을 제공하고 있다.

연계 가능한 사업으로는 '방문건강 관리서비스'나 '노인맞춤돌봄 서비스' 등이 있다.

2) 지역사회통합돌봄(커뮤니티케어)

통합돌봄은 인구 고령화에 대응하는 정책적 전략으로서 돌봄비용의 지속가능성을 확보하기 위한 목적으로 시도, 발전되고 있다. 지역사회 통합돌봄은 주민들이 살던 곳(자기 집이나 그룹홈 등)에서 개개인의 욕구에 맞는 서비스를 누리고 지역사회와 어울려 살아갈 수 있도록 주거, 보건의료, 요양, 돌봄, 독립생활 지원이 통합적으로 확보되는 지역 주도형 사회서비스 정책이다.

지역사회 통합돌봄 선도사업은 2019년 6월부터 시작되어 주거, 건강의료, 요양·돌봄, 서비스 연계를 4대 핵심 중점과제로 선정해 2025년까지 통합돌봄 기반 조성을 위한 인프라를 구축하고, 2026년에 통합돌봄을 보편적으로 실행하는 것을 목표로 단계적으로 시행하고 있다.

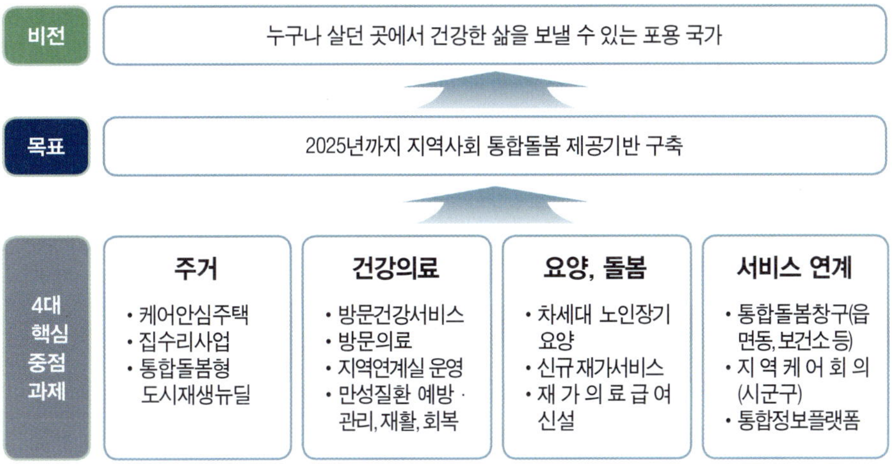

그림 9-12 지역사회 통합돌봄 사업

'지역사회 통합돌봄' 선도사업 중 시범사업으로 노인 선도사업, 장애인 선도사업, 정신질환자 선도사업이 진행되고 있다. 노인 선도사업은 퇴원 후 재가에서의 노인의 생활을 보조하며, 다양한 지자체가 제공하는 지원 서비스를 제공받을 수 있는 사업이다. 지역사회 통합돌봄은 사람마다 욕구와 환경이 모두 다른 것을 다소나마 개별화할 수 있어야 하고, 이러한 다양한 욕구들이 복합적이면서 종합적으로 충족할

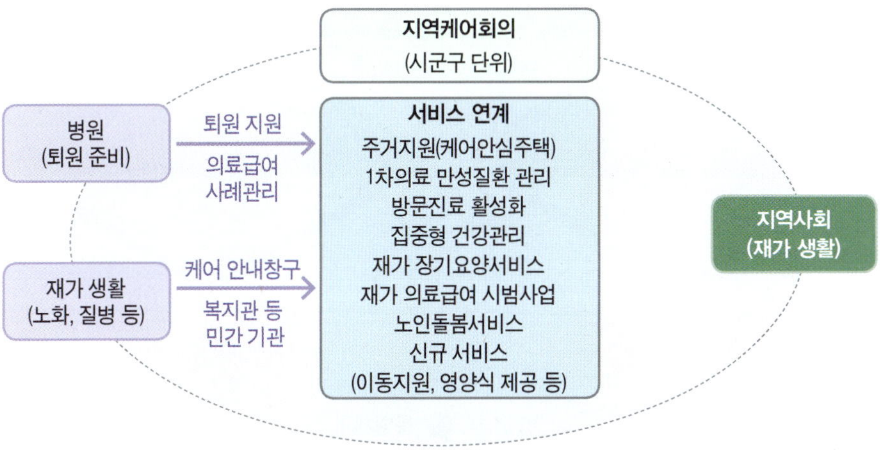

그림 9-13 지역사회 통합돌봄 시범사업 중 노인선도사업 서비스

수 있어야 한다. 이러한 움직임은 우리나라 돌봄정책과 지역복지가 함께 어우러져 복지국가를 실현하는 초석이 될 것이다.

3) 사회복지급식관리지원센터

어린이급식지원관리센터의 설립 취지와 유사한 이유로, 사회복지급식관리지원센터는 노인·장애인 등 취약계층이 안전하고 영양이 확보된 양질의 급식을 제공받을 수 있도록 사회복지급식소의 급식위생·영양관리를 지원하는 곳이다. 사회복지급식관리지원센터는 관할 지역 내 사회복지급식소를 대상으로 체계적으로 위생·안전 및 영양관리 업무를 수행하며 그 운영체계는 그림 9-14와 같다.

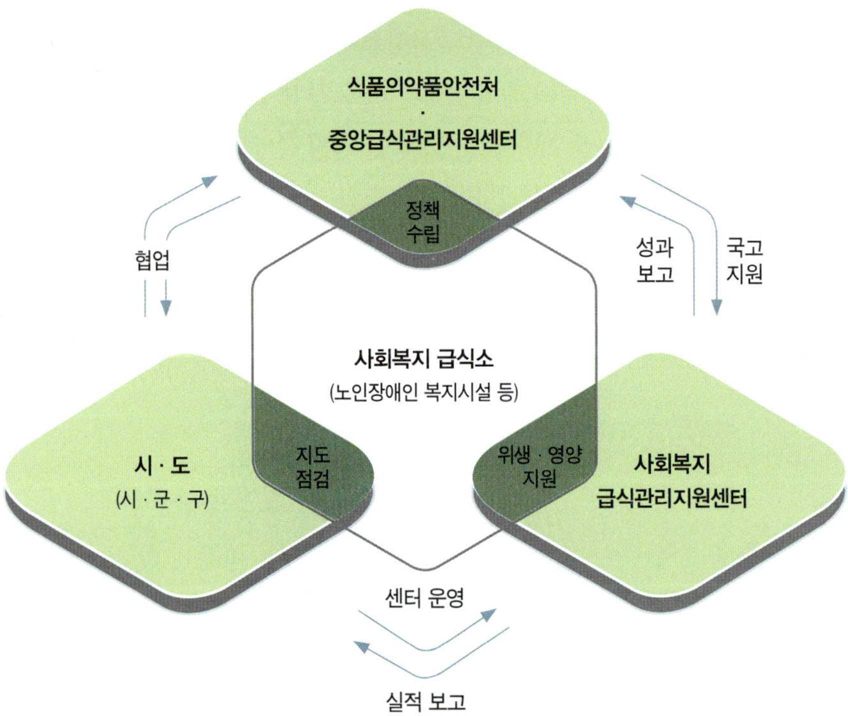

그림 9-14 운영체계

사회복지급식관리지원센터의 법적 근거

최근 노인 식사서비스 지원을 위한 사회복지급식관리지원센터가 새로 설치되었다. 이는 「노인 · 장애인 등 사회복지시설의 급식안전 지원에 관한 법률」(2021년 7월 제정)에 따라 제정되었으며, 소규모 급식시설의 위생 · 영양 관리 지원 및 식생활교육 등을 통한 급식 안전관리를 도모하는 데 목적이 있다

현재, '사회복지급식관리지원센터 시범사업'(7개소, 2019년 7월~)이 추진되고 있으며, 지자체에 섭취나 소화가 어려운 노인 · 장애인 등 취약계층에 대한 국가 차원의 체계적인 급식관리를 수행하고 있다. 개인별 영양관리 카드 운영, 급식 위생 · 안전 및 영양 관리 순회방문 컨설팅, 노인 건강상태, 시설 특성을 고려한 식단 및 레시피 제공, 노인 · 조리원 · 요양보호사 등 위생 · 영양교육 프로그램 운영을 실시하고 있다.

노인 · 장애인 등 사회복지시설의 급식안전 지원에 관한 법률

[시행 2022.7.28] [법률 제18360호, 2021.7.27. 제정]

제정 이유

식품의약품안전처에 따르면 현재 노인 등을 위한 급식시설 11,569개소 중 73.9퍼센트에 해당하는 8,544개소에서 영양사 없이 급식이 제공되고 있어, 사회취약계층 대상 급식시설의 위생과 영양관리가 안 되는 사각지대에 놓여 있음

어린이집, 유치원의 경우 어린이급식관리지원센터를 통해 소규모 급식시설에 위생 · 영양관리 지원을 하고 있지만, 노인 · 장애인 등을 대상으로 운영하는 소규모 급식시설에 대해서는 지원 체계가 미비한 상황임

이에 사회복지시설을 이용하는 노인 · 장애인 등 취약계층 대상의 소규모 급식시설에 대한 관리 지원 체계를 마련함으로써 이용자의 건강 증진과 삶의 질 향상을 도모하려는 것임

주요 내용

가. 노인 · 장애인 등 급식 관리 지원을 통한 건강 증진과 삶의 질 향상에 이바지하는 것을 목적으로 함(제1조)
나. 주요 용어의 정의 및 국가와 지방자치단체 등의 책무를 규정함(제2조 및 제3조)
다. 사회복지급식관리지원센터와 중앙사회복지급식관리지원센터의 설치 · 운영에 관한 사항을 규정함(제5조 및 제6조)
라. 식품의약품안전처장의 중앙사회복지급식관리지원센터, 사회복지급식관리지원센터, 사회복지급식소에 대한 감독 · 지도 및 실태조사에 관한 사항을 규정함(제7조 및 제8조)
마. 사회복지급식소의 사회복지급식관리지원센터 등록에 관한 사항을 규정함(제9조)

고령친화식품

- 고령친화식품이란 '고령자의 식품 섭취나 소화 등을 돕기 위해 식품의 물성을 조절하거나, 소화에 용이한 성분이나 형태가 되도록 처리하거나, 영양성분을 조정하여 제조 · 가공한 식품'을 말한다.
- 2007년 「고령친화산업진흥법」 시행령 제2조에서 노인을 위한 건강기능식품 및 급식서비스로 처음 정의되었고, 「고령친화산업진흥법」을 근거하여 2011년 한국보건산업진흥원은 고령친화식품의 범위를 건강기능식품과 식품위생법에 근거한 특수용도식품(영유아 및 임신 · 수유부용 식품, 체중조절용 조제식품 제외), 고령자 다소비식품인 두부류 및 묵류, 전통 · 발효식품(장류, 김치류, 젓갈류, 절임식품), 인삼과 홍삼 제품으로 제시하였다.
- 2019년에는 한국산업표준 KS H 4879로 고령친화식품을 '고령자의 식품섭취 · 소화 · 흡수 · 대사 등을 돕기 위해 식품의 물성, 형태, 성분 등을 조정하여 제조 · 가공한 식품'으로 정의하고 단계별 특성을 다음 표와 같이 정의하였으며, 단백질, 비타민 A · C · D 등 8종의 영양성분 중 3종 이상이 제품 100 g당 한국인 영양소 섭취기준의 10% 이상 함유하도록 영양기준을 마련하고 영양성분별 공인 시험방법을 제시하였다.

구분		1단계 치아 섭취	2단계 잇몸 섭취	3단계 혀로 섭취
성상		고유의 색택과 향미를 가지고 이미, 이취 및 이물이 없어야 한다.		
경도(N/m^2)		500,000 이하 ~ 50,000 초과	50,000 이하 ~ 20,000 초과	20,000 이하
점도(mPa · s)		–	–	1,500 이상
영양성분	단백질	6 g/100 g 이상		
	비타민 A	75 μgRAE/100 g 이상		
	비타민 C	10 mg/100 g 이상		
	비타민 D	1.5 μg/100 g 이상		
	리보플라빈	0.1 mg/100 g 이상		
	니아신	1.6 mgNE/100 g 이상		
	칼슘	80 mg/100 g 이상		
	칼륨	0.35 g/100 g 이상		

구분		1단계 치아 섭취	2단계 잇몸 섭취	3단계 허로 섭취
영양 성분	식이섬유	2.5 g/100 g 이상		
구분 마크		1단계 치아 섭취	2단계 잇몸 섭취	3단계 혀로 섭취

출처: 농림축산식품부, 2020

- 2021년부터는 고령친화식품의 정의가 확대되고, 고령친화우수식품 지정제를 시행하게 되면서 큰 변환점을 맞이하였다. 이 식품들은 고령친화우수제품 표시도형인 '규격 단계별 S마크'를 사용한다.

단계		경도(N/m^2)	점도(mPa · s)	구분 마크
1단계	치아 섭취	500,000~50,000	–	고령친화우수식품 치아섭취
2단계	잇몸 섭취	50,000~20,000	–	고령친화우수식품 잇몸섭취
3단계	혀로 섭취	20,000 이하	1,500 이하	고령친화우수식품 혀로섭취

출처: 고령친화산업지원센터(https://www.seniorfood.kr/businessQlt)

단원정리

1 한국의 소득 수준의 향상 및 의료기술의 발달로 2025년에는 65세 노인인구가 인구의 20%가 넘는 초고령사회로 진입할 것으로 전망된다.

2 한국인의 기대수명은 점차적으로 증가되고 있으며, 2021년 기대수명은 OECD 국가들의 평균을 상회하는 83.5년으로 전망된다.

3 노화는 개체의 형태적 변화나 기능적 저하, 생리적 변화와 함께 심리적 노화와 사회적 노화도 같이 일어난다.

4 노화의 가설에는 노화유전설, 노화시계설, 산화적 손상설, 식이제한설 등이 있다.

5 노화에 따른 생리적 변화로는 혈관 탄력성 감소로 인한 혈압 상승, 소화기관의 연동운동 감소, 타액 감소 등이 있다. 또한 여러 감각기능이 저하되는 등 신경계의 변화도 더불어 나타난다.

6 성인기보다 노인기에서 영양소 섭취기준이 높은 영양소는 비타민 D로 이는 노인기의 비타민 D 합성능력 감소, 햇빛 노출 감소, 골질량 감소와 골다공증 등의 증가를 고려하여 책정되었다.

7 노인기의 영양소 섭취기준은 65~74세와 75세 이상 두 구간으로 구분되며, 연령이 증가함에 따라 영양소 섭취기준이 감소하는 영양소들로는 에너지, EPA+DHA, 티아민, 리보플라빈, 니아신, 나트륨, 불소 등이 있다.

8 노인기의 건강문제로는 고혈압, 당뇨, 골다공증, 근감소증, 치매 등이 있으며, 이를 위해 특별히 유의해야 하는 영양소는 에너지, 단백질, 칼슘과 비타민 D, 다른 비타민과 무기질 등이 있다.

9 우리나라 고령화에 대응하는 정책적 전략으로 '지역사회 통합돌봄'이라는 서회서비스 정책을 시행하고 있으며, 이는 개개인의 욕구에 맞는 서비스를 누리고 지역사회와 어울려 살아갈 수 있도록 주거, 보건의료, 요양, 돌봄, 독립생활 지원을 통합적으로 확보하기 위하여 시행되고 있다.

연습문제

1 한국인의 영양소 섭취기준에서 성인보다 노인에게 더 많이 권장하는 영양소는?

① 비타민 A ② 비타민 C ③ 비타민 D ④ 비타민 E ⑤ 비타민 K

2 다음 중 노인을 위한 식사관리로 적절한 것은?

① 위점막이 위축되므로 칼슘 섭취를 줄인다.
② 신체활동이 적으므로 단백질 섭취를 줄인다.
③ 저작능력이 저하되므로 과일 섭취를 줄인다.
④ 단맛 예민도가 감소하므로 더 달게 조리한다.
⑤ 타액이 적게 분비되므로 음식을 부드럽고 촉촉하게 조리한다.

3 한국인의 영양소 섭취기준에서 노인의 연령대 구분이 적절한 것은?

① 65세 이상
② 65~74세, 75세 이상
③ 65~74세, 75~84세, 85세 이상
④ 65~69세, 70세 이상
⑤ 65~69세, 70~74세, 75세 이상

4 노인기 질환 중 삼킴장애의 원인이 될 수 없는 원인은?

① 뇌졸중 ② 루게릭병 ③ 파킨슨병 ④ 식도암, 식도염 ⑤ 고혈압

5 노년의 영양상태 중 가장 영양관리 개선이 많이 요구되는 가구 형태는?

① 자녀동거가구 ② 노인부부가구 ③ 독거노인가구
④ 공동거주가구 ⑤ 조손가구

6 우리나라 노인복지 정책 중 노년기 인구 고령화에 대응하는 정책적 전략으로서 돌봄비용의 지속가능성을 확보하기 위해 주민들이 살던 곳에서 개개인의 욕구에 맞는 서비스를 누릴 수 있도록 주거, 보건의료, 요양, 돌봄, 독립생활 지원이 통합적으로 확보되는 사회서비스 정책을 무엇이라고 하는가?

① 보건의료서비스 ② 지역사회통합돌봄 ③ 국민의료보험법
④ 장기요양법 ⑤ 방문건강관리사업

CHAPTER

10 운동과 영양

CHAPTER

10

학습목표

1. 운동 종목별로 에너지필요량을 비교할 수 있다.
2. 운동시간에 따른 에너지 급원의 단계를 열거할 수 있다.
3. ATP, 포스포크레아틴, 포도당, 글리코겐, 지질, 단백질이 근육 활동에 이용되는 메커니즘을 설명할 수 있다.
4. 훈련을 통한 근육의 변화를 설명할 수 있다.
5. 운동의 종류에 따라 사용되는 주 에너지원을 설명할 수 있다.
6. 운동을 통해 얻어지는 건강상의 장점을 설명할 수 있다.
7. 운동선수의 에너지필요량에 영향을 미치는 요인을 설명할 수 있다.
8. 운동선수의 영양소 적정 섭취의 중요성을 설명할 수 있다.
9. 운동성 빈혈을 정의하고 대처방안을 설명할 수 있다.
10. 글리코겐부하법의 실행방법과 장 · 단점을 설명할 수 있다.
11. 운동경기 시 식사관리를 설명할 수 있다.

운동은 근육의 수축과 이완으로 이루어지며 이는 모두 에너지를 필요로 한다. 인체는 세 가지의 에너지 시스템을 적절히 활용하여 다양한 운동에 필요한 에너지를 생산한다.

1. 운동과 에너지 시스템

운동을 위한 에너지는 아데노신삼인산adenosine triphosphate, ATP의 형태로 공급된다. ATP란 고에너지 결합을 가진 분자로서, 효소작용에 의해 ATP의 고에너지 결합이 깨질 때 에너지가 방출되는데 이 에너지가 운동에 사용된다. ATP는 식사로 섭취했거나 체내에 저장된 탄수화물, 단백질, 지방 등에서 만들어지는데, 이들 영양소로부터 ATP를 합성하는 에너지 시스템은 에너지 생산의 속도와 에너지 생산 용량에 의해 세 가지로 분류할 수 있다.

1) ATP-포스포크레아틴 시스템

ATP는 근육운동의 직접적 에너지원으로서 신경자극이 근육에 도달했을 때 즉각적으로 에너지를 방출하여 근육의 수축이 이루어지도록 한다. 체내에는 ATP가 극히 소량밖에 존재하지 않기 때문에 금방 소진된다. 운동을 계속하기 위해서는 다른 물질로부터 ATP를 만들어야 하는데 이때 우선적으로 동원되는 것은 포스포크레아틴phosphocreatine, PCr이다. PCr 역시 고에너지 결합을 갖고 있으며, 이 결합이 분해될 때 방출된 에너지는 ADPadenosine diphosphate와 인이 ATP를 합성하는 데 쓰인다. 그러나 PCr 또한 저장량이 매우 적기 때문에 인체는 결국에는 다른 영양소로 ATP를 생산해야 한다(그림 10-1).

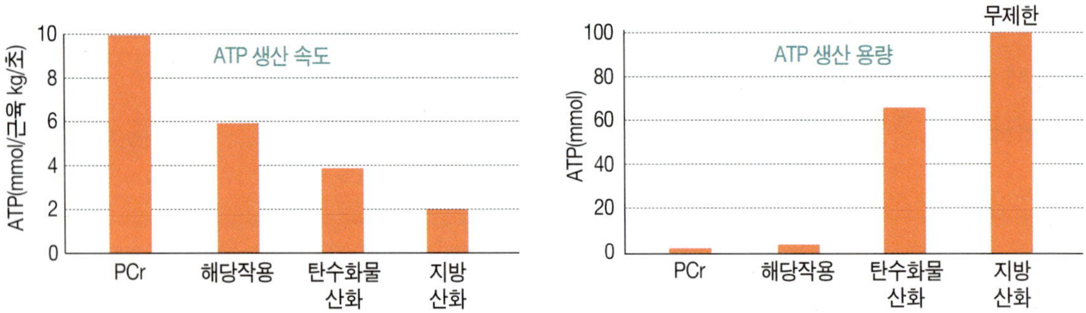

그림 10-1 에너지 시스템의 ATP 생산속도와 생산용량

출처: Wilmore et al., 2008

2) 해당 시스템

빠른 속도로 ATP를 보충하기 위해서 가장 좋은 에너지원은 근육 글리코겐이다. 에너지원으로 쓰이기 위해 글리코겐은 우선 포도당으로 분해되어야 하고, 분해된 포도당은 해당작용을 통해 ATP를 생산할 수 있다. 심한 운동으로 인해 산소 소모가 증가하여 근육에 산소가 불충분한 경우 포도당은 혐기성 해당작용을 통해 2개의 ATP와 젖산을 생산한다. 이 과정에서 만들어진 젖산은 피로를 초래하는 효과가 있다.

만약 근육세포에 산소가 충분히 존재한다면 호기성 산화 시스템을 통해 더 많은 양의 ATP를 생산할 수 있지만 이 과정은 해당작용에 비해 시간이 오래 걸린다(그림 10-1).

3) 산화 시스템

산화 시스템은 근육 글리코겐, 간 글리코겐, 혈당, 근육 중성지방, 혈청 유리지방산, 혈청 지질, 지방조직 내 중성지방 심지어는 단백질로부터도 ATP를 생산할 수 있다. 산화 시스템에서는 크렙스 회로와 전자전달계를 통한 탄수화물, 단백질, 지방의 산화과정을 통해 에너지를 생산한다. 산화 시스템의 장점은 에너지 생산 용량이 크다는 것이다. 그러나 에너지 생산의 속도가 느리기 때문에 주로 운동강도가 낮고 지구력을 요하는 운동(예: 마라톤 등)에 에너지를 공급하는 역할을 한다.

산화 시스템은 산화적 탄수화물 분해와 산화적 지방 분해로 나눌 수 있으며, 탄수화물은 상대적으로 운동강도가 높은 운동에서 효율적 에너지원으로 쓰이며, 지방은 운동강도가 낮은 경우 주요 에너지원이 된다(그림 10-1).

4) 운동강도와 에너지 시스템

ATP-PCr 시스템과 해당 시스템은 ATP를 빠른 속도로 생산할 수 있기 때문에 짧은 시간에 많은 양의 ATP를 필요로 하는 고강도 운동 시에 주로 에너지를 공급한다. 반면 산화 시스템은 에너지 생산 속도가 느리나 에너지 생산 용량이 크므로 5분 이상 지속되는 지구력을 요하는 운동 시에 주된 에너지 시스템으로 작용한다. 운동 시간이 길어질수록 운동강도는 낮아질 수밖에 없으며 산화 시스템에 대한 의존도가 높아진다.

한편 산화 시스템을 이용하여 에너지를 생산하는 경우 운동강도가 높아지면 높아질수록 탄수화물에 대한 의존도가 높아진다. 휴식 시에는 소비 에너지의 40%가 탄수화물로부터 공급되고 나머지 60%가 지방에서 온다. 그러나 운동강도가

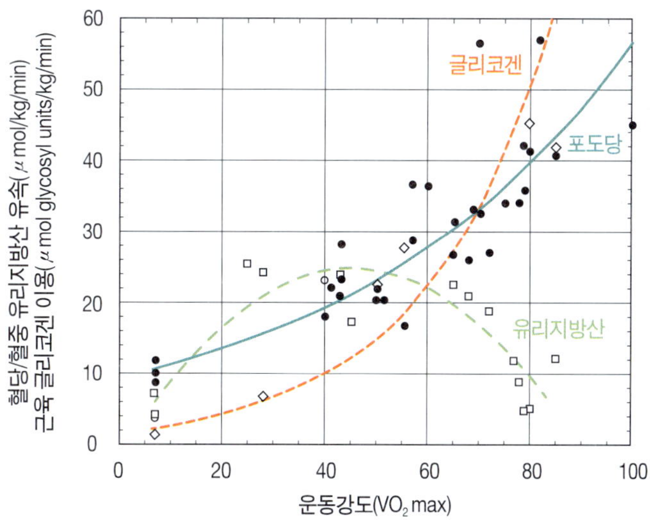

그림 10-2 운동강도에 따른 에너지원의 종류

출처: G. A. Brooks, 1998

70~80% VO_2 max 이상으로 높아지면 전체 에너지의 80% 이상을 탄수화물에서 공급받게 된다. 그러나 운동시간이 길어지면 체내에 저장된 탄수화물이 고갈되므로 결국 지방에 의존할 수밖에 없다(그림 10-2).

운동강도 측정방법

운동강도를 측정하는 방법은 크게 두 가지로 분류할 수 있다. 하나는 kJ/sec 단위로 운동 시 실제 일의 배출량을 측정하는 것이고, 다른 하나는 운동의 생리적 비용을 측정하는 것이다. 혈액이나 근육 조직에서 젖산의 농도를 측정함으로써 해당 시스템을 이용한 운동의 강도를 측정할 수 있다.

운동강도 측정 시 가장 많이 쓰이는 방법은 최대산소섭취량을 측정하는 것이다. 이는 산화 시스템을 이용한 운동 시 개인이 섭취할 수 있는 최대 산소량을 의미한다. 최대산소섭취량은 VO_2 max로 표현되며 단위는 L/min, mL/체중 kg/min 등이다.

2. 운동과 영양소 대사

1) 탄수화물과 운동

휴식 시나 낮은 강도의 운동을 할 때에는 지방이 에너지원으로 많이 쓰이지만, 운동강도가 올라갈수록 탄수화물이 에너지원으로 더욱 중요해진다. 100미터 달리기 같이 전력을 다해 운동하는 경우 탄수화물이 거의 전적으로 에너지를 공급한다.

탄수화물은 운동 시에 제일 중요한 에너지원이라 할 수 있다. 일단 탄수화물은 해당 시스템을 통해 혐기적으로도 에너지를 생산할 수 있고, 산화 시스템을 통해 호기적으로도 에너지를 생산할 수 있는 유일한 에너지원이다. 또한 지방과 비교 시, 1 g당 에너지는 지방에 비해 적지만 지방은 연소 시에 더 많은 산소를 필요로 하므로 산소 1 L당 발생하는 에너지는 탄수화물이 더 많다. ATP 생산에 이르는 대사경로 역시 탄수화물의 경우가 훨씬 더 간단하므로 빠른 시간 내에 ATP를 생산할 수 있

산소 1리터당 발생하는 에너지
탄수화물 5.05 kcal, 지방 4.69 kcal

는 장점이 있다. 산화적 해당과정의 경우 탄수화물은 지방에 비해 3배나 빨리 ATP를 생산할 수 있으며, 혐기적 해당과정의 경우에는 그 속도가 더욱 빨라진다.

(1) 체내 탄수화물 저장과 피로

체내 탄수화물, 특히 근육 글리코겐이 부족하면 에너지원이 부족하므로 운동 시 피로가 더 빨리 온다. 운동으로 인해 근육 글리코겐과 간 글리코겐이 고갈되어 혈당이 저하되면 에너지원의 부족뿐만 아니라 신경전달물질의 변화로 인해 피로가 쉽게 온다. 혈당이 낮으면 단백질, 특히 측쇄 아미노산branched chain amino acid, BCAA으로부터 포도당신생이 증가한다. BCAA는 뇌로 들어갈 때 트립토판과 경쟁관계에 있는데, 혈중 BCAA 농도가 저하되면 뇌로 들어가는 트립토판의 양이 증가한다. 트립토판은 신경전달물질인 세로토닌의 전구물질로서 세로토닌의 합성이 증가하면 피로감이 증가한다고 보고되었다.

(2) 운동이 탄수화물 대사와 건강에 미치는 영향

훈련이 잘 된 운동선수의 경우 근육세포의 미토콘드리아 수가 증가하고 크렙스 회로에 관련된 효소의 활성도 증가하므로 탄수화물을 이용하여 에너지를 생산하는 과정이 일반인에 비해 효율적으로 이루어진다. 한편 근육에 글리코겐 저장량도 증가하므로 피로를 느끼지 않고 더 오랜 시간 운동할 수 있는 능력을 갖추게 된다.

지구력 운동을 한 경우, 근육세포에서 포도당 수송체인 GLUT-4glucose transporter type 4의 세포막으로의 이동이 원활해져 혈액에서 포도당을 더 효율적으로 받아들이게 된다. 이로 인해 혈당 제거가 효율적으로 이루어지므로 인슐린 민감성이 높아지는 효과가 있고 근육 글리코겐 보충이 더 효율적으로 이루어진다.

GLUT-4
근육세포와 지방세포에 존재하는 포도당 수송체로서 비활성 상태에는 세포질 내에 존재하다가 인슐린의 신호를 받으면 세포막으로 이동하여 혈액에서 포도당을 흡수함

2) 지방과 운동

1 g당 9 kcal의 에너지를 만들어 내는 혈청 지방산과 근육 내 중성지방은 운동 시 좋은 에너지원이 된다. 이 중 혈청 지방산은 근육세포 안으로 흡수되어 에너지를 제

공하지만 그 양이 매우 적어 금방 소진된다. 지방조직의 중성지방은 호르몬 민감성 지방분해효소hormone sensitive lipase, HSL의 작용에 의해 분해된 후 혈액으로 방출되어 부족한 혈청 지방산을 보충해 준다. 근육 중성지방 역시 HSL과 유사한 효소에 의해 분해되어 에너지원으로 사용된다. 운동 시 분비가 증가하는 에피네프린은 HSL 등의 효소를 활성화시켜 중성지방 분해를 촉진한다. 또한 운동 시에는 세포막에 있는 지방산 수송체 단백질의 활성도 증가하므로 세포 내로 지방산의 흡수가 증가한다.

(1) 운동강도와 지방의 이용

낮은 강도의 운동 시에는 혈청 지방산이 주로 산화되어 에너지를 공급하지만, 운동강도가 올라갈수록 근육 중성지방의 비중이 높아진다. 운동강도가 더욱 높아져 65% VO_2 max를 넘어가면 지방보다는 탄수화물이 주로 쓰인다. 그러나 운동 시작 후 90~120분이 지나면 체내 탄수화물이 대부분 고갈되므로 고강도 운동의 후반부에는 지방이 주된 에너지원으로 쓰일 수밖에 없다.

(2) 운동이 지방대사와 건강에 미치는 영향

훈련이 잘 된 운동선수는 지방을 에너지원으로 더 잘 이용하게 된다.

우선 운동 시 에피네프린의 분비뿐만 아니라 이 호르몬에 대한 민감성이 증가하여 지방조직에서 지방산의 유리가 증가한다. 그리고 근육으로 가는 혈류가 증가하여 더 많은 지방산이 근육으로 전달된다. 또한 근육세포막에 존재하는 지방산 수송체의 활성이 증가하여 세포 내로 지방산의 유입이 증가한다. 근육 내 지방 저장량도 증가하는데 이는 아마도 인슐린 민감성이 좋아졌기 때문일 것이다. 근육세포의 세포질에서는 지방산 활성화와 미토콘드리아로의 운반 역시 증가하며, 미토콘드리아 숫자, 산화 관련 효소의 활성 등이 모두 증가하여 지방을 산화하는 능력이 향상된다. 결과적으로 많은 훈련을 쌓은 운동선수는 높은 운동강도에서도 지방을 에너지원으로 효율적으로 사용할 수 있으며, 이 경우 체내 글리코겐이 절약되므로 피로가 쉽게 오지 않는다.

운동을 하면 심장혈관계 질환의 위험이 감소하는 효과가 있는데 이는 운동 시 혈압 및 혈청 중성지방이 감소하고, 반면 HDL-콜레스테롤은 증가하기 때문이다.

혈청 지질 농도가 높은 경우 일반적으로 저지방 식사를 권장하는데 이 경우 총콜레스테롤과 LDL-콜레스테롤이 감소하지만 HDL-콜레스테롤 역시 감소하는 부작용이 있다. 그러나 운동을 하면 HDL-콜레스테롤이 상승하므로 저지방 식사와 운동을 병행하는 경우 특히 혈청 지질 개선효과가 크다.

운동이 혈청 지질에 미치는 영향

1주일에 1,200~2,000 kcal의 에너지를 소비하는 운동을 하는 경우 혈청 HDL-콜레스테롤 농도는 평균 2~8 mg/dL 증가하고, 중성지방 농도는 5~38 mg/dL 감소함

3) 단백질과 운동

단백질은 1 g당 4 kcal의 에너지를 낼 수 있기는 하지만 체내에서 주요 에너지원으로 쓰이지 않고 대신 체내 조직 구성, 면역기능 유지, 수분 평형 유지 등의 기능에 우선적으로 사용된다.

휴식 시에는 전체 에너지 소비의 5% 이하만이 단백질에서 동원되지만 운동, 특히 지구력 운동 시에는 에너지원으로서의 역할이 증가한다. 특히 체내 탄수화물 저장량이 적을 때 더 많은 단백질이 에너지원으로 이용된다. 그러나 단백질은 탄수화물과 지방에 비하면 ATP 생산속도가 매우 느리다.

(1) 지구력 운동과 단백질

운동, 특히 전력을 다한 운동 시에는 단백질분해효소의 활성이 증가하여 근육 단백질 분해가 증가한다. 그 결과 생성된 아미노산 일부는 산화되어 에너지원으로 사용되고 나머지는 포도당신생에 사용되는데, 특히 체내 글리코겐과 포도당이 적을 경우 이 경로를 통해 많이 대사된다.

운동을 하면 운동을 하지 않는 사람에 비해 아미노산을 산화하여 에너지를 생산하는 효소의 활성이 증가하지만, 훈련이 잘 된 운동선수는 아미노산을 산화하는 효소의 활성이 낮다. 이는 많은 훈련을 쌓은 선수는 무엇보다도 지방을 효율적으로 이용하는 능력이 뛰어나므로 다른 영양소, 즉 단백질과 탄수화물에 대한 의존도가 감소하기 때문이다.

(2) 저항운동과 단백질

운동 중에는 단백질 분해가 증가하지만 운동 후 휴식기에는 단백질 합성이 증가한다. 이때 운동 시 주로 사용된 근육에서 단백질 합성이 특히 활발해진다. 저항운동을 하면 운동 중과 직후에는 단백질 분해가 증가하지만, 운동 후 24~48시간 동안 단백질 합성이 매우 증가하므로 결과적으로는 근육 단백질이 증가하는 효과가 있다. 그러나 너무 심한 운동을 하면 근육 손상이 일어나 휴식기에도 단백질 합성이 효과적으로 증가하지 않는다.

(3) 암모니아와 피로

운동 시에는 근육에서 글루타민, 알라닌 등 아미노산 외에 암모니아의 방출이 증가한다. 암모니아는 단백질 분해의 부산물로서 근육 분해의 지표 역할을 한다. 근육에 암모니아 농도가 상승하면 산화 대사를 방해하므로 에너지 생산능력이 저하된다. 또한 증가된 혈장 암모니아는 혈액뇌장벽을 통과해 뇌에 들어가 뇌기능을 방해함으로써 피로를 유발할 수 있다.

훈련이 잘 된 운동선수는 운동 시 일반인에 비해 암모니아를 덜 만들고 따라서 피로도 덜 느낀다.

4) 지용성비타민과 운동

(1) 비타민 A

비타민 A는 지용성비타민으로서 생리적 활성을 갖는 형태는 레티놀이다. 인간은 베타-카로텐 등 카로테노이드로에서 레티놀을 합성할 수 있다. 레티놀은 간, 버터, 치즈, 난황, 생선간유 등에 풍부하게 들어 있고, 시금치, 당근 등의 채소는 카로테노이드의 좋은 급원이다. 비타민 A는 상피세포의 건강을 유지하고 시각기능을 유지하는 데 필수적이다. 한편 적절한 뼈 발달과 면역기능 유지에도 필요하다.

비타민 A는 포도당신생의 속도제한 효소인 포스포에놀피루브산 카르복시키나아제phosphoenolpyruvate carboxykinase 유전자의 전사를 촉진하므로 비타민 A가 결핍되면 간에서 포도당신생이 저해될 수 있다. 따라서 지구력 운동의 경우 충분한 비타민 A를 섭취하는 것이 중요하다. 비타민 A 결핍증의 경우 근육 단백질 합성과 시각기능 또한 저하될 수 있으므로 근력을 필요로 하는 운동이나 뛰어난 시력을 필요로 하는 운동의 경우에도 적절한 비타민 A 영양상태가 중요한 의미를 갖는다.

비타민 A 결핍 시 운동능력이 저하될 수 있으나 비타민 A를 섭취기준 이상으로 섭취한다 해서 운동능력이 향상되는 것은 아니다. 비타민 A를 상한섭취량 이상으로 과잉 섭취하면 관절통, 구역질, 두통 등의 부작용이 생길 수 있다. 또한 뼈 흡수를 촉진하고 뼈 형성을 방해하여 골밀도 저하와 골다공증으로 이어질 수 있다.

(2) 비타민 D

비타민 D는 사람의 피부에서 합성될 뿐만 아니라 생선간유에서 섭취할 수도 있다. 그 밖에 달걀, 참치, 연어 등에도 소량 함유되어 있다. 비타민 D는 소장에서 칼슘의 흡수를 촉진하고 근육의 기능을 유지하는 데 필수적이다. 따라서 비타민 D가 부족한 경우 뼈에서 칼슘이 유출되어 구루병과 골다공증의 위험이 증가한다. 한편 근육기능도 저하될 수 있으므로 비타민 D가 부족한 노인에서 근력 감소현상을 흔히 관찰할 수 있다. 한편 비타민 D는 세포분열을 억제하므로 비타민 D 결핍 시 세포증식과 암 발생이 증가할 수 있다.

비타민 D가 부족한 노인에게 비타민 D를 보충할 경우 근력, 반응시간, 균형감각 등을 향상시킴으로써 낙상과 골절을 예방하는 데 도움이 될 수 있다. 그러나 비타민 D가 부족하지 않은 젊은 사람에게 보충을 실시하는 경우에는 운동능력 개선효과를 기대하기 어려울 뿐만 아니라 구토, 설사, 체중 저하, 연조직의 석회화 등 독성을 유발할 수 있으므로 유의하여야 한다.

(3) 비타민 E

비타민 E는 옥수수기름, 콩기름을 비롯한 식물성기름에 다량 함유되어 있다. 그 밖에 전곡류, 달걀 등도 좋은 급원이다. 비타민 E의 주요 기능은 체내 세포막에서 항산화 역할을 하는 것이다. 따라서 결핍된 경우 적혈구 세포막이 쉽게 산화, 파괴되어 용혈성 빈혈 발생이 증가한다. 이 경우 혈액을 통한 산소 운반이 감소되므로 근육세포 내에서 산화적 에너지 생산능력이 저하되고 지구력이 떨어진다.

산소가 부족한 고산지대에서 운동할 때에는 적혈구막 산화가 더 잘 일어난다. 이 때 비타민 E를 보충하면 세포막 산화가 방지되어 지구력이 향상될 수 있다.

(4) 비타민 K

식물성기름, 케일, 완두콩, 브로콜리, 시금치 같은 녹색잎채소가 비타민 K의 급원이다. 메나퀴논이라 불리는 동물성 비타민 K는 대장 안에서 박테리아에 의해 합성되므로 결핍증은 거의 일어나지 않는다. 비타민 K는 일부 혈액응고인자를 합성하는 데 필요하며, 또한 뼈를 튼튼하게 만드는 데 필요한 오스테오칼신의 기능을 향상시킨다.

드물기는 하지만 결핍증이 일어난 경우 혈액 응고를 방해하여 과다 출혈이 생길 수 있으며, 골다공증성 골절이 증가한다. 골다공증 환자에게 다량의 비타민 K를 보충한 경우 뼈의 석회화가 증가하고, 노인에게 비타민 K를 보충한 경우 뼈형성 지표가 개선되기는 하나 운동능력 향상과는 관계가 없다.

5) 수용성비타민과 운동

(1) 티아민

티아민의 급원은 전곡류, 콩, 돼지고기 등이다. 티아민은 thiamin pyrophosphate TPP라고 알려진 조효소의 구성성분으로서 피루브산을 아세틸 CoA로 전환하는 데 필요하다. 아세틸 CoA는 그 후 크렙스 회로로 들어가 ATP를 만들기 때문에 티아민이 부족한 경우 에너지 생산이 감소한다.

운동선수가 티아민이 결핍된 식사를 수 주간 지속하는 경우 지구력이 저하되는 것이 관찰되었다. 이때 티아민을 보충하면 운동능력이 정상으로 회복된다. 그러나 정상적인 식사를 하고 있는 사람에게 섭취기준 이상으로 티아민을 보충할 경우 운동능력이 향상되는 것은 아니다.

심한 운동을 하는 경우 효율적인 ATP 생산을 위해 더 많은 티아민을 섭취할 필요가 있다. 또한 운동선수는 고에너지 식사를 하는 경우가 많은데, 고에너지 식사 시에도 티아민 필요량이 증가한다. 따라서 운동선수는 티아민 섭취를 증가시켜야 하나 식품을 통해 에너지 섭취를 증가시키는 경우 티아민 섭취는 따라서 자연스럽게 증가하므로 별도로 영양제를 섭취할 필요는 없다.

(2) 리보플라빈

리보플라빈은 우유와 유제품, 간, 달걀, 녹색잎채소, 전곡류 등에 많이 들어 있다. 리보플라빈은 산화과정에 참여하는 몇몇 효소, 일명 플라빈단백질을 형성하는 데 필요한데, 이들 효소는 탄수화물과 지방에서 에너지를 생산하는 데 관여한다. 따라서 운동선수는 일반인에 비해 더 많은 리보플라빈을 필요로 한다. 특히 훈련을 시작하는 초기에는 근육에서 더 많은 플라빈단백질을 만들어야 하므로 요구량이 증가한다. 그러나 이 시기에도 에너지 1,000 kcal당 1.1 mg 정도면 충분하다. 영양소 섭취기준 이상으로 많은 리보플라빈을 보충한다고 해서 운동능력이 향상되지는 않는다.

(3) 니아신

니아신은 육류, 가금류 등 단백질 식품에 많이 함유되어 있다. 니아신은 에너지 대사에 필요한 두 가지 조효소의 구성요소로 존재한다. 이들 중 NADnicotinamide adenine dinucleotide는 해당작용에 관여하며, NADPnicotinamide adenine dinucleotide phosphate는 지방합성을 촉진하는 역할을 한다.

다른 비타민과 마찬가지로 결핍 시 문제를 일으키기는 하지만 영양상태가 좋은 사람에게 니아신을 투여했을 때에는 운동능력이 향상되지 않는다. 오히려 과잉의 니아신 보충(1일 3~9 g)은 지방 대사에 영향을 미쳐 지방조직에서 지방산의 유리를 저해할 수 있다. 따라서 과잉 섭취는 지구력과 운동능력을 저하시킬 수 있다.

(4) 판토텐산

판토텐산은 모든 식품에서 발견되지만 가장 좋은 급원은 내장, 달걀, 콩류, 전곡 등이다. 판토텐산은 CoA의 구성분으로서 아세틸 CoA 합성에 필요하므로 에너지 대사에서 중추적 역할을 한다. 그 밖에 포도당신생, 지방산의 합성과 분해, 단백질 변형, 아세틸콜린 합성 등에 관여한다. 아세틸콜린은 운동신경이 근육 수축을 개시하기 위해 분비하는 신경전달물질이다.

결핍증이 있을 경우 아세틸 CoA가 부족하여 크렙스 회로가 원활히 작동하지 않으므로 인체는 에너지 생산의 효율이 낮은 해당작용을 통해 에너지를 만든다. 이 경우 운동능력, 특히 지구력이 크게 감소한다.

(5) 비오틴

비오틴은 황을 함유한 수용성 비타민으로서 난황, 간, 땅콩, 대두, 치즈 등에 풍부하다. 비오틴은 여러 카르복실화 효소의 조효소로 작용하는데 이들 중 피루브산 카르복실화 효소는 포도당신생에 참여한다.

(6) 비타민 B_6

비타민 B_6는 육류, 가금류, 어류, 전곡류, 현미, 달걀 등에 풍부하며, 조효소 형태인 PLPpyridoxal phosphate는 주로 단백질 대사에 참여한다. 불필수 아미노산 합성, 트립토판에서 니아신 합성, 신경전달물질 합성, 아미노산에서 각종 단백질 합성 등이 비타민 B_6가 관여하는 대사과정들이다. 헤모글로빈, 미오글로빈, 산화효소 등의 합성에도 필요하므로 부족 시 에너지 생산이 방해받는다. 또한 PLP는 글리코겐 인산화효소의 조효소로서 근육 글리코겐 분해에도 관여한다. 아미노산으로부터 포도당을 합성하기 위해 필요한 아미노기 전이반응에도 필수적이므로 부족 시 운동능력이 저하된다.

(7) 엽산

엽산은 이름 그대로 잎채소에 풍부하게 존재한다. 브로콜리, 간, 오렌지주스 등에도 풍부하다. 엽산은 활성형인 THF tetrahydrofolate로 전환된 후 DNA 복제와 세포분열에 필요한 티미딜산을 합성하는 반응에 조효소로 참여한다. 또한 호모시스테인에서 메티오닌을 합성하는 데 관여하는데, 메티오닌은 아데노실기 전이반응을 통해 S-아데노실 메티오닌 S-adenosyl methionine, SAM으로 전환되어 생체 내 여러 메틸화 반응에서 메틸기 공여체로 작용한다. 엽산이 부족한 경우 빠른 속도로 교체되어야 하는 적혈구가 DNA를 합성할 수 없기 때문에, 적아구가 성숙한 적혈구로 분열되지 못하므로 거대적아구성 빈혈이 발생한다. 운동선수는 일반인에 비해 적혈구의 교체가 더 빨리 일어나므로 적절한 엽산 영양상태를 유지하는 것이 중요하다.

(8) 비타민 B_{12}

비타민 B_{12}는 동물성 식품에만 존재한다. 따라서 채식주의자들은 비타민 B_{12}가 결핍되기 쉽다. 비타민 B_{12}는 DNA 합성과정에 필요한 조효소의 구성분으로서 적혈구 생산, 신경수초 합성 등에 필요할 뿐만 아니라 호모시스테인 대사에도 중요하다.

비타민 B_{12}가 결핍되면 악성빈혈이 생기므로 운동능력이 떨어진다. 그러나 건강한 사람에게는 B_{12}를 보충해도 VO_2 max, 지구력 등 운동능력이 향상되지 않는다.

(9) 비타민 C

비타민 C의 가장 좋은 급원은 과일과 채소 등이며 특히 감귤류, 녹색잎채소에 풍부하다. 비타민 C의 주요 기능은 콜라겐 합성이며 이는 결합조직의 합성과 유지에 필요하다. 또한 운동 시 분비가 증가하는 에피네프린 합성과 헤모글로빈 합성에도 관여한다.

이와 같은 비타민 C의 역할 때문에 결핍증은 운동능력 저하로 이어진다.

운동선수는 비타민 보충제를 섭취해야 할까?

레슬링, 체조 선수 등 체중 조절을 위해 장기간 절식을 하는 경우에는 비타민 보충이 필요할 수 있다. 에너지 섭취가 1,200~1,600 kcal 이하로 내려가면 식사량이 적어지면서 비타민 섭취 역시 감소하기 때문이다.

그러나 균형식을 하고 있는 경우에는 운동능력 향상을 위해 비타민을 섭취하는 것은 무의미하며, 오히려 과잉으로 인한 독성을 유발할 수 있다.

6) 무기질과 운동

(1) 칼슘

운동은 뼈 건강에 큰 도움이 된다. 운동은 뼈에 물리적 자극을 가해 칼슘의 축적과 뼈의 발육을 촉진한다. 이는 뼈의 강도를 뚜렷하게 증가시키는데 요가 같이 정적인 운동보다는 동적인 운동이 뼈를 자극하는 효과가 더 크다.

운동이 뼈 질량을 증가시키는 효과는 연령에 따라 차이가 있다. 아동기와 청소년기에는 운동을 통해 뼈 성장을 촉진할 수 있는데 이때 충분한 칼슘 섭취가 동반되어야 한다. 반면 성인기 이후에는 운동을 해도 뼈 성장을 기대할 수 없다. 하지만 폐경 이후 여성이 저항운동을 하면 골손실을 줄일 수 있다. 또한 운동을 하면 유연성, 균형감각, 근력 등이 개선되므로 낙상의 위험이 감소하고 골절을 예방한다.

운동을 열심히 하는 젊은 사람도 골다공증에 걸릴 수 있다. 일부 운동선수는 식사 조절과 과도한 운동으로 인해 시상하부와 뇌하수체의 기능이 교란되어 호르몬 수치가 변하기도 한다. 특히 젊은 여성이 과다한 운동과 저에너지 식사를 하는 경우 체지방이 급격하게 감소하고 에스트로겐 생산도 감소한다. 이로 인해 나타나는 무월경을 운동성 무월경이라고 하는데, 흔히 골다공증을 동반한다. 따라서 식사량이 부족한 젊은 여자선수들은 칼슘 섭취에 유의해야 한다.

(2) 인

인은 여러 가지 측면에서 운동과 관련되어 있다. 우선 근육에서 ATP, PCr과 같은 고에너지 화합물의 구성성분으로 존재한다. 또한 에너지 대사에 필요한 비타민 B군은 인산화에 의해 활성형으로 전환되므로 유기인산염은 정상적 에너지 대사를 위해 꼭 필요하다. 포도당도 해당과정에 들어가기 위해서는 인산화가 되어야 한다. 또한 인은 적혈구의 2,3-디포스포글리세레이트2,3-diphosphoglycerate, 2,3-DPG의 구성성분인데 이는 적혈구에서 산소가 유리되어 근육조직에 전달되는 것을 촉진한다.

(3) 철

철은 혈액에서 산소를 운반하는 역할을 하므로 산화 에너지 시스템이 원활하게 작동하기 위해 반드시 필요하다.

혈액검사 결과, 빈혈에 해당하는 운동선수가 흔한데 많은 경우 희석성 가성빈혈dilutional pseudoanemia에 해당한다. 운동선수는 호르몬 분비의 변화 등으로 인해 혈액량이 증가하는데, 혈구에 비해 혈장량의 증가폭이 큰 경우 헤모글로빈이나 페리틴 농도가 낮아진다. 이를 운동성 빈혈이라 하는데 대개의 경우 혈액량 증가로 인해 근육세포에 전달되는 혈액량 또한 많아지므로 산소 부족현상이 나타나지 않는다.

혈액희석 외에 혈관 내 용혈현상intravascular hemolysis도 운동성 빈혈을 일으킬 수 있다. 장거리 육상선수는 발바닥이 지면과 반복 접촉함으로써 근육세포와 적혈구가 쉽게 파괴되고, 유출된 헤모글로빈 및 미오글로빈이 혈액을 통해 소변으로 유출되는 혈뇨현상이 나타나기 쉽다. 또한 장시간 격한 운동을 하면 혈류가 위장관으로 가지 않고 대신 피부 표면과 근육으로 몰리는데 이때 위장관의 염증과 출혈이 발생하여 혈변으로 이어지기도 한다. 한편 운동선수는 땀을 많이 흘리므로 땀을 통해 손실되는 철의 양도 일반인에 비해 많다. 이렇게 철 손실 증가로 인해 나타나는 운동성 빈혈의 경우 철을 적절히 보충해 주지 않으면 빈혈 증상이 나타난다.

빈혈은 운동능력을 감소시키는 주된 원인으로 알려져 있다. 이는 체내에서 산소를 운반하고 사용하는 능력이 저하되기 때문이다. 따라서 철 결핍성 빈혈을 앓고 있는 사람이 철을 보충한다면 운동능력이 향상될 수 있다. 그러나 철 영양상태가 적절하고 혈중 헤모글로빈 수준이 정상인 사람에게 철을 보충한다고 해서 운동능력이 향상되는 것은 아니다. 오히려 철은 페리틴과 헤모시데린의 형태로 체내에 축적되므로 유전적 소인이 있는 사람의 경우 혈색소증을 유발할 수 있다. 혈색소증은 간, 췌장, 심장 등에 철이 과도하게 축적되는 질환으로 간경화와 간기능 저하를 유발한다.

(4) 아연

아연은 육류, 우유, 생선류, 굴 등에 많이 들어 있다. 아연은 300개가 넘는 효소의 필수 구성요소인데 이들 중 일부는 에너지 대사와 연관되어 있다. 대표적인 예로는 해당 에너지 시스템에서 피루브산과 젖산의 대사를 담당하는 젖산탈수소효소가 있다.

운동을 전문적으로 하는 사람은 아연이 부족할 위험이 큰데, 특히 글리코겐 부하를 위해 고탄수화물, 저지방, 저단백질 식사를 하는 운동선수의 경우 아연 섭취가 부족할 수 있다. 그리고 땀에도 상당량의 아연이 함유되어 있으므로 체중 감량 등의 이유로 많은 양의 땀을 흘리는 선수는 아연 결핍의 위험이 크다.

아연이 결핍된 경우 체중 감소, 피로, 지구력 및 면역기능 저하, 골다공증 위험 증가 등의 증상이 동반된다. 남자선수에게서 테스토스테론 수준 저하도 관찰되는데 이런 경우 전반적 건강개선과 운동능력 향상을 위해 아연 보충이 필요하다. 그러나 정상적인 식사를 하고 있는 경우에는 과량의 아연이 도움되지 않는다. 오히려 과잉의 아연 섭취는 철, 구리 등의 흡수를 방해하여 빈혈을 유발하고 HDL-콜레스테롤 감소, LDL-콜레스테롤 상승 등의 부작용을 일으킨다.

7) 수분, 전해질과 운동

(1) 수분의 기능

수분은 연령에 따라 체중의 50~70%를 차지하는 가장 중요한 영양소이다. 체내에서 타액, 위액, 담즙 등 각종 체액의 구성성분으로 기능하며, 혈액에서도 가장 큰 비중을 차지한다. 혈액을 통해 근육세포를 비롯한 신체조직에 영양소를 공급하고 호르몬, 항체, 노폐물 등도 운반한다. 운동과 관련하여 수분의 가장 중요한 기능은 체온 조절이다. 숨을 쉴 때 이산화탄소와 함께 배출되는 수증기나 땀 분비를 통해 수분이 손실되는데, 이때 체열 또한 발산되어 운동으로 인한 체온의 상승을 억제한다. 체내 pH와 삼투압을 적절히 유지하는 것도 수분의 기능이다.

(2) 탈수의 증상

수분은 체내에서 다양한 역할을 수행하기 때문에 조금만 부족해도 심각한 이상 증세를 나타낸다. 운동으로 인해 체중의 1~2%에 해당하는 수분이 손실되었을 때에는 갈증, 피로, 무력감 등이 나타나며, 수분 손실이 3~4%에 이르면 운동능력 저하, 구강 건조, 소변량 감소 등의 증상이 나타난다. 7~10% 정도의 수분이 손실되었을 때에는 어지러움, 근육 강직, 탈진 등의 증상이 나타나고, 체중의 20%에 달하는 수분이 손실되면 사망에 이를 수 있다.

탈수가 심해지면 열탈진, 열경련, 열사병 등의 증상이 나타난다. 열탈진은 수분 손실로 인해 혈액량이 감소하는 증상으로 지구력, 근력, 운동능력 등이 모두 감소한다. 열경련은 열탈진 시 근육에서 일어나는 증상으로 근육 수축이 수분간 지속되며 통증을 유발한다. 열사병은 체온이 40도에 달하는 현상을 일컫는데, 증상으로는 구역질, 착란, 발작, 혼수 등이 있다.

(3) 전해질의 기능

땀을 많이 흘리면 수분뿐만 아니라 전해질도 손실되어 전해질 균형이 깨진다. 전해질은 체내에서 삼투압 조절, 수분 평형 유지, 근육 수축, 신경자극 전달, 산-염기 평형 유지 등의 기능을 담당하는데, 체내에서 가장 중요한 전해질은 나트륨, 염소, 칼륨 등이다.

전해질이 부족한 경우 알도스테론, 항이뇨호르몬 등 여러 호르몬에 의해 엄격하게 조절되기 때문에 결핍증이 나타나는 경우는 거의 없다. 하지만 지속적인 구토, 설사나 과도한 발한(체중의 2~3% 이상)의 경우 드물게 결핍증이 나타날 수 있다. 따라서 땀을 많이 흘리는 운동선수는 수분과 함께 적절한 전해질을 섭취할 필요가 있다.

3. 운동이 건강에 미치는 영향

건강한 식생활과 함께 운동은 비만, 고혈압, 심혈관질환, 당뇨병, 골다공증 및 대장암과 유방암 등을 예방하는 데 효과가 있다. 어떤 운동이라도 전혀 안 하는 것보다는 낫지만 운동 시간과 강도가 증가할수록 더 많은 효과를 볼 수 있다. 건강 관련 단체들은 매일 최소 30분, 중간 강도 이상의 운동을 하라고 권장하고 있다.

하루에 30분씩 운동을 하면 심혈관질환의 위험이 크게 감소한다. 한번에 30분의 시간을 할애할 수 없으면 10분씩 세 번에 걸쳐서 운동하는 것도 비슷한 효과를 내므로 틈날 때마다 운동하는 습관을 들이도록 한다. 운동을 할 때에는 걷기, 달리기, 수영, 테니스 등의 유산소 운동과 근육을 튼튼하게 하는 저항운동을 고루 하는 것이 중요하다. 규칙적인 운동은 만성질환을 예방하는 것 외에도 일상생활을 좀 더 활기차게 해주며, 정신적 · 육체적 건강을 증진시키고 삶의 질을 향상시킨다.

4. 운동능력 향상을 위한 식사관리

1) 글리코겐 부하

글리코겐 부하란 피로의 발생을 늦추기 위해 중요한 경기를 앞두고 간과 근육의 글리코겐 함량을 증가시키기 위한 식사처방법이다. 글리코겐 부하는 마라톤 같이 장시간 고강도의 운동을 하는 선수에게는 도움이 될 수 있으나, 단시간 운동의 경우에는 글리코겐 부하가 무의미하다. 글리코겐 부하는 90분 이상 지속되는 지구력 운동 시 피로를 지연시키는 것으로 보고되었다.

글리코겐 부하는 ① 운동을 통한 근육 글리코겐의 고갈, ② 저탄수화물 식사(고지방, 고단백질 식사), ③ 고탄수화물 식사의 세 단계로 이루어진다. 고탄수화물 식사 시기에는 일일 400~700 g의 탄수화물을 섭취하는 것이 일반적이다. 또한 포도당을 세포 안으로 흡수해 주는 GLUT-4의 활성을 유지하기 위해 운동을 계속하는 것이 필요하다. 그러나 과한 운동은 근육 글리코겐을 소모시키므로 가벼운 운동을 하는 것이 중요하다. 한편 고탄수화물 식사를 할 때 에너지 섭취가 과하면 과잉의 에너지가 중성지방으로 전환되어 체지방이 축적될 수 있으므로 에너지 섭취가 지나치지 않도록 주의하여야 한다. 당뇨병 환자나 이상지질혈증 환자 등은 글리코겐 부하 시 건강상 위험이 따르므로 반드시 의사와 상의하여야 한다.

글리코겐 부하 스케줄	
제1일	근육 글리코겐 고갈운동 (안 해도 됨)
제2일	적당량의 탄수화물을 포함한 혼합식, 약간의 운동
제3일	적당량의 탄수화물을 포함한 혼합식, 약간의 운동
제4일	적당량의 탄수화물을 포함한 혼합식, 약간의 운동
제5일	고탄수화물 식사, 약간의 운동
제6일	고탄수화물 식사, 약간의 운동 혹은 휴식
제7일	고탄수화물 식사, 약간의 운동 혹은 휴식
제8일	경기

2) 근육 증강과 단백질 섭취

운동 후 아미노산을 섭취하면 근육세포 안으로 아미노산 이동이 증가하기 때문에 단백질 합성이 촉진된다. 단백질 합성 촉진효과는 운동 후에 더 확실하지만 운동 전에 섭취하는 경우에도 에너지를 공급하고 단백질 분해를 억제하는 장점이 있다. 운동 후 1~3시간 안에 충분한 단백질을 공급하는 것이 근육 단백질 합성에 가장 효과적이다.

근육을 키우는 저항운동 시에는 단백질 외에도 탄수화물과 에너지의 섭취를 약간 증가시킬 필요가 있다. 이는 단백질 합성이 많은 에너지를 필요로 하기 때문이다. 또한 탄수화물만 보충해도 단백질 합성에 도움이 될 수 있는데 이는 탄수화물이 단백질 분해를 촉진하는 코티솔의 분비를 감소시키기 때문이다. 또한 탄수화물 섭취에 따른 인슐린 분비는 근육에서 단백질 합성을 더욱 촉진하는 효과가 있다.

근육 증강을 위해서는 단백질 1 g에 대하여 탄수화물 3~4 g의 비율로 섭취하는 것이 적당하며 소화가 잘 되는 액상이 좋다.

단백질 섭취에 대한 국제운동영양학회의 Position Statement 요약

1. 저항운동과 단백질 섭취는 모두 근육 단백질 합성을 자극하며, 운동 전 혹은 운동 후에 단백질을 섭취하였을 경우 더욱 큰 효과를 나타낸다.
2. 양의 단백질 평형을 유도하여 근육량을 증가시키기 위해서는 1.4~2.0 g/kg 체중/일(g/kg/d) 정도의 단백질 섭취가 필요하다. 또한 이 양은 미국 의학회가 제시한 에너지적정비율에 적합하다.
3. 저열량 식사를 하며 저항운동을 하는 경우 제지방량 유지를 위해 더 많은 단백질(2.3~3.1 g/kg/d) 섭취가 필요할 수 있다.

출처: Jäger et al., 2017

3) 탈수 방지와 수분 섭취

운동 시에는 수분 손실을 막으려고 여러 가지 생리적 변화가 일어난다. 예를 들어, 땀을 많이 흘려 수분 손실이 증가하면 신장으로 가는 혈류를 줄여 소변 배출을 감소시킨다. 그러나 생리적 변화만으로 수분을 유지하는 것은 불가능하므로 적절한 수분 섭취가 필요하다. 최적의 수분 상태를 유지하려면 경기 시작 전 1시간 이내에 수분을 섭취하는 것이 좋다. 하지만 시간당 1리터 이상의 많은 수분을 섭취하면 소변 배설을 증가시키므로 오히려 운동에 방해가 된다.

1리터의 땀에는 나트륨 약 1.15 g을 비롯하여 염소, 칼슘, 마그네슘, 칼륨 등의 전해질이 함유되어 있다. 따라서 체중의 2~3% 이상에 해당하는 많은 땀을 흘릴 경우 전해질 결핍증이 나타날 수 있으므로 땀 분비량이 많은 운동선수는 수분과 함께 적절한 전해질을 섭취할 필요가 있다.

가벼운 운동을 하며 약간의 땀을 흘린 경우 단순한 물만으로도 충분히 수분을 보충할 수 있지만, 장시간 운동을 하며 많은 땀을 흘리는 경우에는 전해질이 함유된 스포츠 드링크가 필요하다. 전해질은 더 빨리 수분이 흡수될 수 있도록 도와주며, 체내 조직에 수분이 더 오래 보유되도록 하고 혈액 부피를 유지하는 데 도움이 된다.

대개의 스포츠 드링크는 체액과 같은 농도의 전해질과 탄수화물을 함유하고 있다. 이들은 순수한 물보다 흡수가 더 빠르며 수분, 전해질, 에너지를 보충하는 데 도움이 된다.

4) 운동경기 시 식사 섭취

(1) 경기 전 식사

경기 전 식사는 무엇보다 신체에 적절한 수분을 공급하고 혈액과 근육에 충분한 에너지원을 공급해 줄 수 있어야 한다.

경기 시작 시 위가 적당히 비어 있어야 하므로 경기 시작 3~4시간 전에 식사를 해야 위에 부담이 안 되고 배고픈 느낌 없이 경기에 전념할 수 있다. 너무 일찍 식사를 하는 경우에는 경기 중에 공복감, 현기증, 피로감을 느낄 위험이 높다.

소화가 잘 되는 복합탄수화물이 풍부한 반면 지방 함량은 낮은 식사를 하는 것이 좋다. 또한 양질의 단백질을 적당량 섭취하는 것이 필요하다.

유당불내증 등 소화문제가 있는 사람은 해당 식품을 피해야 하고, 가스를 많이 만들어내거나 위산 분비를 촉진하여 속쓰림을 유발하는 식품도 피하도록 한다. 또한 식이섬유가 풍부하여 장운동을 촉진하는 식품도 자제한다. 단순당 함량이 높은 음식은 삼투효과로 인해 위의 수분 함량을 높이고 불쾌감을 초래할 수 있다. 특히 과당을 과량 섭취할 경우 설사를 유발할 수 있으므로 단순당보다는 복합탄수화물에서 에너지를 공급받는 것이 좋다.

경기 중 원활한 체온 조절을 위해 적절한 체내 수분 상태를 유지하는 것이 중요하다. 수분 공급을 위해 경기 시작 15~30분 전에 수분을 섭취할 수 있지만, 경기에 임박하여 다량의 수분을 섭취하는 것은 위 부담을 증가시킬 수 있다. 다량의 단백질을 섭취하는 경우 질소 성분을 배출하기 위해 신장에서 수분의 배출이 많아지므로 피해야 하고, 알코올, 커피 등 이뇨효과가 있는 식품 또한 멀리해야 한다.

(2) 경기 중 식사

대부분의 운동경기 중에는 그 무엇도 섭취할 필요가 없다. 다만 장시간 운동경기 시에는 적당한 수분과 탄수화물 섭취가 도움이 될 수 있다. 체온을 조절하기 위해서는 수분 섭취가 필수적이고, 액체 형태의 탄수화물을 섭취하면 추가 에너지를 공급받을 수 있다. 철인 3종 경기 같은 초장거리 경기 시에는 전해질을 함유한 스포츠 드링크가 필요하다.

(3) 경기 후 식사

경기 혹은 훈련 중에는 탄수화물과 지방이 주로 에너지원으로 쓰이는데 이는 일상적인 식사에서 금방 보충할 수 있다. 특히 단순당질을 섭취하면 근육 글리코겐이 빨리 회복되어 다음 경기에 대비할 수 있게 해준다.

단원정리

1 근육의 운동에는 에너지, 즉 ATP가 필요하다. 근육세포는 ATP-PCr 시스템, 해당 시스템, 산화 시스템을 이용하여 ATP를 생산한다.

2 소량의 ATP는 근육에 저장되어 있는데 저장량이 매우 적으므로 포스포크레아틴(PCr)이 분해될 때 방출된 에너지를 이용하여 ATP를 재생해야 한다. ATP-PCr 시스템은 격렬하고 지속시간이 짧은 운동에 에너지를 공급하는 주된 시스템이다.

3 인체는 산소가 부족한 환경에서 포도당을 분해하여 ATP를 생산하는데 이를 해당 시스템이라 한다. 해당 시스템은 ATP 생산량은 적지만 생산속도가 빠르고, 산소가 부족한 상황에서 근육의 에너지 생산을 담당한다. 근육 피로를 유발하는 젖산을 생산하는 단점이 있다.

4 산화 시스템은 산소의 존재하에 세포가 탄수화물, 지방, 단백질 등을 분해하여 에너지를 만드는 과정이다. 산화 시스템, 특히 지방의 산화는 에너지 생산속도가 느리다. 그러나 에너지 생산량이 막대하므로 운동강도가 낮은 장시간의 운동 시에 필요한 에너지를 제공한다.

5 탄수화물은 지방에 비해 ATP 생산속도가 빠르고 적은 양의 산소를 필요로 하므로 운동강도가 높은 경우 주요 에너지원으로 작용한다. 반면 지방은 ATP 생산량이 무한대이므로 지구력 운동의 경우에 중요한 에너지원이 된다.

6 단백질은 운동 시 주요 에너지원이 아니지만 체내 글리코겐 저장량이 적은 경우 에너지원으로 동원된다. 저항운동 후 단백질 보충은 근육 증강을 도와준다.

7 에너지 생산에 조효소로 작용하는 비타민류는 부족 시 운동능력 저하를 가져오지만, 섭취기준 이상의 비타민을 섭취해도 운동능력이 좋아지는 것은 아니다.

8 수분은 체온 조절, 전해질 균형 유지 등에 필수적이다. 수분 손실이 체중의 3~4%에 이르면 운동능력 저하, 소변량 감소 등의 증상이 나타난다. 20%에 달하는 수분이 손실되면 사망에 이를 수도 있다.

9 글리코겐 부하법은 간과 근육의 글리코겐 함량을 증가시켜 피로의 발생을 늦출 수 있다.

연습문제

1 에너지원으로 탄수화물 이용비율이 가장 높은 운동 종목은?

① 1,600미터 수영　② 농구　③ 마라톤
④ 200미터 달리기　⑤ 철인 3종 경기

2 에너지 소비량이 증가하는 운동을 했을 때 요구량이 더불어 증가하는 비타민은?

① 비타민 C　② 티아민　③ 엽산　④ 비타민 A　⑤ 철

3 격렬한 운동을 하는 선수는 운동성 빈혈의 위험이 높다. 그 이유에 해당하지 않는 것은?

① 땀으로 철 손실이 증가한다.
② 적혈구가 파괴되어 소변을 통해 철이 손실된다.
③ 월경을 하는 어린 여자선수들에게 더 잘 나타난다.
④ 단백질의 필요량이 높아지면서 빈혈이 더 잘 된다.
⑤ 반드시 철 보충제를 섭취해야 운동성 빈혈을 예방할 수 있다.

4 혐기적 상태와 호기적 상태 모두에서 에너지로 사용될 수 있는 영양소는?

① 탄수화물　② 지질　③ 단백질　④ 알코올　⑤ 식이섬유

5 운동능력 향상을 위한 글리코겐 부하법에 대한 설명으로 옳은 것은?

① 저혈당 증상을 초래할 수 있다.
② 급격한 체중 감소가 올 수 있다.
③ 운동 중 탈수증상이 더 잘 나타난다.
④ 장시간의 지구력 운동에만 도움이 된다.
⑤ 경기 직전 인슐린 민감성을 높이기 위해 격렬한 운동을 해야 한다.

6 운동 시의 에너지 대사에 대한 설명으로 옳지 않은 것은?

① 장시간 운동에 가장 많이 쓰이는 에너지원은 지방이다.

② 운동강도가 높은 경우 젖산이 축적되며 근육 피로가 높아진다.

③ 운동량이 증가함에 따라 비타민 B군의 섭취를 증가시켜야 한다.

④ 단백질은 운동 시 가장 좋은 에너지원이므로 섭취량을 증가시킨다.

⑤ 8초 미만의 짧은 운동에는 ATP와 PCr이 주요 에너지원으로 쓰인다.

7 장시간 운동을 하면 호흡계수(respiratory quotient, RQ)가 감소하는데 이는 어느 영양소의 연소비율이 증가하기 때문인가?

① 탄수화물 ② 지질 ③ 단백질 ④ 알코올 ⑤ 식이섬유

8 운동에 의한 수분대사로 옳은 것은?

① 발한량과 소변 배설량이 증가한다.

② 탈수로 인해 근육 경련이 올 수 있다.

③ 발한량이 증가하면서 혈장량이 증가한다.

④ 운동 중에는 수분을 섭취하지 않은 것이 좋다.

⑤ 폐환기량이 증가하므로 폐의 수분 배출량이 감소한다.

9 운동훈련의 효과로 옳은 것은?

① 근력 감소

② 지구력 감소

③ 체내 지방축적 증가

④ 혈액 HDL-콜레스테롤 증가

⑤ 최대산소소비량(VO_2 max) 감소

참고문헌

강순아(2003). 중년여성의 생리적 변화와 영양상태. **대한지역사회영양학회 8**(6): 1021–1029.

강여화, 양일선, 김혜영, 이해영(2004). 중・고등학생 대상 영양교육 현황 분석을 통한 영양교육 주제 도출. **한국영양학회지 37**(10): 938–945.

건강보험심사평가원 보건의료빅데이터개방시스템(2010–2020). 철 결핍성 빈혈.

관계 부처 합동(2021). 제5차 국민건강증진종합계획(Health Plan 2030, 2021~2030).

교육부(2020). 2007–2019년도 학생 건강검사 표본통계 분석결과: 초중고생 신체발달 상황, 건강생활 실천정도, 질환 등 건강문제 분석.

교육부(2020). 2019년도 학생 건강검사 표본통계 발표.

교육부(2021). 2020학년도 학교급식 실시현황.

구재옥, 김정희, 변기원, 손정민, 이정원, 이종현, 최영선(2019). **생애주기영양학**. 파워북.

국가법령정보센터(2022) 학교급식법 시행규칙(2021 개정).

김상만, 이진, 안병훈, 박샛별, 김광민, 김행수, 이득주(2001). 임신 중 체중변화와 출산 후 체중 증가에 대한 전향적 연구, **대한가정의학회지 22**(6): 895–903.

김선희, 최보영(2001). 청소년기 여자의 칼슘과 인 평형 연구. **한국영양학회지 34**(4): 433–439.

김수경, 김지예, 김혜경, 안순태, 임유진, 박혜숙(2020). 청소년의 먹방, 쿡방 시청 행태와 식습관 간의 관련성. **대한보건연구 46**(3): 31–46.

김숙희(2007). 취약계층의 카페인 일일권장량의 설정에 관한 연구. 식약청 용역연구개발사업보고서.

김승권, 김유경, 조애저, 김혜련, 임성은(2009). 2009년 전국 출산력 및 가족보건・복지실태조사. 한국보건사회연구원.

김영식(2003). 건강생활습관과 만성질환. **대한지역사회영양학회 8**(6): 1010–1020.

김윤실, 이민준(2011). 사회인지이론을 적용한 초등학생 대상 영양교육의 효과: 당 섭취에 관한 영양교육 중심으로. **한국식품영양학회지 24**(2): 246–257.

김은경, 박영심, 남혜원, 명춘옥, 이기완(2021). **생애주기영양학**. 신광출판사.

김은지(2009). 유아영양지도를 위한 교육프로그램 개발 및 활용, 국민영양 1–2.

김정호(2006). 탄산음료 등 어린이 기호식품 현황 및 개선방안, **식품산업과 영양 11**(2): 55–58.

김초일, 연미영, 이행신, 김도희, 이지연, 남지운, 이윤나(2013). 위해평가를 위한 민감군의 식품섭취량 조사. 한국보건산업진흥원.

노만 크레츠머, 마이클 짐머만 저, 임현숙, 구자옥, 김동연, 김미혜, 김순기, 김을상, 김혜영, 노희경, 박동연, 안홍석, 이연숙, 조여원, 최영륜, 황은미 역(2000). **발달의 관점에서 본 생애주기영양학**. 교문사.

민혜선, 장경자, 이홍미, 권오란, 이선영, 김현아(2013). **인체생리학**. 양서원.

박영신, 이동환, 김종희, 최중명, 강윤주(2004). 23년간 서울 지역 초・중・고등학생의 비만 추이. **대한소아과학회지 47**(3): 247–257.

박유경(2009). 대사증후군의 영양학적 관리. **대한지역사회영양학회지 14**(5): 625–630.

박종서, 임지영, 김은정, 변수정, 이소영, 장인수, 조성호, 최선영, 이혜정, 송지은(2021). 2021년도 가족과 출산조사. 한국보건사회연구원.

박태선, 김은경(2011). **현대인의 생활영양 개정판**. 교문사.

박혜련(2002). 한국형 WIC 프로그램의 구축을 위한 제언. **대한지역사회영양학회지 7**(6): 912–921.

박혜진, 강현주, 이은숙, 이홍미(2021). 자주 섭취하는 간식의 종류에 따른 경기지역 초등학교 고학년생의 간식섭취실태, 식생활과 생활습관 및 음식 기호도. **한국영양학회지 54**(5): 547–559.

배윤정, 김인영, 김옥선, 최미경(2021). 충북지역 일부 고등학생의 수면시간과 스트레스 및 청소년 영양지수와의 관련성. **대한영양사협회 학술지 27**(2): 113–123.

보건복지부(2005). 국민영양 건강 조사보고서.

보건복지부(2009). 영유아를 위한 식생활 실천 지침.

보건복지부(2009). 임신・수유부를 위한 식생활 실천 지침.

보건복지부(2012). 제1차(2012–2016년) 국민영양관리 기본계획.

보건복지부(2020). 영양소 섭취기준을 통해 보는 한국인 영양소 섭취 현황.

보건복지부(2020). 제5차 국민건강증진종합계획(2021~2030).

보건복지부(2022). 노인실태조사: 노인의 성별 만성질병 종류별 유병률(의사진단 기준) 및 현 치료율.

보건복지부, 농림축산식품부, 식품의약품안전처. 건강한 식생활을 실천해요! 정부, 「한국인을 위한 식생활지침」 발표, http://www.mohw.go.kr/react/al/sal0301vw.jsp?PAR_

MENU_ID=04&MENU_ID=0403&CONT_SEQ=365279&page=1, 2021. 4. 14.

보건복지부, 대한영양사협회(2021). 2020 한국인 영양소 섭취기준 활용 가이드북.

보건복지부, 질병관리본부(2021). 2010-2020년 국민건강통계.

보건복지부, 질병관리청(2020). 국민건강통계-국민건강영양조사 제8기 2차년도.

보건복지부, 한국영양학회(2020). 2020 한국인 영양소 섭취기준.

보건복지부, 한국영양학회(2020). 영양소 섭취기준을 통해 보는 한국인 영양소 섭취 현황 : '2020 영양소 섭취기준' 개정으로 영양소 및 에너지 섭취기준 제시.

보건복지부, 한국영양학회(2021). 2020 한국인 영양소 섭취기준 활용.

서정숙(2010). 최근 제정된 영양·식생활 관련 법에 따른 학교 영양·식생활교육 활성화 방안. 학교 영양교육 활성화 기반 마련을 위한 정책 토론회 자료집, 27-34.

송윤주, 정효지, 김영남, 백희영(2006). 서울 지역 일부 아동 및 청소년의 성장발달 및 식생활 비교 연구 : 식품 및 영양소 섭취 실태(II). **한국영양학회지 39**(1): 50-57.

송윤주, 정효지, 김영남, 백희영(2006). 서울 지역 일부 아동 및 청소년의 성장발달 및 식생활 비교 연구 : 체조성 변화와 비만실태(I). **한국영양학회지 39**(1): 44-49.

식품안전나라. 식품안전이슈 20가지. 16. 카페인. https://www.foodsafetykorea.go.kr/portal/board/boardDetail.do?menu_no=3409&menu_grp=MENU_NEW05&bbs_no=bbs820&ntctxt_no=1064524&start_idx=2&nticmatr_yn=N&bbs_type_cd=03&ans_yn=N&order_type=01&list_img

식품의약안전처(2020). 우리나라 산모의 요오드섭취량 현황 및 적정 섭취를 위한 기준 마련. 식의약 R&D 이야기 통권9호.

식품의약품안전처(2021). 제5차 어린이 식생활안전관리 종합계획(2022-2024).

식품의약품안전처(2022). 2020-2022년 식품통계로 알아보는 어린이 기호식품.

식품의약품안전처(2022). 2020-2022년 어린이 기호식품 품질인증식품 현황 및 표시.

식품의약품안전청(2011). 올바른 어린이 먹거리 선택을 위한 역량 연구(어린이 먹을거리 안전관리 연구 사업단).

안은정, 노화영, 정자용, 백희영(2010). 한국 젊은 성인의 아연 영양 상태가 짠맛 인지와 기호도, 나트륨 섭취 및 혈압에 미치는 영향. **한국영양학회지 43**(2): 132-140.

양일선, 김혜영, 이해영, 강여화(2004). 중·고등학생 대상 영양교육 프로그램 효과평가. **한국영양학회지 37**(7): 576-584.

유택상, 한영희, 김정현, 이민준, 현태선 (2017). 효과적 커뮤니케이션 전략에 기반한 임신부 대상의 영양교육 컨텐츠 개발, **대한지역사회영양학회지 22**(2), 115–126.

윤군애(2001). 부산지역 일부 청소년의 체중상태와 신체활동량과의 관계. **한국영양학회지 34**(1): 39–47.

윤진숙(2005). The Present and Future of Community Nutrition in Korea. **대한지역사회영양학회지 10**(5): 745–752.

이기완, 이희선, 이민준(2005). 초등학생의 군것질 행동에 관한 연구. **한국식생활문화학회지 20**(5): 594–602.

이보숙(2008). 기관에서의 영양관리 실태 및 지원방안, **대한지역사회영양학회지 13**(5): 749–757.

이선희, 김은경, 류옥남, 박계월(1999). 강릉지역 일부 사춘기 소녀의 철분 영양상태에 관한 연구. **대한지역사회영양학회지 4**(2): 139–148.

이연숙, 임현숙, 장남수, 안홍석, 김창임, 김기남, 신동미(2021). **생애주기영양학**. 교문사.

이해정, 이행신, 이윤나, 장영애, 문재진, 김초일(2007). 식생활 관련 건강위험도 평가. **대한지역사회영양학회지 12**(5): 659–662.

이현미, 김은경(2007). 농촌지역 초등학생의 1일 평균 보행수, 활동량 및 활동계수 평가. **대한지역사회영양학회지 12**(3): 361–371.

이현옥, 오세인, 최미경, 김미현, 연지영, 배윤정(2021). **생애주기영양학**. 교문사.

임정한, 이수림, 최은미, 강명자(2002). 산후 체성분 변화 및 체지방과 BMI의 변화에 영향을 주는 요인에 대한 고찰, **대한한방부인과학회지 15**(1): 175–184.

정경아(2009). 학령기 아동의 식생활 문제에 관한 국내 연구 동향. **한국실과교육학회지 22**(3): 161–196.

정상진, 한영신, 서연경, 김윤정, 최혜미, 변기원, 이상일(2005). 우리나라 0–24개월 영아의 영양섭취 실태 조사연구. 한국영양학회 학술대회 발표자료.

정은숙, 이정아, 임현숙(2005). 한국 여성의 초경개시 임계 체중과 체지방률. **대한지역사회영양학회지 10**(2): 196–204.

정효지(2004). 저출산 시대의 청소년 영양의 중요성. **대한지역사회영양학회지 9**(6): 762–765.

주현옥, 박창기(2011). 한국아동의 지방증 반등 시기 추정 및 모유수유가 지방증 반등 이전의 체질량지수에 미치는 영향. **대한비만학회지 20**(1): 8–15.

질병관리본부, 대한소아청소년과학회(2017). 한국 소아 및 청소년 신체발육 표준치.

질병관리청(2017). 2017 소아청소년 성장도표 해설집.

질병관리청(2020). 국민건강영양조사 제8기 1차년도(2019).

질병관리청(2021). 2019년 국민건강통계.

질병관리청(2022). 제16차(2020년) 청소년건강행태조사 통계집.

최영선(2008). 유아 영양, 건강: 그 현황과 문제점. **대한지역사회영양학회지 13**(5): 737–748.

통계청(2020). 1990–2020년 e-나라지표 국정모니터링지표, 학생 체격/체력검사 현황, 국민영양현황.

통계청(2020). 1998–2020년 국민건강영양조사(건강행태, 영양, 식생활 형태, 만성질환), 아동구강건강실태조사, 학생건강검사통계, 청소년건강행태조사.

통계청(2021). 장래인구추계: 2020–2070년.

통계청(2022). 인구로 보는 대한민국, https://kosis.kr/visual/populationKorea/

한국경제연구원(2021). 인구구조 변화와 향후 대응 과제.

한국교육개발원(2021). 1999–2021년 교육통계연보.

한국보건산업진흥원(2019). 2008–2019년 국민영양통계 영양소별 섭취량 분포.

교육부 www.moe.go.kr

대한소아청소년과학회 https://www.pediatrics.or.kr

보건복지부 www.mw.go.kr

(사)임산부약물정보센터 한국마더세이프 전문상담센터 http://www.mothersafe.or.kr

서울대학교 의학정보센터 http://www.snuh.org/

식품안전나라 www.foodsafetykorea.go.kr

식품의약품안전처 www.kfda.go.kr

식품의약품안전처 어린이급식관리지원센터 https://ccfsm.foodnara.go.kr

유니세프 한국위원회 http://www.unicef.or.kr/unicef/bfhi/hospital.asp

통계청 kostat.go.kr

한국건강증진재단 http://www.khealth.or.kr/

한국보건산업진흥원 https://www.khidi.or.kr/

Beattie JO (1992). Alcohol Exposure and the Fetus, *European Journal of Clinical Nutrition*, 46 (Suppl 1), S7–17.

Brooks GA (1988). Mammalian Fuel Utilization during sustained exercise. *Comp Biochem Physiol*, 120, 89–107.

Brown JE (2019). *Nutrition Through the Life Cycle* (7th ed.). Cengage Learning.

Brown JE, Isaacs JS, Krinke B, Lechtenberg E, Murtaugh MA, Sharbaugh C, Splett PL, Stang J & Wooldridge NH (2011). *Nutrition through the life cycle* (4th ed.). Belmont, CA: Wadsworth, Cengage Learning.

Burger M, Bronstrup A & Pietrzik K (2004). Derivation of tolerable upper alcohol intake levels in Germany: a systematic review of risks and benefits of moderate alcohol consumption. *Preventive Medicine*, 39: 111–127.

Bussemaker E, Hillebrand U, Hausberg M, Pavenstadt H & Oberleithner H (2010). Pathogenesis of Hypertension: Interactions Among Sodium, Potassium, and Aldosterone. *Am J Kidney Dis*, 55(6): 1111–1120.

CDC (1989). CDC criteria for anemia in children and child bearing–aged women. *Morbidity and Mortality Weekly Report (MMWR)*, 38(22), 400–404.

Chen JQ, Brown TR & Russo J (2009). Regulation of Energy Metabolism Pathways by Estrogens and Estrogenic Chemicals and Potential Implications in Obesity Associated with Increased–Exposure to Endocrine Disruptors. *Biochim Biophys Acta*, 1793(7): 1128–1143.

Clapp JF, 3rd. (1994). A clinical approach to exercise during pregnancy. *Clinical Sports Medicine*, 13(2), 443–458.

Corrao G, Bagnardi V, Zambon A & La Vecchia C (2004). A meta–analysis of alcohol consumption and the risk of 15 diseases. *Preventive Medicine*, 38: 613–619.

Crockett S & Sims L (1995). Environmental influences on children's eating. *Journal of Nutrition Education*, 27(5), 235–249.

Dietz, W (1994) Critical periods in childhood fo the development of obesity. *Am J Clin Nutr*, 56, 955–9.

Drenowatz C, Eisenmann JC, Carlson JJ, Pfeiffer KA & Pivarnik JM (2012). Energy expenditure and dietary intake during high–volume and low–volume training periods among male endurance athletes. *Appl Physiol Nutr Metab* Apr 37(2): 199–205.

Edmond K & Bahl R (2006). *Optimal feeding of low–birth–weight infants: Technical Review*. Geneva: Switzerland. World Health Organization.

Frisch RE & Revelle R (1970). Height and Weight at Menarche and a Hypothesis of Critical Body Weights and Adolescent Events. *Science* 169(3943), 397–399.

Goh EK, Kim OY, Yoon SR & Jeon HJ (2022). Timing of Adiposity Rebound and Determinants of Early Adiposity Rebound in Korean Infants and Children Based on Data from the National Health Insurance Service. *Nutrients* 14; 92.

Ho E, Collantes A, Kapur BM, Moretti M & Koren G (2001). Alcohol and breast feeding: calculation of time to zero level in milk. *Biol Neonate*, 80(3), 219–222.

Houston DK, Nicklas BJ & Zizza CA (2009). Weighty Concerns: The Growing Prevalence of Obesity among Older Adults. *J Am Diet Assoc* 109: 1886–1895.

Institute of Medicine of the National Academies (2005). *Dietary reference intakes for energy, carbohydrate, fiber, fat, fatty acids, cholesterol, protein, and amino acids*. The National Academies Press Washington D.C. USA. pp.107–264.

Irani RA, & Xia Y (2011). Renin angiotensin signaling in normal pregnancy and preeclampsia. *Seminars in Nephrology*, 31(1), 47–58.

Jäger et al. (2017). International Society of Sports Nutrition Position Stand: protein and exercise. *Journal of the International Society of Sports Nutrition*. 14: 20; DOI 10.1186/s12970–017–0177–8

Jung–Choi KH, Khang YH & Cho HJ (2011). Hidden female smokers in Asia: a comparison of self–reported with cotinine–verified smoking prevalence rates in representative national data from an Asian population. Tobacco Control, (Epub ahead of print)

Kevin RS, Janet LV, Maureen LB, David NP & Nair KS (2004). Age and aerobic exercise training effects on whole body and muscle protein metabolism. *Am J Physiol Endocrinol Metab* 286: E92–E101.

Kim EK, Ndahimana D, Ishikawa-Takata K, Lee SJ, Kim HR, Lim KW, Lee IS, Tanaka S, Kim YJ, Choi YJ, Ju MJ & Park JH (2018). Validation of Dietary Reference Intakes for predicting energy requirements in elementary school-age children. *Nutrition Research and Practice*. 12(4), 336-341.

Ko YS, Kim EM & Lee HS (2015). A study of dietary intake of total sugars by elementary students in Jeju province. *Journal of Nutrition and Health*. 48(1), 81-93.

Kretchmer N & Zimmermann M (1997). *Developmental Nutrition*. Boston, MA: Allyn & Bacon.

Lawrence RA & Lawernce RM(2011). *Breastfeeding : a guide for the medical profession* (7th ed.). Maryland Heights, Mo: Mosby/Elsevier.

Lee, HS, Kwon, SO, Yon, M, Kim, D, Lee, JY, Nam, J, Park, SJ, Yeon, JY, Lee, SK, Lee, HY, Kwon, OS & Kim, CI (2014). Dietary total sugar intake of Koreans: Based on the Korea National Health and Nutrition Examination Survey (KNHANES), 2008-2011. *Journal of Nutrition and Health*. 47(4), 268-276.

Love S (1990). *Dr. Susan Love's breast book*. Boston: Addison-Wesley.

Mahan LK & Escott-Stump S (2000). *Krause's Food, Nutrition, & Diet Therapy* (10th ed.). WB Saunders Co.

Maughan RJ & Shirreffs SM (2012). Nutrition for sports performance: issues and opportunities. *Proc Nutr Soc*. Feb; 71(1): 112-9.

Merkel D, Huerta M, Grotto I, Blum D, Rachmilewitz E, Fibach E, Epstein Y & Shpilberg O (2019). Incidence of Anemia and Iron Deficiency in Strenuously Trained Adolescents: Results of a Longitudinal Follow-Up Study. *J Adolesc Health*. Sep;45(3): 286-91; doi: 10.1016/j.jadohealth.2009.02.003

MH Williams (2010). *Nutrition for Health, Fitness and Sport*, 9th Ed., McGraw-Hill.

Mojtahedi MC, Thorpe MP, Karampinos DC, Johnson CL, Layman DK, Georgiadis JG & Evans EM (2011). The effects of a higher protein intake during energy restriction on changes in body composition and physical function in older women. *Gerontol A Biol Sci Med Sci*. Nov; 66(11): 1218-25.

Moore KL & Persaud TVN. (1998). *The Developing Human: Clinically Oriented*

Embryology. (6th ed.). Philadelphia, NY: W.B. Saunders Company.

Morgan JB & Dickerson JWT (2003). *Nutrition in Early Life*. Chichester, UK: Wiley.

National Academy of Sciences (1991). *Nutrition during Lactation*. Washington DC: National Academy Press.

Peternelj TT & Coombes JS (2011). Antioxidant supplementation during exercise training: beneficial or detrimental? *Sports Med*. Dec 1;41(12):1043–69.

Phelps RL, Metzger BE & Freinkel N (1981). Carbohydrate metabolism in pregnancy. XVII. Diurnal profiles of plasma glucose, insulin, free fatty acids, triglycerides, cholesterol, and individual amino acids in late normal pregnancy. *American Journal of Obstetrics & Gynecology*, 140(7), 730–736.

Phillips SM & Van Loon LJ (2011). Dietary protein for athletes: from requirements to optimum adaptation. *J Sports Sci*. 29 Suppl 1:S29–38.

Pitkin RM (1976). Nutritional support in obstetrics and gynecology. *Clinical Obstetrics and Gynecology*, 19, 489–513.

Prentice A, Paul A, Prentice A, Black A, Cole T & Whitehead R (1986). *Cross–cultural differences in lactational performance, Human Lactation 2: Maternal and Environmental Factors*. New York: Plenum Press.

Rasmussen KM & Yaktine AL (2009). *Weight Gain During Pregnancy: Reexamining the Guidelines*. Washington, D.C.: The National Academies Press.

Riordan J & Wambach K (2010). *Breastfeeding and human lactation* (4th ed.). Sudbury, Mass: Jones and Bartlett Publishers.

Roberts SB, Cole TJ & Coward WA (1985). Lactational performance in relation to energy intake in the baboon. *Am J Clin Nutr*, 41(6), 1270–1276.

Rolland–Cachera MF, Akrout M & Péneau S (2015). History and meaning of the body mass index. Interest of other anthropometric measurements in The ECOG's eBook on Child and Adolescent Obesity, *European Childhood Obesity Group, M. L. Frelut, Ed.* (ECOG, Belgium), pp 1–20.

Rolland–Cachera MF, Deheeger M, Maillot M & Bellisle F (2006). Early adiposity rebound: causes and consequences for obesity in children and adults. *Int J Obes*,

30:S11-S17.

Rolland-Cachera MF, Deheeger M, Maillot M & Bellisle F et al. (1984). Adiposity rebound in children: a simple indicator for predicting obesity. *Am J Clin Nutr*, 39:129-135.

S Bugel (2008). Vitamin K and Bone Health in Adult Humans. *Vitamins and Hormones*. 78: 394-416.

Saarinen UM & Kajosaari M (1995). Breastfeeding as prophylaxis against atopic disease: prospective follow-up study until 17 years old. *Lancet*, 346(8982), 1065-1069.

Sallis JF & Glanz K (2009). Physical Activity and Food Environments: Solutions to the Obesity Epidemic. *The Milbank Quarterly*. 87(1): 123-154.

Satter E (1990). The feeding relationship: Problems and interventions. *Journal of Pediatrics*, 117(Suppl.), 181-190.

Scammon RE (1927). The first seriatim study of human growth. *American Journal of Physical Anthropology*. 10(3), 329-336.

Short RV, Lewi, PR, Renfree MB & Shaw G (1991). Contraceptive effects of extended lactational amenorrhoea: beyond the Bellagio Consensus. *Lancet*, 337(8743), 715-717.

Strode MA, Dewey KG & Lonnerdal B (1986). Effects of short-term caloric restriction on lactational performance of well-nourished women. *Acta Paediatr Scand*, 75(2), 222-229.

Suh YJ, Lee JE, Lee DH, Yi HG, Lee MH, Kim CS, Nah JW & Kim SK (2016). Prevalence and Relationships of Iron Deficiency Anemia with Blood Cadmium and Vitamin D Levels in Korean Women. *Journal of Korean Medical Science*. 31(1), 25-32.

Valk EEJ & Hornstra G (2000). Relationship Between Vitamin E Requirement and Polyunsaturated Fatty Acid Intake in Man: a Review. *Int. J. Vitam. Nutr. Res*. 70(2): 31-42.

van Goor SA, Dijck-Brouwer DA, Hadders-Algra M, Doornbos B, Erwich JJ, Schaafsma A & Muskiet FA (2009). Human milk arachidonic acid and docosahexaenoic acid contents increase following supplementation during pregnancy and lactation.

Prostaglandins Leukot Essent Fatty Acids, 80(1), 65– 69.

Whitaker RC, Wright JA Pepp, Scidel KD & Dietz WH (1997). Predicting obesity in young adulthood from childhood and parental obesity. *New England Journal of Medicine*, 337(13), 869–873.

WHO. 「World Health Statistics」, https://www.who.int/data/gho/data/indicators, 2020

Widmaier EP, Raff H, Strang & KT (2008). *Human Physiology*, 11th Ed., McGraw Hill.

Wilmore JH, Costill DL & Kenney WL (2008). *Physiology of Sport and Exercise*, 4th Ed., Human Kinetics.

Women's Health in Mid–Life : A Primary Care Guide. West Nyack, NY, USA. Cambridge University Press, p.209–224, 2004.

World Health Organization (2015). Guideline: Sugars Intake for Adults and Children.

Worthington–Roberts BS & Williams SR (2000). *Nutrition throughout the life cycle* (4th ed.). Boston, MA: McGraw–Hill.

찾아보기

저자 소개

김정현
연세대학교 식품영양학과 학사
연세대학교 식품영양학과 석사
연세대학교 식품영양학과 이학박사
한국인 영양소 섭취기준 '비타민 D'(2010, 2015, 2020, 2025) 제 · 개정위원
현재 배재대학교 식품영양학과 교수

정혜연
연세대학교 식품영양학과 학사
연세대학교 식품영양학과 석사
연세대학교 식품영양학과 이학박사
한국인 영양소 섭취기준 '구리'(2020, 2025) 제 · 개정위원
현재 숭의여자대학교 식품영양학과 교수

박유경
연세대학교 식품영양학과 학사
연세대학교 식품영양학과 석사
미국 Illinois State University 영양학 박사
한국인 영양소 섭취기준 '요오드'(2010, 2015, 2020) 개정위원
현재 경희대학교 의학영양학과 교수

박은주
연세대학교 식품영양학과 학사
연세대학교 식품영양학과 석사
오스트리아 University of Vienna 영양학 박사
한국인 영양소 섭취기준 '비타민 E'(2015), '콜린'(2020, 2025) 제 · 개정위원
현재 경남대학교 식품영양학과 교수

정자용
서울대학교 식품영양학과 학사
서울대학교 식품영양학과 석사
미국 Tufts University 영양학 박사
한국인 영양소 섭취기준 '철'(2020, 2025) 개정위원
현재 경희대학교 식품영양학과 교수

황진아
연세대학교 식품영양학과 학사
연세대학교 식품영양학과 석사
미국 University of Georgia 이학박사
한국인 영양소 섭취기준 '구리'(2025) 제 · 개정위원
현재 명지대학교 식품영양학과 교수

김오연
연세대학교 식품영양학과 학사
연세대학교 식품영양학과 석사
연세대학교 식품영양학과 이학박사
한국인 영양소 섭취기준 '에너지'(2015, 2020, 2025) 개정위원
현재 동아대학교 식품영양학과 교수

생애주기영양학

2023년 8월 30일 초판 인쇄
2023년 9월 4일 초판 발행

지은이 | 김정현 · 정혜연 · 박유경 · 박은주 · 정자용 · 황진아 · 김오연

발행인 | 유제구
발행처 | 도서출판 파워북
주 소 | 경기도 고양시 일산동구 호수로 358-25
동문타워2차 529호
전 화 | (02) 730-1412
F A X | (031) 908-1410
등 록 | 1997. 1. 31 제 2014-000067호

정가 26,000원
ISBN 978-89-8160-513-1 (93590)